2021

水利行业BIM应用案例精选

本书编委会　编

中国水利水电出版社
www.waterpub.com.cn
·北京·

图书在版编目（CIP）数据

2021水利行业BIM应用案例精选 / 《2021水利行业BIM应用案例精选》编委会编. -- 北京 : 中国水利水电出版社, 2021.8
ISBN 978-7-5170-9903-1

Ⅰ. ①2… Ⅱ. ①2… Ⅲ. ①水利工程－计算机辅助设计－应用软件 Ⅳ. ①TV222.1-39

中国版本图书馆CIP数据核字(2021)第179849号

书　　名	**2021 水利行业 BIM 应用案例精选** 2021 SHUILI HANGYE BIM YINGYONG ANLI JINGXUAN
作　　者	本书编委会　编
出版发行	中国水利水电出版社 （北京市海淀区玉渊潭南路1号D座　100038） 网址：www.waterpub.com.cn E-mail：sales@waterpub.com.cn 电话：（010）68367658（营销中心）
经　　售	北京科水图书销售中心（零售） 电话：（010）88383994、63202643、68545874 全国各地新华书店和相关出版物销售网点
排　　版	中国水利水电出版社微机排版中心
印　　刷	清淞永业（天津）印刷有限公司
规　　格	184mm×260mm　16开本　21.75印张　516千字
版　　次	2021年8月第1版　2021年8月第1次印刷
定　　价	**108.00**元

编委会人员名单

主　　编　陈青生　马润青　刘海瑞

副 主 编　朱　亚　陈　雷　季　莉

执行副主编　苏　青　张良艳

编　　委　（以姓氏笔画为序）

王世军　王新欣　邢　芳

吴爱华　吴　娟　常　华

程樊启　谭宪军　潘　涤

前 言

为全面贯彻党的十九大报告中提出的建设“数字中国”“智慧社会”的国家战略，落实《国家中长期人才发展规划纲要（2010—2020年）》的有关精神和国家专业技术人才知识更新工程有关任务要求，大力推进BIM技术在水利水电、港口航道、海洋工程及水环境工程领域的规划设计、施工建设和运行维护全生命期的运用，全面提升工程质量和效益，不断增强行业的技术进步和创新动力，以信息化推动水利现代化。人力资源和社会保障部中国继续工程教育协会、河海大学、中国水利水电勘测设计协会联合举办了“2019年首届全国水利行业BIM应用大赛”。

大赛主题宗旨是“汇行业精英，展智慧未来”，目的是展现行业BIM应用成果，建立行业技术示范标杆。大赛分为职业组和院校组。职业组按工程BIM应用全生命周期的阶段特征，分为规划设计、施工建设、运行维护三大比赛类别。院校组的参赛人员为全国各大中专院校相关专业在校师生以及其他教育机构的相关人员。此次大赛历时4个多月，共收到规划设计、施工建设、运行维护、院校4个组别的276件作品，均来源于全国相关水利水电、港口航道及水环境工程领域的单位。大赛组委会按照大赛的流程组织专家进行初审、复审、现场答辩及终审环节，最终确定178件作品进入获奖入围名单，经过大赛组委会和专家委员会审定，评选出金奖作品22件，银奖作品34件，铜奖作品58件，优秀奖64件。

为进一步促进水利行业BIM应用推广，组委会特将获奖作品作为精选案例汇编成册，以期为后续参赛队伍提供指导支持，为相关从业人员提供参考借鉴。

本书的顺利出版特别感谢国际继续工程教育协会、人力资源和社会保障部中国高级公务员培训中心、水利部水利水电规划设计总院、水利部人才资源开发中心、交通运输部职业资格中心给予的指导！

感谢中国长江三峡集团有限公司、中国交通建设集团股份有限公司、中国电力建设集团有限公司、中国能源建设集团有限公司、中国水利水电出版社有限公司、江苏省建设教育协会给予的支持！

感谢中国水利报、中国三峡出版传媒有限公司和中国国家人事人才培训网给予的媒体支持！

因编者水平有限，出版时间仓促，书中难免存在不足之处，敬请读者批评指正。

本书编委会

2021 年 3 月 1 日

目录

银　奖

铜 奖

扫码阅读铜奖作品

施工建设篇

金 奖

银 奖

铜　奖

扫码阅读铜奖作品

运行维护篇

金　奖

银　奖

铜　奖

扫码阅读铜奖作品

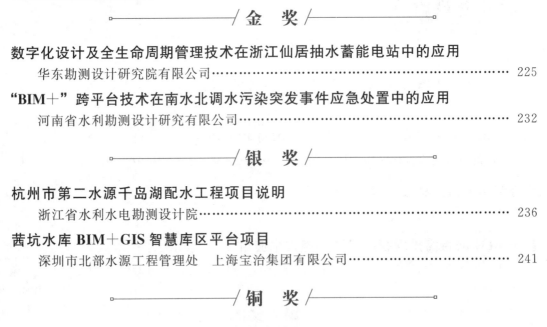

院校篇

金　奖

银　奖

铜　奖

扫码阅读铜奖作品

规划设计篇

金奖

HydroBIM 技术在澜沧江黄登水电站枢纽工程中的应用

昆明勘测设计研究院有限公司

1 项目概况

本项目以世界最高碾压混凝土重力坝澜沧江黄登水电站为依托，结合糯扎渡数字大坝应用案例的理论实践和昆明勘测设计研究院（以下简称昆明院）多年来形成的 HydroBIM 理念，形成了一套基于 HydroBIM 的碾压混凝土坝枢纽工程建造全生命周期协同办公与在线管控平台。

该平台以工程设计为主导，云数据中心为纽带，整体采用 B/S 架构，云端部署的开发方式，同时结合了 3S 技术与智能化分析技术，真正实现了全网端数据共享与智能化办公，保证了各专业间的高效协同与工程信息的有效管理。

2 项目应用情况

本平台融合了昆明院自主研发的参数化建模工具、地形轻量化发布插件、多专业 BIM 信息在线拼装与 GIS 发布工具、土木工程三维地质建模系统、泄洪消能在线分析系统、结构静动力分析云服务、方案比选与工程量估算系统、大坝安全评价系统、边坡安全评价与预警决策系统和洞室围岩稳定反馈分析及安全预警系统，同时将糯扎渡数字大坝的施工管理理念与黄登水电站工程实际相结合，在已有成果的基础上进行了深化应用和云端移植，同时针对黄登水电站工程建设面临的一系列难题，提出了对应的解决方案。

（1）三维建模与开挖分析。针对枢纽区分布有倾倒蠕变岩体，工程地质条件复杂的问题，采用昆明院自主产权的 HydroBIM -土木工程三维地质建模系统，对地质模型进行精细化三维建模与开挖分析，确保了建基面和边坡开挖的合理性。

（2）有限元法。针对高碾压混凝土重力坝地震设防烈度较高，坝体结构和抗震工程措施要求高的问题，依托三维有限元方法，采用结构静动力分析云服务进行了亿级自由度的大坝静动力分析，确保了大坝设计的合理性。

（3）WBS 建模。针对水电站工程规模大，涉及因素多，建筑物之间关系复杂，设计协同难度大的问题，采用了 WBS 建模方式结合 AIM（Autodesk Infrastructure Modeler）软件的工作模式，通过制定各相关模型的统一建模标准和规范化设计流程，引入 WBS（Work Breakdown Structure）工作分解结构，形成了一套自上而下的施工总布置管理结构模式，从而实现了统一平台下的并行设计、动态交互与三维展示。

（4）碾压监控系统。针对碾压混凝土重力坝工期紧，可能造成施工不规范的问题，采用碾压监控系统进行了大坝碾压过程的实时在线监控，同时利用大坝安全评价系统、边坡安全评价与预警决策系统和洞室围岩稳定反馈分析及安全预警系统对水电站建设过程中的安全评价指标进行在线监控与实时分析预警；针对工程区昼夜温差大，对坝体混凝土温控措施的实施影响大等一系列施工问题，采用热升层控制系统和智能温控系统进行智能调控。同时为了实现整个管理平台的云端部署，保证管理的高效性和便捷性，在工程建设后期采用无人机图像采集技术、三维重构技术、BIM 轻量化技术和 WebGIS 技术，将原C/S架构下的施工管理平台移植到了 B/S 端，实现了海量监控信息的云端管理与高性能在线发布。

最终工程交付以“数据交付＋平台交付”的形式实现。在已有平台的基础上，针对运营维护阶段的具体需要，提取了枢纽信息、机电信息、资源信息等与运维业务相关的数据，保留了原有的安全评价系统，同时整合了机电控制平台与在线管控系统，从而形成了一套功能完备的基于 HydroBIM 的智慧水电站全生命周期管理平台。

3　应用心得与总结

本项目突破了传统水电枢纽建造过程中信息流失问题，通过整合规划设计阶段（河流规划阶段、预可研阶段、可行性研究阶段、招标设计与施工图阶段）、施工建设阶段与运营维护阶段的工程信息，形成了一个多维度参数的、精细化、全过程的技术解决方案，创新性地提出“统筹设计、智能建设、智慧运营”的核心理念，真正体现出了 BIM 技术在水电工程领域的应用价值，成果具有明显的经济效益和社会效益，可为类似水电工程乃至其他土建行业的全生命周期管理提供参考。

金奖

两河口水电站数字化设计应用

中国电建集团成都勘测设计研究院有限公司

1 项目概况

两河口水电站位于四川省甘孜州雅江县境内的雅砻江干流上，为我国第三大水电能源基地——雅砻江干流中游的控制性水库电站工程。坝址位于雅砻江干流与支流鲜水河的汇合口下游约2km河段，两河口水电站坝址控制流域面积6.57万km^2，占全流域的48%左右，坝址处多年平均流量为666m^3/s。水库正常蓄水位2865m，相应库容101.5亿m^3，调节库容65.6亿m^3，具有多年调节能力。水电站装机容量300万kW，多年平均年发电量为110亿kW·h，设计枯水年供水期（12月至次年5月）平均出力113万kW。

两河口水电站工程规模巨大，开发河段内河谷深切、弯多流急、不通航，工程的开发任务主要是发电，结合汛期蓄水兼有减轻长江中下游防洪负担的作用。枢纽建筑物由砾石土心墙堆石坝、溢洪道、泄洪洞、放空洞、发电厂房、引水及尾水建筑物等组成。心墙堆石坝最大坝高295m，为我国第二、世界第三高土石坝。左岸泄水建筑物由溢洪道、深孔泄洪洞、竖井旋流泄洪洞、放空洞组成，枢纽总泄量约为8200m^3/s，最大泄洪水头约为250m，总泄洪功率约为21000MW，最大泄水流速超过50m/s，工程泄洪具有“水头高、泄量大、河谷窄、岸坡陡、泄洪功率高、下游河道及岸坡抗冲能力较低”的特点。右岸引水发电建筑物主要由引水隧洞、地下发电厂房、尾水调压室、变压及出线系统等组成，为大型地下洞室群结构，最大水平埋深和垂直埋深均超过650m，地应力量级较高，地质条件复杂，综合设计施工难度大。厂内安装6台单机容量为500MW的水轮发电机组。两河口水电站目前正处于建设高峰期，已充分推动和发挥三维设计在直观效果上的技术优势，做到数字化设计，不断提升三维数字化设计水平。两河口水电站的建设，不仅标志着我国在300m级高土石坝设计建造技术方面达到全球领先水平，同时也将有力推动大功率、高流速泄洪系统、大埋深高地应力复杂地质环境大型地下洞室群等技术领域设计建造技术的深度发展，通过两河口水电站的数字化设计与应用探索，公司形成了较为成熟的水电站三维数字化设计体系和完善的设计解决方法，使水电站三维设计技术达到较高的实用化水平。

两河口数字化设计应用以工程生命周期管理为目标，基于数字化设计平台开展协同设计与应用，通过信息集成、数字化交付，形成项目工程数据中心，为设计、应用和全生命周期管理提供数据支撑，降低成本、减少返工、缩短工期，提升工程质量与效益。

2 项目应用情况

2.1 项目设计及总体情况

（1）平台架构。两河口数字化设计平台以 ENOVIA 为基础，项目各专业采用便于集成的专业数字化工具创建信息模型，通过专业设计工具及统一的数据接口在协同平台上进行综合集成，形成工程数据中心，为项目设计应用和全生命周期管理提供数据支撑。项目专业协同设计平台主要由工程地质系统（GeoSmart）、枢纽设计系统（CATIA/VPM）和厂房机电设计系统（Revit/Vault）组成，形成了涵盖地质工程设计、枢纽设计、施工总布置设计、厂房-机电综合设计的数字化应用整体解决方案。项目定制开发了一系列专业设计工具和资源库，形成了一套完整的水利水电工程数字化设计标准规范体系。平台系统架构及与之对应的业务流程如图 1 和图 2 所示。

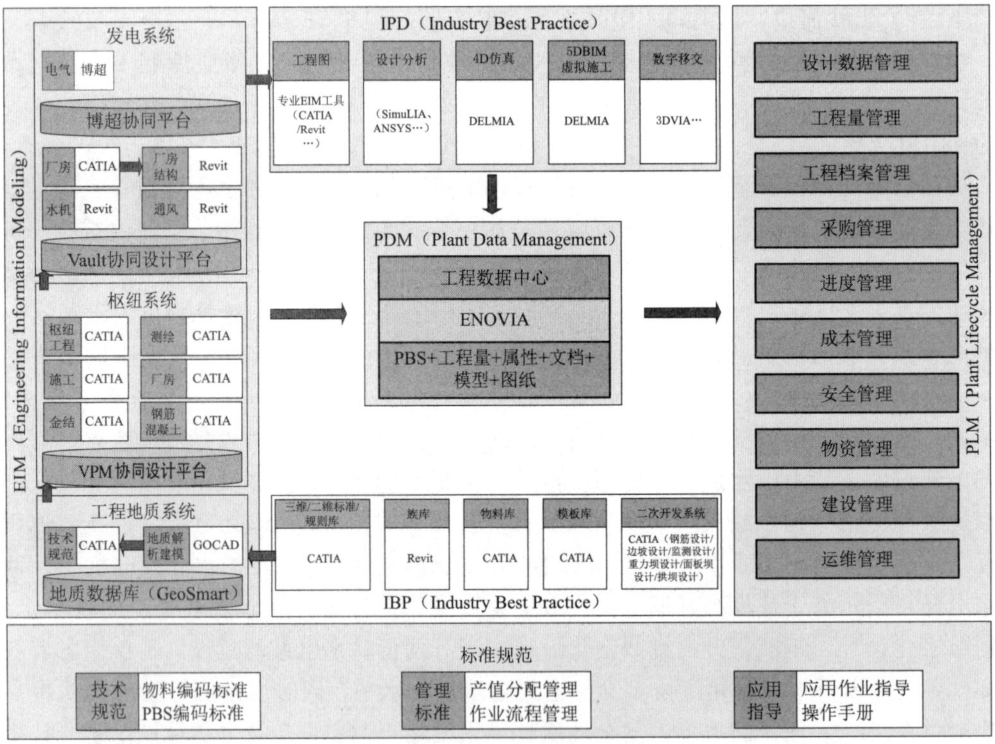

图 1 两河口数字化设计平台架构

（2）地质数字化设计。地质数字化设计系统采用地勘专业一体化设计，以生产流程为主线，地质特性为纲目，汇总各种勘测手段中数据源的特性，形成深度关联又相对独立的信息中心。围绕数据中心，按业务流程和不同需求构建分析应用系统，形成一体化的水利水电工程地质数字化平台。

该平台由数据中心和数据分析应用系统两大部分组成。数据中心负责各类数据的存放并提供基础服务，是平台的核心。用户系统由“工程地质信息管理系统”“工程地质三维解析系统”和基于模型和属性的“工程地质综合应用系统”三大子系统组成，负责各种数据的管理、分析、应用等（图 3）。

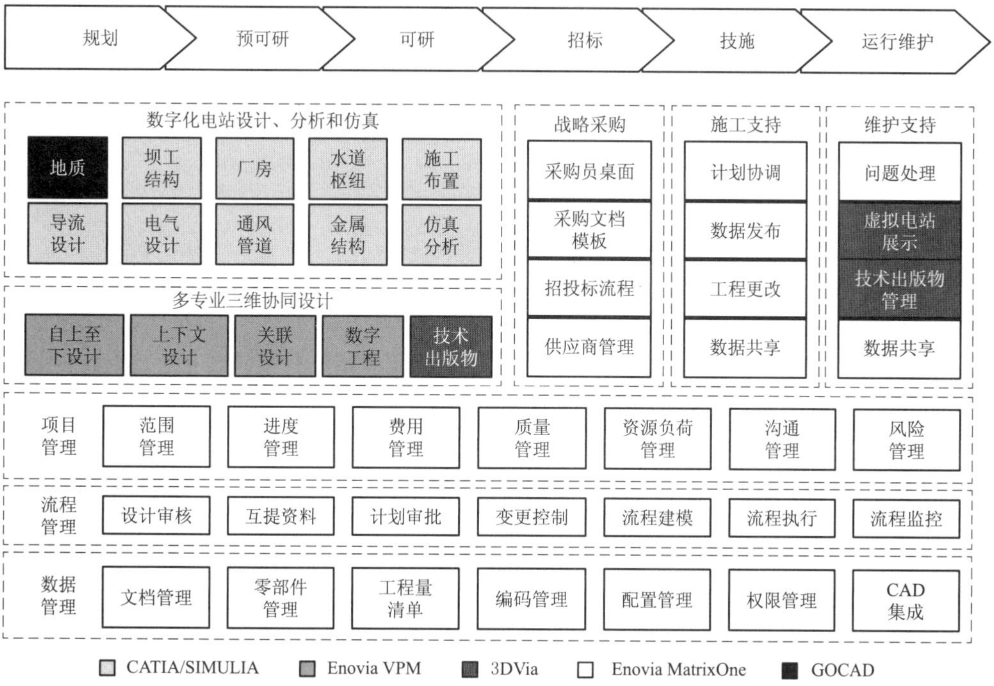

图 2　数字化设计平台业务流程

图 3　地质数字化三维系统平台界面

（3）枢纽系统数字化设计。CATIA/VPM 是水工、施工等专业的信息模型创建基础平台。作为 PLM 协同解决方案的一个重要组成部分，支持从项目规划、设计、分析、模拟、组装、数字交付、运维管理在内的数字化设计流程和管理（图 4）。通过定制开发和配置，集成其他专业设计软件接口和模型数据，形成了多专业数字化协同设计平台和解决方案。

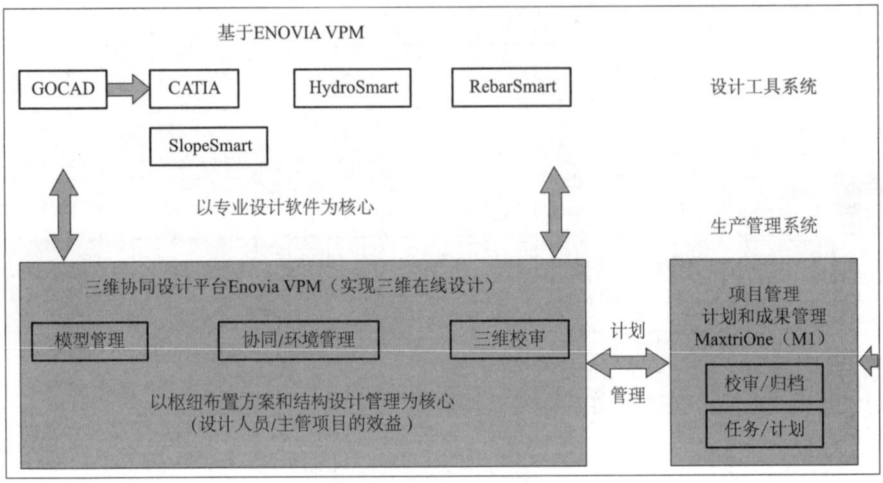

图 4　枢纽系统数字化设计流程

（4）厂房机电数字化设计。厂房机电的协同设计以 Vault 为数据交换中心，把项目周期中各个参与方集成在一个统一的工作平台上，改变了传统的分散交流模式，实现信息的集中存储与访问，从而缩短项目互提资料的周期，增强了信息的准确性和及时性，提高了各参与方协同工作的效率（图 5）。

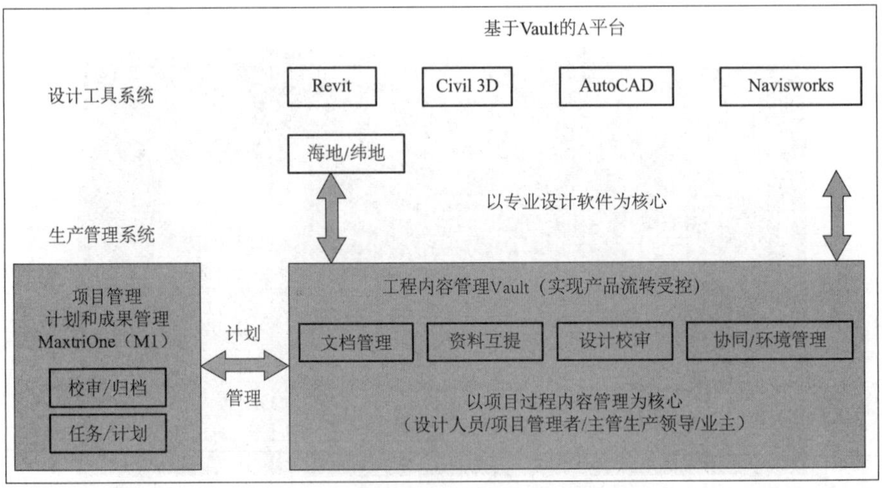

图 5　厂房机电数字化设计流程

（5）土石坝数字化设计。土石坝三维设计工具主要功能包括轴线布置、断面选型、建基面设计、材料属性、工程量统计等功能（图 6）。通过定制的专业化设计工具进行快速的建模、布置、出图及工程量统计。

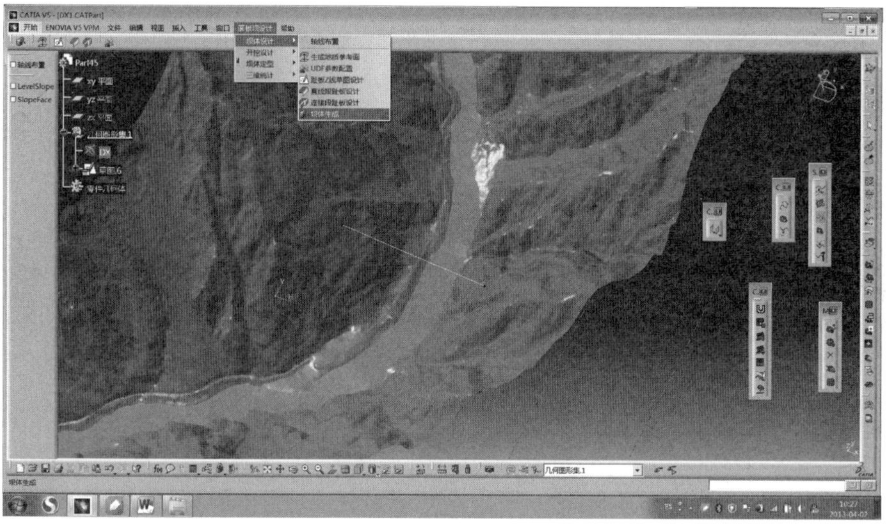

图 6　土石坝三维设计工具

（6）边坡数字化设计。SlopeSmart 三维边坡设计分析工具可用于各种水工结构的边坡设计、料场和渣场等设计（图 7）。基于三维地质模型的边坡设计分析一体化技术，在高山峡谷的水电工程边坡开挖及边坡稳定分析应用中取得了良好的效果。应用该技术可以快速获取项目三维地质模型中地质体的几何信息和材料力学参数，可以通过参数浮动分析，自动搜索最危险滑动面，判别边坡可能的破坏模式，评价边坡的稳定性及支护措施的加固效果。

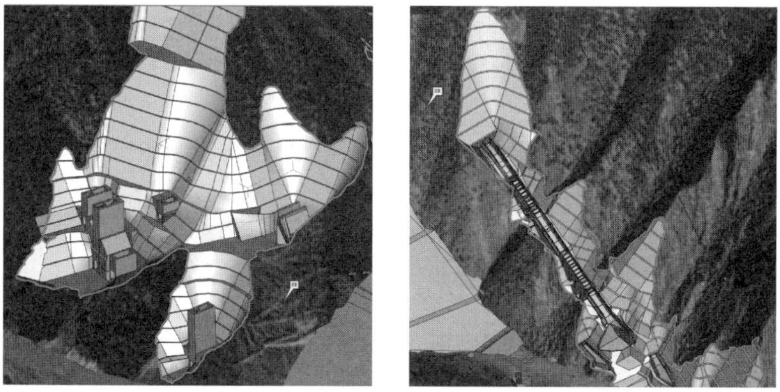

图 7　边坡数字化设计

（7）钢筋数字化设计。RebarSmart 钢筋数字化设计系统集成了钢筋混凝土结构的常用设计标准，形成了三维布筋、二维出图、报表统计、关联更新、多人协同的“一站式”数字化钢筋设计解决方案。通过 CAITA/VPM 协同设计环境，实现了多人在线对大型结构进行协同布筋设计。同时，通过三维参数化布筋技术，实现对配筋参数和属性的管理，建立钢筋混凝土结构的全信息模型，支持有限元分析、工程量和造价统计，指导现场施工、工程总承包、数字工程移交等应用（图 8）。

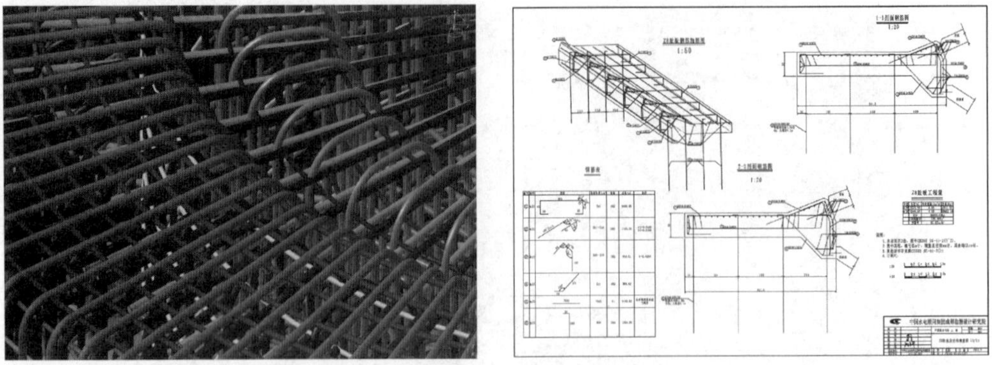

图 8　两河口混凝土结构钢筋数字化设计

（8）水道隧洞数字化设计。针对水道枢纽建筑物设计多、繁、杂的特点，定制水道专业的模板库，包括电站进水口塔体、引水隧洞、压力管道、调压室、钢岔管、尾水洞及尾水出口建筑物、泄水建筑物进口塔体、泄水建筑物洞身及掺气坎、泄水建筑物出口挑坎的结构及钢筋设计等建筑物类型，大大提高了建模效率。

（9）监测数字化设计。水工建筑物安全设计中需要布置大量监测仪器，采用 Monitor3D 三维设计工具，可以对工程的监测全局宏观把握。在地形地质和水工枢纽模型的基础上，开展监测外观的设计，可以更直观、更准确地开展工程监测仪器的空间布置、位置分析，解决监测仪器（如正倒垂、竖直传高系统、引张线、多点位移计等）与结构的冲突问题；采用三维设计布置监测外观控制网，可对地形地貌直观了解，快速检查工作基点及外观测点之间的通视条件，输出测点所在位置坐标，从而大幅减少现场踏勘工作量；可实现对接监测数据库，实时查询监测点的数据进行监测分析和安全评价等应用。监测数字化设计工作模块如图 9 所示。

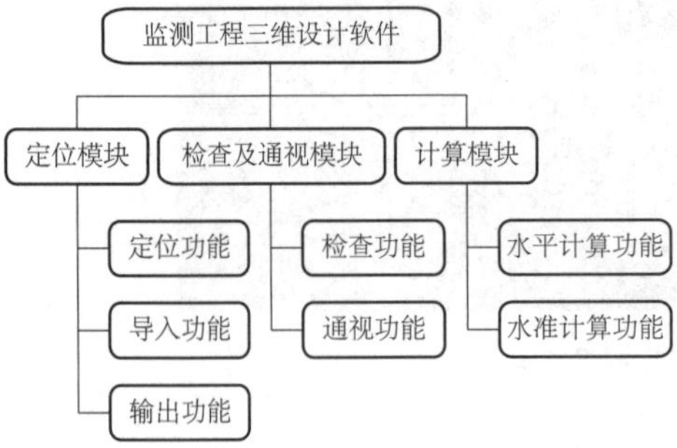

图 9　监测数字化设计工作模块

（10）电缆敷设数字化设计。CableSmart 是机电专业的桥架电缆敷设数字化设计和管理工具，该产品是基于 Revit 平台，结合成都院的水电站厂房电缆敷设的设计方法和流程，通过二次开发，实现电缆规格管理、桥架设计、电缆自动敷设、敷设规则检查、电缆优化敷设、自动生成电缆清册、模型标注、数字化模型管理等功能。CableSmart 攻克了电气设计中最为复杂而烦琐的电缆敷设环节，填补了公司机电专业电缆敷设精细化设计能力和技术的空白，帮助设计人员快速完成桥架和电缆的设计工作，满足项目业主希望通过精细化设计为后期精细化采购、精细化施工、精细化维护的要求。CableSmart 通过梳理机电专业的电缆桥架设计需求和工作流程，嵌入电缆敷设的标准化流程与规则，实现电站厂房电缆敷设的标准化设计、集成化设计。电缆清册、桥架标注等六大模块，实现了电缆规格管理、桥架设计、电缆自动敷设、敷设规则检查、电缆优化敷设、自动生成电缆清册和报表、电缆桥架标注以及数字化模型管理等功能。

2.2 特点和创新点

（1）创新点一。两河口项目建立了土料场地质信息模型，包含料场三维空间信息、土料地质分层信息及土料料性信息（土料级配、黏粒含量、含水率）的试验检测成果；研发了多源宽级配复杂土料场分析和智能开采管理系统，根据勘探、试验成果建立各料场、料区空间三维坐标与土料料性信息的映射关联关系，通过虚拟剖分、土料料性三维查询系统，提供土料掺“粗”建议，开采过程中进行终采面和开挖比对分析、过程开挖量复核，指导料场的精确开采掺配。

（2）创新点二。两河口智慧工程管理平台采用当下主流的 B/S 架构，可实现用户随时随地通过 Web 浏览器访问平台的应用目标。系统三维图形基于超图 WebGL，实现三维图形和地理信息数据的结合展示。系统核心包括三维图形设计数字化移交、工程施工过程的管理以及三维模型和施工过程管理的协同展示。两河口项目结构复杂、专业众多、BIM 模型体量大，平台通过轻量化技术，去除中间过程和无用参数信息，减少 BIM 模型的点面数，保证较高的实时渲染性能，实现将数量庞大、材质复杂的 BIM 模型的轻量化处理。平台聚焦机电工程建设过程的关键设备以及质量、进度、安全、投资等管控要素重大风险的预警与防控。

3 应用心得与总结

两河口水电站坝区地质条件特别复杂，枢纽布置及发电系统复杂，多专业协同设计难度极高。在本项目中，建立了工程区域的三维地形地质模型，指导边坡稳定性分析与设计、监测资料的分析及地下厂房变形分析。项目建立了枢纽区水工建筑物及机电三维模型，解决工程布置、结构设计与方案优化等问题，提高了设计准确性及可靠性，显著提高设计质量与效率。成都院数字化协同设计的整套技术和在两河口项目中的应用成效为公司水利水电工程数字化协同设计、数字化施工管理和数字化运营管理应用打下了良好基础，技术成果将拓展到风电新能源等业务领域，更好地为业主提供工程项目全生命期数字化服务，提高企业的核心竞争力。

通过两河口项目的实践，建立起了能够满足工程全生命期多专业数字化协同设计的系统、解决方案和成套技术，并在成都院推广普及。同时该研究应用成果及经验已推广到 10 多家大型水利水电工程设计院，推动了水利水电行业数字化设计技术的进步，引领行业工程数字化的发展。

金奖

仙居县污水处理二期工程 BIM 设计

华东勘测设计研究院有限公司

1　项目概况

仙居县污水处理二期工程位于仙居县杨府工业集聚区，占地面积为 147010.83m^2，处理规模 4 万 m^3/d，旨在保护永安溪流域水资源，完善城市基础设施，保证社会经济可持续发展，为仙居县实现污染物减排任务提供基础保障。工程总投资 33824.13 万元，其中工程费用 27506.31 万元，其他费用 4687.58 万元（其中建设用地费 2160.00 万元），基本预备费 965.82 万元，建设期贷款利息 664.14 万元。

工程内容包括污水厂二期、污水厂一期工程改扩建及人工湿地以及光伏工程。污水厂二期包括细格栅及旋流沉砂池、污泥泵房、高密度沉淀池、反硝化滤池、二沉池、粗格栅及进水泵房、改良 A2/O 池、二次提升泵房、鼓风机房、加氯间、加药间、转盘滤池、消毒计量池、污泥浓缩池、调节池等构筑物、工艺系统设备及安装工程，配套的电气工程及综合管网安装工程，厂内道路、厂平、给排水以及绿化工程，配套的建筑装饰工程。污水厂一期改扩建包括调节池扩建、污泥脱水机房调理池扩建。人工湿地包括湿地系统土建及安装工程，景观绿化工程，景观照明工程，配套的电气设备、弱电系统，围墙大门以及综合楼、配套服务用房的土建装饰工程。项目总平面如图 1 所示。

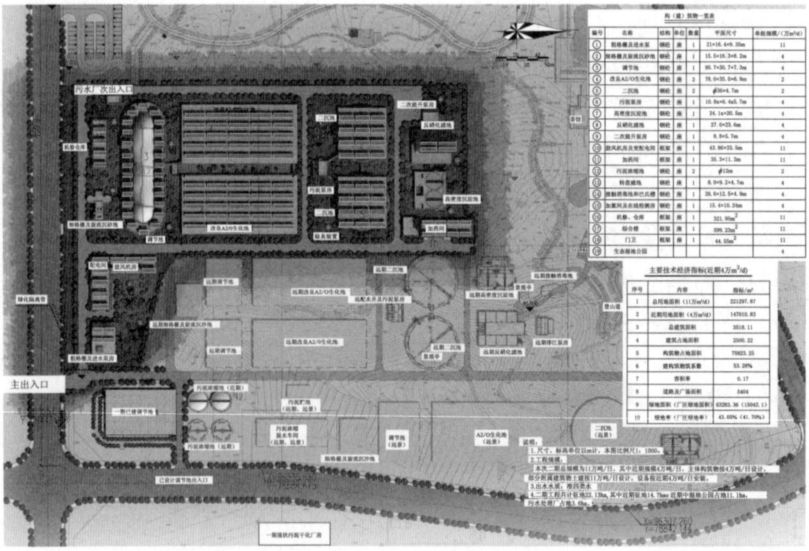

图 1（一）　总平面图

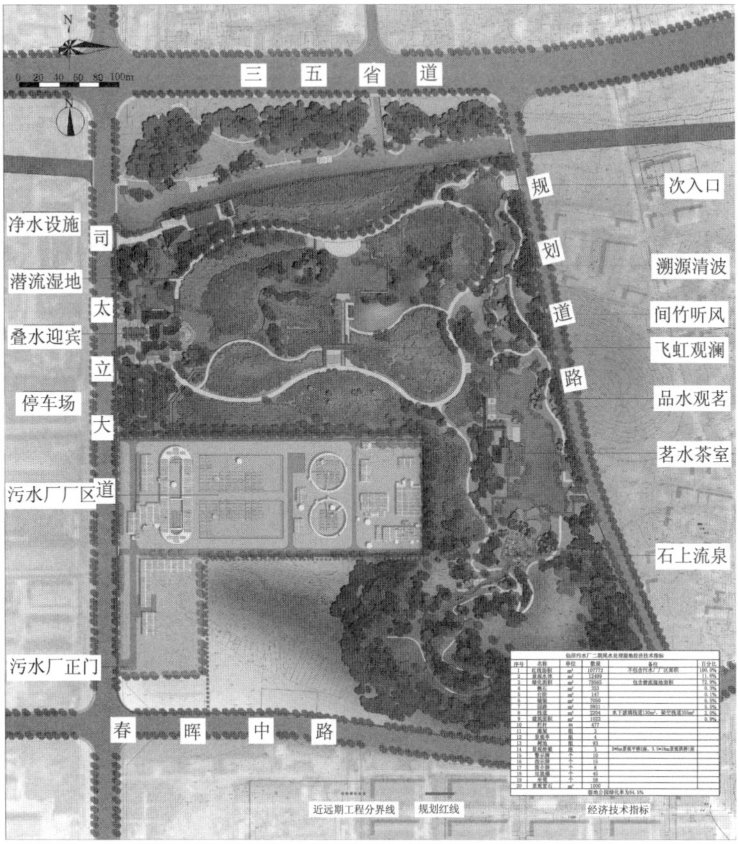

图 1（二） 总平面图

2 项目应用情况

2.1 项目设计及总体情况

（1）污水厂三维数字化协同设计。按照我院三维设计相关制度和市政水务厂站三维设计标准化要求，开展了工艺、结构、建筑、电气、自控、建筑给排水等多个专业参与的三维数字化协同设计，各专业在同一个协同设计平台上进行设计，能够实时地了解其他专业的设计成果，可以更好地进行专业配合。

通过三维数字化协同设计，建立了污水厂建、构筑物单体土建结构、机电设备及明、暗管路等三维模型，并完成了模型的合理化检查、碰撞检查，景观绿化方案优化、装饰方案优化等大量方案布置优化工作，使各专业的设计方案达到最优。仙居县污水处理厂二期工程三维模型如图 2 所示。

（2）景观绿化方案优化。污水厂厂区景观绿化代表了污水厂的形象特点，而植物是构成厂区景观绿化的主要素材，本工程相对于传统污水处理厂工程更是增加了人工湿地工程，大大提高了绿化面积比例、增加了植物种类。

传统的二维景观绿化设计无法体现的绿化的整体效果，本项目建立植物景观三维模型，对厂区植物景观进行仿真模拟及优化设计（图 3），保证了厂区景观绿化设计的整体优越性。

图 2　仙居县污水处理二期工程三维模型图

图 3　优化后的景观绿化布置

（3）装饰方案优化。综合楼位于湿地公园内，与湿地公园的景观设计共同形成整个地块的标志性建筑物。因此，综合楼采用何种装饰方案才能最好地与先进的、现代化的工业生产相适应，并和地势地貌完美地结合在一起尤为重要。

本项目建立综合楼模型，在三维模型的基础上进行装饰方案模拟，将装饰方案直观地展示给业主，根据业主意见进行了多次优化，最后形成令业主满意的最佳装饰方案（图 4）。

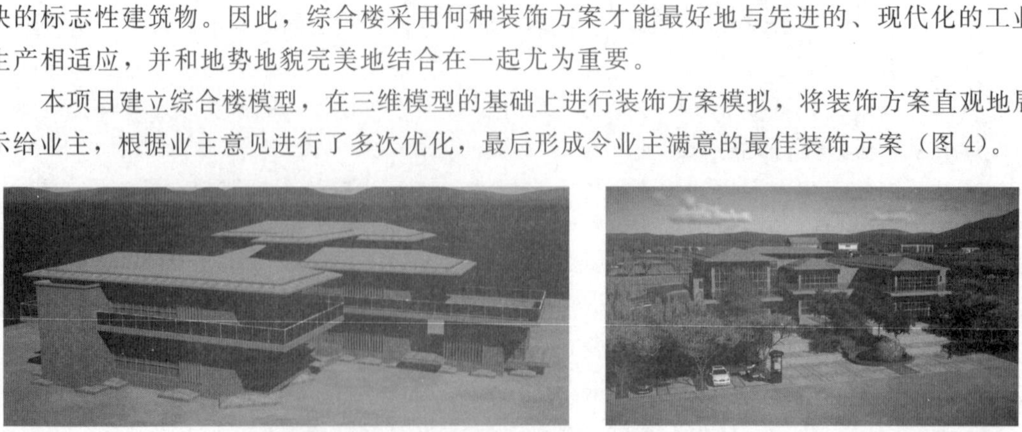

（a）优化前　（b）优化后

图 4　优化前后综合楼装饰方案

2.2 特点和创新点

(1) 创新点一。高密度沉淀池设备安装区域比较集中，安装工作量较大，安装过程中为避免相互干扰，需要做到合理有序。设备安装顺序为刮泥机设备安装、斜管填料安装、集水槽安装、快速混合器安装、搅拌器安装、MCC 柜及现场控制柜安装，同时每种设备又各自有一套复杂的安装流程，因此需要一个直观的方式帮助现场施工人员理解整个安装程序。

本次 BIM 设计对高密度沉淀池设备安装方案进行了仿真模拟（图 5），模拟详细介绍了从刮泥机设备安装到 MCC 柜及现场控制柜安装的整套设备安装程序以及每种设备单独安装时各组成构件的安装顺序，整个过程清晰易懂。

(2) 创新点二。本工程人工湿地分为垂直潜流、水平潜流、表流湿地，为人工建造的模拟自然湿地系统的水处理构筑物，是该工程核心处理部分。湿地的施工流程为：基础处理→砂垫层→底板、墙板施工→砂保护层→防渗膜铺设→滤料层铺设→满水试验→水生植物种植。其中，滤料层铺设施工最为复杂，现场共设置 4 个砾石堆料区，对 9 个湿地区块同时开展摊铺，每个区块需要先后敷设约 6 种不同的滤料。

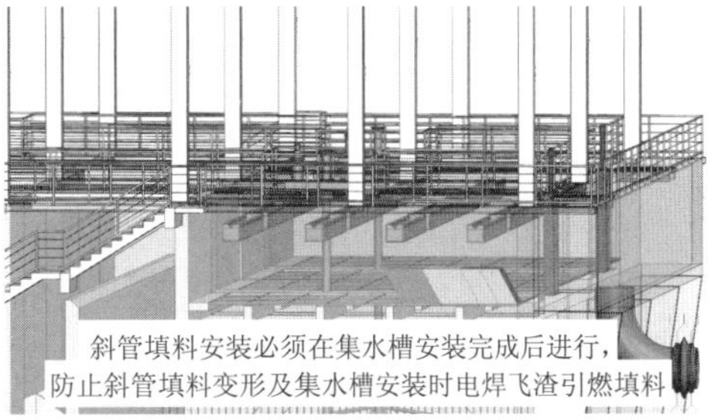

斜管填料安装必须在集水槽安装完成后进行，
防止斜管填料变形及集水槽安装时电焊飞渣引燃填料

图 5　高密度沉淀池设备安装模拟

本次 BIM 设计对人工湿地砾石摊铺方案进行模拟（图 6），模拟介绍了滤料的质量控制流程、砾石堆料区的选择以及包含卸料、机械二次搬运、机械三次搬运推平、人工整平的铺设工艺流程，将整个摊铺方案更直观有条理地展现出来。

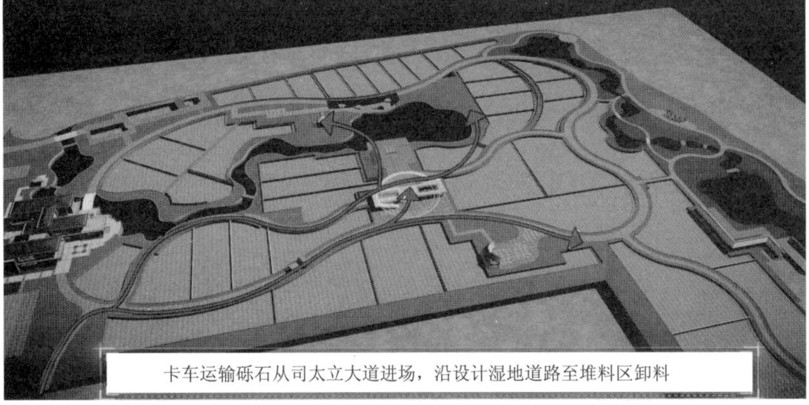

卡车运输砾石从司太立大道进场，沿设计湿地道路至堆料区卸料

图 6　人工湿地砾石摊铺方案模拟

(3) 创新点三。在既定的工期内，编制出最优的施工进度计划，控制施工进度，才能保证项目既定目标工期的实现。

本项目采用BIM技术对施工进度进行模拟，展示了整个厂区的施工顺序以及厂区各部分计划施工完成时间（图7），使业主更为直观的了解施工进度，更好地把握施工周期。

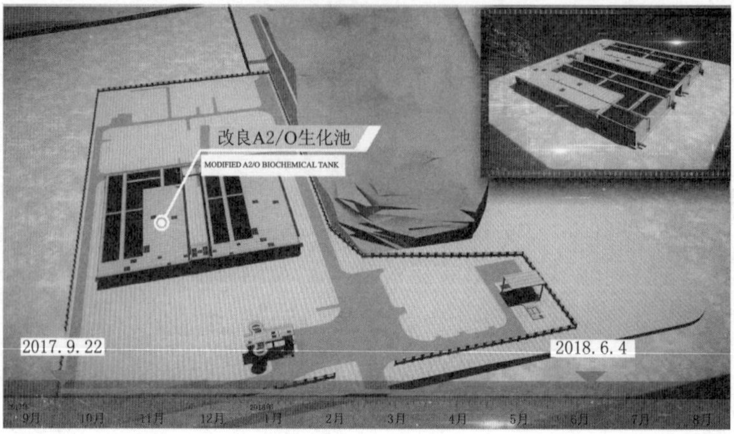

图7　施工进度模拟

3　应用心得与总结

仙居县污水处理二期工程BIM设计涉及工艺、结构、建筑、电气、自控、建筑给排水等多个专业，主要应用于项目初步设计及施工图设计阶段。其在三维数字化协同设计、三维抽图、对外协作设计、设计交底及指导施工中的应用，极大地提高了工程质量和生产效率，得到业主的高度好评。

金奖

泵站群设计 BIM 应用

长江勘测规划设计研究有限责任公司

1 项目概况

我院自 BIM 设计技术推广以来，在海口泵站、洋澜湖泵站、黄石鼎丰泵站、花马湖二站、宁波慈江泵站、华阳河泵站等多个大中型泵站项目设计中进行了应用（图 1）。通过研究与实践形成了多项泵站设计技术，通过实际项目的磨炼，对工作开展方式和设计技术进行不断优化，到现阶段，应用 BIM 设计技术提高泵站的设计质量和效率已经取得较为明显的成效。

图 1　泵站项目概况

泵站设计参与专业多，通过中心模型与工作集，实现了建筑、景观、结构、给排水、暖通、电气等多专业协同设计模式（图 2）。

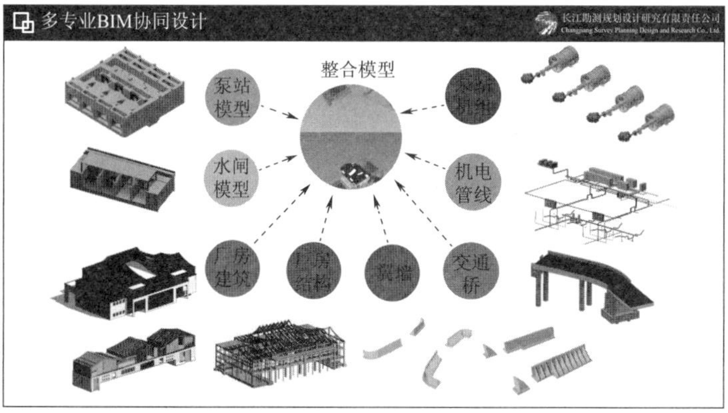

图 2　多专业 BIM 协同设计

2 项目应用情况

2.1 总体情况

（1）模板化曲面设计建模。可通过单线图快速完成流道曲面建模；可在模板中内嵌复杂的计算公式，通过参数以及公式驱动模型修改，完成出江管道等构件的设计，设计的管道能够满足规范要求，且能够尽量节省工程量（图3）。

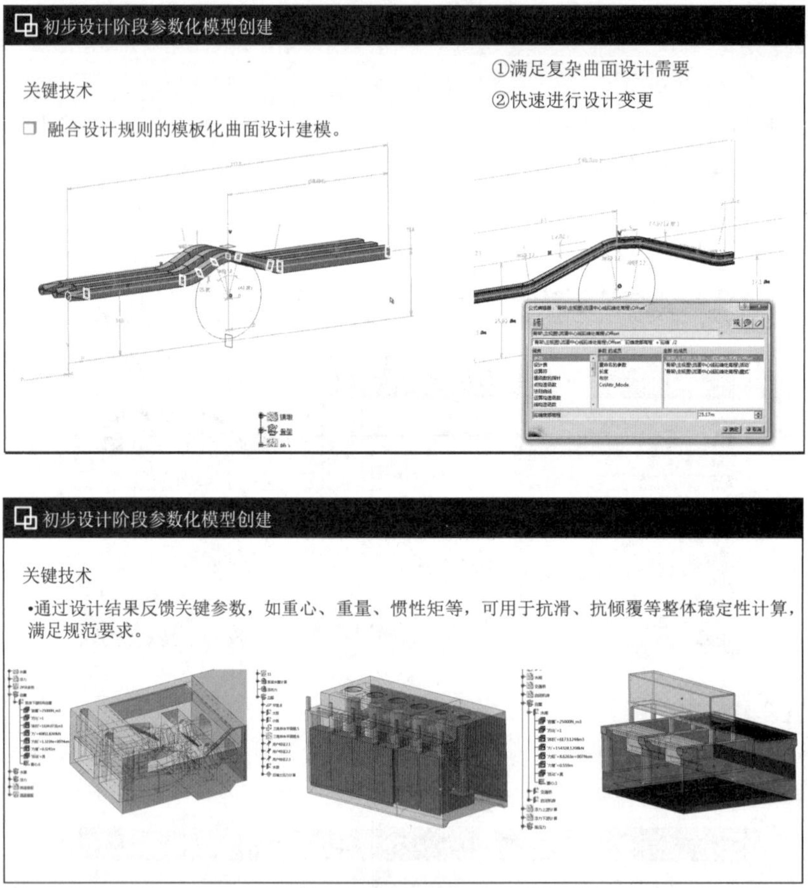

图3 初步设计阶段参数化模型创建

（2）整体稳定性计算。通过模板自动获取重心、重量、惯性矩等参数，编辑公式进行稳定计算。

通过模板提取模型属性，并与Excel关联，生成整体稳定计算文件（图4）。基于模型成果生成标准化的泵站工程量表。

（3）有限元计算分析。基于设计模型进行计算分析，减少建模工作量；计算结果为设计优化提供依据；可以为配筋提供指导（图5）。

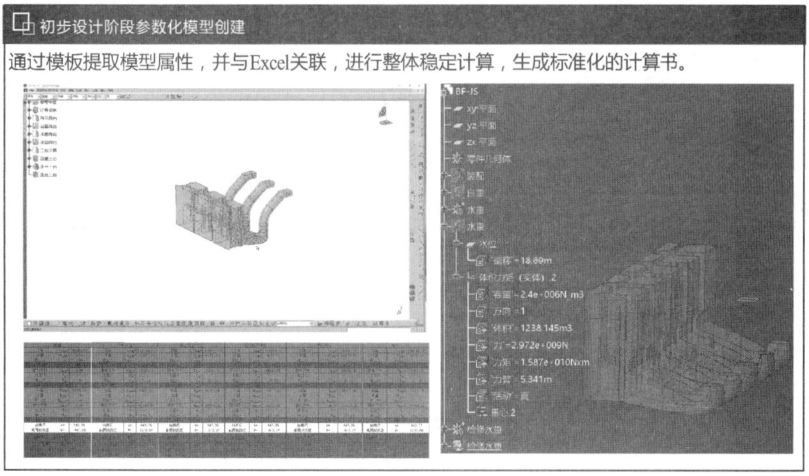

图 4　整体稳定性计算

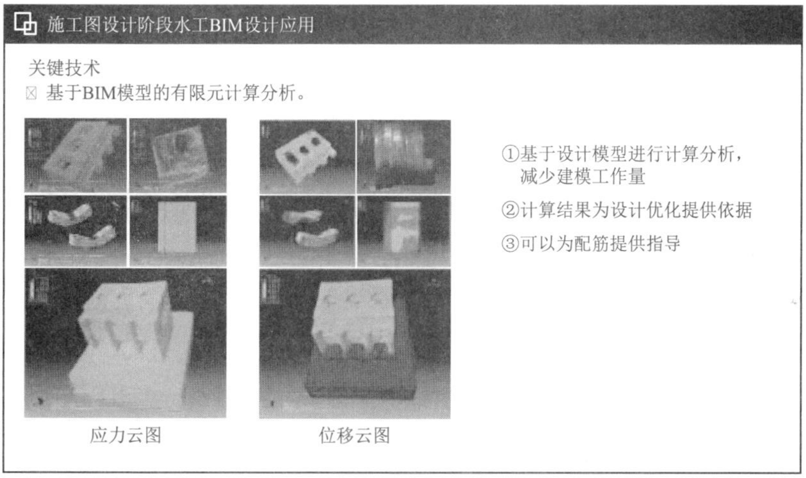

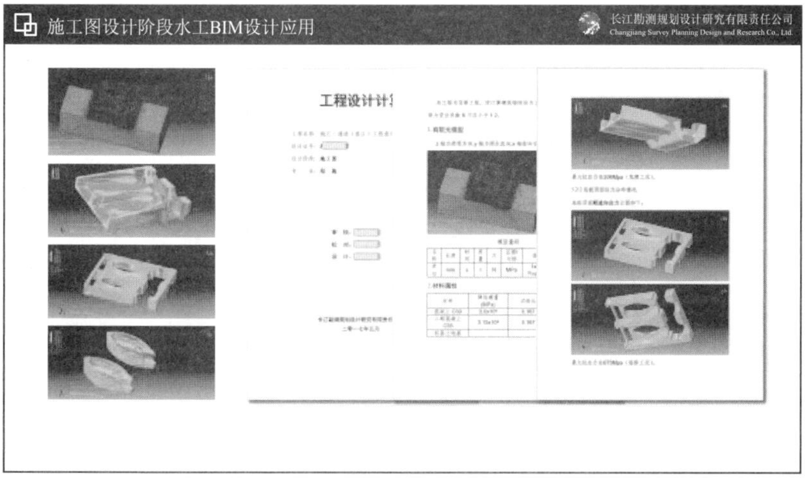

图 5　有限元计算

(4) 工程量统计。从模型直接获取混凝土体积、模板面积等工程量；获取工程量自动、精准，减少人工体积误差；省去人工算量过程，提高统计效率。

(5) 结构、三维配筋出图。基于模型快速切图，保证准确性；可发挥团队优势，提高工作效率；能够自动生成钢筋量表；可成倍地提高制图效率，并能保证制图质量（图 6）。

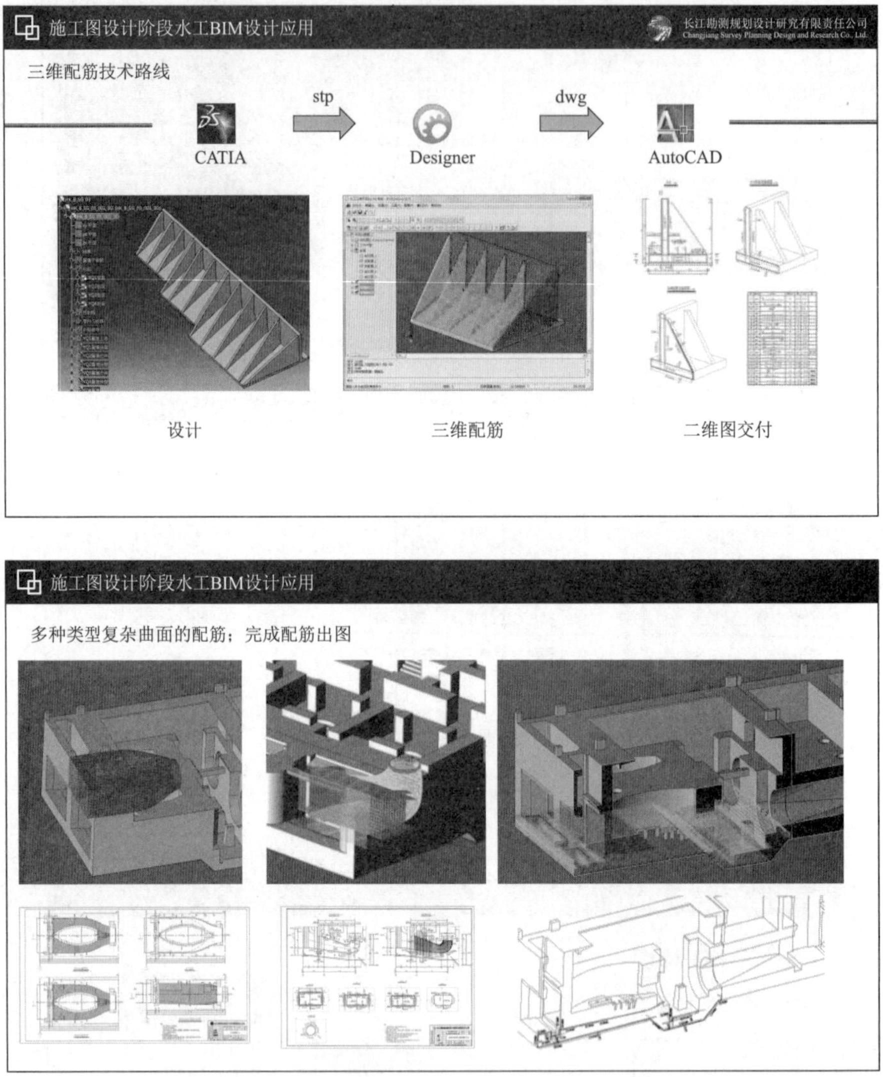

图 6　施工图设计阶段水工 BIM 设计应用

2.2　特点和创新点

(1) 创新点一。泵站设计实现了 Revit 和 CATIA 双平台多专业协同精细化设计模式（图 7）。

(2) 创新点二。实现了以水泵设备、流道等信息模型为基础的 BIM 设计（图 8）。

(3) 创新点三。充分利用 CATIA 软件模板建模功能，创建了大量可重复利用的参数化模板，大幅提高了设计建模效率（图 9）。

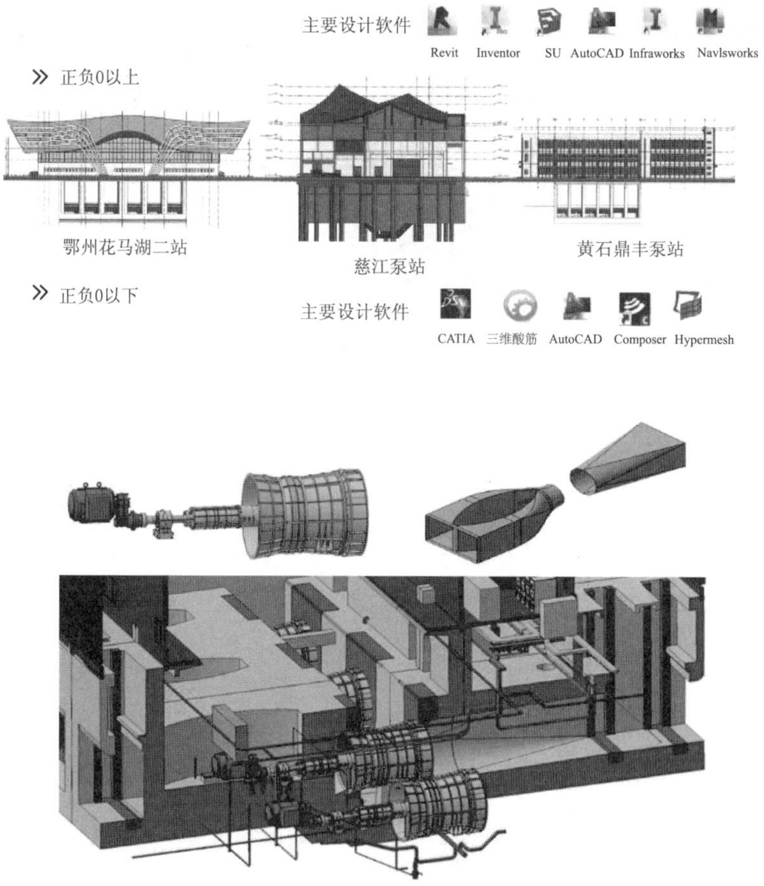

图 7　Revit 和 CATIA 双平台双专业协同

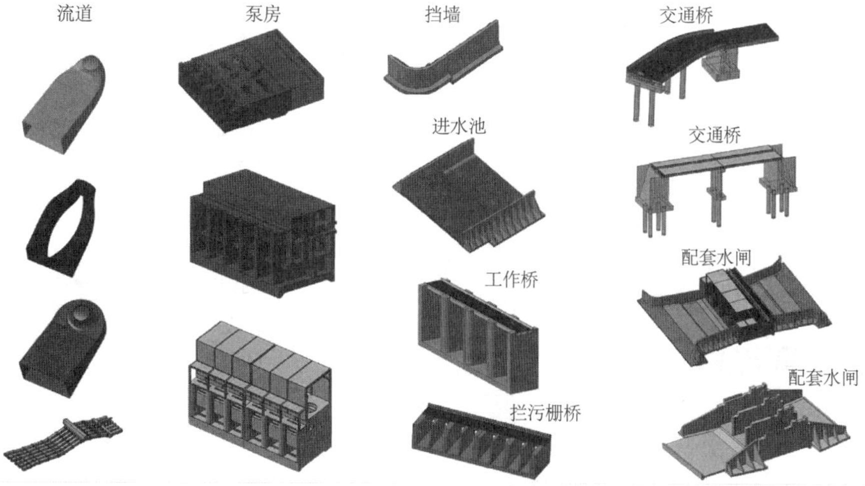

图 8　以模型库为基础的装配式设计

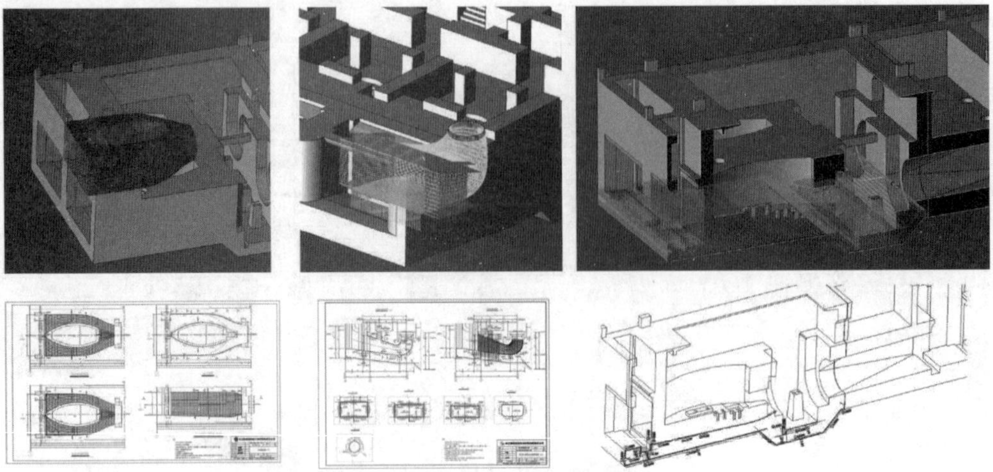

图 9　复杂曲面三维配筋出图

（4）创新点四。实现了水工结构的三维配筋和轴侧出图（图 10）。

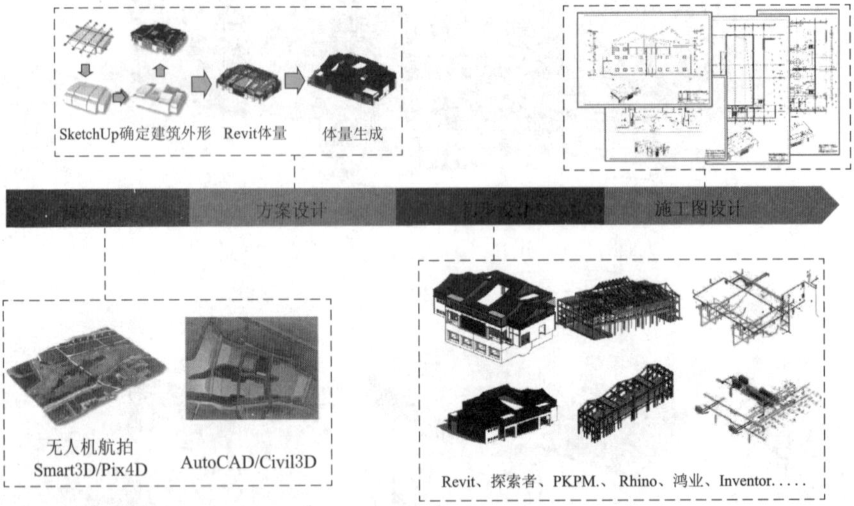

图 10　全过程 BIM 正向设计

（5）创新点五。实现了泵站厂房建筑从规划到施工图设计全过程 BIM 正向设计。

3　应用心得与总结

目前，我院已经将三维设计技术应用于多个工程项目的泵站、涵闸等工程设计。通过多个项目的实践对上述 BIM 设计技术进行了总结，编写了泵站 BIM 设计技术指南，在院内进行了推广。目前我院设计的多座泵站均采用该方案开展设计，取得了良好的效果。

金奖

HydroBIM 技术在红石岩堰塞湖应急处置及永久整治中的集成应用

中国电建集团昆明勘测设计研究院有限公司

1 项目概况

近年来，受强降雨、强地震等极端条件的影响，堰塞坝形成的频率明显增加，堰塞坝应急抢险与综合整治成为国家自然灾害防治体系建设的重大需求。项目组以唐家山堰塞湖溃决和洪水演进分析研究为起点，依托云南鲁甸红石岩堰塞坝开展了长达 10 年的科研攻关工作。以“产学研用”深度融合的创新模式，依托 7 项科技计划项目，结合红石岩等堰塞坝工程重大技术问题开展研究和实践，取得了丰富的创新性研究成果。

2 项目应用情况

2.1 项目设计及总体情况

2.1.1 乏信息条件下数据采集和数据处理

1. 制作三维地形

低空无人机航摄系统获取地震灾区影像数据及高清视频，完成了红石岩堰塞体上游 1km 三维激光扫描作业、360°全景制作、堰塞体方量计算及形体参数测算等工作，利用单点定位 GPS 完成了堰塞体高程复核和像控测量。

2. 区域地灾监测

星载 InSAR 主要用于红石岩区域性地质灾害监测，利用地基 InSAR 监测右岸滑坡崩塌体的变形，发挥水电工程灾害应急指挥平台作用。

3. 三维地质建模

通过 1.5m 大直径竖井、物探、钻探等综合手段完成了地质数据信息采集获取，基于昆明院自主产权的 HydroBIM -土木工程三维地质系统，建立了枢纽区三维地质模型。

2.1.2 建立水文模型进行洪水分析

基于模型数据进行成果区域合理性分析、溃坝洪水计算及对上下游影响分析。联合中国水利水电科学研究院陈祖煜院士团队，进行堰塞湖溃坝洪水分析，成果为排险处置决策提供了重要依据。

2.1.3 建立应急处置措施

（1）应急排险采取了6项非工程措施和4项工程措施，并且及时编制了5篇应急处置报告。

（2）新建应急泄洪洞：应用BIM技术进行后续处置方案的建模分析，最终确定新建长278m的应急泄洪洞，与原红石岩电站引水隧洞相接，放空堰塞湖。

（3）采用地质雷达对应急泄洪洞施工进行地质超前预报预警。

2.1.4 HydroBIM在堰塞湖永久整治工程中的应用

1. 整治工程建筑物设计

HydroBIM技术在整治工程建筑物设计中的集成应用，大大提高了工作效率和设计质量。

基于HydroBIM平台，昆明院组织各专业骨干在20天内完成实施方案报告编制，完成三维模型、CFD仿真模型、报告编制以及三维设计出图。

基于协同设计平台实现了土建、水机、电气、金结等多专业系统设计。

2. AIW（InfraWorks）施工总布置

以PW为协同平台，以AIW为可视化和信息化整合平台，集成各专业BIM模型，实现了施工总布置多专业动态三维协同工作。

3. 数字移民管理系统

开发了数字移民管理系统。整治工程征地区涉及云南省昭通市鲁甸县、巧家县和曲靖市会泽县3个县、10个乡（镇）、23个村民委、89个村民小组。建设征地总面积109735亩，征地区人口2531人。

4. HydroBIM信息管理系统

集成三维设计成果，利用信息管理系统实现成果展示、信息查询，检查工程施工和运行情况。

2.2 特点与创新点

2.2.1 创新点一

揭示了堰塞坝冲刷侵蚀的溃决机理，提出了高精度溃决洪水与演进计算方法及模型，在红石岩及白格等堰塞湖处置中发挥重要作用。

2.2.2 创新点二

针对地质和结构不确定性的难题，揭示了堰塞堆积体运动的主要动力学行为和高速远程滑动的动力机制，开发了基于连续离散耦合框架的堰塞体形成全过程数值模拟方法。揭示了滑坡体运动的主要动力学行为和高速远程滑动的动力机理；提出了基于连续离散耦合框架的堰塞体形成全过程数值模拟方法。

2.2.3 创新点三

（1）首次对堰塞堆积体进行了系统高效的综合勘察，查明了堰塞体、古滑坡体的规模、空间分布和物质组成。

1）建立了堰塞堆积体综合勘察技术体系。

2）在堰塞体防渗线上布置 3 个大直径勘探竖井（D1.5m），最深的一个施工至 97m 见基岩，表明堰塞体堆积密实度较好，堰塞体防渗墙方案是可行的。

（2）红石岩堰塞体整治成为集应急抢险、后续处置和永久综合治理一体化的世界首例水利枢纽工程。

1）堰塞坝综合整治：堰塞坝坝高 103m，主河床段采用深度 137m 的防渗墙，左岸古滑坡体采用 125m 深的可控帷幕灌浆防渗技术，形成挡水堰塞坝。

2）800m 级强震碎裂高陡边坡整治：根据构建的精细化三维地形地质模型，综合破坏模式判定、稳定性分析及施工条件，提出分区分期整治思路及措施，实现高边坡整治的动态设计和信息化施工。

2.2.4 创新点四

（1）提出了堰塞坝颗粒强度劣化模型和变形参数尺寸效应计算方法。

1）颗粒强度劣化模型。

2）颗粒强度的尺寸效应。

（2）提出了基于计算接触力学的多体接触分析方法，首次应用于堰塞堆积体和混凝土防渗墙的精细化计算模拟。

1）发展了基于计算接触力学的接触特性分析方法，对模拟接触界面滑移、脱空等不连续变形行为更具优势。

2）研发了基于多重循环的堰塞坝渗流-应力-变形特性高性能精细化计算技术，论证了堰塞坝的变形稳定和渗流稳定。

（3）提出了基于实测地震资料的堰塞坝动力参数反演方法，多点地震反应的频谱、持时、峰值与实测值吻合较好。

（4）研发了新型变形监测仪器，建立了堰塞坝动态安全监测体系。

1）建立了堰塞坝动态安全监测体系。

2）研发分层式定点磁环内部沉降监测仪器、防渗墙分布式柔性变形监测仪器。

（5）研发了硅溶胶环保型灌浆材料，具有优异的抗渗耐久性，性能指标优良。

（6）研制了全液压低净空大功率工程钻机，其体形小、操作灵活，适用于在堰塞坝复杂地形条件下施工。

2.2.5 创新点五

研发了具有自主知识产权的系列软件如下：

（1）堰塞坝应急抢险指挥平台。

（2）水利水电工程三维地质建模平台。

（3）溃坝洪水计算与风险分析系列软件。

（4）堰塞坝应急处置全专业 HydroBIM 协同设计平台。

（5）颗粒离散元应力变形分析软件（Ellipse2）。

（6）大型非线性接触三维有限元数值模拟软件 V1.0。

（7）堰塞坝全生命周期智能安全运行平台。

3 应用心得与总结

（1）红石岩堰塞湖。采用永久整治方案与拆除方案相比减少投资 6.1 亿元。减少开挖渣料总量约 991 万 m^3，牛栏江沿岸渣场少占地 540 亩，经济效益显著。提高了下游天花板、黄角树水电站的防洪标准，增加了发电效益。

（2）白格堰塞湖。依据实际情况及时启动相应级别的应急响应，转移安置四川省和西藏自治区相关群众 3.42 万人，并采取有效措施，确保人民群众生命安全，最大程度地减少了灾害损失。

项目成果推广应用于金沙江白格等多个堰塞坝工程，全面提升了我国堰塞坝应急处置与综合整治技术。

金奖

BIM 技术在国际项目 RUFIJI 水电站的应用

中国电建集团贵阳勘测设计研究院有限公司

1 项目概况

RUFIJI 水电站是坦桑尼亚联合共和国最大的水电站（图 1），工程任务为发电、防洪和环境供水。工程挡水建筑物由 1 座碾压混凝土主坝和 4 座土石副坝组成，挡水主坝最大坝高为 131.00m，四座副坝总长 16.7km。RUFIJI 水电站正常蓄水位为 184.00m，水库总库容超过 300 亿 m^3，电站总装机容量 2115MW，年发电量 6307GW·h，被誉为坦桑尼亚的三峡工程，工程建成后将使坦桑尼亚全国电力装机容量增加 1 倍以上。我院在该项目投标中使用 BIM 技术，并成功中标，在基本设计阶段（相当于国内水电项目的预可研和可研阶段）系统性运用 BIM 技术进行设计，在短短两个多月的时间内，按合同要求完成基本设计阶段的工作，并通过国外工程师审查。

图 1 基于 BIM 模型渲染的 RUFIJI 项目效果图

2 项目应用情况

2.1 项目设计及总体情况

（1）项目投标。在项目投标阶段，利用 BIM 技术进行了多方案比选，并以 BIM 模型为基础开展了效果图和三维动画应用，提升了投标文件质量，促成了总包签约，加快了项目落地；在基本设计阶段系统应用 BIM 技术，借助无人机和 GIS 技术快速完成测绘工作并复核业主资料，多专业同步协调开展设计工作，随着勘测设计的深入，同步优化调整水工设计，打破了传统设计流程和沟通障碍。

（2）设计阶段。设计人员自主开展三维设计，研发中心提供软件，高效应用二次开发技术支持的生产模式，既保证了设计的意图的真实表达，也确保了设计成果的输出效率；应用我院数字工程生产管理系统（PDM）在线质量控制，确保二、三维设计成果经过严格校审，确保成果质量。

（3）审查阶段。在国际审查中，以 BIM 模型为载体，提升了汇报效果和设计品质，尤其是有效提升了第三方（国外）工程师审图的效率，减少工期风险，解决了语言沟通中的听不懂、听不清、理解不了的痛点，使工程师之间能够使用简单词汇进行交流，避免了沟通中的理解偏差，能够快速应对专家的评审意见，全方面提升应对的时效性。

（4）管理阶段。以数字工程平台为基础，打造设计数据安全管理平台，集数字模型、报告和图纸为一体，实现项目文件在线管理。

2.2 特点和创新点

（1）特点一。系统应用 BIM 技术，实现多专业同步协调设计，提升了设计效率和成果输出质量（图 2）。

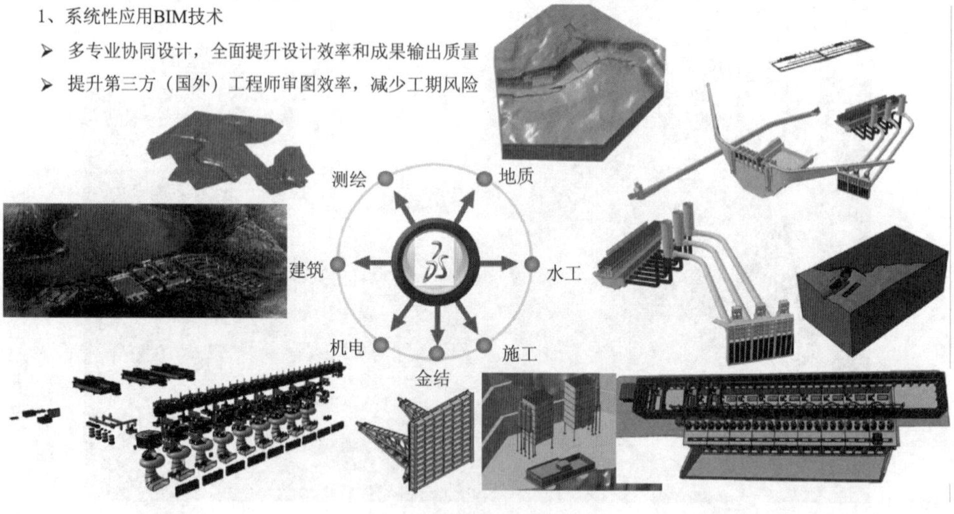

图 2　多专业在线协同设计

（2）特点二。充分发挥 BIM 技术优势，突破设计瓶颈，打破传统设计流程和沟通障碍，快速验证方案可实施性，提升设计成果品质（图 3）。

（3）特点三。以 BIM 模型为载体，解决国际项目语言沟通中的听不懂、听不清、理解不了的痛点，使工程师之间能够使用简单词汇进行交流，避免了沟通中的理解偏差（图 4）。

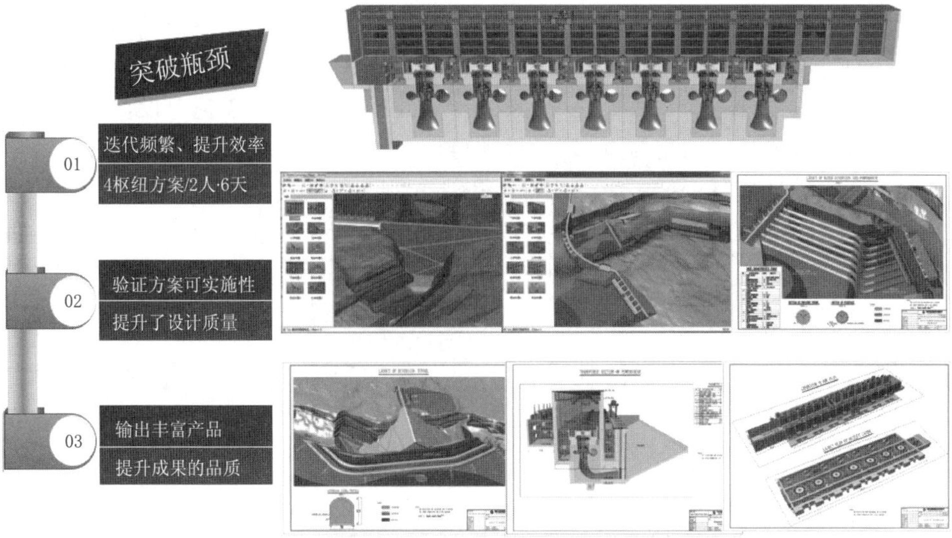

图 3　突破设计瓶颈

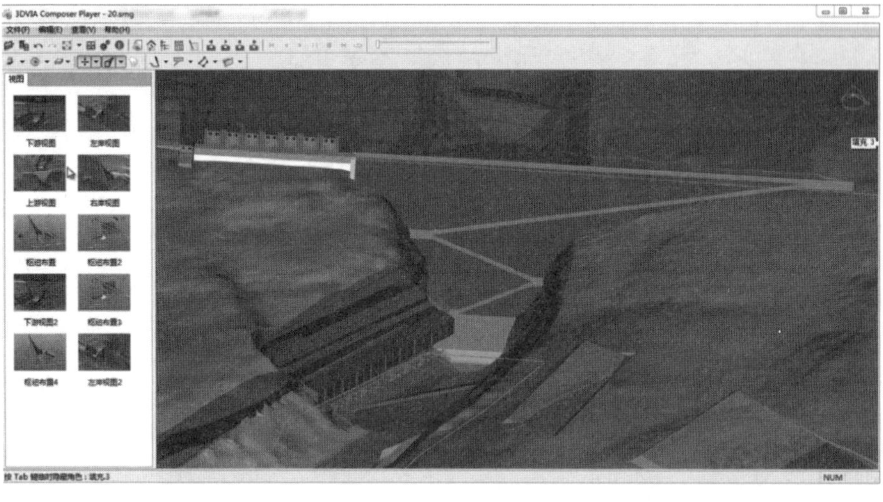

图 4　打破语言沟通障碍

（4）特点四。二、三维设计成果经过在线数字工程管理平台（PDM）校审，保证设计成果质量。

3　应用心得及总结

（1）BIM 技术在工程设计中的角色不是简单的创建三维模型，而是要践行将设计师从重复性劳动中解放出来，提升设计效率和质量的理念。要将 BIM 的技术研发和 BIM 技术应用紧密结合，在项目应用中发现需求，在开发中不断完善 BIM 解决方案，提高设计效率和质量。

（2）建模方案的标准化、规范化提升设计效率的重要途径之一，凡事预则立，不预则废。项目开展三维设计之前，执行统一的建模方法、建模精度，无论对设计建模效率，还是校核审模效率以及最终的用模效率，均可做到有效提升。

（3）与国内设计项目对比，国际项目由于认知观念上的差异性，设计审批更为严苛，加之非母语交流环境的影响，更需要设计对多个方案进行全面、直观呈现，进而促进设计方案通过评审。BIM 技术能够有效解决国际项目设计存在的这些痛点，解放生产力、减少沟通障碍。

金奖

BIM 技术在桃源水电站船闸中的应用

中国电建集团中南勘测设计研究院有限公司

1 项目概况

桃源水电站位于湖南省桃源县城附近的沅江干流河段，是一个以发电为主，兼顾航运、旅游等综合利用的工程。

桃源水电站船闸工程（图 1）布置在河道中间的双洲岛，采用单级船闸，按Ⅳ级船闸设计，船闸有效尺寸为 120m×18m×3.5m（长×宽×门槛水深）。船闸由船闸结构和船闸设备两大部分组成。船闸结构包括上游引航道、上闸首、闸室、下闸首、下游引航道等建筑物；船闸设备布置在上闸首、闸室、下闸首，主要包括下沉门、人字门、输水廊道泄水门、门机、液压启闭机等设备。

图 1 桃源水电站船闸三维渲染图

2 项目应用情况

2.1 项目设计及总体情况

针对本项目船闸结构和船闸设备的特点，依托中南院工程数字集成设计系统 PowerBIM，船闸结构运用 Microstation 软件建立土建模型，并应用了自主研发的三维配筋系统、设备原件库、工程量清单编制软件等；船闸设备采用 SolidWorks 软件建立设备模型，并利用中南院金属结构 BIM 设计软件、Simulation 有限元分析软件、三维校审软件等。各专业模型利用 ProjectWise 平台进行设计协同（图 2）。

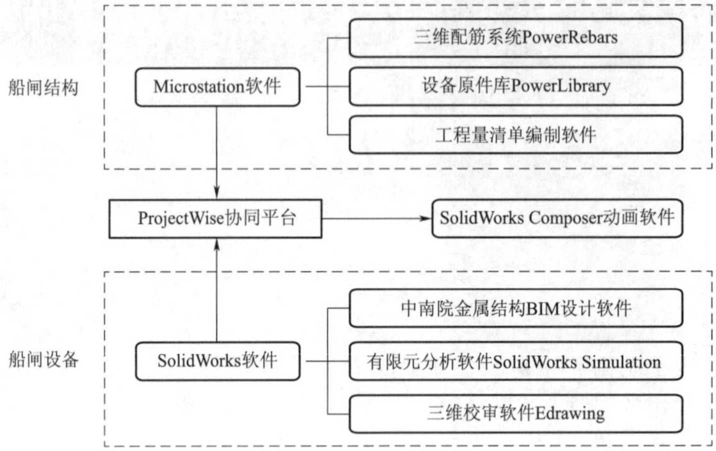

图 2　项目 BIM 实施方案图

（1）船闸结构及船闸设备的模型建立和出图。在 Bently 平台下，利用 ProjectWise 协同平台完成船闸土建结构和设备的总体布置，利用 Microstation 软件和 SolidWorks 软件完成土建结构和船闸设备的三维模型，再将船闸设备模型导入 Bently 平台，实现工程的三维模型组装。在完成模型的三维校审工作后，利用该模型正向完成工程的招标图纸设计。施工详图阶段，沿用以上设计流程，在招标模型的基础上，优化、细化三维模型，利用模型正向完成产品的施工详图设计。

在设计过程中，利用了中南院基于 Bently 平台自主研发的三维配筋系统 PowerRebars、设备元件库 PowerLibrary、工程量清单编制软件和基于 SolidWorks 软件开发的自动生成钢结构焊接切割清单等软件。所有设备模型精细化程度高，均满足由模型直接生成工程图的要求（图 3～图 6）。

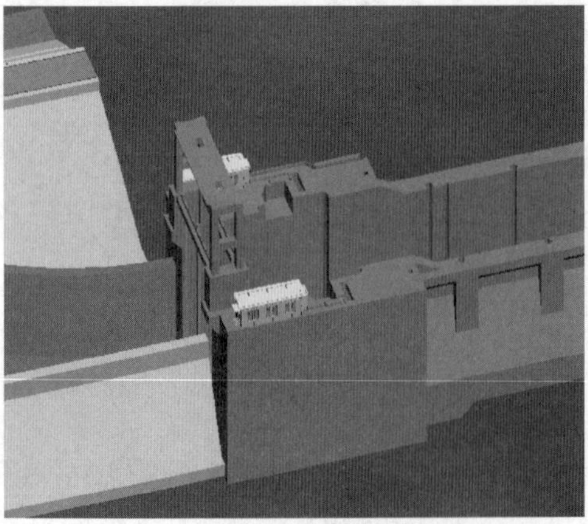

图 3　船闸上闸首结构模型

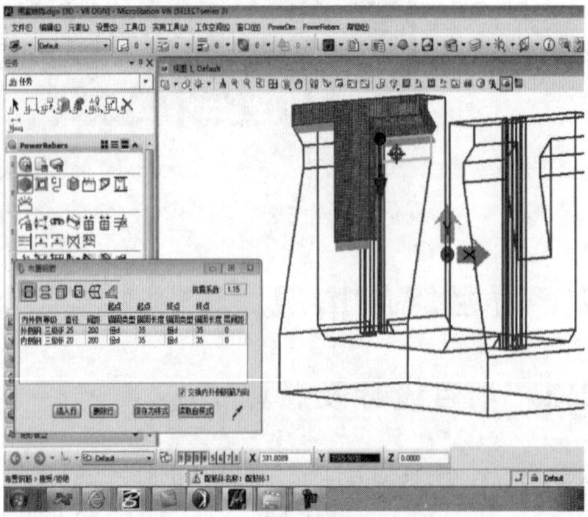

图 4　土建结构三维配筋

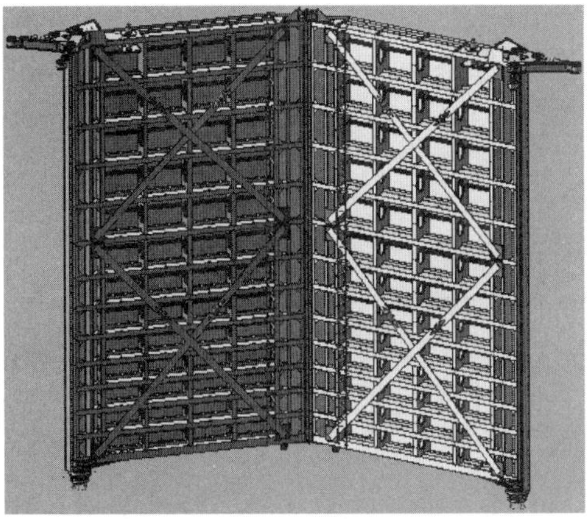

图 5　人字闸门三维模型

图 6　检修门机模型

（2）船闸设备 BIM 参数化设计。船闸设备采用中南院自主研发的金属结构 BIM 设计软件。该软件基于 SolidWorks 软件二次开发而成，它将计算书相关数据和船闸设备模型控制性参数之间建立联系，当计算书中相关数据修改时，模型自动变化，图纸自动更新（图 7）。该软件在形成目标模型的同时生成全套工程图纸，实现计算、建模、出图一体化。

（3）船闸设备有限元分析。对于复杂、重要的船闸设备，传统计算不能精确反应结构受力情况。利用 SolidWorks Simulation 软件对船闸设备模型进行有限元分析，快速找出结构应力超标部位和应力较小部位，从而优化结构设计。

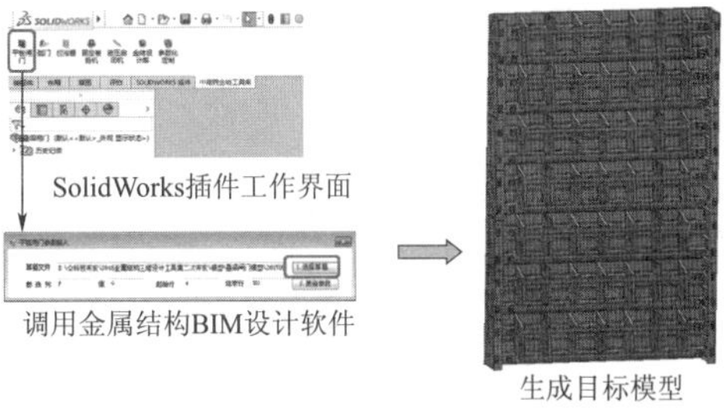

图 7　船闸设备 BIM 参数化设计示例

利用有限元分析软件对船闸下闸首检修闸门固定卷扬式启闭机机架进行有限元分析（图 8），发现定滑轮梁结构局部应力超标，而其他部位材料强度未充分利用，通过增加局部板厚，减小其他部位板厚，从而使结构受力更加合理，材料更加节省。

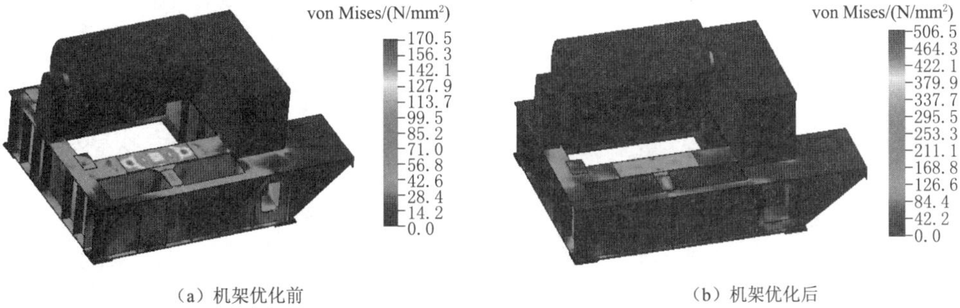

（a）机架优化前　　（b）机架优化后

图 8　启闭机机架三维有限元计算优化

(4) 船闸设备BIM校审。校审人员利用SolidWorks自带的三维校审软件Edrawing直接在图纸文件上进行校核审查（图9），对存在的问题进行标注。利用该软件真正实现了无纸化办公，同时有效地解决了传统纸质文件不能缩放查看的问题，也可以实现远程操作。

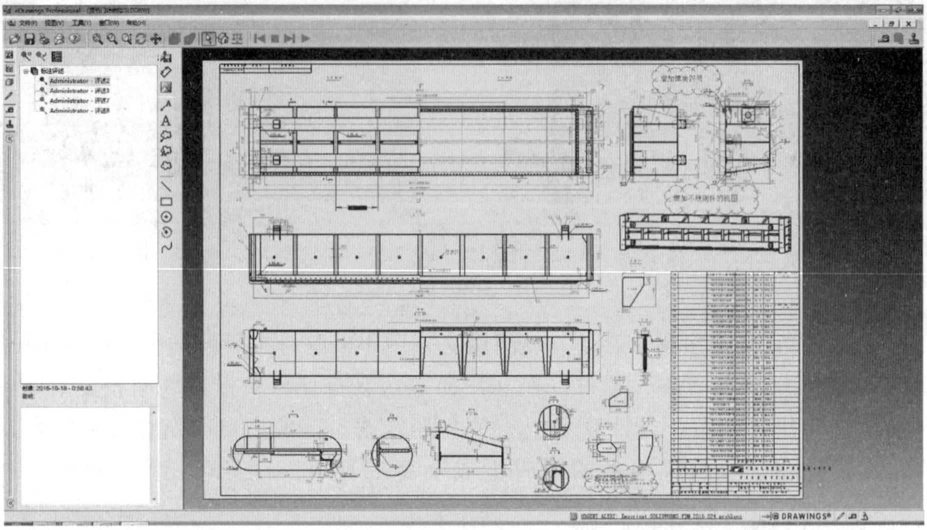

图9　利用三维校审软件对闸门顶节门叶结构进行校核审查

(5) 船闸设备BIM辅助加工制造。对于造型特别复杂的船闸设备零部件，利用CAM软件将三维模型转化成数控机床可读的CNC码程序（图10），数控机床根据程序直接对原材料加工，生成目标零件。例如人字门底枢，其造型复杂，就通过该方法进行加工（图11）。

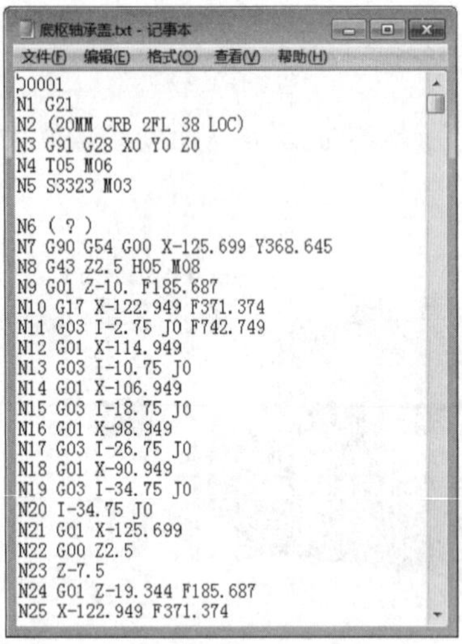

```
底枢轴承盖.txt - 记事本
文件(F) 编辑(E) 格式(O) 查看(V) 帮助(H)
O0001
N1 G21
N2 (20MM CRB 2FL 38 LOC)
N3 G91 G28 X0 Y0 Z0
N4 T05 M06
N5 S3323 M03

N6 ( ? )
N7 G90 G54 G00 X-125.699 Y368.645
N8 G43 Z2.5 H05 M08
N9 G01 Z-10. F185.687
N10 G17 X-122.949 F371.374
N11 G03 I-2.75 J0 F742.749
N12 G01 X-114.949
N13 G03 I-10.75 J0
N14 G01 X-106.949
N15 G03 I-18.75 J0
N16 G01 X-98.949
N17 G03 I-26.75 J0
N18 G01 X-90.949
N19 G03 I-34.75 J0
N20 I-34.75 J0
N21 G01 X-125.699
N22 G00 Z2.5
N23 Z-7.5
N24 G01 Z-19.344 F185.687
N25 X-122.949 F371.374
```

图10　CNC码程序

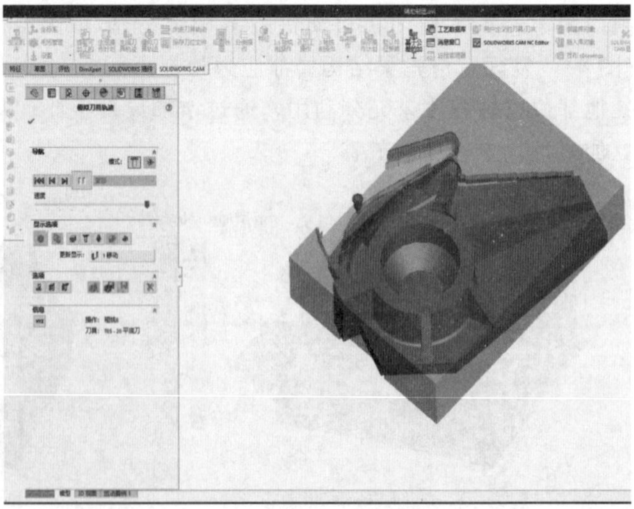

图11　加工道具模拟

（6）船闸设备 BIM 辅助安装。利用三维模型模拟设备的安装过程以及维修时的整个拆解过程（图 12），从而便于施工时进行参考以及业主在后期进行维护，同时有效避免错装等现象的发生，提高了安装效率和保证安装质量。

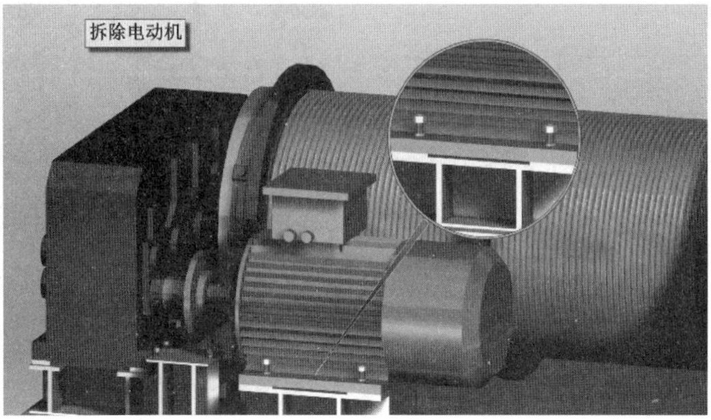

图 12　BIM 辅助安装及拆解模拟

（7）数字化查询平台。构建了船闸系统数字化查询平台，可以随时查询各专业模型的信息、安装信息等内容，便于资料的快速查询及问题的实时解决（图 13）。

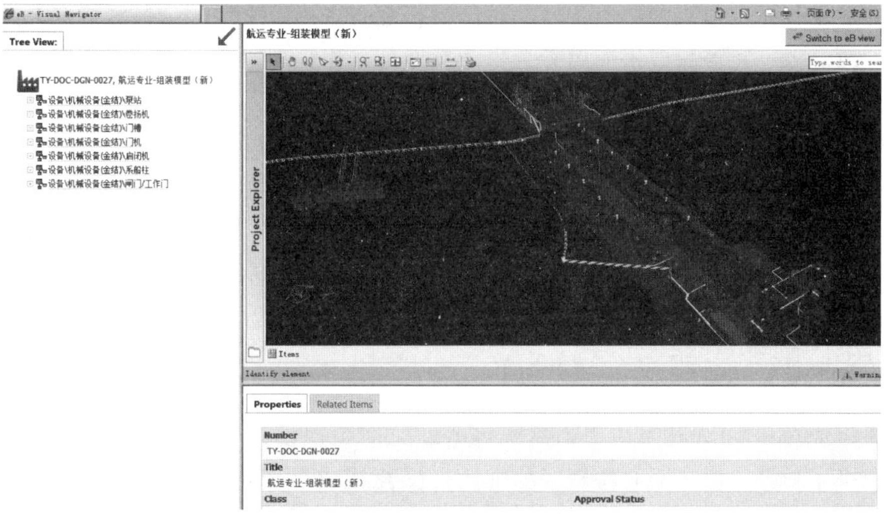

图 13　数字化查询平台界面

（8）船闸运行 BIM 模拟和交互式操作。船闸的运行非常复杂，对金属结构设备的运行有严格要求。为了方便业主对外进行宣传展示以及对员工进行上岗培训，利用基于三维数字模型进行技术文档创作及动画制作的互动式交流软件 SolidWorks Composer 制作了船闸运行动画，以动画的形式直观地展示了船只上行原理和船只下行原理（图 14）。

本项目还制作了船闸运行交互式操作程序（图 15），用户可在程序中点击船闸运行的每一步操作步骤，了解该步骤的运行原理和过程，便于培训和展示。

图 14　船闸运行 BIM 模拟

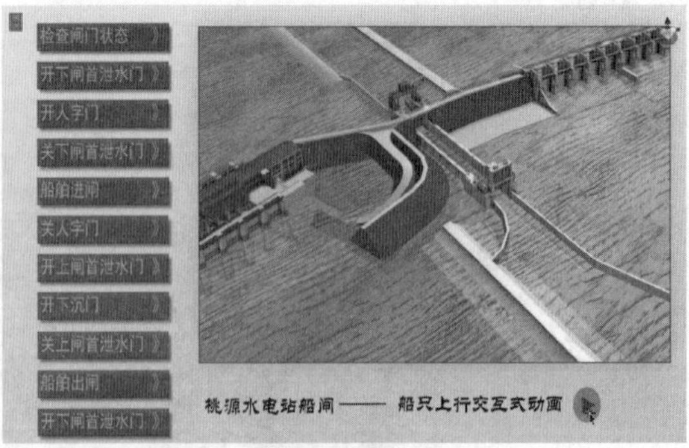

图 15　船闸运行交互式操作

2.2　特点和创新点

在桃源水电站船闸的招标和施工详图阶段，以三维设计为基础，实现了从三维设计建模、三维校审、三维出图等数字化设计基础的应用，实现了金属结构设备的 CAD/CAE 一体化，并且将三维设计成果应用于设备的工厂制造、设备的现场安装和船闸建成后的运行维护阶段，实现了三维数字化设计在船闸工程全生命周期的管理应用。

三维数字化设计成果的突出特点就是能够直观、正确地反映各设备的特点及布置；带属性及参数的数字化产品成果应用于全生命周期信息化管理，极大地提高了产品设计效率和质量。

项目通过 BIM 技术优化产品布置设计；使用有限元分析计算软件进行实际的空间结构计算，并且根据计算结果动态调整模型，得到较优化的结构，使设计更加合理。通过 BIM 技术使设计流程及制图标准化、通用部件标准化、系列产品参数化得以实现，极大提高了出图质量和效率。

3　应用心得和总结

本项目成功将 BIM 技术应用到桃源水电站船闸工程设计中，不仅有效地提高了设计效率，减少了设计差错，而且实现了船闸运行交互式成果交付，实现了 BIM 技术在船闸运行中的综合应用，取得了较好的经济效益和社会效益。总结船闸 BIM 设计经验，主要体现在以下几个方面：

（1）船闸工程结构复杂、设备种类多，涉及地质、水工、施工、金结（金属结构）、观测等十多个专业，各专业使用的软件也不尽相同，这也导致专业接口容易出错，而通过公司 BIM 协同平台，各专业能实时对接，及时检查干涉、碰撞，避免错误，保证设计效率和质量。

（2）船闸乃至整个水电工程都具有其自身特点，根据工程需要开发适用的 BIM 软件，能极大提高设计效率。

（3）船闸 BIM 设计中重点应用了 BIM 参数化设计、有限元分析计算、BIM 校审、BIM 出图、BIM 辅助加工制造、BIM 辅助安装等技术手段，实现了 BIM 技术在船闸设计及建造全过程中的应用。这些设计成果不仅为管理单位运行运营维护提供了方便，也为工程数字化管理提供了基础数据。

金奖

大华桥水电站BIM技术综合应用

——中国电建集团北京勘测设计研究院有限公司

1 项目概况

大华桥水电站位于云南省怒江州兰坪县兔峨乡境内的澜沧江干流上，是澜沧江上游河段规划推荐开发方案的第六级电站，上游距黄登水电站约34km，下游距苗尾水电站约69km。

坝址控制流域面积为9.26万km^2，多年平均流量为923m^3/s。水库正常蓄水位为1477.00m，设计洪水位为1477.50m，水库总库容为2.93亿m^3，正常蓄水位以下库容为2.62亿m^3，总装机容量位为920MW。电站额定水头为62.5m，多年平均年发电量为41.501亿kW·h，年发电利用小时数为4511h。

2 项目应用情况

2.1 项目设计及总体情况

采用欧特克公司的软件平台，建立以Civil 3D为主的测量地质系统、以Inventor为主的结构设计系统、以Revit为主的建筑设计系统和以Infraworks为主的施工布置系统，4个系统以Vault平台为协同管理核心，开展水环境治理设计工作；以Navisworks为后期整合软件，进行校审、漫游、4D模拟等工作。数字移交采用Navisworks线下和我院自主研发的数字化交付平台开展相关工作。在施工建造和运维阶段，采用我院自主研发的数字化施工运维平台，开展施工期进度、质量等管理，及运维工作。

（1）数字化模型。本项目通过全生命周期管理研究，建立了项目全区域全专业的数字化模型，在设计的可研、招标、施工详图阶段进行应用，提高了设计效率和质量。建立了基于数字化模型的工程档案管理系统，解决设计施工过程中档案文件传递、管理等问题，利用三维技术手段，标准化、流程化、高效化地组织设计施工过程中的文件传递，并为后期运维提供基础资料。

（2）过程管理。建立了基于厂房数字化模型的施工管控系统，通过系统对施工期质量、进度、安全进行管控，提高施工期项目管控的精细化程度。在项目竣工后，通过数字移交，将施工期的数字化模型及相关信息、施工过程中的档案资料全部整合，在水电站的运维阶段进行进一步集成，实现水电站的全生命周期全过程管理。

2.2 特点和创新点

(1) 创新点一。项目实现在设计阶段(可研、招标、施工详图),对数字化模型进行分类和编码的标准化,施工阶段进行具体应用,并将过程数据全部保存。竣工后即可将拥有模型及附加信息的系统平台进行运维阶段的移交,阶段覆盖范围广;平台将模型及附加信息与相关功能模块进行集成,并可以根据运维阶段需求进一步扩展功能,集成度高,可扩展性强。

项目应用的专业包含工程勘测、水工、机电、施工、建筑、路桥、金属结构、水库环保等大专业中的几十个小专业;项目模型涉及地形地质模型、水工施工枢纽模型、厂房内部结构设备模型、施工总布置模型、金属结构模型,其中地形地质及施工总布置模型涉及几十至上百平方千米的区域,厂房内部设备、金属结构零件等总数均达到成千上万个。

(2) 创新点二。设计人员能够根据三维模型自动生成各类工程图纸和文档,并始终与模型保持逻辑关联。当模型发生变化时,与之关联的图纸和文档将自动更新,避免了修改内容在某些图纸中被遗漏的情况,有效保证了设计的质量。

在地质子系统中,利用 Civil 3D 自主开发模块,可以实现一键成图,并与模型关联,解决地形地质模型需要不断更新产生后序工作量大的难题。

设计人员通过三维配筋软件,导入 BIM 模型,进行三维配筋,二维一键式出钢筋图,大大提升了效率和质量。

通过精细化 BIM 模型设计,框选模型部分区域可快速生成其对应的材料量清单。材料量统计高效精确,减少了人工统计材料量的偏差,极大地降低了工程建设成本。

(3) 创新点三。基于三维模型可模拟工程完建场景,实现可视化漫游和多角度审查,提高设计方案的可读性和项目校审的精度,特别是 Navisworks 和 Infraworks 中,实现对项目整体模型大场景、大数据量的轻量化承载,保证漫游的流畅度。

直观可视化的三维模型以一种所见即所得的方式表达设计方案意图,可有效提高工程参建各方间的沟通效率。同时,基于移动端技术可将设计成果上传至网络服务器,工程现场通过 iPad、智能手机等移动端即可浏览最新发布的设计成果。

(4) 创新点四。项目在 Navisworks 中可智能实现各专业模型间的碰撞检测,生成检测报告,提前发现问题并解决,有效地减少工程"错漏碰缺"的问题。

利用三维数字化成果,可通过多视角审视和虚拟漫游等手段,实现工程问题前置,进而完成错误排查和设计优化的工作。

(5) 创新点五。各专业设计均在统一的 Vault 协同平台上实时交互,所需的设计参数和相关信息可直接从平台获得,保证数据的唯一性和及时性,有效避免重复的专业间提资,减少了专业间信息传递差错,提高了设计效率和质量。各专业数据共享、参照及关联,能够实现模型更新实时传递和并行设计,极大节约了专业间配合时间和沟通成本。

(6) 创新点六。通过参数化、关联性及模板化设计,可以实现参数驱动下的模型适应变形,可通过模板的调用实现设计成果的复用。

Inventor 参数化模型、Revit 参数化族均可以制作成模版,通过项目应用不断累积和丰富模型库,实现类似项目的成果复用,提高效率和质量。

（7）创新点七。通过 VR 技术，可逼真再现电站完建场景，并能人机交互进行场景漫游，可使观看者有身临其境的感觉。将施工进度、工序工艺、机组安装等过程进行动态虚拟施工。虚拟现实技术还可对人员进行虚拟培训，模拟真实环境进行预案演练。

（8）创新点八。建立可视化管控平台，整合设计 BIM 模型进行质量、进度、安全施工管理，创建工程档案管理等模块化应用。

（9）创新点九。基于 BIM 设计成果和施工管控平台，将设计、施工阶段的各类信息数据进行收集整理，实现项目在生命周期内，各项目参与方密切合作，资源共享。实现集成项目交付 IPD 管理。

3　应用心得与总结

通过 BIM 设计，提升了设计和出图效率，在前期方案设计阶段可以提高约 50%，在施工图阶段可以提高约 35%，并提高了产品质量，减少“错、漏、碰、缺”等错误约 90%。工地现场问题处理得到快速响应，如当地质条件发生改变时，通过 Vault 协同可上传并更新地质模型，下序专业可随之更新引用的地质模型，并对本专业设计进行及时调整和修改。

数字化设计是一种全新的设计手段，不仅以其协同化、流程化、模板化、规范化的设计方式实现了各专业间的无缝配合，而且三维可视化的效果直观、形象，为设计、施工、运维各阶段各方人员交流沟通带来极大的便利。通过数字化设计，计算机可以完成传统设计方式中需要设计人员手动完成的大量简单重复性工作，提高了生产效率和质量。

全生命周期管理是工程建设的发展趋势，通过设计阶段精细化模型的创建与基础管理平台的建立，进一步整合施工期质量、进度、安全、档案管理等多个施工模块，在运维阶段进一步扩展相应的功能，做到真正的全生命期管理。

金奖

BIM 技术在东帝汶帝巴湾新集装箱码头工程中的应用

——中交第四航务工程勘察设计院有限公司

1 项目概况

本项目名称为东帝汶帝巴湾新集装箱码头工程项目，位于南太平洋岛国东帝汶的首都帝力市以西约 10km 的帝巴湾内，包含两个年装卸能力为 35 万标箱的集装箱码头，陆域 $27hm^2$、水域 $110hm^2$，以及相应的路场、辅建和配套设施等，总投资约 2 亿美元，建设工期 32 个月，于 2018 年开工建设，计划于 2021 年完工，建成后将是东帝汶建国以来最重要的基建项目和首个现代化集装箱码头。项目全景如图 1 所示。

图 1　项目全景

本项目涉及十多个专业，建筑单体多、管线复杂、组织协调难；设计周期仅为 6 个月，包含初步和详细设计，而审批流程冗长繁杂，二维成果无法准确表达设计意图，提高了沟通成本，导致审批速度慢；业主为法国波洛莱公司，聘请了专业咨询公司审查，质量要求高；此外，本项目在当地社会关注高，项目的好坏将直接影响我司甚至中资企业在当地的形象。

因此，为了解决以上难点，提高设计质量、效率，降低沟通成本，提升项目在当地社会的良好形象，本项目决定采用 BIM 技术。

2 项目应用情况

2.1 项目设计及总体情况

2.1.1 基础应用

项目采用 Vault 本地服务器和云服务器实现多专业协同设计，项目各参与方在 Vault 平台上实现信息共享（图 2）；以 Autodesk 软件为基础，采用 Revit 创建结构构件类模型，如水工结构、建筑结构、设备管线等，采用 Civil 3D 创建与地形和土方相关的模型，如开挖回填、三维地质等，此外，辅以 Inventor、Smart Plant 3D 和 Sketch Up 等软件完成项目所有模型的精确创建、算量和出图，实现正向精细化设计（图 3）；建模过程中，充分利用企业级族库中已有的参数化模型，提高建模速度和效率，并将本项目创建的族补充至族库，为以后的项目提供素材，形成良性循环。

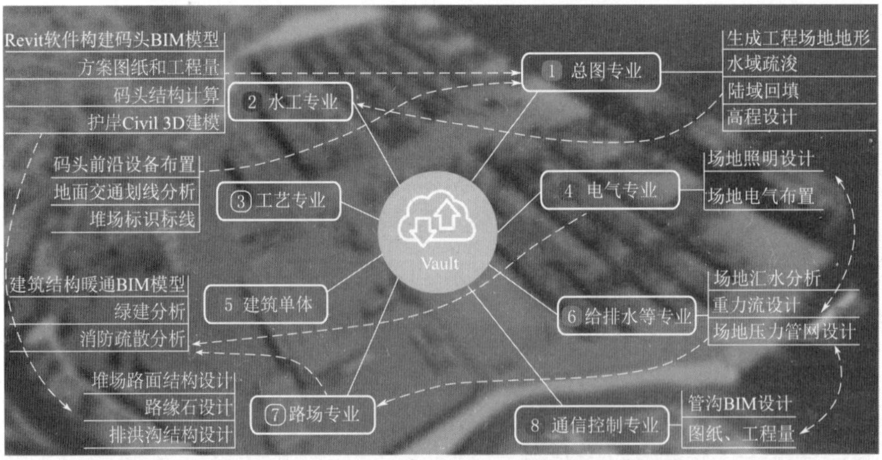

图 2 数据协同管理

图 3 BIM 正向精细化建模

模型建立完成后，设计者将模型文件以 dxf 格式导出并上传至 Vault，校审者采用 Design Review 直接在模型上进行批注，并上传回 Vault，实现无纸化校审。得益于 Vault 强大的版本管理功能，历史版本都得以保存，并可随时重新查看；各专业内部校对审核无误后，采用 Navisworks 从 Vault 平台链接各专业模型进行数据整合，开展碰撞检测，并定期召开管线综合会制定碰撞的解决方案（图 4）；最后，将建模软件创建的 BIM 模型在 Lumion 中渲染，制作成海报、视频等用于项目的宣传展示，提升工程的影响力。

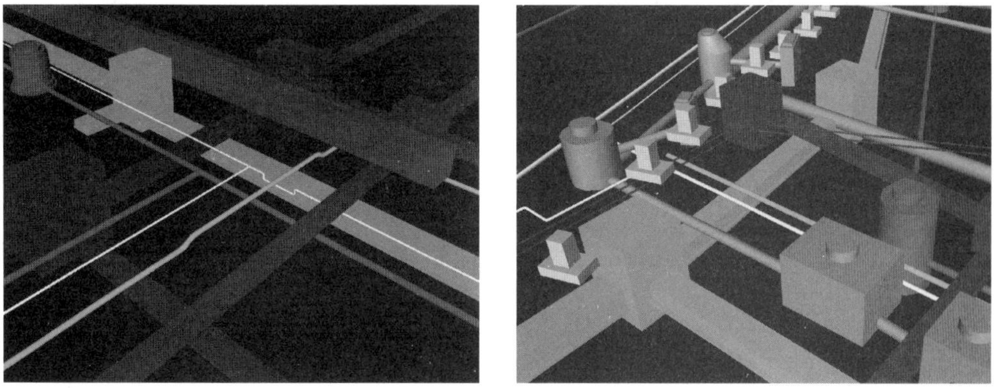

图 4　管线综合

2.1.2　BIM+仿真模拟

通过探索 BIM 模型和仿真模拟软件间的模型互导，实现了一模多用，为设计提供了依据。

（1）4D 施工模拟。采用 Fuzor 软件对施工进度进行真实的动态模拟，与施工单位联动，优化施工进度计划，简化施工流程（图 5）。

（2）码头集装箱物流系统仿真分析。将仿真建模与 Revit 模型进行充分结合，模拟设计方案中的物流运营场景，制定港区各物流环节仿真策略，提取分析数据，为设计决策提供指导。

（3）电气负载及照明分析。基于 Revit 布置室外高杆灯和室内照明灯，并导入 DIAlux，设置照明参数，进行堆场和室内空间逐点照明分析，向业主提供照明绿色设计凭证（图 6）。

（4）室外大场地雨水管网模拟分析。采用 Autodesk Storm and Sanitary 插件，进行场地汇水分析，再结合 Civil 3D 软件进行重力流管线设计，优化室外管线布置。

（5）办公楼房消防疏散模拟。将 BIM 模型无缝导入 Pathfinder 软件，利用该疏散模拟软件针对逃生疏散方案进行人员疏散模拟论证，根据模拟成果优化建筑设计方案（图 7）。

（6）安防监控模拟。政府对港区内特别是办公楼内的安保要求很高，采用 Fuzor 对项目各重点区域进行监控模拟，为项目安防措施的采取提供建议和依据。

（7）结构-岩土有限元三维仿真分析。将三维地质模型和高桩码头模型直接导入 Plaxis 3D 岩土有限元软件进行仿真分析，实现 BIM 模型和计算软件互导，减少重复建模工作，提高建模效率和精度（图 8）。

（8）Revit＋SAP2000 结构计算。利用 CISRevit 插件，将 Revit 模型中的几何和截面等计算信息导入到 SAP2000 中进行有限元计算，结合三维地质模型土层信息，在 SAP2000 平台上自主开发桩土弹簧快速建模插件，实现 PY 曲线法或 M 法的快速建模。

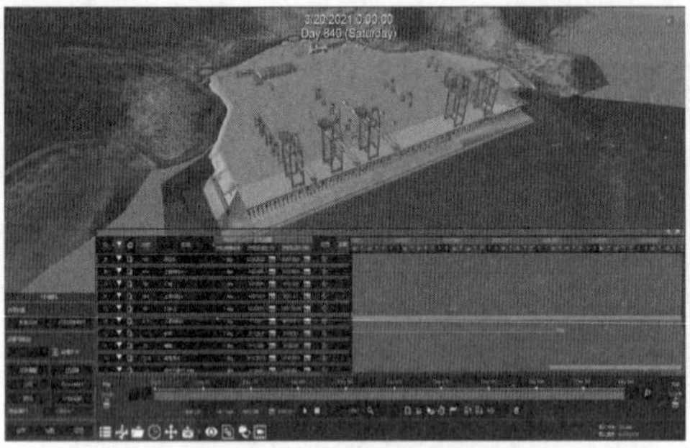

图 5　4D 施工模拟

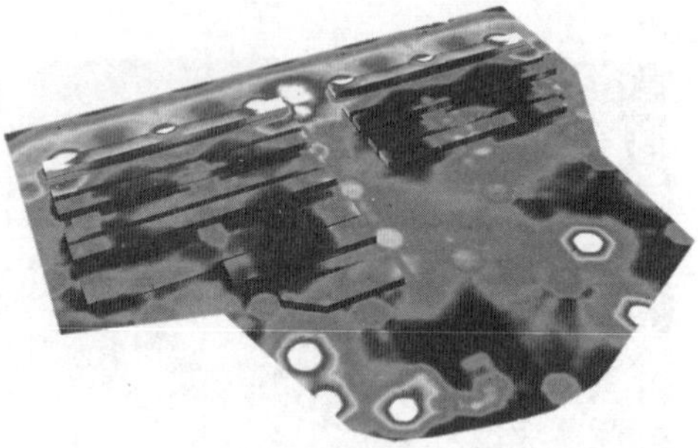

图 6　电气负载及照明分析

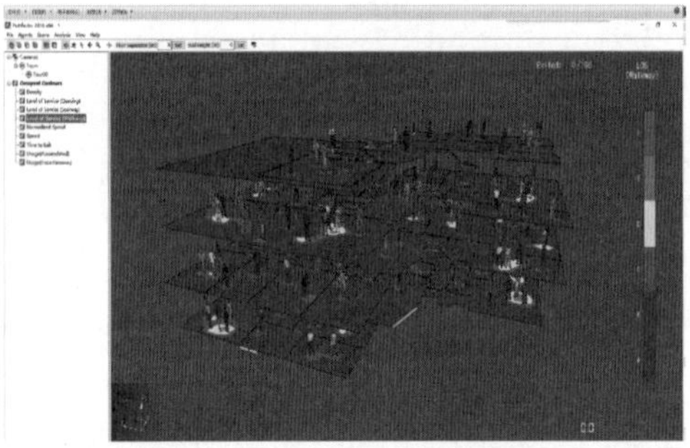

图 7　办公楼房消防疏散模拟

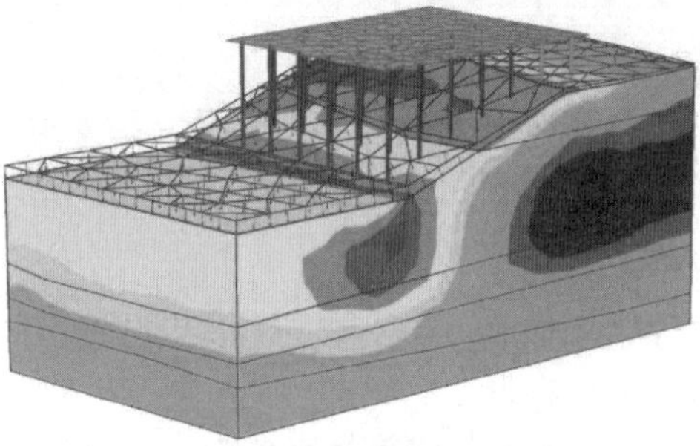

图 8　结构-岩土有限元三维仿真分析

2.2　特点与创新点

（1）创新点一。自主研发 HIDAS 系统三维智能配筋。公司自主研发的海达斯构件配筋子系统，提供了多种三维智能化配筋方式，实现在构件三维模型上进行配筋设计，并可进行钢筋碰撞检测、快速出图和钢筋量统计等。

（2）创新点二。变桩长批量建模开发。本项目碎石桩多达 5 万多根，且桩长随地层变化，通过 Dynamo 开发了批量建桩的程序，在 Revit 中由桩顶控制点坐标获取淤泥底面的桩底标高，实现参数化驱动桩长批量建模，大大提高了建模的智能性。

（3）创新点三。BIM＋云端计算系统。云端集成设计计算系统是公司自主研发的、国内水运行业首个云端设计计算系统。该系统实现了公司计算文件标准化，通过在模型中添加 URL 的方式，实现 BIM 模型与云计算系统的绑定，丰富了 BIM 模型信息。

（4）创新点四。云端全景漫游。将整体模型总装渲染制作成的全景数据共享至 720 云服务器，生成项目的二维码，通过扫描该二维码即可在模型中全角度全景漫游，用最简单的方式便可获得最好的项目表达效果。

（5）创新点五。BIM+VR/AR 应用。本项目对模型进行了细致的 VR 转换处理，戴上 VR 设备，整个工程便形象逼真地展示在眼前。此外，把模型转成 AR 格式文件，用手机扫描二维图纸，即可在实际图中上看到虚拟的模型，更加透彻地传达了设计思路（图 9 和图 10）。

（6）创新点六。BIM+3D 打印。将 BIM 软件建立的模型通过中间格式导入 3D 打印软件进行切片和打印前设置，然后对打印机进行调平并将数据导入打印机开始打印，最后拆除打印完成的支撑，即可得到最终的模型（图 11）。

（7）创新点七。移动端应用。将模型轻量化处理后上传至 BIM 管理云平台，即可利用手机、平板等移动终端设备随时随地查看，大大降低了 BIM 数据消费的门槛，移动终端的携带便捷性也使项目沟通交流更加方便。

图 9　BIM+VR

图 10　BIM+AR

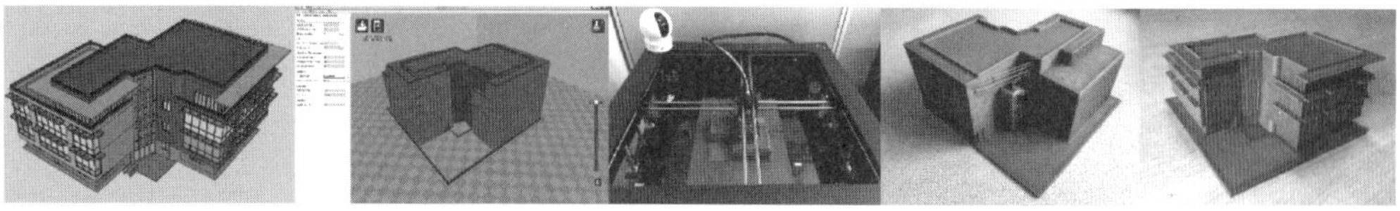

建模　切片　打印　成型　完成

图 11　BIM+3D 打印

3　应用心得与总结

BIM 技术在港口工程中的应用尚不成熟，本工程的 BIM 设计探索出了从软件选用、设计流程到数据交换等方面都行之有效的一整套 BIM 应用技术路线和解决方案，并借助 BIM 技术，使得项目实施过程中①减少不必要的设计错误，工程量减少 20%；②从 BIM 模型直接提取工程量，精确度提高 60%；③通过碰撞检测，减少管线交叉问题 80%；④通过细部建模，直观检查工序的合理性和科学性，缩短了交底时间 60%。

此外，BIM 技术在本项目中的成功实施，带动了整个设计组成员 BIM 能力质的提升，已有 10 人获得 Autodesk 认证的 BIM 证书。参与本项目 BIM 设计的人员现已成为公司其他项目 BIM 实施的中坚力量，极大推动了公司整体 BIM 水平的提高。

下一步，将配合施工，进一步深化模型，将设计阶段的 BIM 数据进行整理汇总，做好设计 BIM 到施工 BIM 的数据移交；持续开展 BIM+技术在本项目中的应用研究，拓宽 BIM 应用边界；将本项目成果在公司和行业中进行推广应用，为推动技术进步贡献力量。

金奖

BIM技术在秦淮河航道洪蓝船闸工程中的应用

中设设计集团股份有限公司

1 项目概况

秦淮河，南京最大的地区性河流，连接着长江和芜申运河，集行洪、灌溉、航运等功能于一体。近年来，已先后被纳入国家水运主通道、江苏省干线航道。洪蓝船闸是秦淮河航道上的两大通航枢纽之一，闸址位于秦淮河流域与石臼湖流域分水岭南侧，为Ⅳ级高等级通航建筑物。

船闸工程建设内容多，涵盖总体布置、水工建筑物、金属结构、附属设施、闸区房建、电气控制等多种专业和结构形式，配合不及时易造成“错漏碰缺”，还存在一些复杂的空间异形结构用传统的二维三视图难以表达的困难。BIM技术的出现为船闸工程设计提供了新的技术手段，设计团队对秦淮河航道洪蓝船闸工程采用了BIM技术进行设计和应用，在优化设计的同时保障不同专业间的实时配合，加上快速算量、快速自检、表达高效直观等特点，在船闸工程设计乃至全生命周期的管理中极具应用价值。

2 项目应用情况

2.1 项目设计及总体情况

(1) 协同设计。按照设计分工将洪蓝船闸工程划分为总体专业、水工专业、金属结构、临时工程、附属设施、闸区房建、电气控制等，各专业内部还会进行细分。采用专业BIM软件进行设计，运用中心服务器加互联网的方式进行协同作业（图1），使得不同专业之间设计成果能同步更新、实时交互，最大限度地减少了因设计人员沟通不及时、传递不完整造成的错漏和返工，对所有设

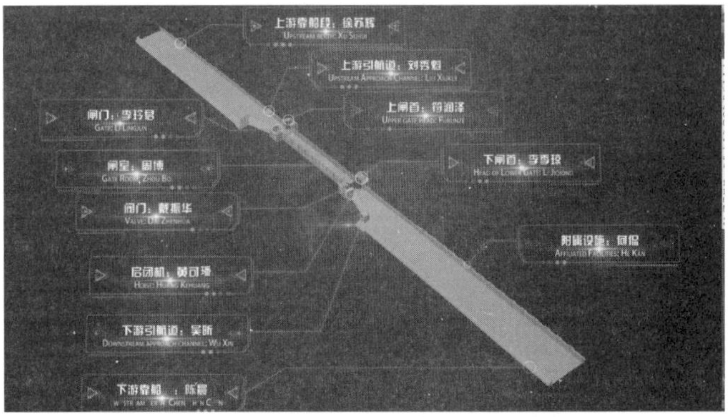

图1 协同设计

计成果以装配件的形式组合拼装，发现冲突可以及时修正，提高了工作效率和设计质量。船闸工程涉及专业如下：

1）总体专业：地形、总体布置等。

2）水工专业：闸首、闸室、导航墙、靠船墩、引航道护岸、护坦等。

3）金属结构专业：闸门、阀门、启闭机、浮式系船柱、钢楼梯、钢盖板等。

4）临时工程：边坡防护、支护、降排水设施、临时道路等。

5）附属设施：系、靠船设施，导、助航设施等。

6）房建专业：机房、办公管理用房、闸区道路、给排水设施等。

（2）三维地质地形生成。根据地质勘探钻孔数据建立三维地质模型，实现地质钻孔数据与三维地质模型的实时联动调整，然后采用倾斜摄影技术生成逼真准确的环境实景模型，利用 DLG 数字划线图对实景模型单体化，直接作为设计人员的输入条件，提升模型利用价值；通过处理模型生成地形曲面，设计人员直接利用该曲面进行开挖放坡设计、征地拆迁统计等（图 2）。

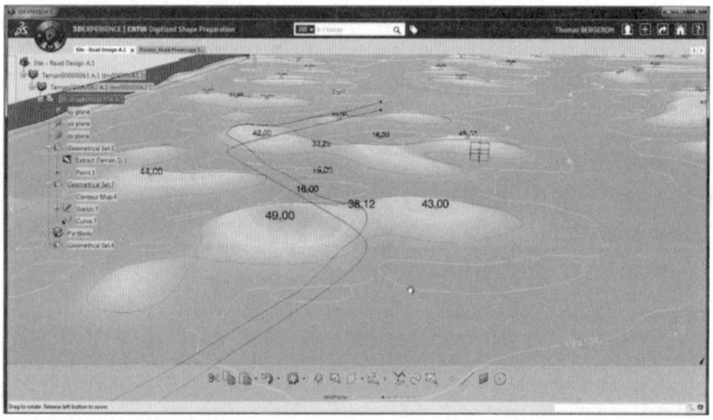

（a）地形曲面

（b）倾斜摄影

图 2　与环境信息融合

（3）参数化建模。通过创建公式、参数关联、嵌套族、调用知识工程模板等方式，实现了主要结构的参数化建模，以精炼简洁的要素来控制结构几何尺寸的生成，形成了一批参数化管理的构件族。其中，针对三角闸门单扇闸门包含 3400 余个零件、3 万多个参数的特点，为了实现参数化管理，对闸门按调运拼装单元进行了拆解，分为面板系、钢架、运转件、止水四部分，分块参数化，精简了输入参数；针对闸首结构复杂多变且整体现浇难于拆分的特点，以整个闸首为构件，寻找各部位尺寸的逻辑关联性，制定了可复用、易修改的参数化闸首结构 BIM 模型（图 3）。

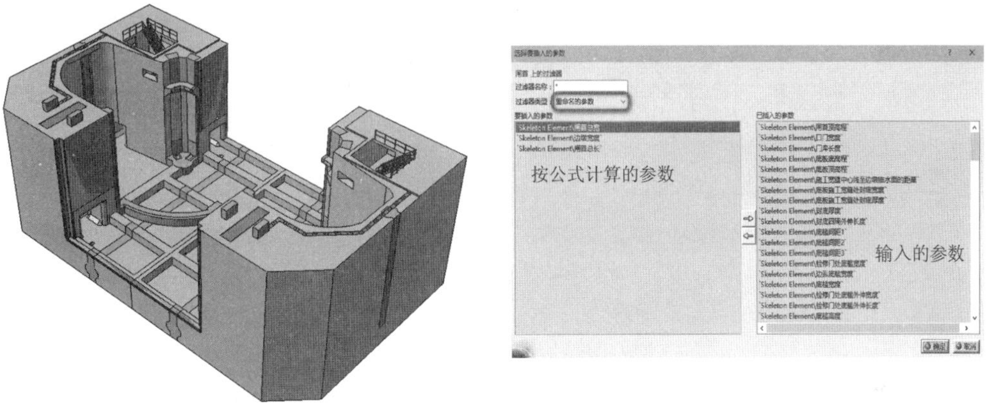

图 3　闸首参数化

（4）结构计算。利用 BIM 模型，导入有限元分析软件（图 4），进行建筑物受力分析，根据应力云图进行建筑物配筋和结构尺寸优化。

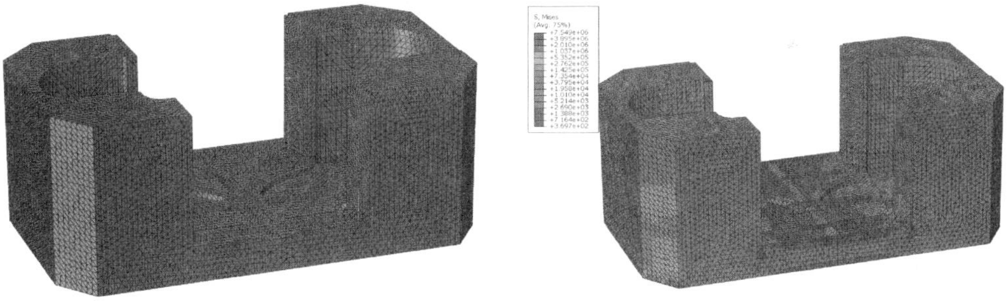

图 4　有限元计算

（5）碰撞检查。利用 BIM 技术进行碰撞检查，在设计过程中实时评估，生成干涉报表，及时发现并及早处理各专业内、专业间的碰撞部位，减少了项目在施工期变更和反复，提高了设计成果的质量（图 5）。

（6）工程算量。利用 BIM 技术的快速算量功能，迅速准确地提取工程量，极大地提高了工作效率。以三角闸门为例，在传统二维三角闸门的设计中，工程量的统计是最繁复易错的工作，需精确统计出所有零部件的尺寸、数量、单重、总重并反复核实，所耗费时间占设计总时长约 30%，而采用 BIM 技术，算量则几乎是瞬间完成，并且十分准确。

（7）工程出图。利用 BIM 技术建立的三维模型，通过定制注释族、尺寸标准、焊缝等，一次性生成主要的尺寸、注解、参考轴等，然后可以导入 CAD 微调，实现了二维出图。由于 BIM 模型文件具有唯一性，在对模型修改后，相应的工程量表和二维视图均会自动更新，做到了“一处修改，处处更新”，极大地提高了工作效率，提升了设计质量。

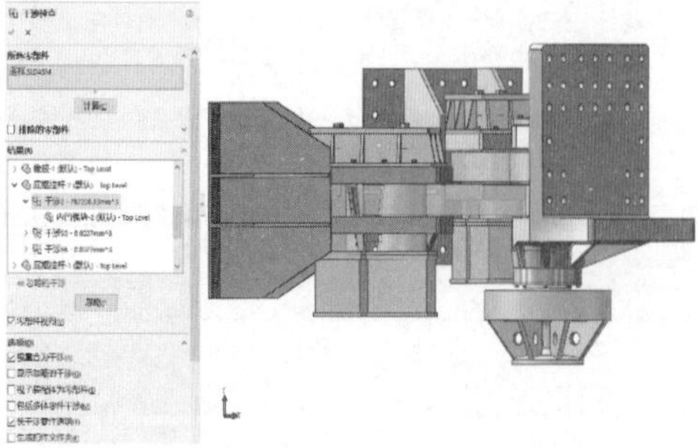

(a) 闸门底枢碰撞

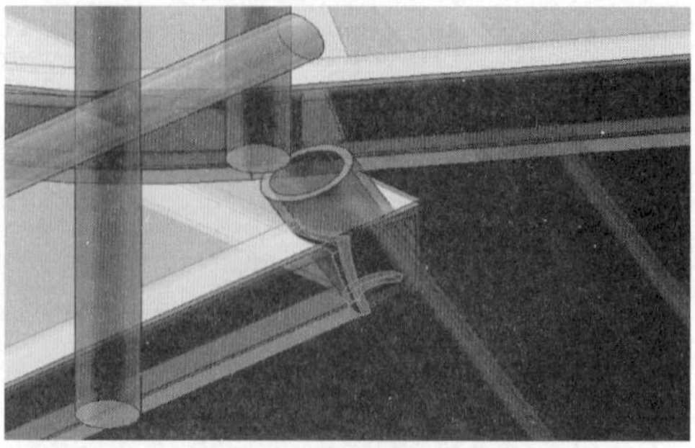

(b) 工作桥碰撞

图 5　碰撞检查

(8) 施工交底。基于 BIM 三维模型进行施工技术交底，对零部件创建爆炸视图、装配模拟，直观验证并展示主要的施工顺序，使工程参建各方对工程特点、质量要求、施工工序等有更深入全面的了解，提高了工程建设管理效率，降低了工程建设风险（图 6）。

图 6　闸室施工模拟

(9) 模型运维应用。基于秦淮河洪蓝船闸 BIM 模型，开发了船闸机电设备故障智能诊断系统，通过配置数据传输协议和 PLC 点位实现数据采集，运用船闸故障诊断算法，分析故障征兆，通过 BIM 模型实时预警，输出故障统计报表及诊断报告，并引导维修人员前往故障点检查。

(10) 模型展示。根据建好的 BIM 模型进行二次渲染，制作三维动画，通过虚拟现实进行更为直观的宣传介绍，给人以真实感和直接的视觉冲击（图 7）。

图 7　洪蓝船闸效果图

2.2 特点与创新点

（1）创新点一。在国内首次利用BIM技术完成了曲面异形空间结构的三角闸门设计（图8），并达到了螺母级可数控加工的精度要求。

（2）创新点二。在国内首次利用BIM技术完成了大型复杂现浇结构——船闸闸首整体参数化建模，探索了三角闸门闸首结构各几何尺寸的逻辑关联性。

（3）创新点三。结合行业特点，编写了《船闸工程设计阶段BIM技术实施指南》和《船闸工程设计阶段BIM技术应用标准》，弥补了国内空白。

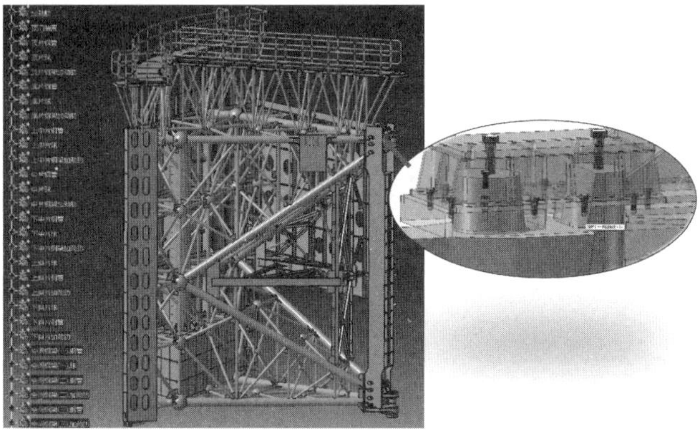

图8　三角闸门模型

3 应用心得与总结

本项目搭建了统一的BIM设计工作平台，实现了BIM数据统一管理，BIM数据利用率达60%，正向设计比例达100%；本项目结合行业特点制定了构件编码，一体化编码利用率达85%，为后续各项基于BIM的数据平台开发奠定了基础；基于BIM的施工方案优化，钢结构构件可数控加工，施工难度降低30%，降低了项目成本，提高了建设管理水平。后续将继续完善设计模块，形成标准化配筋模块，实现异型结构参数化配筋，同时结合BIM模型，整合数据，开发施工建设管理和运行维护平台，提升船闸精细化管理水平。

金奖

老挝南公1水电站BIM正向设计及数据集成应用

中国电建集团昆明勘测设计研究院有限公司

1 项目概况

南公1水电站是以发电为主的水电工程，工程等别为二等大（2）型。电站正常蓄水位320.00m，死水位280.00m。总库容为$6.51\times10^8m^3$，正常蓄水位相应库容$6.33\times10^8m^3$。水库具有多年调节性能，装机容量160MW。

首部枢纽包括面板堆石坝、左岸溢洪道、左岸导流隧洞和右岸电站进水口。

挡水建筑物为混凝土面板堆石坝，坝顶长400m，坝顶宽8.8m，坝顶高程325.0m，最大坝高为90m。坝体上游坝坡1∶1.4，下游坝坡1∶1.35。

溢洪道由引渠段、闸室段、泄槽段组成，引渠段长约272.4m，底板高程300.00m。闸室段共布置溢流表孔5－10m×15m（宽×高），堰顶高程305.00m。溢流堰采用WES堰。泄槽段水平投影长约470m，底板宽度64m，泄槽段共设置三级消力池。

面板堆石坝坝址左岸上游约4.8km处分布一个垭口，其分水岭的地面高程为324.20～324.80m，相比坝顶高程325.00m略低，该垭口部位设置防浪堤，长度约190m，防浪堤顶部高程326.20m与大坝防浪堤顶部高程一致。

引水发电建筑物布置于右岸，为单洞两机布置形式。由电站进水口、引水隧洞、上游调压井、竖井、压力管道及地下厂房洞室群、尾水支洞、尾水隧洞、尾水出口等组成。

电站进口底板高程267.50m，采用井式进水闸方案、高度57.5m，洞口外侧布置拦污栅，倾角为60°。引水隧洞总长2883.148m，为马蹄形有压洞，开挖直径7.4m，衬砌后内径为6.5m，底宽4.71m，高6.5m。在引水隧洞尾部设置90m高、阻抗上室式调压井，圆筒内直径9.0m，衬厚1m。调压井后接竖井及压力钢管道，主管直径4.8m、支管直径为3.4～3.2m，后接地下厂房。

地下厂房洞室群包括主副厂房、主变室、尾调尾闸室三大主要洞室，以及进厂交通洞、主变运输洞、尾闸交通洞、尾闸通风洞、排水洞、进风洞、透平油室、出线洞、排风洞等辅助洞室。主副厂房、主变室、尾闸室兼尾调室为厂区枢纽三大主要洞室，该三大主要洞室呈平行布置。

地下厂房自右至左依次为送风机室、安装间、主机间、电气副厂房，按一字形布置。其开挖尺寸为80.5m×18.2m×44m（长×宽×高）。主厂房与主变室之间由两条母线洞连通，主变室尺寸为47.3m×13.7m×17.3m（长×宽×高）。尾闸室开挖尺寸为26.0m×

10.0m×49.6m（长×宽×高）。

主厂房交通洞进口位于厂房右侧冲沟附近，为城门洞形，断面尺寸为7.0m×6.0m（宽×高）。利用高线施工支洞兼作为高压出线洞（5.0m×8.0m）、排风洞（5.0m×5.0m）、尾闸交通洞（5.0m×5.0m）。出线洞洞口平台布置排风机房（10.0m×15.0m）、柴油机房（7.0m×7.5m）、地面GIS楼（12.0m×33.5m）。

尾水支洞为城门洞型，断面为5.0m×5.6m（宽×高），后接尾水调压室，其后为尾水隧洞，尾水隧洞为马蹄形，长度1085.875m，过流断面直径7.6m，尾水隧洞及尾水支洞的流速约为2.0m/s，尾水出口布置检修闸门（7.0m×7.0m），其后与南公河相接。

导流隧洞布置在左岸，断面型式为城门洞形（宽×高为8m×11m），中心角为120°，导流洞长度为460.411m，进口底板高程为EL.248.00m，出口底板高程为EL.245.00m，坡比为0.681%。导流隧洞衬砌的厚度为0.4～2.0m。

上游围堰采用土石围堰，堰顶高程258.50m，最大堰高约15m，围堰顶宽8m，堰顶轴线长度106.071m。围堰上游坡比为1∶2.5，下游坡比为1∶1.5。围堰基础开挖至弱风化基岩，堰体采用黏土斜墙防渗。

下游围堰采用土石围堰，堰顶高程250.50m，最大堰高约7.0m，围堰顶宽8m，堰顶轴线长度75.6m。围堰下游坡比为1∶2.5，上游坡比为1∶1.5。围堰基础开挖至弱风化基岩，堰体采用黏土斜墙防渗。

2　项目应用情况

2.1　总体情况

（1）引水发电系统。在引水发电系统的设计中，用Revit建立地下厂房、GIS楼等部位的相关模型，并在Revit中直接生成招标图纸，并在Revit中分部分类精确统计工程量（图1和图2）。

此外，把Civil 3D和Revit中的模型在Infraworks中集成，进行总体方案布置，并完成厂房、大坝效果图制作（图3）。

（2）施工图设计。施工图阶段，在招标阶段成果的基础之上，继续深化设计，结合ANSYS Workbench、盈建科软件、Flow 3D、MIDAS等完成开挖图、布置图、体型图、钢筋图等各类别施工图的详细设计。一个模型管理整个引水发电系统的施工详图，管理方便，所有的图纸出自同一数据源，修改方便，不会出现“错、漏、碰”等情况。设计成果如图4和图5所示。

（3）施工建设管理。在面板堆石坝填筑时，引进了以北斗卫星为导航的数字化监控系统（图6），通过实时监控振动碾的碾压轨迹、遍数等参数（图7），避免出现以往少压、超压、漏压等情况，保证大坝填筑质量可靠、有据可循。

同时，南公1水电站采用昆明院的BIM应用与项目管控平台（图8），实现BIM、GIS及项目管理的无缝融合，进度管理、质量管理、安全管理、设计管理等与BIM模型实现有机结合。

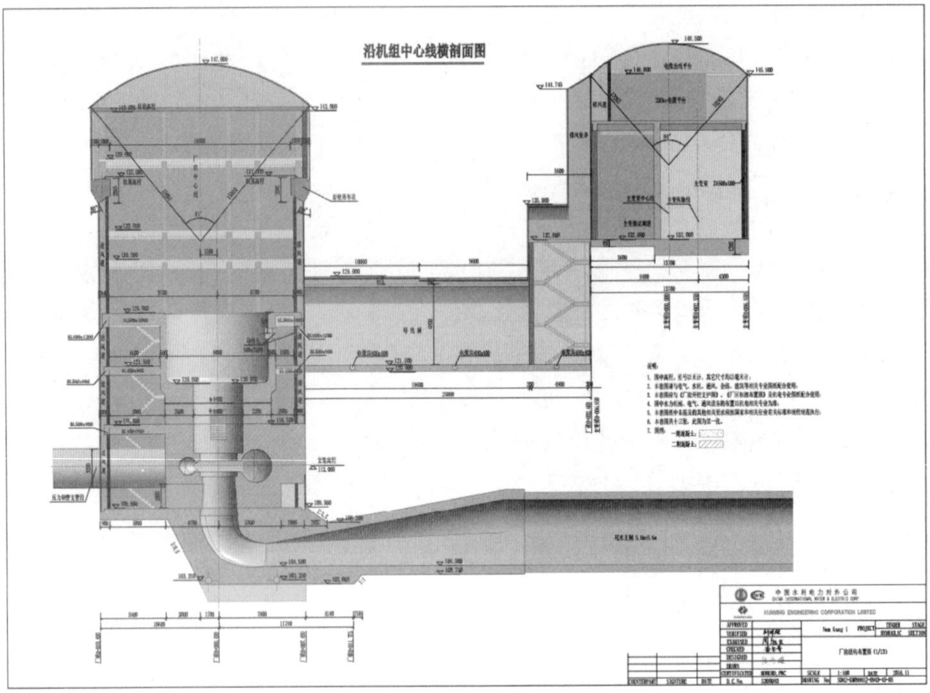

图 1　地下厂房招标图纸设计

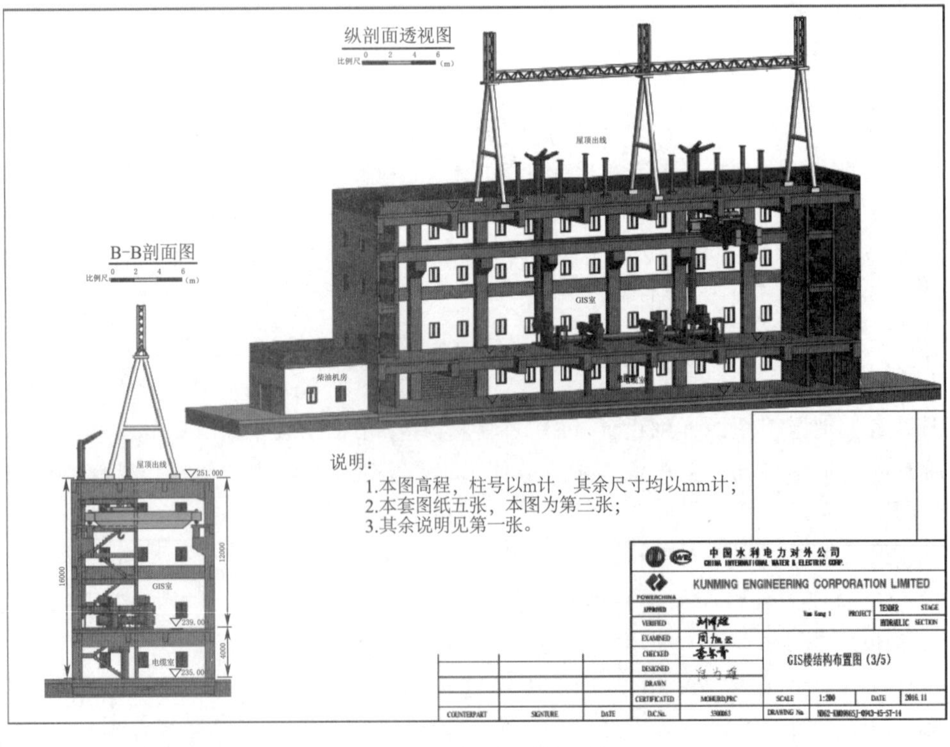

图 2　GIS 楼招标图纸设计

图3　Infraworks中集成并进行总体方案布置

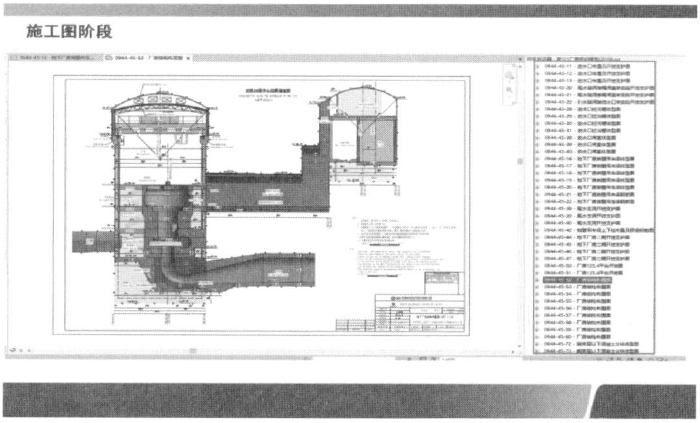

图4　引水发电系统施工图设计

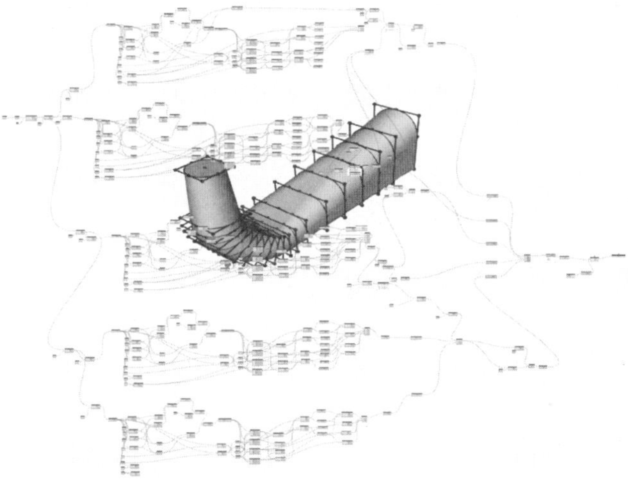

图5　用Dynamo编写尾水锥管、肘管及扩散段模型

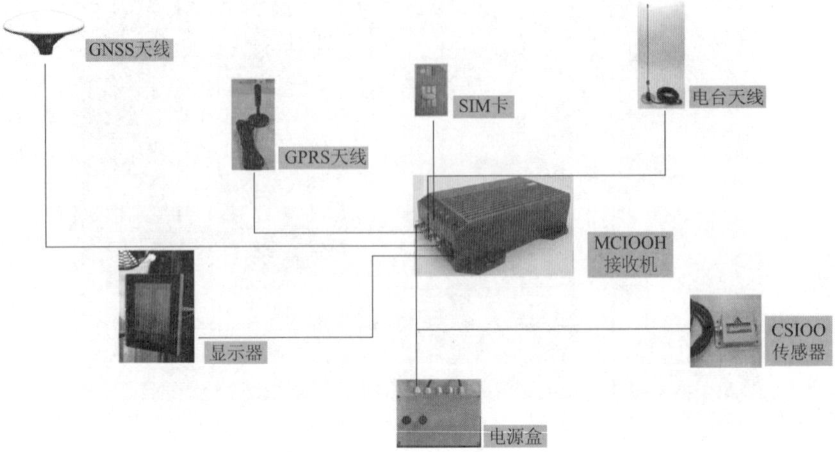

图 6　北斗卫星导航系统的大坝数字化监控系统安装图

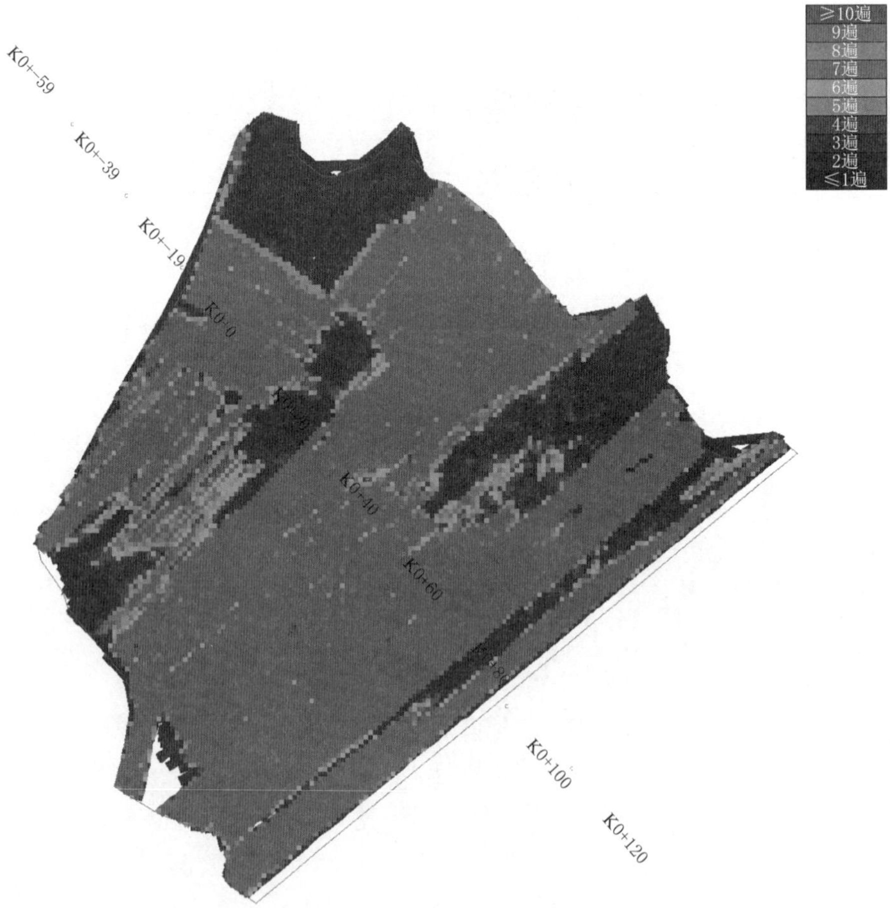

图 7　大坝数字化碾压云图

图8　南公1水电站项目BIM应用及项目管控平台

(4) 水利水电工程BIM设计相关技术标准建设。总结BIM工程设计经验，主编《水利水电工程设计信息模型交付标准》(T/CWHIDA 0006—2019)，参编《水电工程信息模型数据描述规范》(NB/T 10507—2021)、《水电工程信息模型设计交付规范》(NB/T 10508—2021) 等标准。根据企业技术特点和项目需求，编制BIM数字化设计工程师手册和二次开发插件。根据行业信息模型存储标准，对IFC底层，针对水利水电模型类别进行IFC类别扩展。

2.2　特点和创新点

(1) 创新点一。设计之初创新性地采用卫星遥感影像、大数据等手段，低成本地获取前期设计所需的基本资料。

(2) 创新点二。在设计的各个阶段，全面采用各种BIM手段进行正向设计，解决了设计信息在不同的模型、阶段、专业之间接口及传递这一重大难题，为后续其他项目全面开展正向设计积累了宝贵经验。

(3) 创新点三。设计过程中，模型充分体现“参数化、自动化、智能化”的设计理念，避免不必要的重复劳动，为后续项目的顺利推进提奠定坚实基础。

(4) 创新点四。在面板堆石坝施工过程中，建立基于北斗卫星导航系统的大坝数字化监控系统，避免出现超压、少压、漏压的情况，施工管理有序规范，大坝填筑质量可靠，有迹可循。

(5) 创新点五。引进我院的BIM数据交付及集成应用的项目管理平台，基于“GIS+BIM+项目管理”的项目管理模式，是深化BIM信息集成应用的重大创新，开创BIM应用进入施工阶段的典范，并为将来在运维阶段运用打下坚实基础。

3 应用心得与总结

(1) 无论从国家政策要求、集团发展需要或项目实际需求来讲，老挝南公1水电站全面推进BIM技术的应用是势在必行的，实践证明也是可行的。

(2) 老挝南公1水电站推行BIM正向设计根据工程实际需求制定，总体上可实现全阶段三维出图、三维可视化展示、全过程项目管理等要求，在局部及重要性工点上进行深化及应用，项目实施方案已由较多实施案例及经验，方案总体可行。

(3) 通过本项目的设施，在技术上可将国际水电行业BIM技术应用提升到新的高度，可为集团各成员企业培养一大批BIM技术骨干，提升集团公司在公路行业的竞争力。同时利用BIM技术可使整个工程项目在设计、施工和运维等阶段都能够有效地实现建立资源计划、控制资金风险、节省能源、节约成本、降低污染和提高效率。

老挝南公1水电站项目是中老两国“一带一路”合作的重点项目，我们秉承“正直诚信、开拓创新；注重责任、追求卓越”的核心价值理念，建设清洁能源，营造绿色环境，最大程度地保护和改善当地生态，促进老挝基础设施升级改造，带动周边产业发展，创造大量的就业机会，推动当地的经济社会发展。

银奖

甘肃省天水曲溪城乡供水工程项目 BIM 设计

甘肃省水利水电勘测设计研究院有限责任公司

1 BIM 设计成果

BIM 总体设计效果如图 1 和图 2 所示。

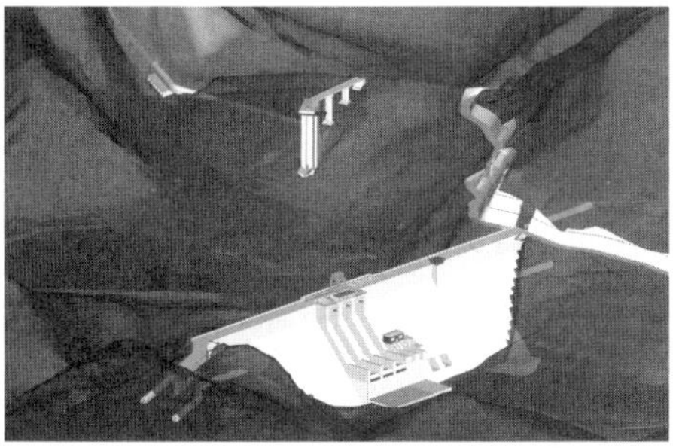

图 1 枢纽区总装模型

图 2 调蓄水池、电站区总装模型

1.1 地质专业

地质专业使用地质内外业一体化平台，综合应用移动终端技术、GPS 技术和 GIS 技术，将地质测绘、钻孔编录、平硐编录、施工编录等数据现场采集并录入工程地质数据库。同时将岩体试验软件、物探数据解译软件与工程地质数据库之间建立数据接口，将成果直接导入数据库，成果展示如图 3 所示。

(a) 混凝土重力坝轴线地质三维成果展示

图 3（一） 混凝土重力坝坝址和引水遂洞地质模型

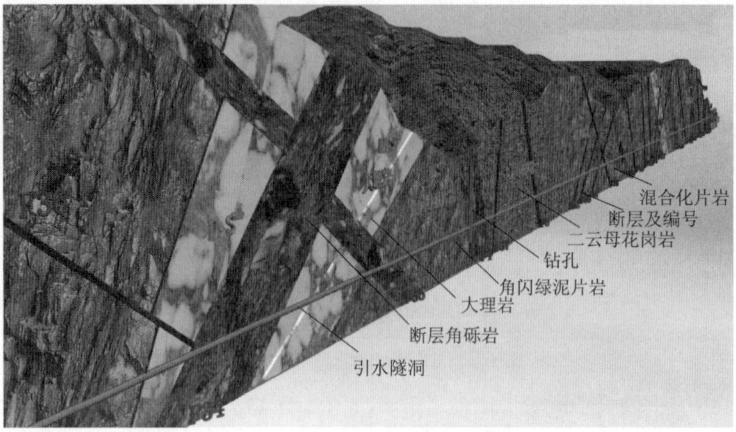

(b) 引水隧洞地质三维纵剖面

图 3（二） 混凝土重力坝坝址和引水隧洞地质模型

1.2 水工专业

水工专业根据建筑物轴线，使用 Civil 3D、Inventor、Revit 对坝体、溢洪道、泄洪洞、引水系统、电站等建筑物进行结构模型创建，关联引用地质专业三维模型，水工结构设计同步进行建筑物开挖设计（图 4～图 6）。

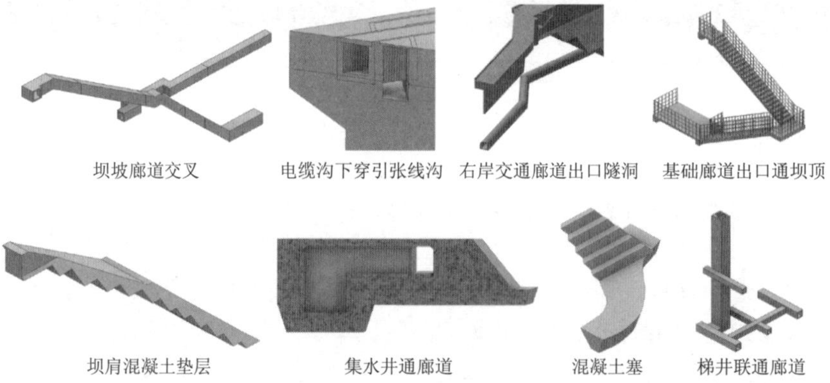

图 4 水工构件模型

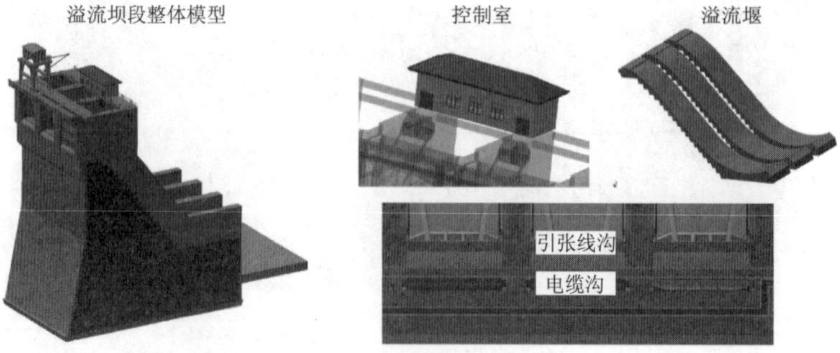

图 5 表孔溢流坝段

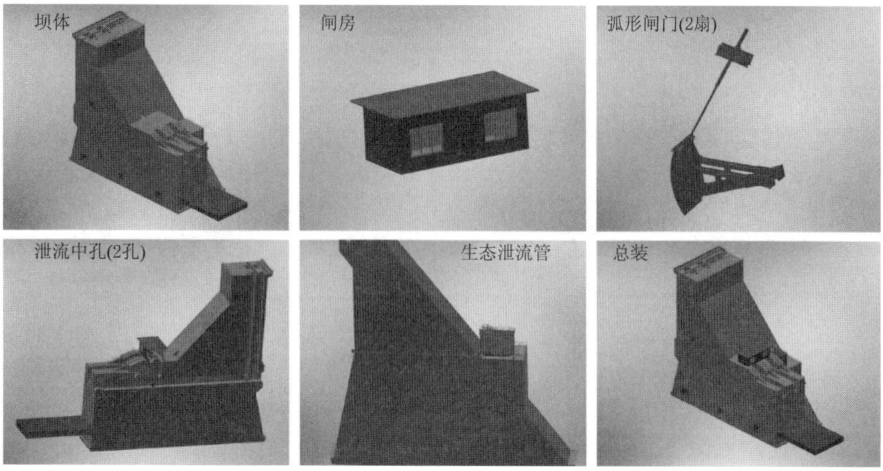

图 6　中孔坝段坝

引水隧洞根据洞轴线布置，在 Civil 3D 中进行隧道的平面和纵横断面设计，产生隧道简易模型。采用 Revit 软件中的 Dynamo，制作 TBM 管片，运行拾取洞轴线，实现 TBM 隧洞管片参数化设计（图 7）。

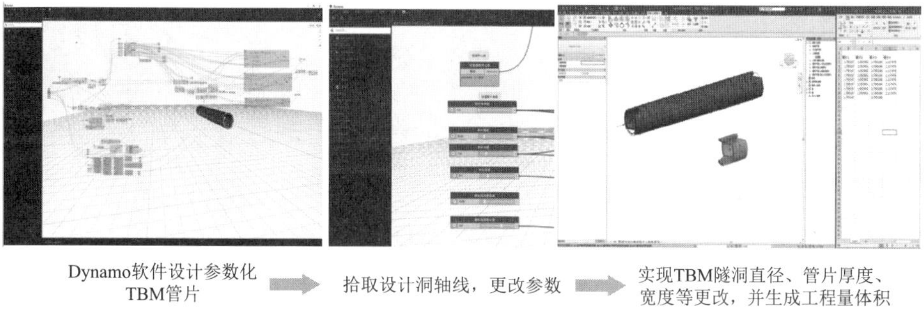

图 7　TBM 隧洞管片参数化设计

1.3　金属结构专业

金属结构专业围绕曲溪导航项目，应用 Inventor 软件创建三维模型，主要包括启闭机、闸门（拦污栅）两大品类。通过 Inventor 与 Excel 表格数据结合，实现产品的参数化设计，快速实现设计方案，并进行产品分析。设计成果如图 8 和图 9 所示。

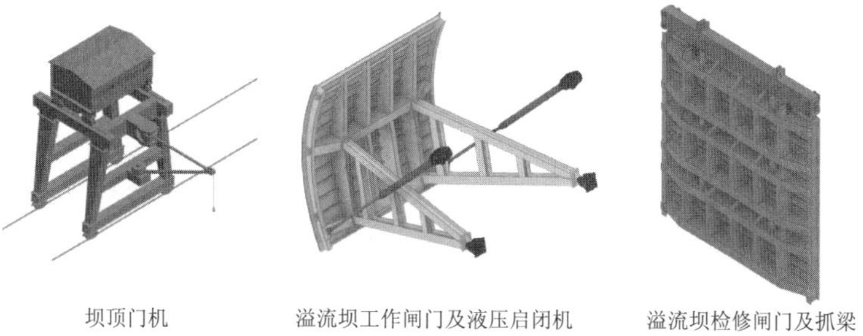

图 8　闸门等金属结构参数化模型

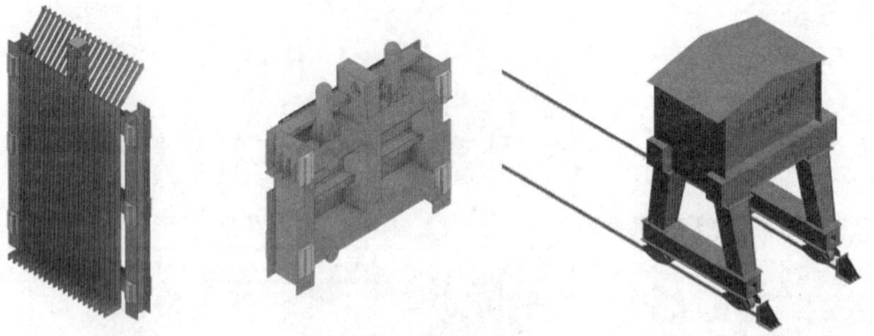

输水洞拦污栅　　输水洞检修闸门　　清污门机

图 9　门机等金属结构模型

1.4　水力机械、电气及建筑专业

水力机械、电气及建筑专业通过协同工作，完成枢纽子系统、引水工程子系统、电站厂房子系统的设计工作，并将各专业设计成果进行总装、碰撞检查，验证各专业设计合理性（图 10 和图 11）。

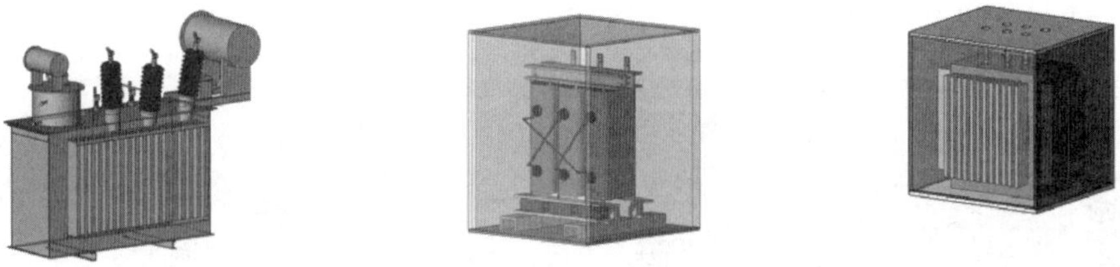

主变压器　　干式厂变　　励磁变压器

（a）电气专业三维成果

调流调压控制阀　　电磁流量计　　压力表　　电动单梁吊(地面操作)

（b）水力机械供水工程部分BIM设计典型成果

图 10　水力机械和电气专业设备模型

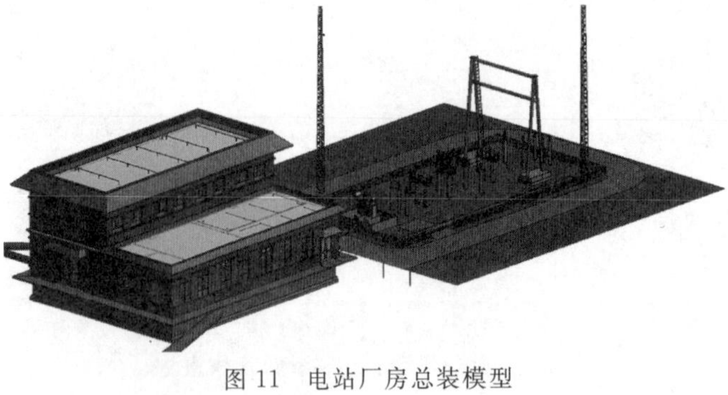

图 11　电站厂房总装模型

1.5 施工专业

施工专业利用 Civil 3D、Inventor 等软件对施工临建设施建模，利用 Infraworks 进行施工总布置及成果展示。BIM 设计可优化施工组织设计流程，施工总布置可视化程度高，能直观清晰的指导施工（图 12 和图 13）。

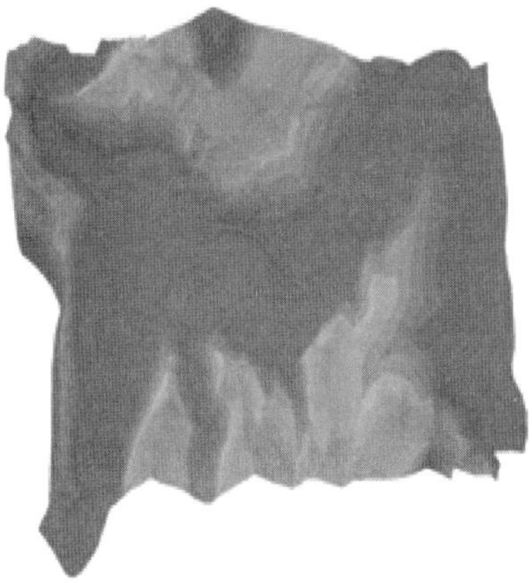

施工场地高程分析

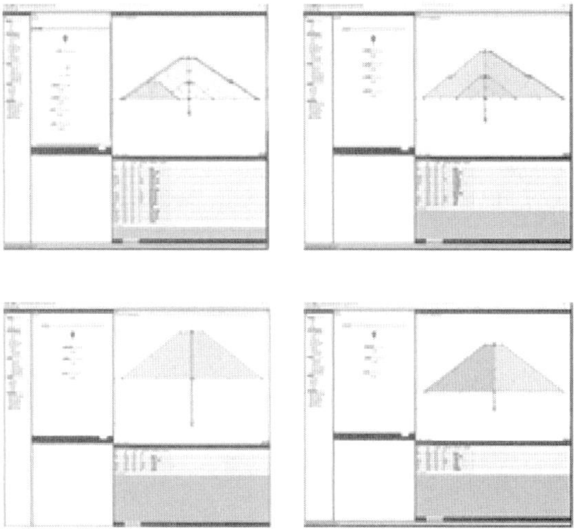

施工导流围堰参数化设计

图 12 场地分析和导流围堰参数化模型

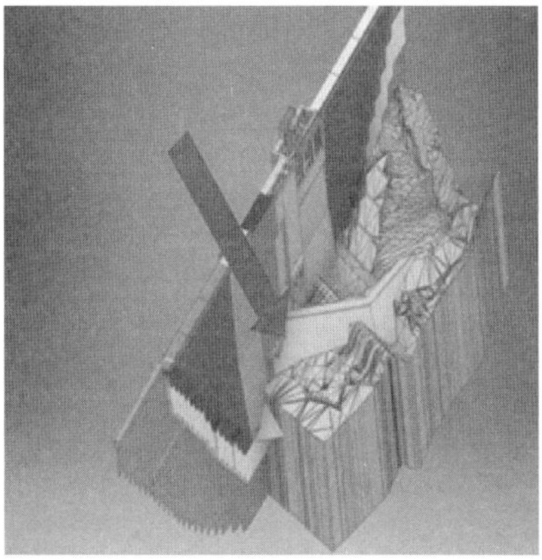

施工方案优化

施工围堰模型

图 13 施工围堰优化

2 项目创新点

本项目为全建设区、全建筑物的三维设计应用，基本包括了水利水电工程常见建筑物与主要专业，设计成果达到初步设计阶段的精度要求，各专业也有一些创新的亮点。

（1）地质专业。

1）水利行业内首次完成 22km 长隧洞复杂地质条件下的地质建模。

2）完成复杂地形多阶地地层接触面的建模。

3）解决了不规则“S”形侵入接触面建模难题。

4）突破了倒转背斜和向斜复杂地层形态建模。

5）完成 3Ds Max 对地质模型效果图的渲染，实现了按岩性、岩层产状进行复杂长隧洞无缝贴图。

（2）水工专业。

1）沥青混凝土心墙堆石坝利用部件编辑器完成了参数化建模，对大坝结构的主要结构尺寸进行了参数化设计，通过在部件编辑器中的参数来驱动模型尺寸。

2）根据洞轴线布置，在 Civil 3D 中创建隧道的平面和纵横断面设计，并建立隧道简易模型。采用 Revit 软件中的 Dynamo 制作 TBM 管片，实现 TBM 隧洞参数化设计。

（3）金结专业。金结专业结合典型闸门模型实现模型的参数化，提高了模型的复用性和使用范围。

银奖

BIM 技术在内蒙古兴安盟工业供水工程中的研究与应用

内蒙古自治区水利水电勘测设计院

1 项目概况

内蒙古兴安盟工业供水工程总规模供水量为 30 万 m^3/d，近期 10 万 m^3/d，远期预留 20 万 m^3/d。工程总投资为 13.69 亿元。以察尔森水库为水源，通过输水管线将水库原水送至开发区净水厂，经处理后送至开发区用水企业。兴安盟工业供水工程是集取水、输水、净水于一体的大型工程。

本项目的难点、重点如下：

(1) 取水泵站地质条件复杂，承载力不足，地下水位高，施工难度大，水处理管道复杂，附件类型较多，易造成管道交叉碰撞。

(2) 水处理工艺复杂，达到分子精度，自动化控制程序复杂，要求水厂智能化程度高。

(3) 设备类型多，要求现场安装误差小，后期运维、管理难度大。

(4) 薄壁构件型号多样，异型构件多，节点复杂，施工图水平要求高常规设计难度较多，设计质量不可控因素较多。

三维工艺流程如图 1 所示。

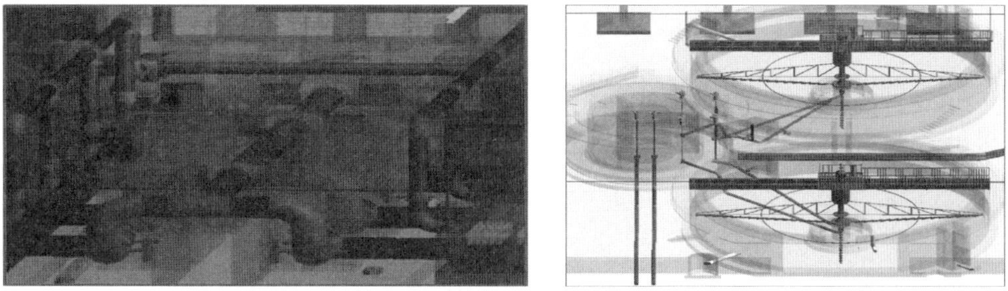

图 1 三维工艺流程图

2 BIM 应用

2.1 BIM 设计流程

建立供水工程多专业协同平台，使模型成果更具有参数化、信息化、数据化等特征。

参数化模型建立后，可提高设计全周期工作效率，避免常规设计因方案调整增加相关专业工作量。完成高精度模型指引后期工程运行维护，实现建筑模型导出施工图、工程量等路径，为类似工程提供参考模式。

2.2 BIM 高精度模型

根据项目工艺处理要求，项目管道设备及附件较多，薄壁型结构构件尺寸类型繁多，需要专业人员进行后期维护，这要求高精度模型数据的准确程度与实际完全一致。本工程建立的 BIM 模型构件中包含了精确数据信息（例如型号、尺寸、体积、类型、位置、方向等信息），可以进行较为详细的分析及模拟，模型达到施工级别。

2.3 池体模型参数化

（1）池体参数化。本工程池体与设备采用参数化建模，参数化设计方法就是将池体与设备模型中的定量信息变量化，使之成为任意调整的参数。对于变量化参数赋予不同数值，就可得到不同大小和形状的零件模型（图 2）。

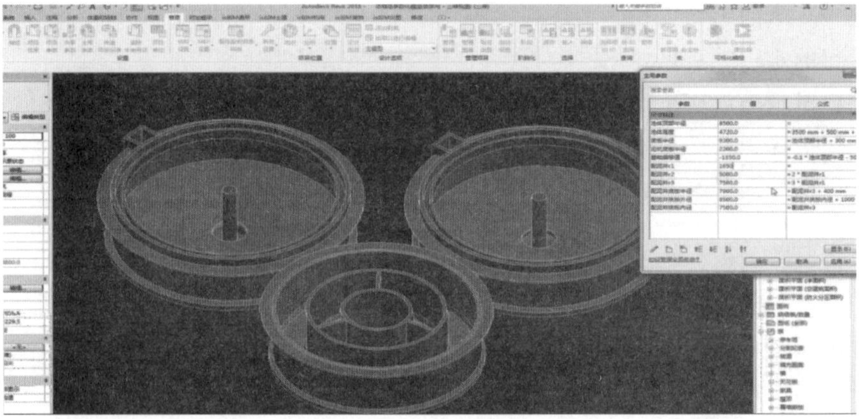

图 2　池体模型参数化

（2）设备参数化。本工程采用程序化设计、参数化建模，配合专业出图，建立设备族库。随工艺调整及根据供水规模的进行调整，改变设备型号，满足项目需求。

2.4 建筑生长与工艺展示

本工程处于实施阶段，主体结构已完工，主体设备已完成招标工作，因此，无论土建模型还是设备模型，均采用实际工程应用标准，建筑项目在竣工后的数据信息，包括实际尺寸、数量、位置、方向等信息。该模型可以直接交给运维方作为运营维护的依据。

2.5 BIM 结构设计整体解决方案

BIM 是全三维的技术模型，全专业的信息化数据化的集成以及全生命周期的数据管理使其在建筑行业迅速普及。结构专业计算能力的缺失限制了 Revit 在结构专业的应用程度。YJK结构模型和Revit结构模型的互导，完善的模型更新机制保证了结构计算数据和Revit数据的无缝传递，实现两种模型的互联、互通、互导。

2.6 导出全专业施工图

BIM技术可快速、准确导出平面施工图。剖面施工图随剖切位置实时更新，高效、便捷（图3）。

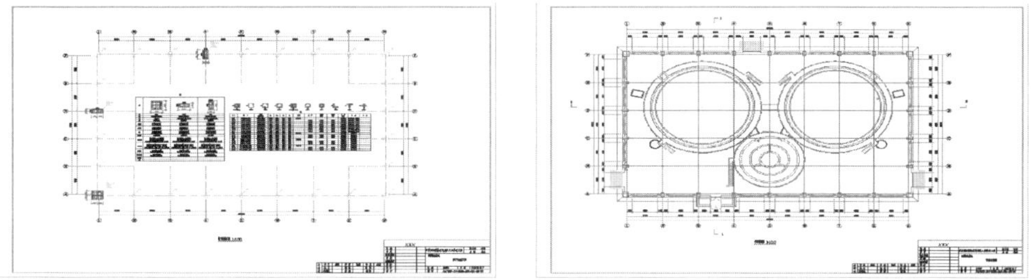

图3 全专业施工图

2.7 设计协同

Autodesk Vault Basic产品，可以优化数据管理和分享，驱动流程优化和协同，广泛应用于制造业、建筑行业的设计与工程部门，可以进行产品设计数据管理、产品设计过程管理、设计协同和信息共享。

3 BIM优化设计与创新

本工程BIM优化设计与创新主要体现在以下几个方面：碰撞检查、管道水力计算、热负荷计算、高效提取工程量、绿色建筑节能分析、施工模拟、VR技术应用。

4 总结

本工程以在建的兴安盟供水项目为案例进行BIM设计，将水处理工艺与BIM技术相结合，达到运维精度，主要取得了以下成果：

（1）完善了设计流程，建立了多专业协同平台，缩短了设计周期。

（2）高精度模型的建立，为深度BIM设计奠定了基础。

（3）池体与设备参数化建模，使专业衔接更加紧密，建立了设备族库。

（4）结构BIM的整体解决技术路线，为BIM结构设计指引了正确方向，保证了设计质量。

（5）从管道水力计算、暖负荷计算、节能计算、绿色建筑等方面制定了专业技术路线。

（6）从高效提量到专业交叉碰撞，使方案得到合理优化。

（7）进行施工组织模拟，对项目的施工质量、进度优化起到了极大的作用。

银奖

深圳机场泵站4号调蓄池泵闸站工程全过程BIM正向协同设计应用

——深圳市水务规划设计院股份有限公司

1 项目特点和难点

本项目特点和难点如下：

（1）工程设计范围大，设计周期短。

（2）工程专业及设计接口众多，细部设计多，需要高效协同。

（3）计算分析工作量大，计算分析结果精度要求高。

（4）主要工程范围淤泥深厚，地质条件复杂。

（5）项目实施期间，需考虑机场的飞行安全及周边结构的安全。

2 BIM项目设计

2.1 协同设计

为满足招标文件中正向设计的要求，并考虑与“建筑工务署工程管理平台”的顺利对接，本项目采用兼容性及出图性能较好的Autodesk平台作为主要的BIM实施平台。各专业统一采用Autodesk Vault作为设计协同平台，通过Vault软件，在Intranet上搭建Vault协同平台，并通过VPN实现异地协同；设计任务完成后，将设计模型上传至建筑工务署平台，同时将项目建设管理流程集成在平台上，协助设计方与建设方之间的技术交流，通过建筑工务署平台实现项目过程管理；将模型上传至水利水电BIM数据管理平台实现模型的轻量化及云端应用，无须安装BIM专业软件，提高审图效率；为保障项目数据安全，对Vault进行权限管理，各专业将最新的修改成果检入至Vault服务器并在服务器端备份。

2.2 参数化设计

（1）Revit参数化。本项目通过Revit的模型族参数、全局参数、Dynamo等参数功能，实现水工构筑物的参数化应用。

（2）Civil 3D参数化。通过Civil 3D的路线、Subassembly Composer参数化功能，实现线性构筑物的参数化。

（3）Inventor参数化。通过Inventor实现金结闸门的参数化。

2.3 分析计算

本项目通过BIM模型，实现了以下几个方面的设计分析计算：

(1) 通过Civil 3D进行高程及汇水分析。

(2) DHI MIKE结合Civil 3D进行水文分析。

(3) 通过Infraworks及Navisworks实现项目的方案比选。

(4) 应用Inventor对金属结构进行应力分析。

(5) 通过Revit明细表功能实现工程量快速统计。

(6) 应用FLAC 3D进行岩土有限元分析计算。

(7) 通过YJK进行结构分析计算。

(8) 通过曲面创建，复核项目是否满足飞行安全高度。

2.4 设计制图

本项目全专业均采用BIM软件实现正向出图，具体如下：

(1) 水工、建筑、结构、岩土、暖通、电气专业采用Revit。

(2) 项目总图、海堤结构、施工组织、勘察专业应用Civil 3D。

(3) 金属结构（金结）专业采用Inventor。

(4) 建筑结构专业应用YJK。

(5) 钢筋图绘制采用三维钢筋软件。

2.5 BIM成果标准化及交付

本项目的实施促进了企业BIM标准的确立，规范了设计的协同方式，落实了三维校审方法。

项目设计模型通过Navisworks及Infraworks进行整合，针对Navisworks整合时部分格式模型信息丢失的现象，通过二次开发解决此类问题。项目BIM设计完成后，除了交付RVT、NWD等传统格式的模型外，还将设计相关资料上传至“建筑工务署工程管理平台”作为后续施工及运维BIM应用的数据来源。

3 创新与亮点

本项目实施过程中，主要有以下创新点及亮点：

(1) 全过程正向设计。本项目实现了从招投标阶段直至施工图阶段的全过程BIM正向设计，图纸均由模型导出，综合减少约40%的设计制图时间。

(2) 全专业正向设计。在项目涉及的所有专业，均采用BIM软件进行正向设计，包括水工、金结（金属结构）、勘察、岩土、电气、建筑、结构、暖通、水机（水力机械）和施工组织10个专业，针对应用难点进行二次开发，解决了各专业正向设计中的问题。

(3) 多方式的协同。通过Vault、建筑工务署工程管理平台和水利水电联盟BIM数据管理平台，实现多方式、云端、异地的协同。

（4）多软件、格式的数据互通。将各种软件生成的模型成果，如 rvt、dwg、ipt、iam 格式的文件 ipt、iam 可通过 adsk 及 sat 格式在 Revit 中整合；dwg 文件可直接在 Revit 中整合；所有格式的文件可直接在 Navisworks 或 Infraworks 中进行整合。

（5）多类别参数化应用。全专业的多类别、参数化应用体系，大大提升了 BIM 建模设计效率。

（6）水务工程设计 BIM 标准的确立和实现。通过统一的全过程 BIM 标准，实现模型创建后数据格式的一致性和软件间的可互导性。

（7）多种二次开发手段的应用。应用多种二次开发手段，实现了 Civil 3D、Inventor、Navisworks 等软件的插件开发，相关软件著作权 2 项，开发插件十余项。

（8）BIM 和 GIS 的数据互用。通过 Infraworks 软件实现 BIM 模型和 GIS 数据的互通，Revit、Civil 3D 模型通过坐标转换实现 GIS 数据和独立坐标系间的协调。

（9）结合 BIM 手段实现高效计算分析。结合 BIM 模型，显著提高项目的计算分析效率，并把计算结果实时反馈至模型，提高设计效率。

（10）多种新技术的应用。通过本项目实现 VR、参数化、云平台、碰撞检查等新技术的应用。

4 应用总结

本项目的实施，体现了 BIM 正向协同设计的三项优势。

（1）正向设计优势。坚持正向设计，能够真正实现模型、图纸、工程量的统一，避免"翻模"模式下的三维模型和二维图纸"两张皮"，也避免了"翻模"过程给设计人员带来的额外工作量，从而整体提高设计效率。

（2）BIM 设计优势。项目通过 BIM 技术，提升了项目的设计精度，模型中包含了施工图要求的几何、材质、特性等信息。通过模型和计算手段的结合，得出的分析结果比传统手段更加精确合理和高效。通过碰撞检查及三维校审手段，提前解决碰撞问题，优化设计方案。BIM 的应用还可促使项目和当前多种先进技术结合，实现全专业设计成果的多方向信息传递和复用。

（3）协同设计优势。利用协同平台及三维设计在可视化上的优势，改变了过去专业间"蜘蛛网"似的提资模式，确保项目组各专业人员能够第一时间得到最新的资料，避免"错提""漏提"。

本项目从招标阶段直至施工图阶段的全专业 BIM 正向协同设计，可为其他水务基础设施的设计与建设提供有意义的参考。

银奖

万州区密溪沟新城区至长江四桥连接道工程BIM应用

长江勘测规划设计研究有限责任公司

1 项目说明

万州区密溪沟新城区至长江四桥连接道工程位于重庆市万州区，为三峡移民城区路网建设与地灾治理的重要组成部分，将满足当地数十万居民生命财产安全的迫切需要，同时极大地改善移民新城的对外交通条件，活化沿线经济带。本项目主要建设内容为道路工程和滑坡治理两大部分，道路工程包含一条红线宽度33m、全长3.6km的城市主干路与配套1.5km长的连接线，共有2处互通立交、3座曲线桥梁。主线与起点南滨路T字路口设置一条定向左转匝道桥；主线与连接线交叉口设置一座互通立交，直行车辆走上部高架桥，前往连接线车辆走桥下两侧辅道。连接线跨越山谷冲沟段设置一座曲线桥。滑坡治理工程涉及塘角1号A、C区，塘角2号A、C、D区共5块滑坡区域，主要措施为削方减载与抗滑桩。

2 项目难点

（1）本项目地处山岭重丘区，高边坡和支护结构设计为项目重难点。

（2）滑坡治理工程在国内罕有三维设计先例。

（3）专业间协同难度大，在传统二维设计中往往各自为政，导致重复计量或结构物衔接不良。

（4）根据重庆市规定，本项目属于大型市政项目，图审时必须同步交付、审查二维图纸和三维模型，因而需在短时间内里同步完成二维及三维设计。

3 项目三维技术路线

（1）方案阶段的技术路线。本项目兼具市政道路与山区公路的特点，因此在方案设计阶段，首先使用Infraworks抓取项目片区的地形，进行高程分析，使设计者对片区地形地貌产生直观概念；城市道路线位由规划控制，故在地形模型上叠合城市规划图进行平面布线和竖向设计，根据地形条件进行桥位布置，并快速统计桥梁工程量与项目总填挖方量，便于比较各方案的填挖造价；对线形指标不良、断面填挖不理想的路段，利用组件道路功能快速查看逐桩断面辅助线位优化。然后将方案模型从 Infraworks 无缝导入 Civil 3D，进行下一阶段的深化设计。

（2）深化设计阶段的技术路线。在 Civil 3D 中，滑坡治理与道路专业协作完成滑坡治理后完工曲面；随后进行路线、路面及路基边坡设计，形成道路模型。基于道路模型进行出图并提取数据给下游专业，完成桥梁、交安、给排水等专业设计，隧道专业依据道路专业提供的数据确定抗滑桩桩位，导入 Inventor 进行细部设计及出图算量。最终所有专业在 Infraworks 中进行模型整合。

4 本项目三维应用创新点

（1）高效的路基部件系统。针对本项目沿线多高填深挖的特点，设计组使用 Subassembly Composer＋Dynamo for Civil 3D 建立了高效的路基部件系统，包括边坡部件与挡墙部件两大部分。边坡部件在挖方段可判断地层属性自动改变开挖坡比，在填方段可自动设置反压护坡与土工格栅，仅需一个部件即可完成全线 80％以上边坡的自动化设计。挡墙部件内置数十种断面尺寸，支持 3 种设计模式——按地形曲面自适应的曲线墙底模式、传统手动拉坡模式以及全自动设计模式，以适应不同的设计需求。模式 1 适用于方案阶段建立概念模型；模式 2 遵照传统设计习惯，可满足深化设计所需；模式 3 在模式 2 的基础上进行了改进优化，通过填写关联 Dynamo for Civil 3D 的 Excel 表格，就能一键完成分段墙底线设计、模型生成、信息提取等一系列步骤，形成完整的工程量表，大幅减少重复工作和出错率，尤其适合山区长距离挡墙的自动化设计。

（2）首次在滑坡治理工程中应用三维正向设计。滑坡治理作为三维设计的边缘领域，过去少有人涉足，而我院设计人员已成功打通滑坡治理专业的三维正向技术路线。首先根据地勘资料对滑坡覆盖层分区进行分解，分别制定治理方案。对于削方减载方案区域，使用 Civil 3D 进行参数化削坡处理；对于结构物支挡方案区域，使用 Inventor 进行抗滑桩结构的精细设计，利用 Python 自制插件将设计成果导入有限元软件进行复算，保证设计的合理性与安全性。然后，将成果导入 Navisworks 中，进行施工者视角模拟和桩位复合，直观检查设计成果。

（3）形成基于 C3D＋X 的专业协作与数据传递体系。以滑坡治理与道路专业间的协作为例，将前者的地质模型与滑坡数据与后者的地形模型相结合，形成滑坡治理后曲面，成为道路专业后续建模设计的基础，也能避免滑坡清方计量重复；道路专业将道路模型要素线提给滑坡专业，通过自制插件，沿要素线精确定位抗滑桩，有效避免结构物衔接不良的问题。对于道路工程下的细分专业，我院打通了 Civil 3D 与理正岩土、海特涵洞、纬地土石方、鸿业交通工程和给排水设计等的数据接口，形成了一套 C3D＋X 基建工程三维设计体系。

（4）提升三维出图效率与质量。针对原生图纸样式不符合图审要求、标注操作烦琐的痛点，充分利用了 Civil 3D 的代码集系统，并制作了数百种标注样式，藉由定制部件代码集与样式库的关联，使道路专业各类图纸表格得以按国内图审标准进行输出，更可满足特殊需求，例如平面图区分填挖和场平区域，横断面图自动绘制土工格栅并标注铺设长度。

滑坡治理专业自主研发了填表式的出图插件，即使对 Inventor 操作不熟练的员工也可轻松上手，批量建模出图。

5 应用心得总结

（1）充分利用软件提供的二次开发接口与可视化编程工具，满足特定项目的独特需求，量体裁衣，切实提高设计与出图效率。

（2）打通各专业软件间的数据接口，实现专业间的有效协作，形成完整的三维设计体系。

（3）以企业程序文件、专业级设计指南为依托，在基层设计者中进行正向设计的推广普及。

（4）2018 年至今，本项目及周边片区累计 4 个大型市政项目通过重庆市住房城乡建委三维设计审查，这标志着我院三维设计成果通过了质量与效率的双重考验。

（5）立足设计业务本身，深挖 BIM 对设计单位的价值，托起三维应用产业链上的价值洼地。

银奖

珠三角水资源配置工程 BIM+GIS 设计及应用

广东省水利电力勘测设计研究院

1 总体情况

1.1 BIM+GIS 设计架构

在院 BIM 技术应用与发展领导小组的领导下，项目组从测绘、地质、水工、施工、建筑、机电全专业具体设计及校审人员开展全流程 BIM+GIS 三维协同设计，数字中心主要担负制定数字化及信息化标准、技术支持、检查督促、培训推广、技术研究、开发及定制和交流调研等 7 大职责，实际上负责 BIM+GIS 项目应用（图 1）。

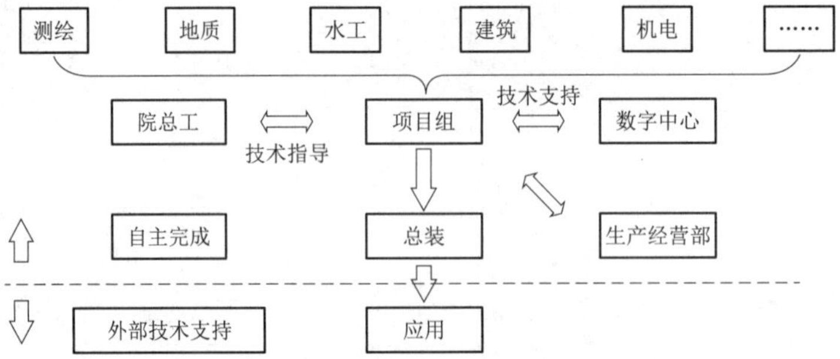

图 1　流程图

1.2 软件应用情况

我院三维设计采用 Bentley Microstation 及其各专业软件的全套解决方案，目前在项目上全专业全流程开展三维正向协同设计。

采用 ProjectWise 软件进行协同管理，并研究开发三维设计三级校审流程。各专业应用的软件如图 2 所示。

协同平台如图 3 所示。

（1）测绘专业：采用 GeoPak Site、PowerCivil、GeoGraphics、ContextCapture、PointTools 和 Descartes 等专业软件建立实景模型和数字高程模型（TIN）。

（2）地质专业：珠三角水资源配置工程采用 GeoStation 等专业软件已建立各泵站、管线、管井、水库等区域的地质三维模型，并出图。

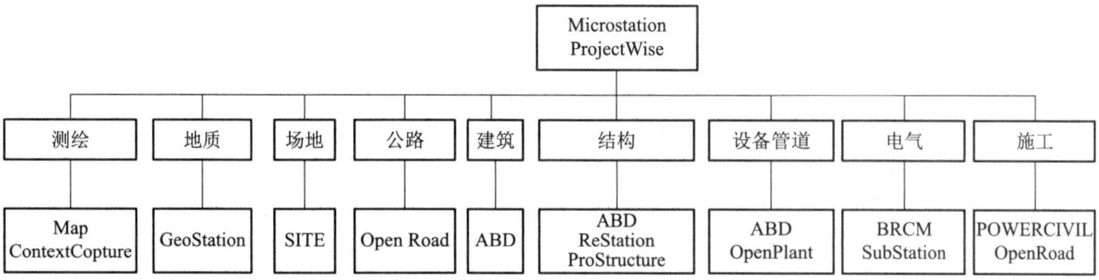

图 2　专业软件

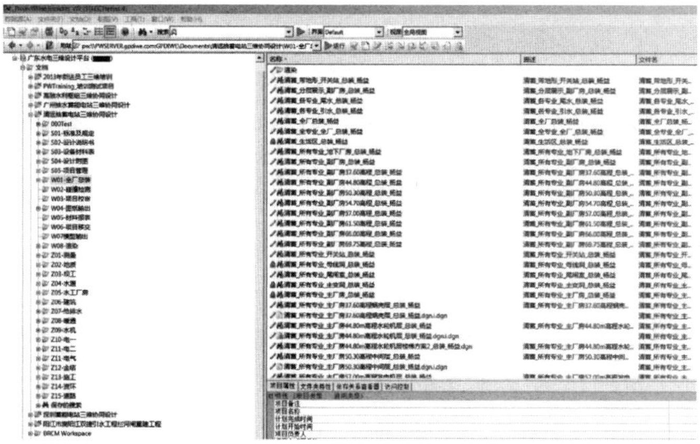

图 3　协同平台窗口

(3) 施工专业：采用 GeoPak Site、PowerCivil、OpenRoad 等专业软件，开展开挖及场地布置、公路布置等工作。

(4) 水工专业：采用 ABD、PowerCivil、ProStructure、ProSteel、ReStation 等专业软件，建立工程三维模型，开展结构图和钢筋图设计，并已出施工图。

(5) 建筑专业：采用 ABD、PowerCivil、ProStructure、ReStation 等专业软件，建立工程三维模型。

(6) 机电专业：水机采用 ABD、OpenPlant 等专业软件；电气采用 BRCM、SubStation 以及开发的电缆自动敷设等专业软件；暖通采用 ABD、OpenPlant 等专业软件；金结采用 MS 平台；建立工程三维模型，并出综合图及部分施工图，其中金结和暖通专业已无二维设计。

2　项目特点

(1) 项目设计特点。本工程的输水线路穿越三角洲核心城市群，地面建筑密集，地上地下各种交通和市政设施密布，线路选址所遇困难前所未有，经历了规划、项建、可研、初设 4 个阶段，反复论证、协调优化。

为了实现“少征地、少拆迁、少扰民”的目标，以降低线路选址协调的难度，采用平均纵深 40～60m 的深层管道输水方式。

本工程是提升粤港澳大湾区水安全保障的战略性工程；世界上输水压力最高、盾构隧洞最长的调水工程；珠三角核心区长距离深隧输水工程；珠江三角洲生态配水工程。

（2）BIM 设计特点。本工程为长距离线型工程，除泵站及其附属建筑物在地面以上，绝大部分均深埋在地下 40～60m。各类盾构井和检修井与珠三角密集城市群、高铁、高速公路及其枢纽等的相互关系。盾构管片复杂，三维设计难度大，盾构管片施工及安全、质量监管难度大。地质条件异常复杂，环境敏感，地质模型建立难度高。

3 创新亮点

（1）激光点云＋倾斜摄影实景模型。采用激光点云＋倾斜摄影，将实景模型和数字高程模型结合在一起，满足方案设计到施工图设计以及展示的不同要求。

（2）实景模型开挖设计。实景模型进行场地、公路开挖，在可研审查中实时的进行方案修改、工程量统计，方便审查和决策。

（3）长距离盾构管片自动设计。一键快速生成公里级别的管片拼装，并解决线路高程不同及转弯的复杂设计难题。

（4）三维精细化协同设计。采用三维设计及协同平台，结合我院在水利项目上积累丰富的设计经验，进行精细化的设计、紧密协同的设计，将设计方式由原先的串行变为并行，大大提高了效率和设计质量。

（5）BIM＋GIS 协同设计。将 BIM 和 GIS 有机地结合在一起，在一张图上进行设计、展示，将原先散乱的二维设计整合起来，减少遗漏和错误。

（6）全生命周期应用。

1）智慧设计：三维概念设计、施工设计、标准化设计、参数化设计，工程量精准统计，三维出图等应用。

2）智慧建造：将三维模型运用于建造过程，施工仿真、工序模拟，质量、安全检测，工程量及合同管理等应用。

3）智慧运营：将最终的三维模型交付业主进行运营管理，做到实物、数字双交付。

4 总结

采用 BIM＋GIS 三维协同设计，将设计院各专业和业主、工厂紧密地联系起来，提高设计质量和效率，为业主提供更高质量的产品和服务，同时开展全生命周期研究，提高设计院的水平和能力，扩展设计院的业务，提升企业的竞争力。

银奖

BIM 技术在丰都南岸三合码头设计中的应用

中交天津港湾工程设计院有限公司

1 项目说明

本项目位于中国重庆市丰都县长江南岸，为水位差高达 30m 的河港客运码头工程，共建设 3 个 500 客位邮轮泊位，项目总投资为 1.48 亿元。设计中首次采用水中建设垂直运输平台与趸船相结合的工艺方案，通过升降垂直运输平台和趸船之间的钢引桥改变码头运营楼层，并利用垂直电梯、水平集疏栈桥完成旅客转运，为内河大水位差客运码头建设带来开创性革新。

设计中面临着季节性水位变化大、电梯井道及供电系统防水要求高、运营楼层调整难度大、运营管控难度高等诸多技术难题。项目团队提出了双层水密门技术、垂直提升式供电照明系统、水位监测与运营楼层调整系统联动控制等技术解决了上述难题。

2 BIM 技术应用策划

依据设计院下发的《BIM 设计应用指导文件》，BIM 团队精心策划，形成了项目级《BIM 应用实施导则》及《BIM 应用标准》。重点对 BIM 应用目标、组织机构与分工、建模规划、模型交付要求、质量控制进行了系统的策划，作为后续 BIM 应用的纲领性文件。

根据 BIM 技术应用目标，以目标为导向，以 BIM 信息模型为基础，结合项目特点，推进 BIM 技术应用。

3 BIM 应用

3.1 正向设计

（1）模型建立。结合项目特点，采用 Revit 和 Civil 3D 作为核心建模软件，根据不同专业及分项，建立全部 8 个分子项的数字信息模型，并采用链接模型的方式进行专业协同设计。

本工程中趸船 BIM 模型达到 LOD200 标准，垂直集输平台、水平集输栈桥、钢引桥、跳趸、电气、给排水、消防等专业模型达到 LOD300 标准（图 1～图 8）。

（2）Revit 建模。利用我院现有族库资源，快速建立项目 Revit 模型，并在此基础上丰富完善了参数化 L 型构造柱、栏杆族、水密门、伸缩缝等 35 个水工专业族和 13 个设备、工艺专业族（图 9）。

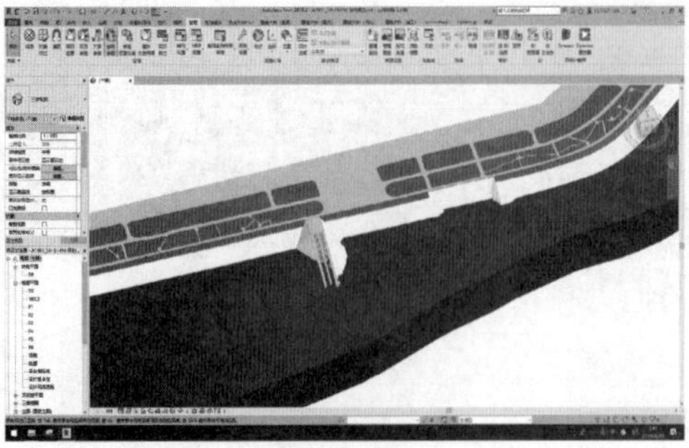

图 1　场地模型

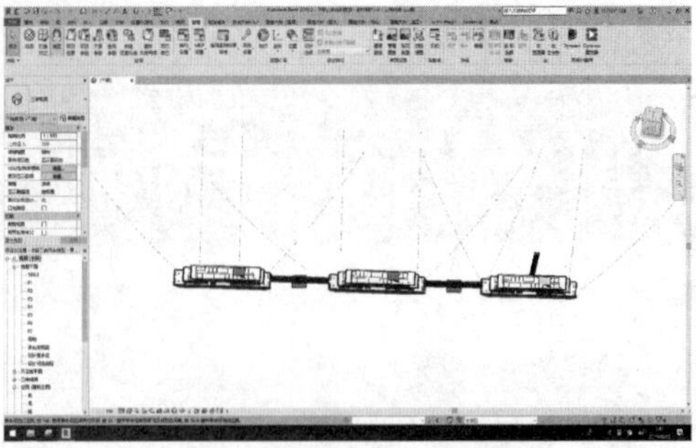

图 2　趸船及钢引桥模型

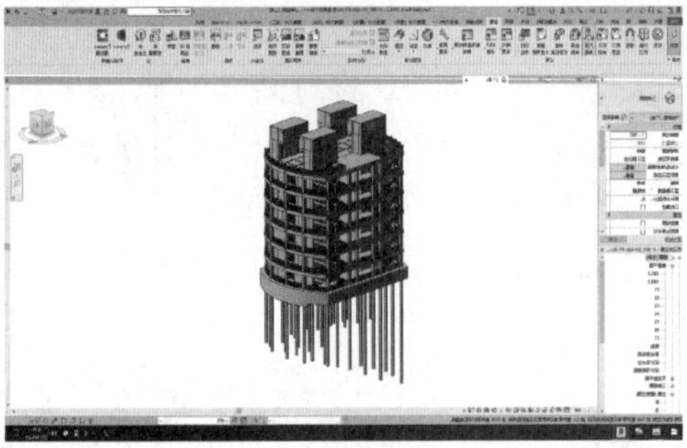

图 3　垂直集疏平台模型

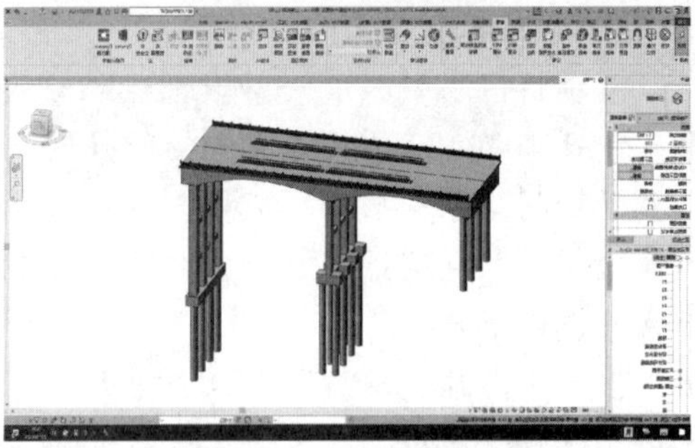

图 4　水平集疏栈桥模型

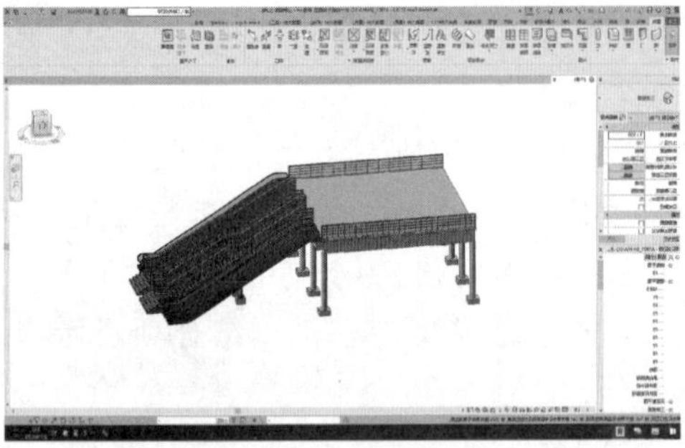

图 5　客运楼梯模型

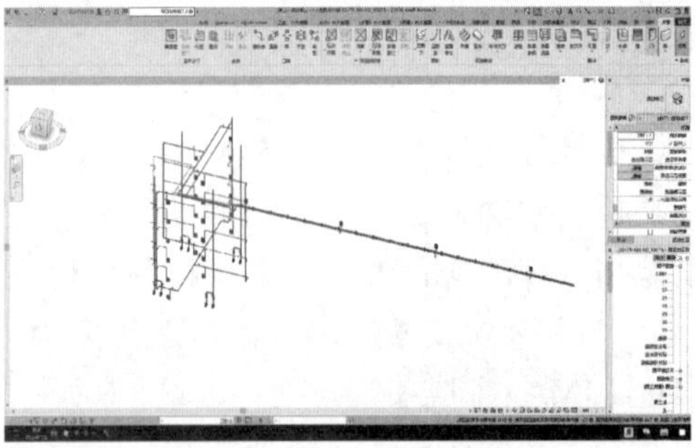

图 6　给排水消防模型

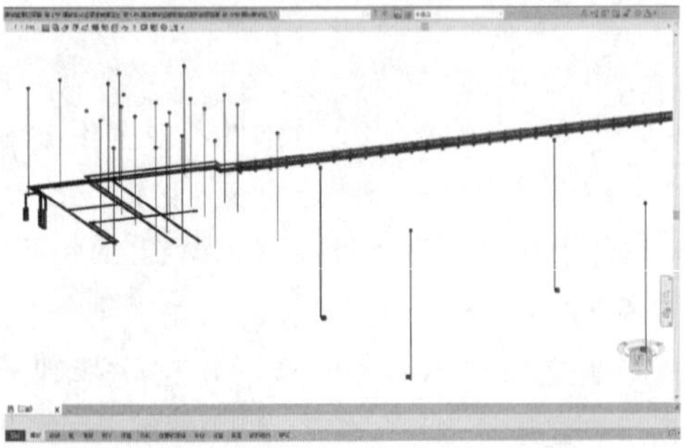

图 7　供电照明、控制系统模型

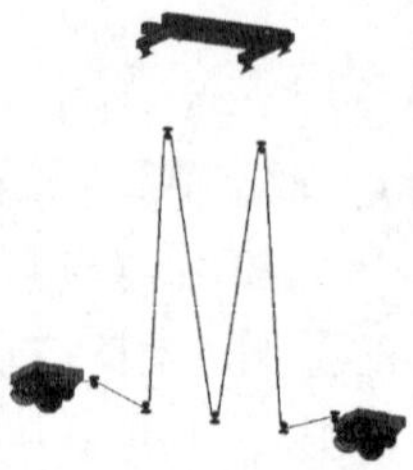

图 8　钢引桥提升系统模型

图9　项目族

（3）Civil 3D建模。在Civil 3D中利用水深点等测图数据生成三维地形信息模型、构建参数化的三维动态港池模型，完成港池疏浚设计及工程量统计（图10）。

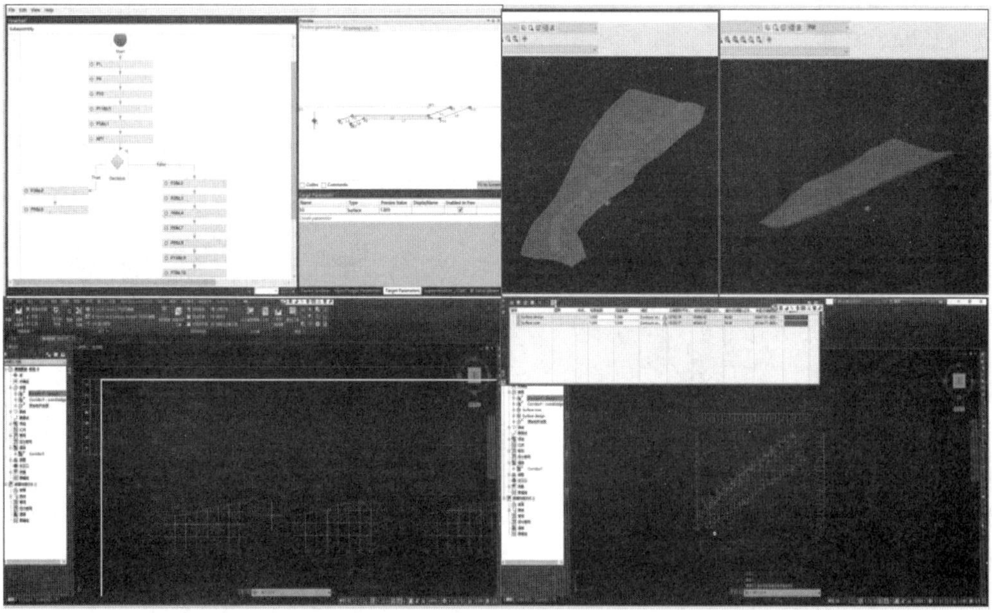

图10　港池疏浚模型

（4）地理云数据场景建模。提取工程附近地理云数据，处理后导入3DMax软件，结合卫星图片，快速建立工程附近大范围真实场地模型（图11）。

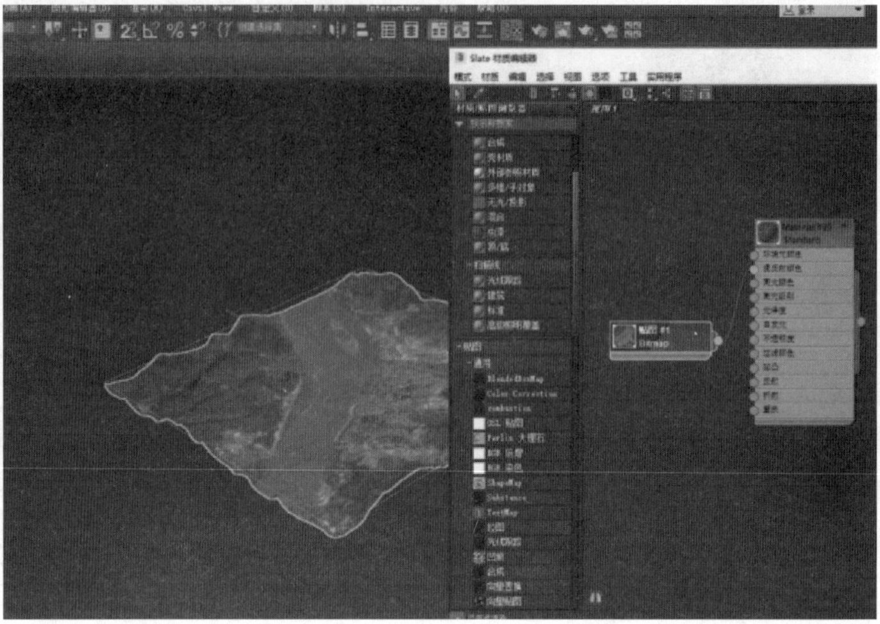

图 11　大范围真实场地模型

3.2　性能分析

(1) 水动力分析。BIM 模型与水流仿真软件结合，分析水工结构对周围水动力条件造成的影响，模拟出工程建设前后流速分别 $2.0m^3/s$ 和 $2.5m^3/s$，为结构设计提供依据（图 12）。

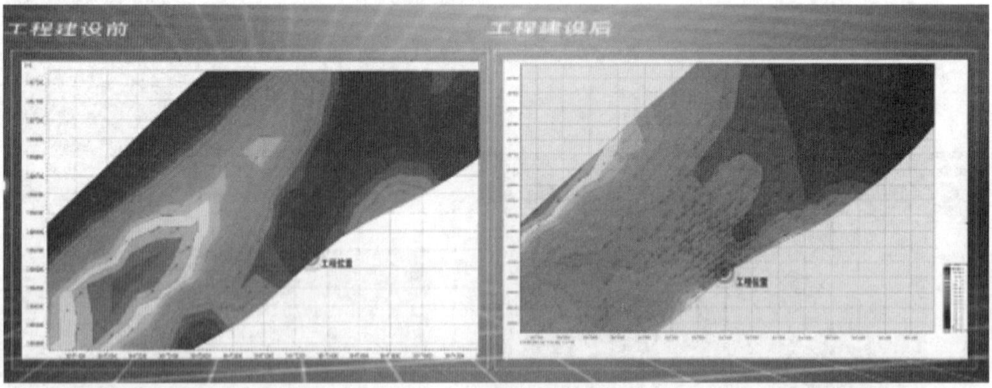

图 12　水动力分析图

(2) 疏散分析。将 BIM 模型导入疏散仿真模拟软件，对运营期最大负荷乘客疏散及紧急状况乘客疏散进行仿真模拟。通过定义人员数量、行走速度、进出口等参数，对疏散路径、疏散等待区域、疏散时间进行仿真分析，协助确定疏散楼梯宽度、引桥尺度以及电梯参数。趸船上增设两个 1m 宽疏散楼梯，让疏散通道更加合理（图 13）。

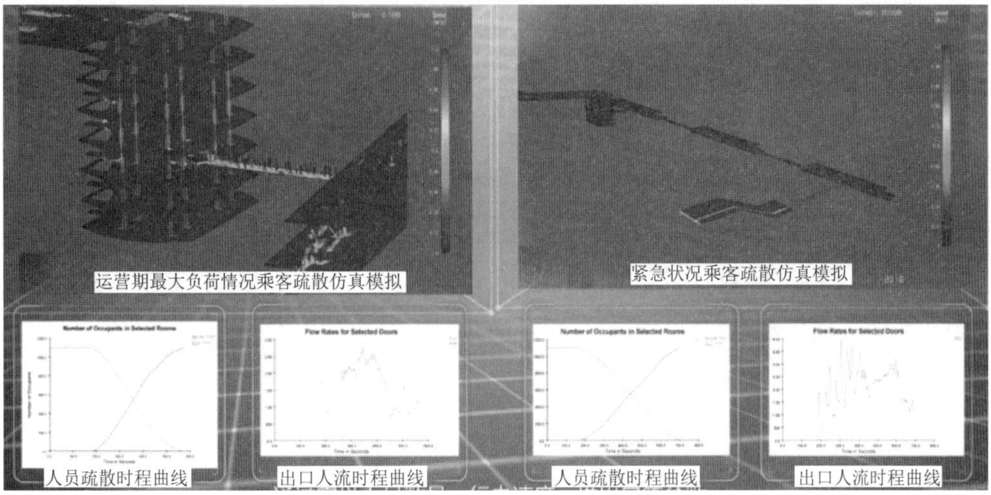

图13　疏散分析模型

3.3　可视化建模和有限元分析

分别将可视化编程软件Dynamo与Revit结合、将可视化编程插件Grasshopper与结构有限元分析软件Robot结合。编写适用的参数化命令流文件，同时驱动Revit和Robot软件，实现了BIM模型和结构计算模型的链接。

将BIM模型导入Robot软件进行整体有限元分析，结合桩基、柱梁板、电梯井等构件内力情况，利用参数化命令流文件实现一键修改BIM模型和Robot模型，快速优化桩基布置等设计参数，使模型修改和结构计算效率提升超过50%（图14）。

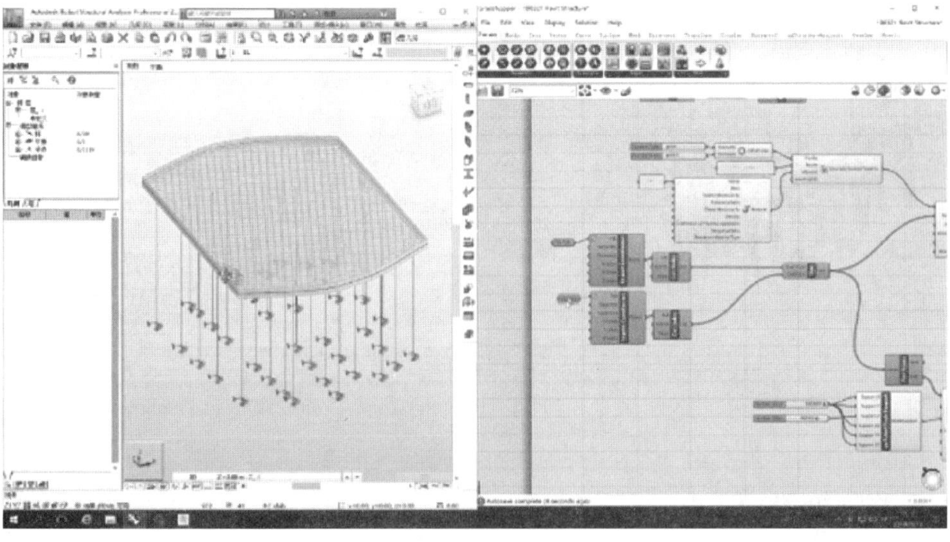

图14　可视化建模与有限元分析

3.4 变截面箱梁参数化建模

利用 Dynamo 可视化编程软件进行二次开发，利用参数化轮廓和计算拟合方式实现抛物线型变截面箱梁建模，实现参数化修改变截面箱梁模型，完善了 Revit 异形空间曲线建模功能。

3.5 碰撞检查

通过 Navisworks 的碰撞检查功能，在设计阶段解决了 80 多处碰撞问题，避免了项目在施工期的变更和反复，提高了设计成果的质量。

3.6 BIM 出图

对各主要分项及专业均使用 BIM 模型生成二维图纸，对于部分复杂节点，补充三维图纸。本项目施工图 BIM 出图率约为 85%（图 15）。

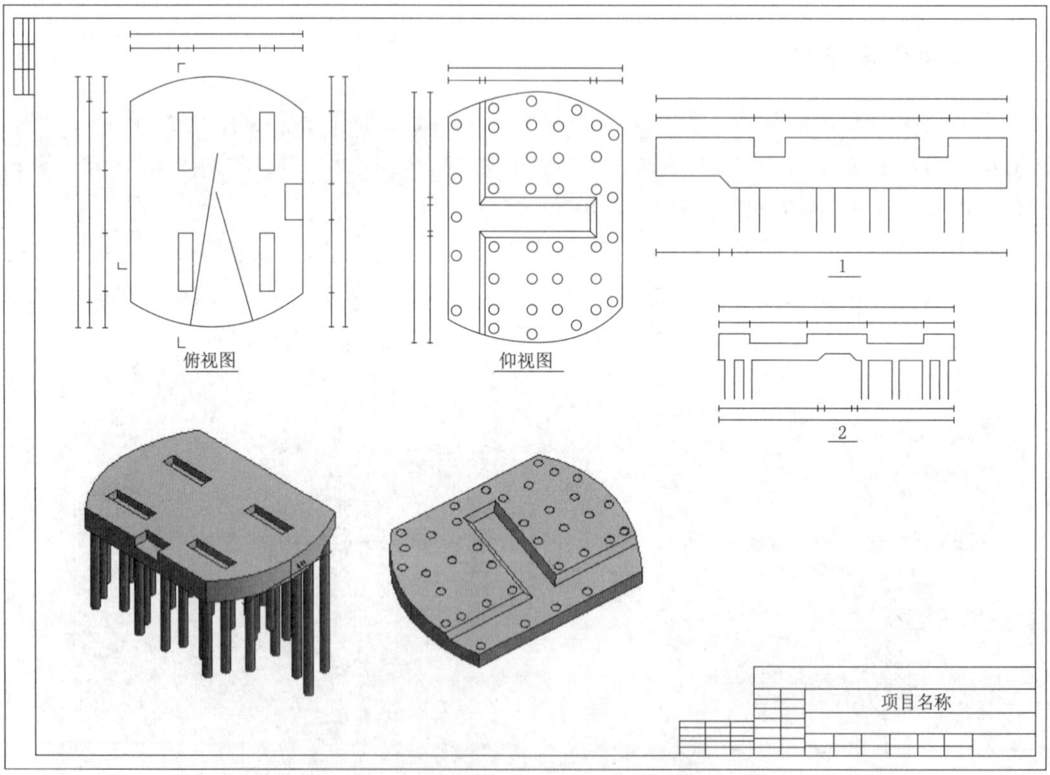

图 15 BIM 出图

3.7 工程量统计

精准统计工程量，为概预算提供工程量单（图 16）。

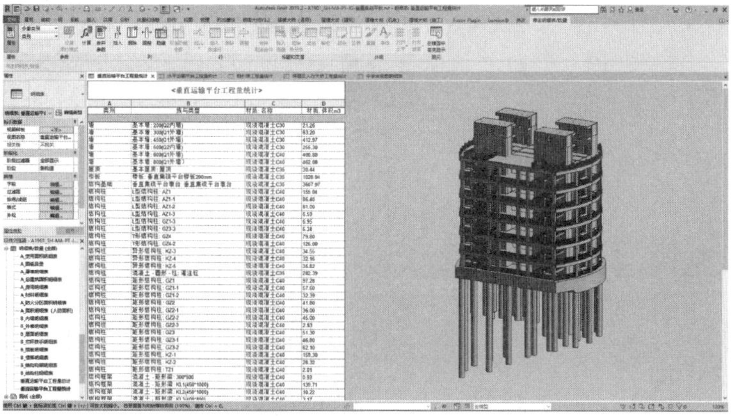

图 16　工程量统计

3.8　协同设计

（1）多专业协同设计。本项目探索并实现了基于私有云服务器的多专业协同设计。通过 Drive 云协同软件，各专业可实现模型高度实时共享，实现项目的集中管控和资料互提，提高了设计效率。

（2）多参建方协同审阅。本项目使用 Navisworks 作为 BIM 模型轻量化通用查看器，可满足建设、咨询、设计、施工、监理、运维等工程参建方关于 BIM 模型浏览、沟通、审阅的需求。

3.9　可视化模拟

（1）施工模拟。将 BIM 模型导入施工模拟软件，对项目建设全过程进行模拟。结合长江枯水季节水位较低的特点，推演施工工序，优化施工工艺，实现主体结构全陆上施工作业，达到节省船机配置、缩短施工工期、降低施工费用的目的，为编制合理的施工进度计划提供依据（图 17）。

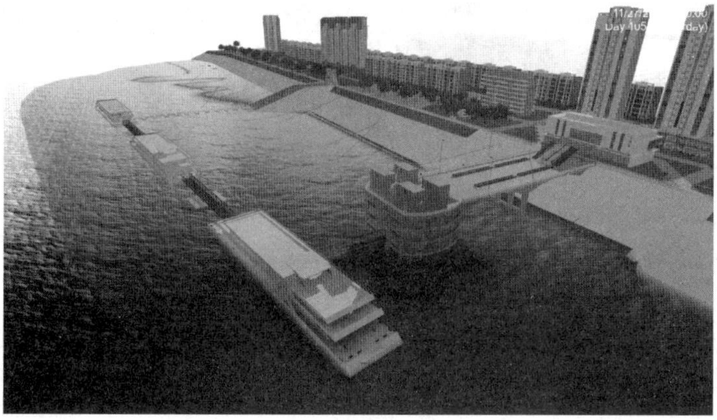

图 17　施工模拟

（2）运维模拟。将 BIM 模型导入三维可视化模拟软件，模拟实际运营状态。

1）运营楼层调整流程。当监测水位升至预警水位时，水位信息传递至中控室，触发运营楼层调整系统。疏散垂直集输平台及钢引桥旅客，自动关闭淹没层水密门、开启运营楼层水密门、提升钢引桥及照明灯具至运营楼层、修改电梯层站信号。水密门坡道、洞口盖板、栏杆、隔离护栏等设施移动至运营楼层（图 18）。

图 18　运维模拟

2）整体集疏流程。旅客下船后，通过钢引桥到达垂直集疏平台运营楼层，乘垂直电梯到达垂直集疏平台顶层，通过水平集疏栈桥，经大门离开。

（3）VR 体验。BIM 模型与 VR 软件、设备相结合，使人对工程有身临其境的感觉，可以提前预警潜在的安全隐患，有助于完善安全设施设计，编制安全应急预案，避免出现安全事故（图 19）。

图 19　VR 体验

4 应用总结

在项目设计过程中，项目团队充分发挥 BIM 设计的数据传递和协同优势，利用可视化建模和有限元分析、二次开发、仿真模拟等手段解决了各种技术难题，完善了设计成果。在后续的项目建设、运维过程中，项目团队将进一步应用 BIM 技术，助力提升项目品质、打造精品工程。

银奖

BIM 技术在深圳机场三跑道扩建工程中的应用

中交第四航务工程勘察设计院有限公司

1 项目介绍

1.1 项目概况

深圳机场三跑道扩建工程位于深圳市福永河以南，广深沿江高速与深圳机场二跑道之间。项目实施可以进一步提升深圳机场基础设施保障能力，满足深圳地区航空业务量增长的需要，更好地服务于珠三角地区经济和社会发展。

该项目属于大型土石方填海工程，工作内容主要包括场地陆域形成和软基处理，陆域形成面积约为 280 万 m^2，工程总造价 60 余亿元，实施范围包括外海堤、场区围堰、跑道、滑行道、穿越道及绕行滑行道、土面区和水面区。项目施工分南、北侧两个区域同时进行，主要涉及跑道清淤、基槽开挖、海堤抛填、吹填、沉桩、堆载预压等施工内容。

1.2 项目难点分析

（1）工程设计边界条件敏感。机场三跑道距离沿江高速较近，最小距离约为 60m；三跑道毗邻二跑道，项目施工会影响二跑道海堤稳定性；工程区域用海界限苛刻，总体规划难度大。

（2）设计周期短，设计内容复杂。总体设计周期仅为 6 个月，包括方案设计、初步设计和施工图设计；专业设计内容复杂，工作量繁重。

（3）地基处理范围广、方式多，工程量统计难度大。大场地地基处理需根据地质条件和荷载要求，分区分块选择合适的地基处理方法；场区堆载工程量需要充分考虑地基沉降，以保证工程造价预算的准确性，降低项目实施风险；传统钻孔勘探成果不具备三维可视化效果，导致设计难度较大，工程量统计精度不够。

（4）工程区域广，专业交叉多。工程区域范围广，陆域形成面积约为 280 万 m^2；工程体量大，BIM 建模工作量大，协同设计难度大；模型数量多，管理难度大；多线同步施工，多专业模型交叉多。

（5）海堤长度大，建模难度大。海堤总长 7665m，断面形式变化较多；直立堤和斜坡堤建模手段不同，需探索不同软件的适用性；斜坡堤模型需与地形面耦合，且过渡段多，增加建模难度。

（6）地质条件复杂，开挖建模难度大。淤泥层厚度变化大，清淤开挖标准不同，分为高程控制和土质控制，增加建模难度；需要创建三维地质信息化模型，满足后期出图和算量的要求。

2 BIM 解决方案

目前 BIM 技术在国内外填海项目中的应用经验欠缺，亟须探索一条适合此类项目的 BIM 技术实施路线。针对项目特点和难点，探索高效合理的解决方案，对大型土石方填海工程的 BIM 应用技术路线和实施方案进行研究，系统总结国内外先进的 BIM 应用理念和经验，参考国内外相关 BIM 标准，结合行业特点编制企业水运工程 BIM 建模标准和建模手册，同时结合项目特点编制本项目《BIM 实施策略书》和《BIM 管理及实施方案》。

通过应用 BIM 技术主要实现以下目标：

（1）BIM 正向设计。正向设计主要包括前期准备、基础建模、模型应用和成果交付四个阶段，从 BIM 模型出发，可视化表达设计理念，输出设计成果。

（2）精细化设计。充分考虑设计边界条件，高精度建模，提高工程量统计精度。

（3）提高设计效率和质量。依托 BIM 模型对设计变更做出快速响应，并由模型自动创建施工图纸和提取工程量，减少错漏碰缺问题，提高设计效率和质量。

（4）数字化交底。实现项目的三维可视化设计及方案数字化移交，保证数据信息可持续利用。

BIM 解决方案的具体应用主要包括以下方面：

（1）多专业协同设计。多专业协同设计在 Autodesk Vault 平台上进行，各专业将设计成果和 BIM 模型存储于 Vault 本地服务器或云服务器，服务器之间可以实现数据同步，并在 Vault 平台上实现设校审流程及模型总装等。同时，项目各参与方可以在 Vault 平台上实现模型数据、项目文档和往来函件的共享（图 1）。

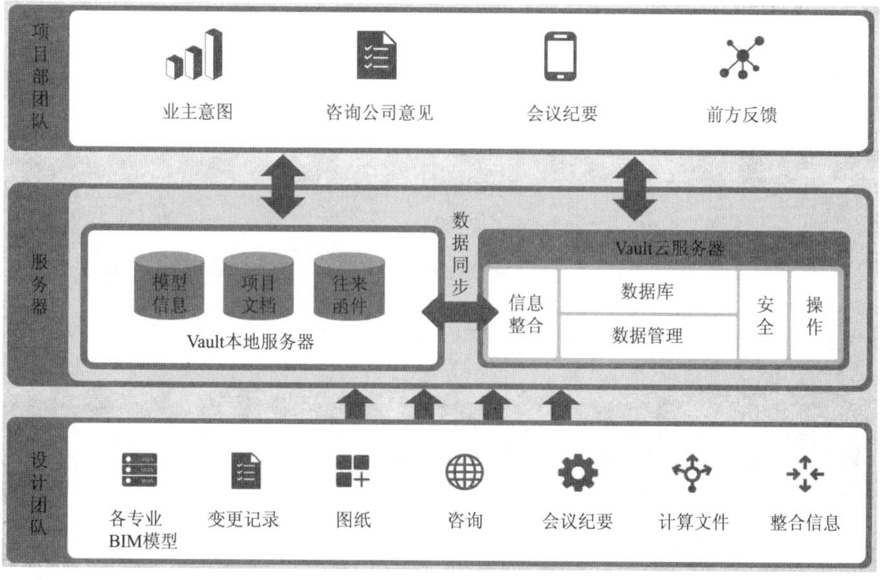

图 1　多专业协同设计

（2）三维地质模型应用。勘察测量成果可为设计和施工提供翔实的基础资料，通过Civil 3D地质模块创建大场地三维地质模型，可直观查看各土层分布情况，对项目设计工作具有指导性意义。同时，自主研发的HIDAS三维地质子系统，可以导入国内常用的理正勘察数据库，建模速度较快，能够实现对透镜体的自动智能处理，并可通过地表测量数据自动修正地层表面，地质模型可直接用于后续的边坡稳定计算、桩土结构耦合计算等（图2）。

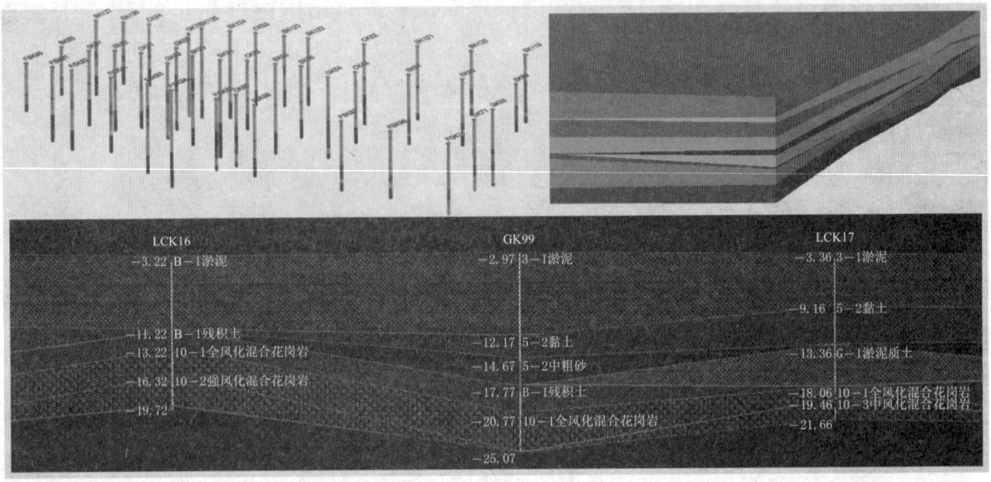

图2　三维地质模型应用

（3）大场地开挖数字化设计。大场地开挖设计包含跑道区清淤设计和外海堤基槽开挖设计，依托三维地质模型，利用Civil 3D软件可以创建具有复杂开挖规则的数字化模型，并可快速批量创建施工图纸、精确统计开挖量（图3）。

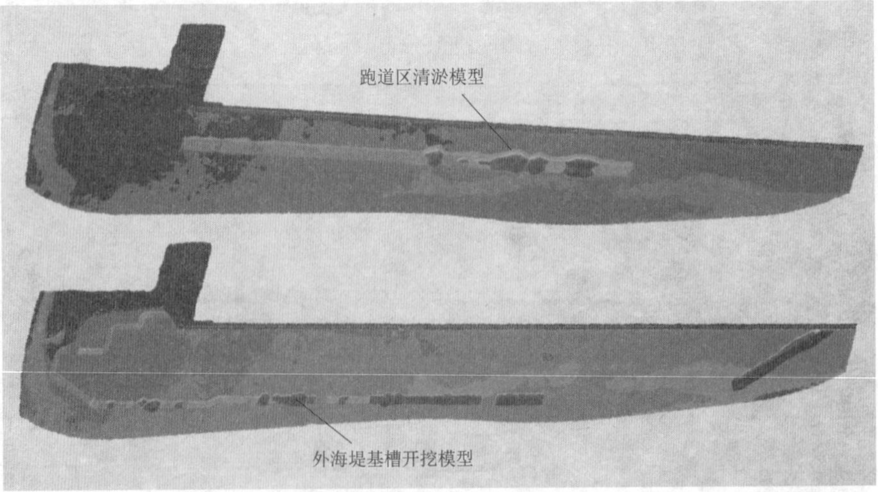

图3　大场地开挖模型

(4) 大场地陆域形成设计。陆域吹填分区块分高程进行，地形面和交工面均为不平整曲面，二维传统计算不易精确统计吹填量，通过 Civil 3D 体积面板工具可实现场地土方量的精确计算。同时，对沉降后的场地堆载曲面和交工曲面进行高程分析，有利于规划土方调配的运输路径，节省工程经费（图 4）。

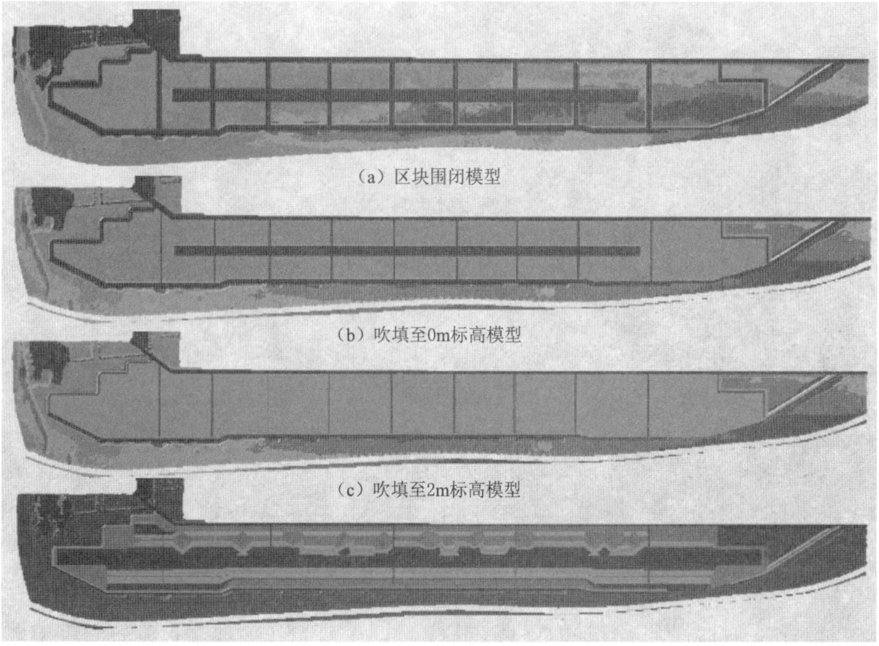

(a) 区块围闭模型

(b) 吹填至0m标高模型

(c) 吹填至2m标高模型

(d) 交工面模型

图 4　陆域形成模型

(5) 斜坡式海堤参数化建模及批量出图。利用 Subassembly Composer 创建参数化部件，利用 Civil 3D 创建外海堤和围堰模型，并依托三维地形曲面和地质模型，实现了模型与地形耦合、护底标高随地形变化、衔接段自动过渡等，达到了精确表达设计意图、精确统计工程量及快速批量创建施工图纸的目的（图 5）。

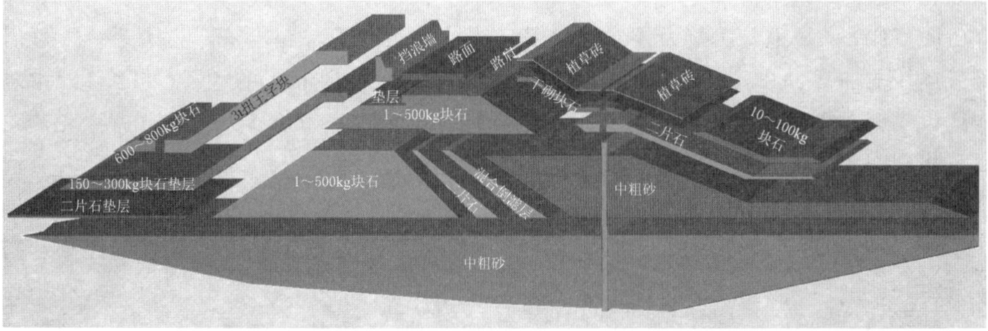

图 5　斜坡式海堤模型

（6）直立式海堤结构设计。为减小回填施工对沿江高速的影响，离沿江高速最近的500m海堤采用斜顶桩钢管板桩结构形式，采用Revit＋Civil 3D联合建模，优化直立堤和斜坡堤之间的衔接关系，并快速生成施工图纸，精确统计工程量（图6）。

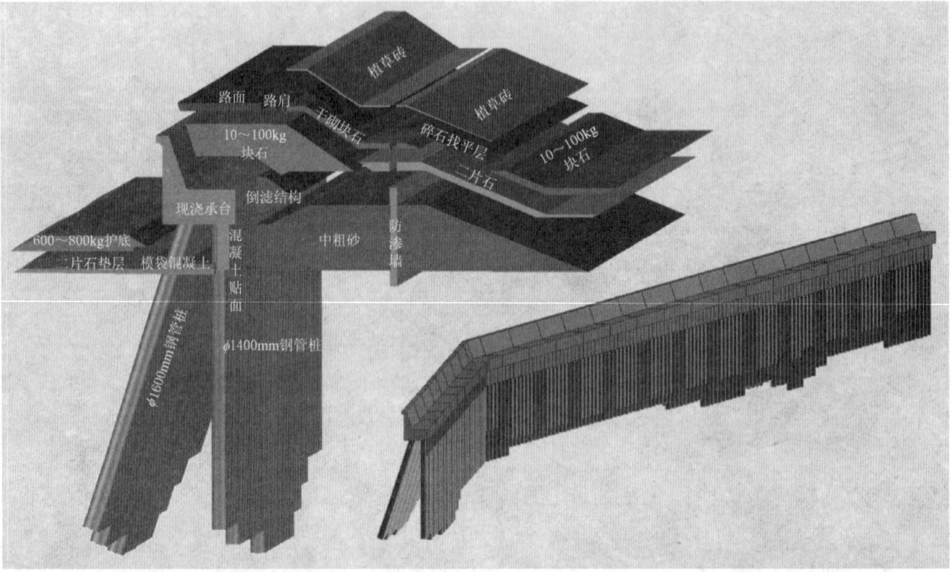

图6　直立式海堤模型

（7）HIDAS·斜坡式结构稳定性计算分析。自主研发HIDAS地基计算子系统，可以直接利用三维地质模型和外海堤结构模型，快速生成结构边坡稳定性计算模型，提高建模精度和效率。

（8）HIDAS·护面块体自动定位及快速建模。护面块体数量庞大、定位复杂，基于海达斯系统研发了护面块体空间坐标自动定位程序，实现了护面块体的自动定位及快速建模。

（9）HIDAS·构件三维智能化配筋。自主研发HIDAS构件配筋子系统，提供了多种三维智能化配筋方式，实现在构件三维模型上进行配筋设计，并可进行钢筋碰撞检测、快速出图和钢筋量统计等。

（10）HIDAS·地基沉降及固结度计算。自主研发HIDAS地基计算子系统，可以模拟堆载预压的加载、卸载过程，精确考虑堆载过程中每个钻孔点可能发生的沉降及地基土固结度，实现对场地各区堆载、卸载量的精确计算，特别是解决了二维常规方法无法对多区域不规则交接边的复杂反压情况进行精确算量的问题（图7和图8）。

（11）结构-岩土有限元三维仿真分析。将三维地质模型和直立式海堤模型直接导入Plaxis 3D岩土有限元软件进行三维仿真分析，实现了BIM模型和计算软件的互导，提高建模效率和精度，为大量方案比选计算提供保障（图9）。

（12）参数化桩长自动定位及批量建模。穿越道高压旋喷桩数量较多且桩长随地层变化，将地质模型中淤泥底层曲面导入Revit，通过Dynamo可视化编程，由桩顶控制点坐标获取淤泥底面的桩底标高，实现参数化驱动桩长批量建模，同时实现精确统计工程量（图 10）。

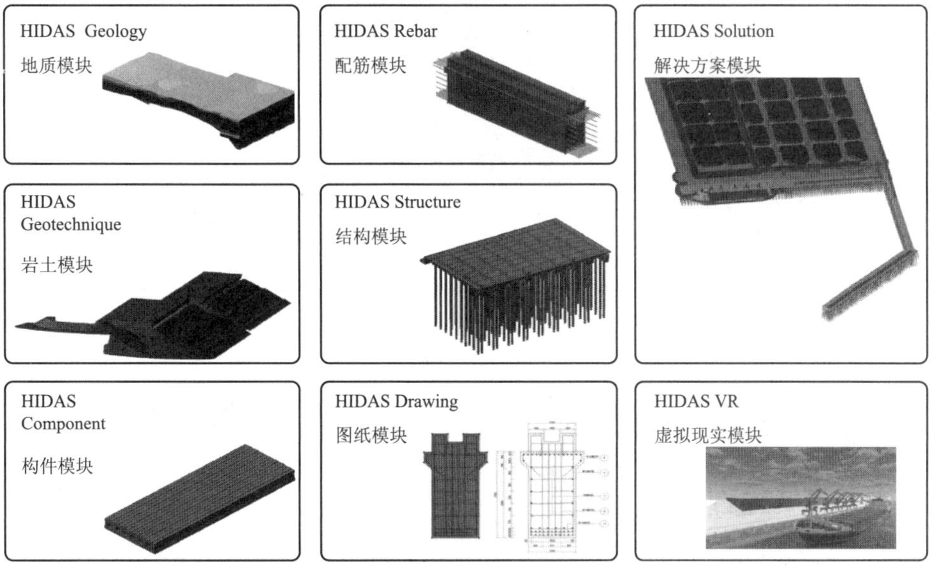

图 7　HIDAS 系统应用模块

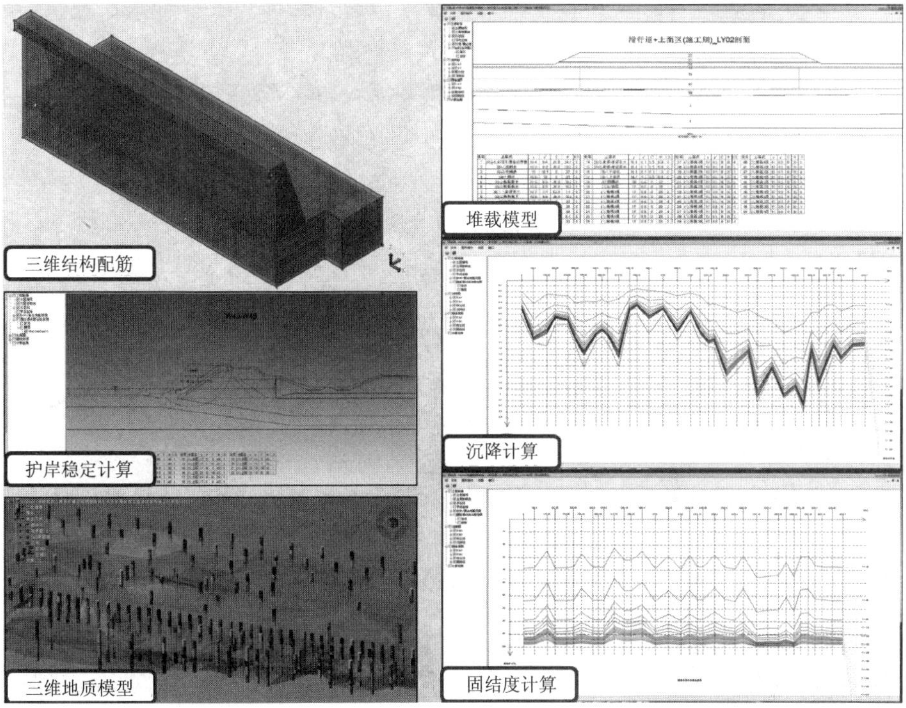

图 8　HIDAS 应用示例

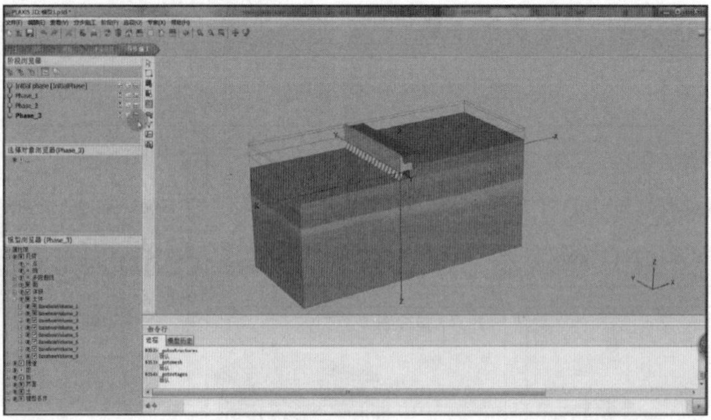

图 9　直立堤有限元计算

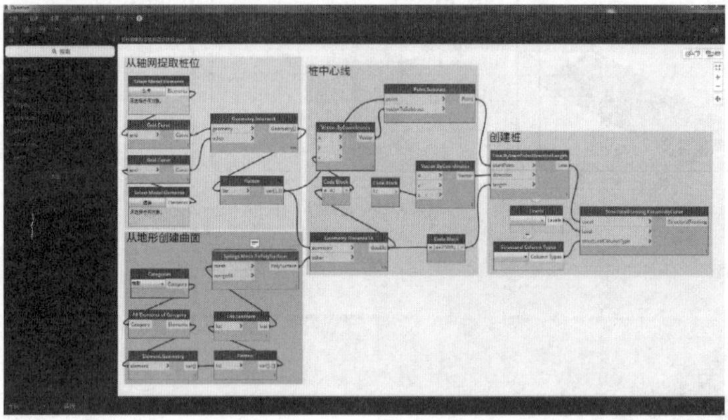

图 10　Dynamo 批量建桩

（13）模型总装及漫游。采用 Navisworks 和 InfraWorks 进行模型总装，从 Vault 平台链接各专业模型进行数据整合，通过软件实现碰撞检测、仿真分析和可视化漫游等（图 11）。

图 11　总装模型

(14) 4D 施工模拟。设计阶段采用 Fuzor 软件进行施工模拟，通过对施工进度最真实的动态模拟，到达优化设计方案，简化施工流程，最大限度节约工程成本的目的（图 12）。

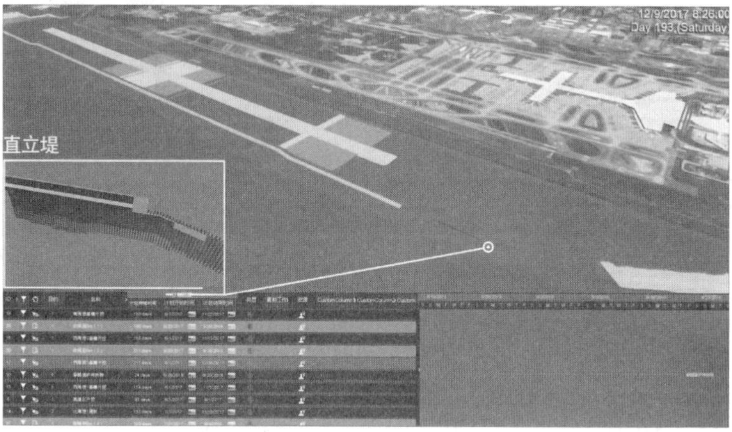

图 12　4D 施工模拟

(15) BIM+VR 沉浸式体验。通过头戴式 VR 设备可使体验者身临其境，在虚拟工程中自由穿行跳跃、查看构件属性信息等，更加直观地了解设计方案；此外，将模型数据上传云端并生成二维码，通过移动端扫码，佩戴便携式 VR 眼镜，即可实现随时随地漫游体验，使 BIM+VR 应用更加简单（图 13）。

图 13　VR 沉浸式体验

(16) 模型轻量化多终端应用。对 BIM 模型进行轻量化处理，通过 Web 端和移动端可以随时随地查看模型信息和图纸文件，同时可实现模型与图纸文档关联，及在网页端发起校审流程，大大降低 BIM 应用门槛，方便项目沟通交流及方案讨论（图 14 和图 15）。

(17) BIM+云端集成设计计算系统。公司云计算系统涵盖中标、美标、欧标、日标等标准规范，实现了公司计算书格式的标准化，通过在模型中添加 URL 的方式，实现 BIM 模型与云计算系统绑定，将 BIM 设计概念延伸至网络云计算（图 16）。

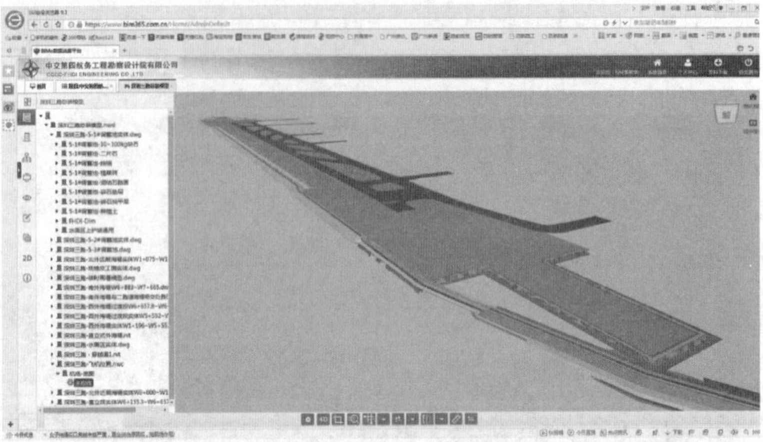

图 14　Web 端轻量化模型

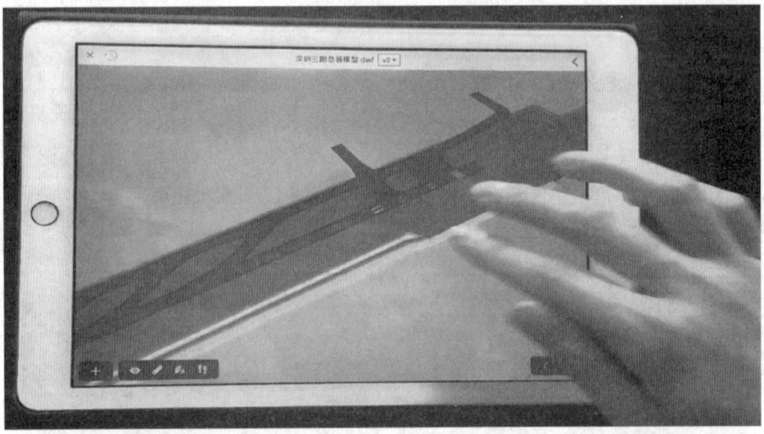

图 15　移动端轻量化模型

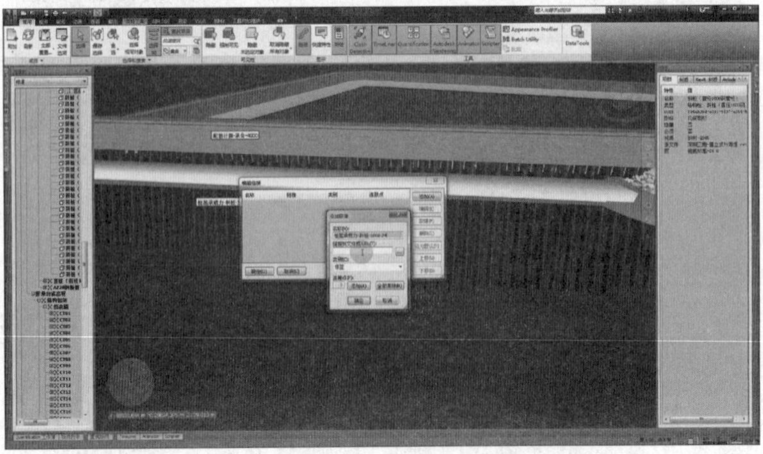

图 16　云计算系统

3 BIM 应用效果总结

（1）本项目成功探索出了 BIM 技术在大型填海工程中的应用路线和方法，并将 BIM 技术应用于正向设计，实现了多专业、多参与方的协同设计工作，提高了设计过程中信息的传递效率，缩短了设计周期，提高了设计效率和质量，实现了设计方案的可视化成果交付。

（2）自主研发 HIDAS 系统已申请商标注册，并获得多项发明专利和软件著作权，该系统在 BIM 实施过程中展现了其优异的建模和计算能力，具有广阔的应用前景。

（3）BIM＋拓展技术未来可期，BIM＋VR、全景漫游、轻量化、移动端、云计算等增强了模型的可视化效果及与云技术的集成性，提供了更加方便、快捷的模型浏览方式。

银奖

基于BIM技术“智造”中科炼化“数字化码头”

中交第四航务工程勘察设计院有限公司

1 项目概况

本工程位于湛江市经济技术开发区东海岛新区北部，是国内最大的合资炼化项目，由中国石油与科威特国家石油合资建设。项目作为中科合资广东炼化一体化项目自建、自用的EPC配套工程，是工厂储运系统的一个组成部分，承担工厂原料的水运接卸和成品的发运，目前项目已进入到施工阶段。本项目为大型水运工程类项目，总投资约为25亿元。

码头一期工程共建设8个泊位，包括5个液体货物泊位、2个固体货物泊位、1个工作船泊位，泊位编号分别为“液-1～液-3、液-6～液-7”及“固-1～固-2”及“工-1”。一期工程建设的这8个码头泊位，占用码头岸线共1868m，其中占用顺岸岸线1428m（除离岸的30万吨级油泊位外的泊位）、占用离岸码头岸线440m。此外，项目内容还包括临时的重大件滚装设施及主要的附属建、构筑物有管理办公楼、1～3号工作楼、6～7号工作楼、消防泵房、变电所5座（其中3座为独立式变电所，其余2座分别位于1号和2号工作楼内）、工具房、皮带机转换站（TH1、TH2、TH3）、保安亭及液化烃工作楼等共计18个子项。图1为本项目液体货物泊位鸟瞰图。

图1 本项目液体货物泊位鸟瞰图

2 项目设计及总体情况

（1）在项目开展之前组建项目团队，明确各参与人员分工及职责，同时制定好项目的BIM项目策略书，LOD等级、模型文件编码、设校审流程、模型颜色、制图标准化、族参数等进行明确的规定，细致具体，科学规范，规范项目BIM正向设计，标准化水平提升30%。

（2）采用Autodesk公司IDSU套件及相关软件完成项目的BIM正向设计，建立云端的设计协同平台，各专业依托设计协同平台进行专业间的详细设计，设计过程中可互相参照其他专业的模型文件，进行专业之间的协同，实时查看，实时修改，实时更新，各专业可通过剖切BIM设计模型生成施工图纸，基于BIM模型提取准确工程量。在设计总协调方的组织下，定期进行模型的总装汇总及碰撞检测，排除设计中的错漏碰现象，多专业之间基于模型问题发起多人会议，协商更改方案，写入会议纪要，达成最优方案。项目各参与方也可在设计阶段介入到项目当中，通过协同平台的云端登陆，查看项目设计进度及方案等信息。最终设计完成后形成的总装模型可进行渲染、漫游，结合GIS信息进行方案的汇报等，同时基于最终的BIM模型还可实现进一步的BIM拓展应用，如疏散模拟，配筋分析，移动端查看等。

（3）项目采用Autodesk Vault作为设计的协同设计平台，对设计人员职责和分工分配权限，项目阶段建立合理的文件框架，文件规范管理。基于协同平台在各设计软件上插件进行实时模型的链接参照，解决专业之间的衔接问题，链接模型实时更新，可视化互提条件，在设计阶段就能规避主要问题，特别是复杂的模型建模。每次模型的检入都能在云端自动存档，版本可追溯。图2为协同设计完成的模型成果展示。

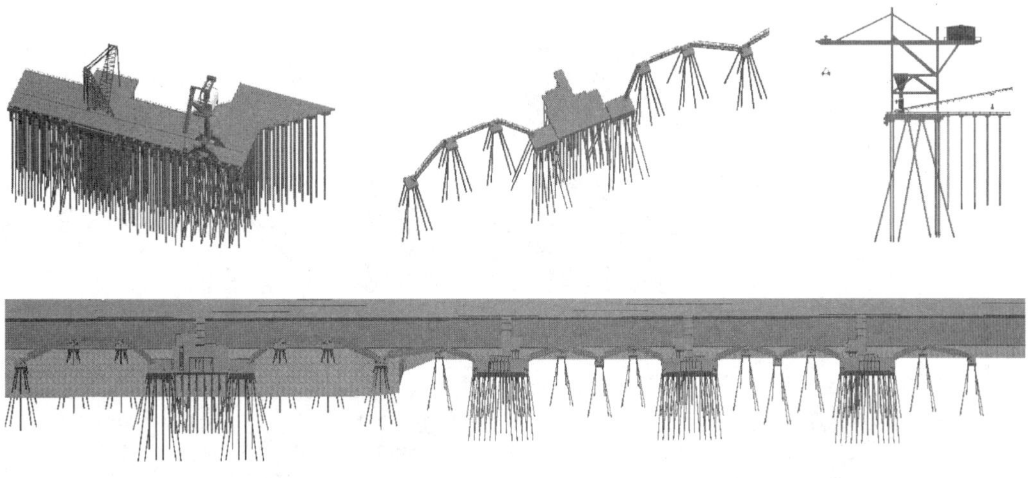

图2 协同设计成果展示

（4）建模软件以Autodesk Revit及Civil 3D为主，采用Autodesk Architecture进行码头水工及建筑结构的模型建立，Revit导入项目总平面布置信息，设置好坐标方向，保证项目位置正确，建立好项目族库，基于轴网及标高构建模型。采用 Civil 3D 对项目的土方工程进行三维设计应用，通过 Holebase 插件建立三维地质信息模型，应用协同平台对其进行零件化的管理，方便参考链接。同时在三维地质信息模型的基础上进行开挖及护岸的模型建立，依托地形的变化构建准确的土方模型。管线模型主要采用 Revit MEP 进行三维设计，赋予管线属性信息，合理进行管线排布，减少管线设计中潜在的风险。

（5）各专业模型完成后，通过 Naviswork 中的 Vault 插件链接协同平台中的所有专业模型进行总装，对模型构件进行分类管理，并进行碰撞检测，形成碰撞检测报告，同时在总装模型当中还可以实现如工序的施工模拟，全影漫游等。图 3 为模型汇总后直接抽取的复杂节点三维轴测图，图 4 为管线综合碰撞检测出的碰撞位置示意。

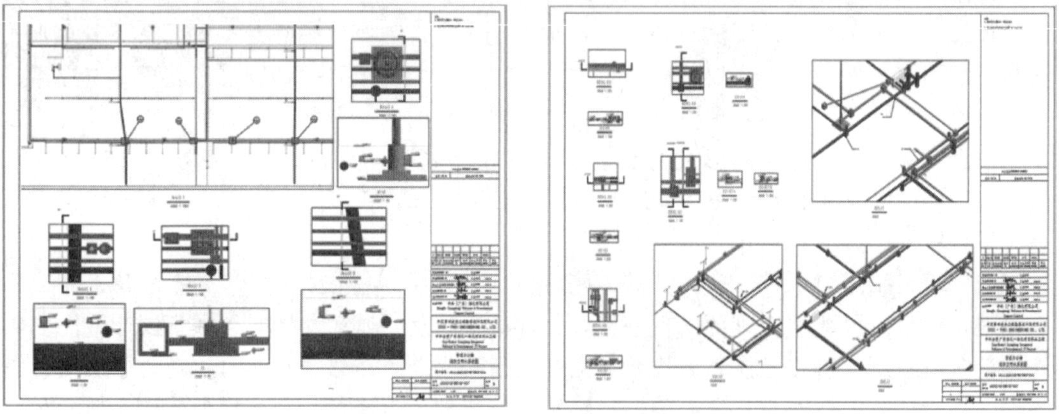

图 3　三维轴测图

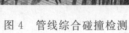

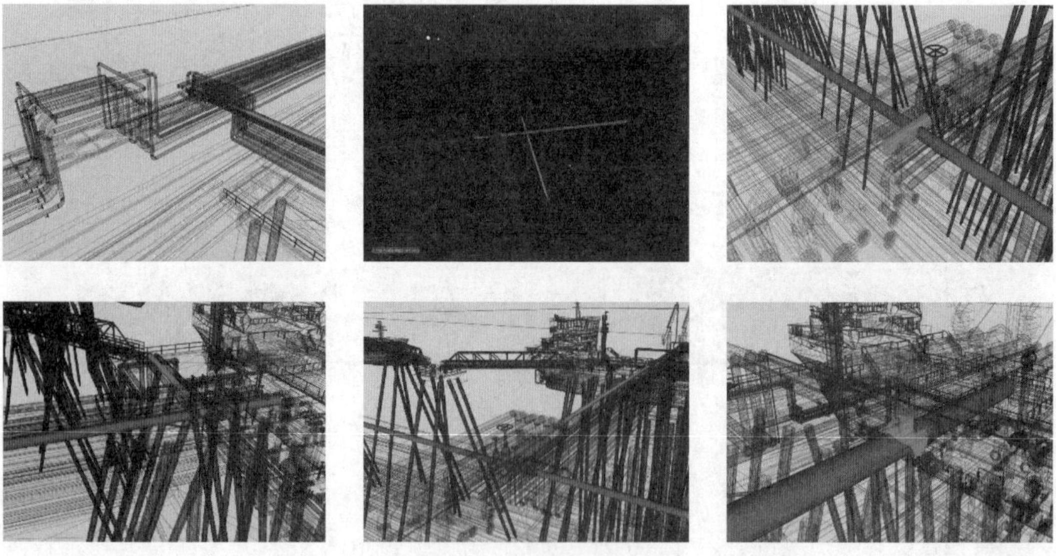

图 4　管线综合碰撞检测

(6) Infrawoks 的丰富地理数据信息，建立项目周边真实环境，还原项目虚拟建成情况，扩展模型应用范围，可视化表达项目建设方案，在软件中还可进行车流、人群等交通仿真模拟，评估公共汽车和火车运行、停车区域、出租车、拼车、自动汽车、步行、骑行以及其他个人出行模式下的影响，可将分析结构输出至本地，方便查看结果。设计更具吸引力、经济和生态可持续发展的环境。

(7) 模型完成后还可上传至 BIM 360 云端，建立云端的项目架构，同步上传 BIM 模型，项目组成员均分配邮箱账号，可登录进 BIM 360 客户端或者手机移动端进行模型的本年和浏览，帮助项目组成员在全生命周期中随时沟通访问 BIM 项目信息，对模型中的问题可进行可视化的标注，并添加校审意见，通过建立流程指定整改设计人员，快速获取模型意见，无论他们身在何处，让客户、团队成员和利益相关方直接对设计进行标记和注释，从而简化反馈过程，方便跟踪版本修改的历史记录和项目活动。

(8) 项目建好的 Revit 模型，可无缝导入至 HIDAS 当中进行三维智能钢筋排布，基于结构模型，选择合适的钢筋类型和保护层厚度，最后通过剖切钢筋模型生成配筋图及工程量清单，根据钢筋材料表中的钢筋列表可提前在钢筋加工厂中进行生产，减少钢筋现场制作所带来的污染，实行绿色环保施工。

(9) 基于 Revit Mep 对项目管线设计进行深入优化，尤其是通过碰撞检测报告中的碰撞信息对管线进行调整，避免施工过程中的返工和错误。同时利用 Revit 的 API 开发接口，对给排水管道模型进行自动分段并插入卡箍接头，隐藏内径小于 100mm 的管道，裁管按 6m 一段考虑，定长管件之间的连接为卡箍连接，并实现对管道模型的自动注释编码，将 Revit Mep 模型导入至 Autodesk Fabrication CAD Mep 中进行施工定制深化，根据相关标准规定的零件尺寸进行预制管线出图，同时结合编码的规则对零部件进行编码归类，计算统计精确管线零件数量，并可提前与加工承包商进行沟通，有效节约管线制作时间 50%。

(10) 基于 Revit 中的 Insight 插件，直接显示影响潜在设计性能的一系列能源价格范围影响因子。这些因子决定关键的建筑能源性能，例如照明功率密度、暖通空调系统和玻璃的属性，确定了设计方案的因子范围，就可以比较数以百万的潜在设计方案，并通过可视化的图表显示建筑朝向、围护结构、窗墙比、照明设备、暖通设备甚至太阳能光伏板对于设计的影响。全方位的构建了建筑性能模拟，并通过快速准确的模拟结果推动和引导设计，打破了以前建筑设计和能源模拟相互分隔的设计方式。

3 BIM 技术应用特点及创新点

(1) 基于 Dynamo 进行二次开发，优化 BIM 设计。本项目码头采用桩基结构，泊位数量多，桩基布置复杂。通过 Dynamo 可视化编程，参数驱动批量建模，灵活地读取与写入参数，快速建立码头桩基模型。场地排水沟也可用同样的方法，解决排水沟排布随位置及深度变化难题，减少重复工作，自动计算衔接处相交角度，提高建模效率，分段统计排水沟工程量，装配式预制结构段，寻找最优排水路径，实现智能排布。同时基于 Dynamo 可视化编程，实现工程量快速提取，并可自定义输出表格样式和材料类型，自动匹配清单计价编号，保持清单表格与模型数据之间的联动性。图 5 为 Dynamo 可视化编程展示。

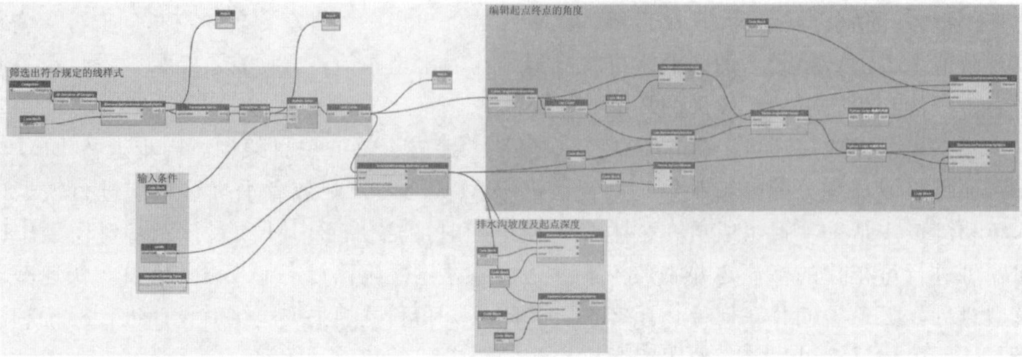

图 5　Dynamo 可视化编程展示

（2）基于项目 BIM 设计，在 Vault 协同平台当中建立企业级的族库管理，实现快速调用模型族，方便建模工作，同时在族库系统中对族类型分类管理，在线查看三维族模型，并对族库进行持续更新维护。化工部分设计采用国内外专业的化工设计软件，如图 6 所示，生成精细化模型、PID 和设备清单等，以实现数字化设计和交付。

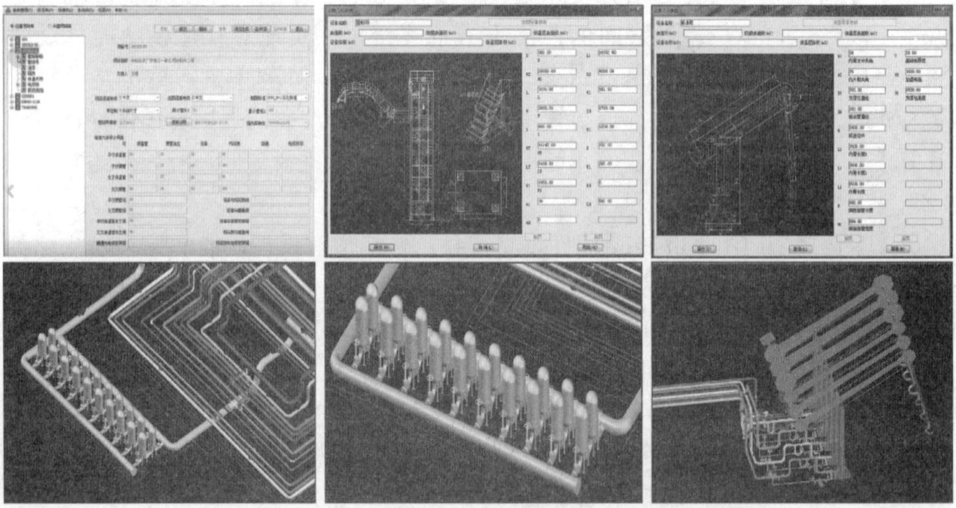

图 6　化工管线数字化设计

（3）利用 Lumion 软件渲染模型，将模型数据共享云端，基于项目主要场景导出全景图片，减轻 BIM 对计算机硬件的依赖，以二维码形式展示项目概况，通过扫码实现项目在云端的全景漫游，方便参与方之间的汇通，充分展示设计成果。

（4）通过 Navisworks 云端集成公司标准化计算文件，如图 7 所示，在总装模型当中添加 URL 链接的方式，实现 BIM 模型与公司标准云计算系统的绑定，计算文件可多次独立运算，直接保存计算书，规范化计算，实现云端查看，数据可追溯，丰富 BIM 设计阶段信息。

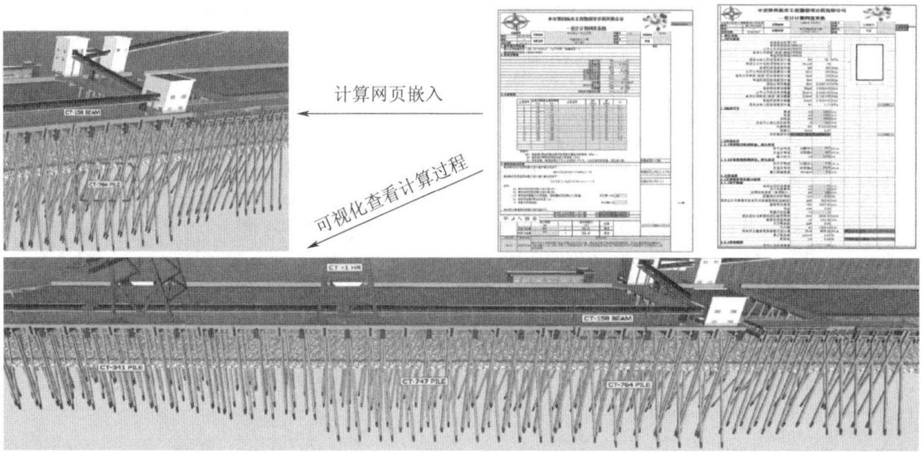

图 7　BIM＋标准化计算网页

（5）本工程为大型石化类项目，安全等级高，码头前沿建筑单体作为本次设计的重要组成部分，如何在重大意外事故来临时减少损失成为设计者不得不考虑的问题。如图 8 所示，通过将设计好的建筑单体的 Revit 模型导入至 Pathfinder 当中，输入相关参数，进行疏散的真实模拟分析，仿真得到人员疏散撤离的最优路线及建筑布置，从而优化设计方案布局，达到安全疏散的要求，降低潜在的风险。

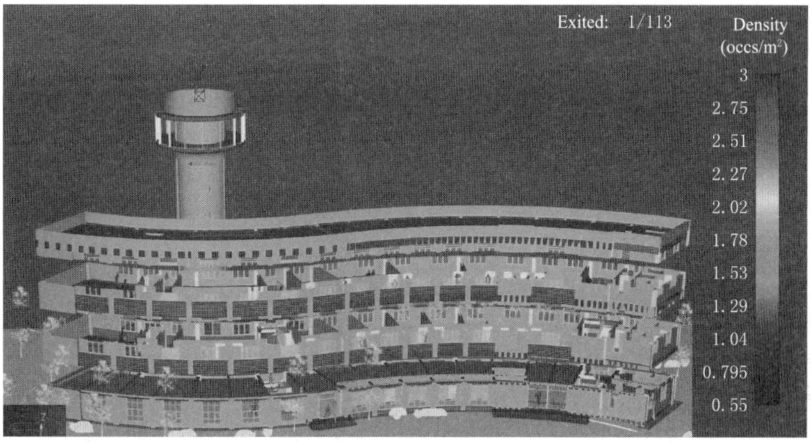

图 8　消防疏散模拟

（6）由于码头项目计算的特殊性，尤其是桩基虚拟弹簧的添加上，无法采用 Autodesk Robot 软件完成，通过自主研发 HIDAS 有限元计算软件，无缝导入 Revit 模型进行有限元计算，自动识别单元类型，添加桩侧及桩底弹簧，施加荷载组合工况，输出云图分析成果，打通建筑模型与结构分析模型间的桥梁，实现模型的拓展利用，节省有限元的模型建立时间，提高模型使用率 50％。

（7）基于 Civil 3D 软件对后方大场地进行重力流三维设计，结合汇水分析模块对重力管道汇水变化进行分析，如图 9 所示，可视化显示不同位置水位高程变化情况，从而优化室外管线排布，优化管线排布 60%，为场地排水管线设计提供重要依据。

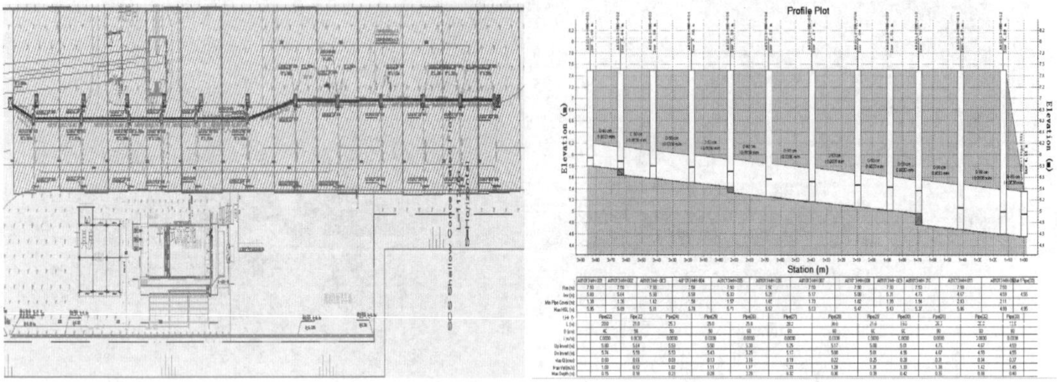

图 9　场地排水汇水分析

（8）针对场区各区块设计高程不同，利用 Civil 3D 软件三维可视化分析高程及坡度，定制生成项目高程分析图，精确定位各单体位置施工高程，方便项目总体设计及施工。

4　项目心得与体会

（1）项目设计难度大，模型复杂，不同类型管线错综复杂，二维图纸难以完全表达管线、设备等各专业的真实布置情况，易发生管线的碰撞，造成施工延误和损失；且项目体量大，各分部分项工程设计搭接交错，桩位排布密，建模及施工实施难度大，常规二维设计对大型工程的设计质量和风险难以把控，而三维设计可对方案进一步优化，减少错误。

（2）项目成本审查严格，若无严谨的数据作为支撑，难以获得审查方的认可，同时工程量作为工程进度款支付的主要依据，准确性及时性将影响到工程正常开展，传统设计的工程量提取分类不够详细，算量也容易产生一定的误差，不够准确，造成不必要的损失，也对投资回报率的计算带来影响。

（3）本项目为中科炼化工厂的储运系统的重要部分，作为炼化工厂的起步工程，主要工程均位于关键线路上，一旦工期延误将影响到整体项目的进度，且项目中有较多的预制件安装，如果不提前进行安装顺序的模拟，容易造成施工现场的混乱及设备构件采购的错误，同时也将影响项目的顺利完成，本项目为 EPC 项目，总工期紧，各施工节点要求高，推进速度快。

（4）项目参与设计人数多，巅峰期同时在线设计人数达 60 余人，如何协调好各设计专业及人员同时设计是管理上的重要挑战。协同设计中应尽量避免专业之间衔接问题，定期进行模型的总装，对已存在的设计问题进行纠错。

（5）项目地质条件复杂，传统土方设计中缺少三维地质模型，影响设计方案的创建和准确性，在进行土方设计过程中无法对多种土质进行分类的实体统计，计量本身也存在误差，容易对工程量统计产生较大的影响。

(6) 涉及化工管线设计，安全系数要求高，管线之间需分类编码设计管理，预留管线净距，保证管线无碰撞交叉，且与水电管线间留有安全距离。同时，化工类项目的审批手续复杂，环保要求高，施工方案需与政府反复交流沟通。

5 项目总结

(1) 继续深化设计。配合施工进度，进一步深化模型；结合模型，应用 VR 技术、二维码技术辅助交底；提高模型精度等级 LOD，进一步添加相关属性信息。

(2) 先进技术推广。公司内部进行先进技术推广应用；研究拓展应用的复制性及延伸性，在其他项目中深化应用；结合相似项目应用，进一步优化改进 BIM 应用，提高 BIM 使用价值。

(3) 智慧工厂建设。提供 BIM 设计数字化模型，根据情况进行模型拆分和转换；研究、参与数字化平台的比选；规范模型及文档命名规则，数据兼容与工厂总体数字化平台。利用物联网的技术和设备监控技术加强信息管理和服务；清楚掌握产销流程、提高生产过程的可控性、减少生产线上人工的干预、即时正确地采集生产线数据，以及合理的生产计划编排与生产进度，加上绿色智能的手段和智能系统等新兴技术于一体，构建一个高效节能的、绿色环保的、环境舒适的人性化工厂。

(4) 基于设计阶段 BIM 模型开展施工阶段 BIM 应用，如 4D 进度管理及 5D 费用管理。基于 BIM 的施工组织设计应结合三维模型对施工进度相关控制节点进行施工模拟，展示不同的进度控制节点及工程各专业的施工进度，通过创建收益率三维模型对不同施工方案进行模拟，自动分析统计工程量，为施工方案的选择提供参考。

银奖

BIM技术在河南省出山店水库工程全生命期中的应用

河南省水利勘测设计研究有限公司

1 项目说明

出山店水库是淮河干流上的大型防洪控制工程，位于河南省信阳市出山店村附近，是一座以防洪为主，结合供水、灌溉，兼顾发电等综合利用的大（1）型水利枢纽工程，水库总库容为12.51亿m^3，控制流域面积为2900km^2。主要建筑物有土坝、混凝土坝、南北灌溉洞、电站等，工程总布置如图1所示。工程计划总工期48个月，总投资为98.69亿元。

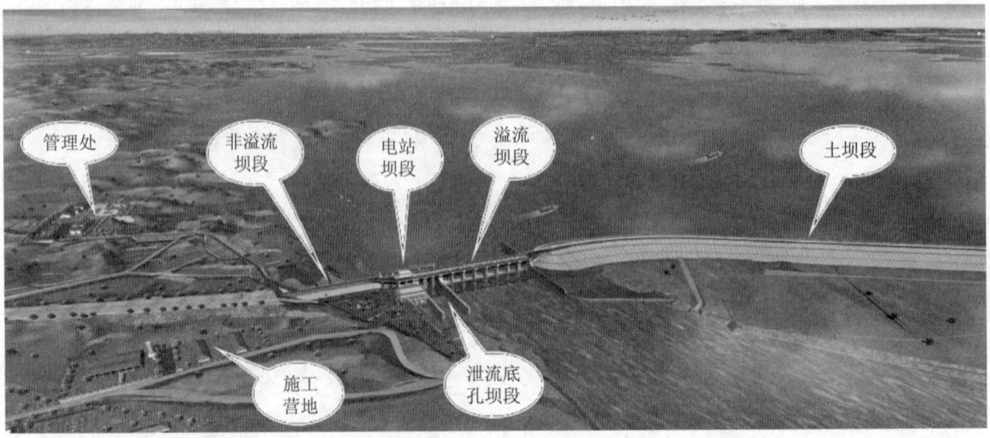

图1 出山店水库总布置图

出山店水库工程以BIM+的思维，运用Bentley系列软件，结合GIS、无人机、互联网等技术，将BIM应用贯穿于工程的全生命周期，为水库工程建设助力，取得了良好的经济及社会效益。

2 项目组织策划

出山店水库工程项目运行是基于ProjectWise开发的多项目协同管理平台，线上完成该项目的任务书编制、项目策划、计划编制等管理工作，并通过流程驱动完成各专业提资、设校审及成果出版等工作任务，确保了项目实施过程的有序可控。

项目组制定了 BIM 模型命名、三维建模、模型装配、模型出图等一系列的规则与标准（图 2），并针对该项目的特征，配置了专门的工作环境，通过协同平台将图层、线形、标注、图框、构件属性等进行了统一配置与推送，有效地保证了项目成果的质量。

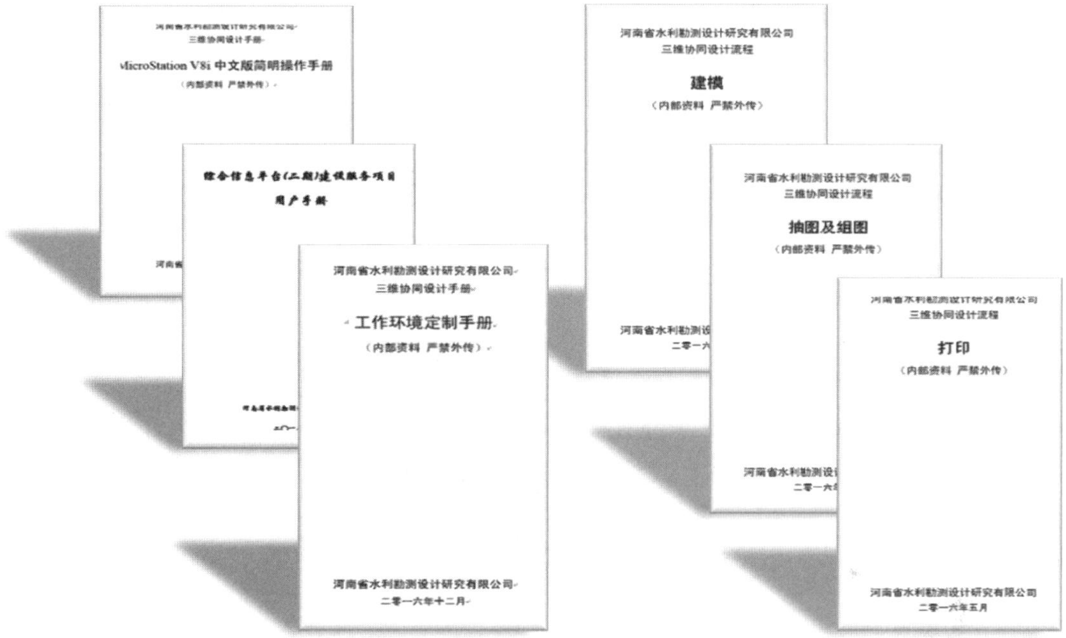

图 2　项目 BIM 应用标准文件

3　设计阶段 BIM 应用

3.1　三维设计

设计阶段，设计人员利用 Bentley 系列专业软件建立各自专业的 BIM 模型，再通过协同平台进行专业组装、单项工程组装，最后总装成整个工程完整的信息模型。

模型构建完成后，利用软件的工程算量模块，快速方便的统计出不同标号混凝土、土石方等不同类型结构的工程量。利用导出的 imodel 轻量化模型进行三维校审，并进行厂房、设备等专业的碰撞检查，共发现、修复碰撞点 50 余处，有效减少了设计错误。模型校审固化后，利用定制的模型切图规则从模型中抽取了大量二维结构图纸，并通过自主开发的图纸标注工具提升出图效率。利用 BIM 模型导入配筋软件，可快速进行三维钢筋布置（图 3）、算量和出图，在图纸中结合三维模型进行表达，便于施工人员理解设计。综合估算设计阶段节约出图时间约 20%。

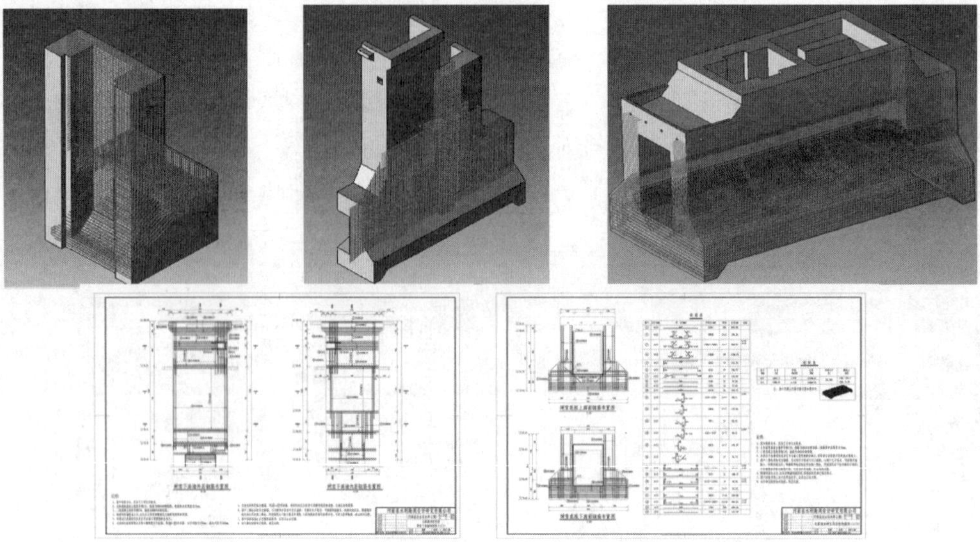

图 3　BIM 模型三维配筋与出图

3.2　计算分析

利用设计 BIM 模型，将主坝部分模型导出为中间格式，导入三维数值计算软件（即 CAE 软件），进行材料属性赋予、有限元网格剖分、物理边界条件设置，充分发挥 BIM 和 CAE 软件各自的特点和优势，进行出山店水库工程土坝连接段三维渗流分析、溢流坝段泄流分析和静动力结构分析（图 4），并根据结果优化了结构断面。

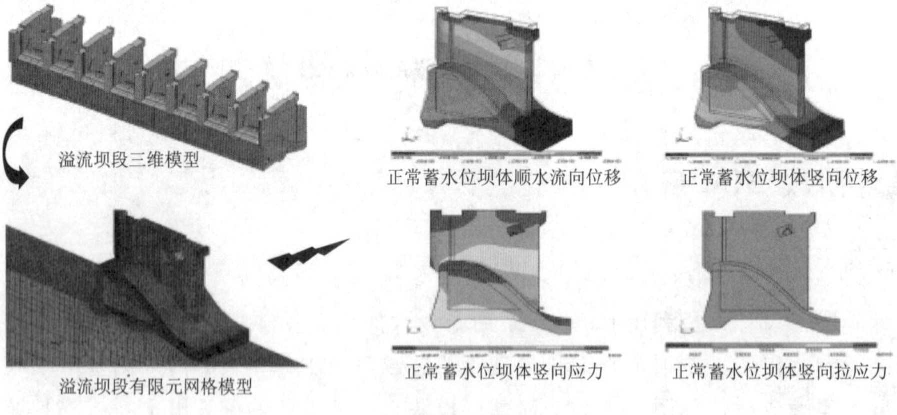

图 4　溢流坝段静动力分析

4　施工阶段

4.1　施工模拟

在施工前期，在设计 BIM 模型基础上进行导流明渠开挖、施工场布等，形成施工

BIM 模型，并进行施工导流方案模拟，基于历史和实时水雨情资料，验证防洪度汛方案的有效性，根据结果对方案进行调整，确保施工期间安全度汛。

混凝土坝施工过程中，通过将混凝土坝段分仓 BIM 模型在时间线上逐步展开，并挂接工程量及单价，实现混凝土坝施工过程中的时间、进度、工程量等信息与 BIM 模型的一一对应与直观展示，便于业主对工程整体把控。混凝土坝施工模拟如图 5 所示。

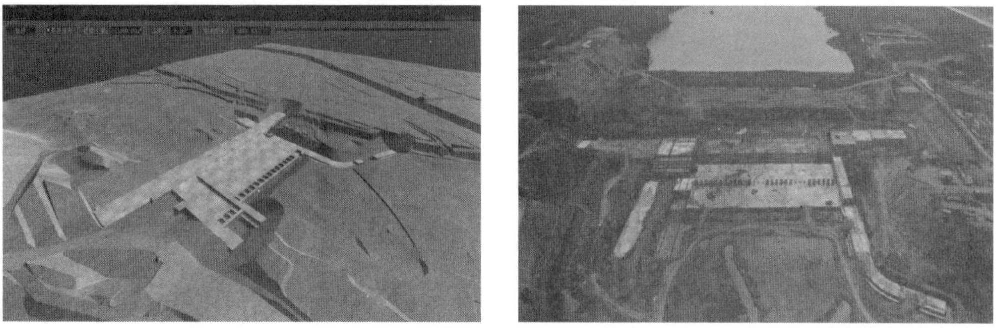

图 5　混凝土坝施工模拟

4.2　数字化建管

项目团队综合应用 BIM、GIS 及移动互联网等技术，开发了出山店水库建设期综合管理平台（图 6）。平台内导入了轻量化的 BIM 模型，使参建各方可在线看到水库完建后整体效果，并可直观了解各关键部位主要设计参数。通过实时水雨情信息的获取，建立洪水预报模型，预报某一时间段内洪峰流量等，为施工防洪度汛提供决策支持。工程投资进度模块，可自动对工程量、进度、投资进行统计，并以横道图显示，能够直观管控整个工程建设情况。平台汇总了参建各方定期分类上传的各种施工资料，解决了工程建设期资料多、不易管理查询、各方沟通不畅等问题。平台还开发了移动端版本，可以在手机、平板电脑等移动设备直接访问平台，随时随地了解整体工程进展情况。

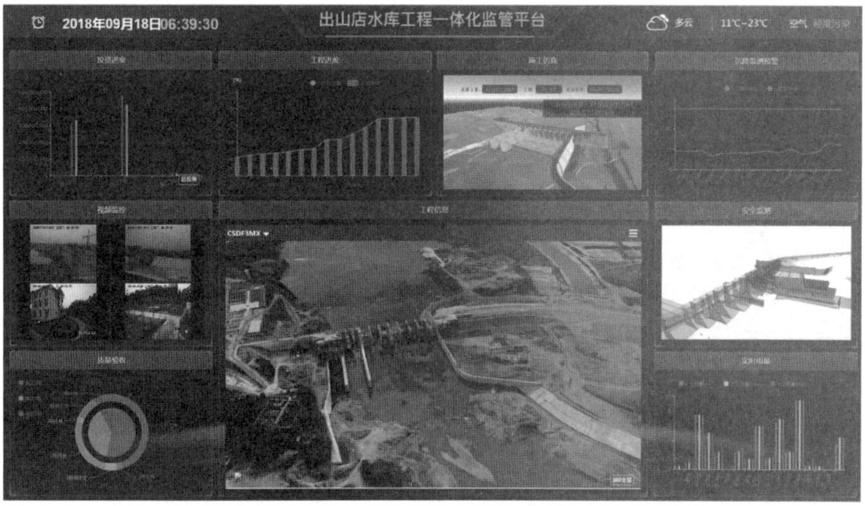

图 6　出山店水库建设期管理平台

4.3 库区移民

出山店水库移民投资超过总投资的2/3，移民点范围分布广，为更好地辅助移民后期工作开展，项目团队采用无人机航拍，制作水库周边16处移民点及圩堤范围的360°全景，并通过对环绕库区道路进行延时摄影，全面直观地展示移民工作的形象风貌。

5 运维阶段

5.1 安全监测

BIM模型中包含了大坝各土层材料的各种土力学参数，相应的各项监测设备提前预埋在坝体之内，进行监测数据的自动采集分析，如有某一位置的设备数据和BIM模型的数据相异常，可及时发出警报，并定位到模型的相应位置，以供采取应对措施，为工程的运行安全提供了有力保障。

5.2 设备巡查

运维阶段，在出山店水库工程的移动端App上为巡检人员推送设备的巡查任务，通过扫描设备上粘贴的二维码获取相应设备的BIM信息及定制的巡查标准，指导、监控巡查人员进行巡查，使巡查人员能够及时发现问题，并通过App进行说明、拍照上报问题，汇总到后台决策处理。

5.3 数字化运维

在项目设计BIM模型的基础上进行修改完善，形成工程竣工模型，以项目建设期管理平台产生的资料为基础，形成工程的运维信息，建设出山店水库工程运维管理平台（图7），并结合安全监测、设备巡检、防洪度汛、资产管理等业务内容，实现大型水利枢纽工程的数字化运维管理。

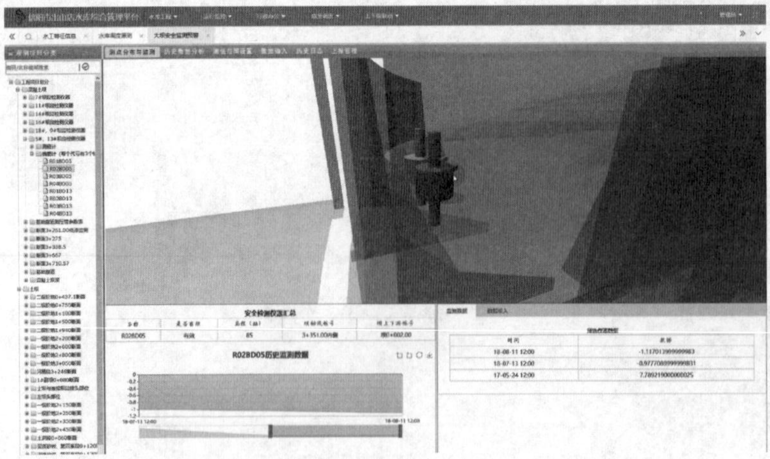

图7 出山店水库运维管理平台

6 应用总结

出山店水库工程建设于 2019 年 5 月 1 日下闸蓄水，参建各方充分认可 BIM 技术在工程建设全过程带来的效率与价值的提升，综合估算设计阶段效率提升约 25%，数字化建设管理为业主节约施工和管理成本约 220 万元，效益显著。

2018 年 11 月，全国水利工程建设信息化技术创新示范会在出山店水库召开，出山店信息化建设以 BIM 技术为基础，形成“一套数字模型、两端联合应用、三个全面覆盖、四个有效结合、五项前沿技术”，得到了与会代表的广泛肯定，成为水利枢纽工程建设信息化创新的新标杆。

银奖

东庄水利枢纽工程引水发电系统 BIM 设计与应用

陕西省水利电力勘测设计研究院

1 项目说明

东庄水利枢纽（图 1）位于泾河干流上，距西安市 90km，是泾河控制性水利枢纽工程，在渭河乃至黄河综合治理开发中占有十分重要的战略地位。东庄水利枢纽工程水库正常蓄水位 789.00m，死水位 756m，总库容 32.68 亿 m^3，工程设计灌溉面积 145.3 万亩，电站装机容量 110MW。

图 1　东庄水利枢纽布置效果图

东庄水利枢纽由大坝、泄洪系统、库区防渗以及引水发电系统等建筑物组成。本次 BIM 设计主要应用于东庄引水发电系统。如图 2 所示，东庄引水发电系统由进水塔、引水隧洞、供水隧洞、排沙隧洞、地下厂房及开关站等建筑物组成。

本工程项目技术复杂，涉及专业种类多，设计工作涉及地质、水工、金属结构、水机、电气、暖通、建筑等多个专业，地下洞室布置复杂，专业间协调工作量大。适合利用 BIM 设计技术解决工程设计中的问题，提高设计质量和效率。BIM 技术在本项目的应用主要在设计阶段，在本项目实施开始前，制定了完整的 BIM 实施方案，主要应用了 VPM-CATIA 在线设计三维协同管理平台、MIDAS、纬地等设计软件。

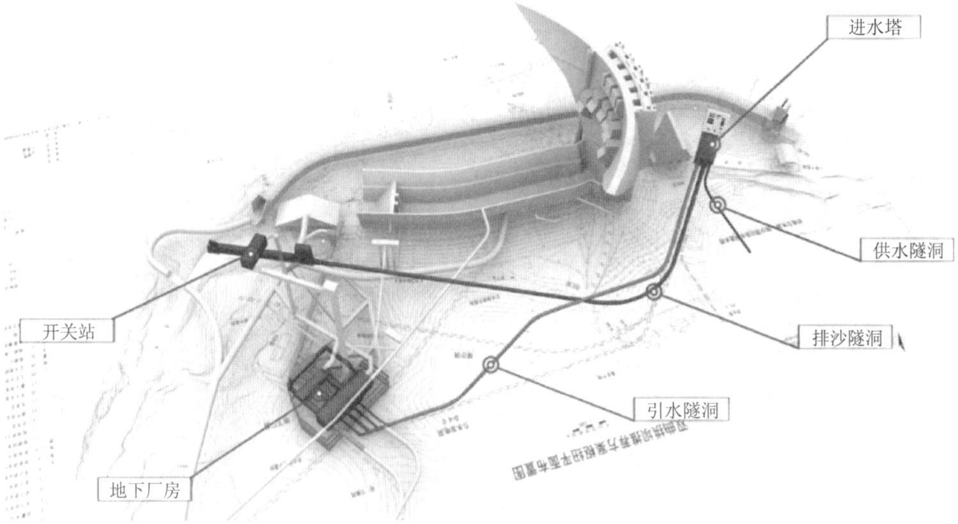

图 2　东庄水利枢纽引水发电系统布置图

2　项目设计及总体情况

项目总工、设总根据工程规划成果并结合各专业的设计信息进行总体框轴布置轴线设计，并在 VPM 网络在线环境中完成枢纽总体关键布置轴线的骨架设计和发布。各专业设总及设计人员在 VPM 登录后，根据发布的骨架进行具体的方案设计，图 3 为东庄引水发电系统控制骨架。

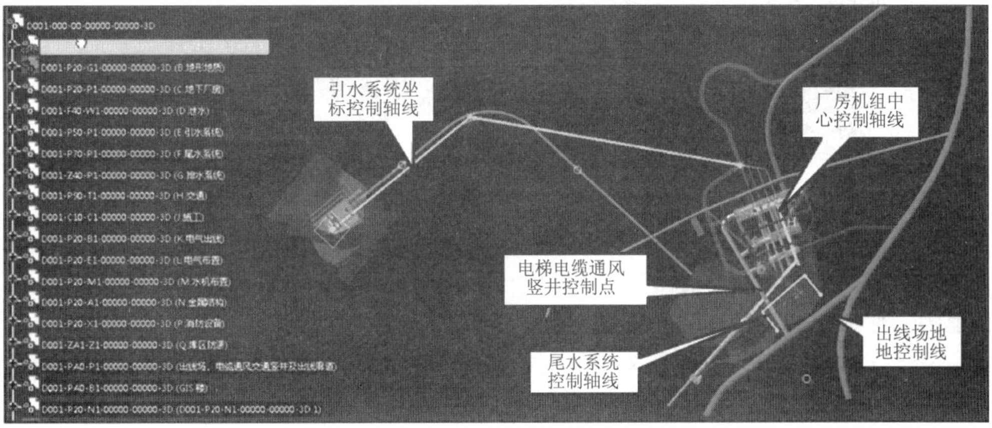

图 3　东庄引水发电系统控制骨架

地勘用现场取得的原始数据进行地质分析，根据水电工程需要建立了地层岩性、地质构造、地下水位模型，满足工程设计要求，图 4 为地质岩性构造及进水塔处堆积体分析图。经过对地形图进行数据转换，形成三维曲面，并将公路软件完成的道路设计成果导入 VPM CATIA 平台，作为工程设计的基础条件。

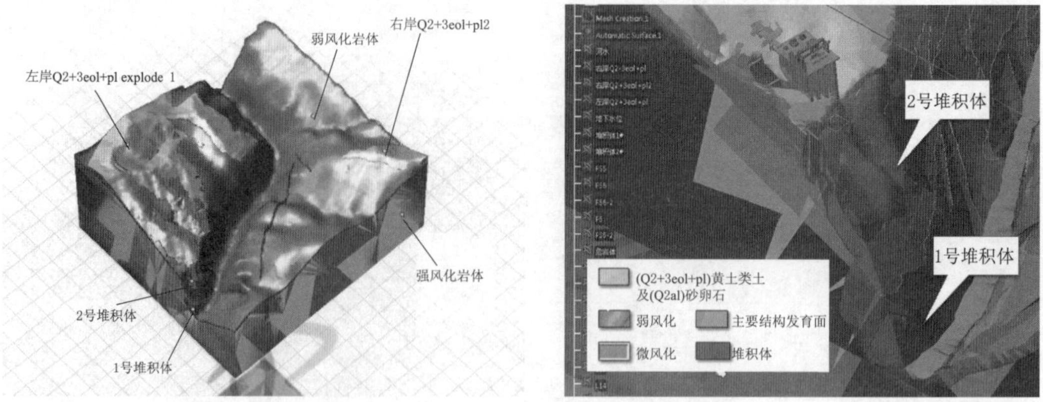

图 4　地质岩性构造图及进水塔处堆积体分析图

通过本工程的实践，建立了水工专业的专用模板库、开发参数化的模板，利用骨架及模板化的方式进行水工建筑物单体设计，快速完成三维设计方案，如图 5 和图 6 所示。

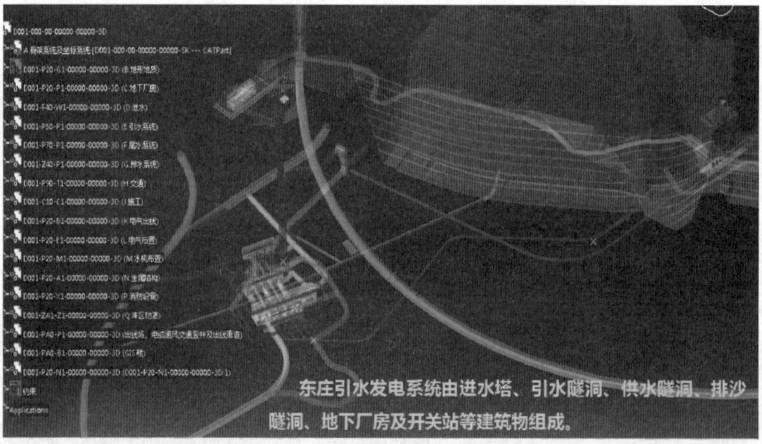

图 5　东庄引水发电系统三维布置图

根据引水发电系统设计专业众多的特点，厘清专业衔接、协调流程，建立适应设计信息传递的工作模式和适当的简化模型，方便水机、水工专业的工序衔接，提高模型的利用率，使设计数据形成单一源头，保持各专业数据的统一性。图 7 为东庄地下电站厂房各专业布置成果。

建筑、结构设计人员根据工程布置方案，在 VPM 平台上同步进行出线平台的综合楼及 GIS 楼设计（图 8）。

消防专业根据建筑物的级别在平台下进行消防设计，通风专业根据地下建筑物通风要求设计通风系统（图 9）。

水力机械、电气专业设计利用我院自行建立的设备模板库和管路模板库，根据工程总体控制的空间位置、尺寸，布置设备及管路（图 10 和图 11）。

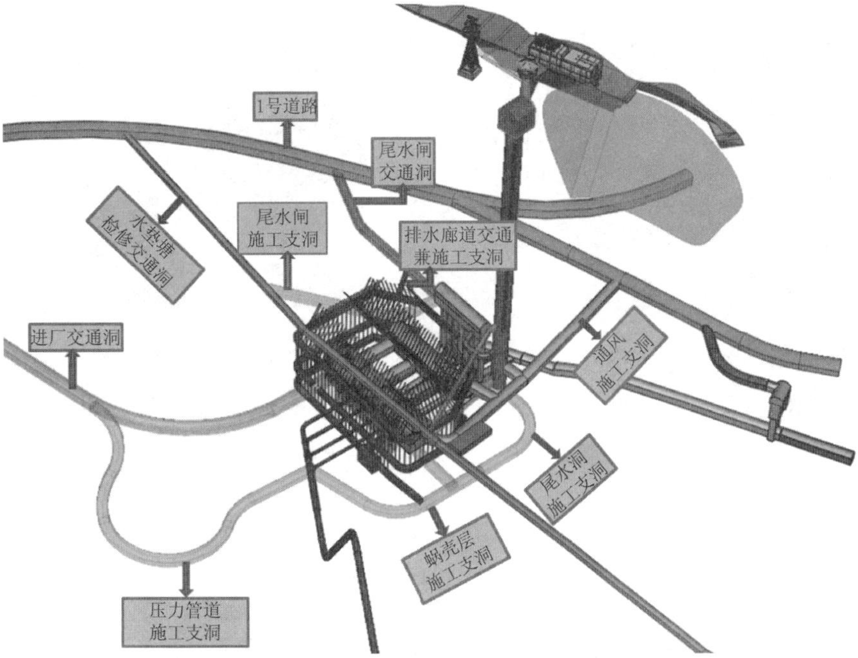

图 6　引水发电系统交通及施工支洞布置图

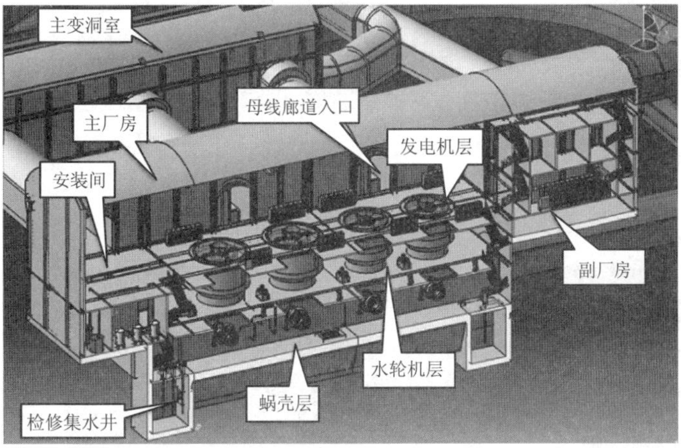

图 7　东庄地下电站厂房布置成果

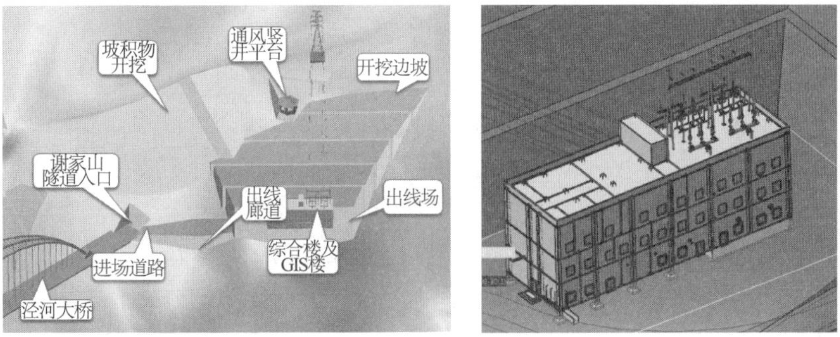

图 8　出线场及场内布置的综合楼及 GIS 楼

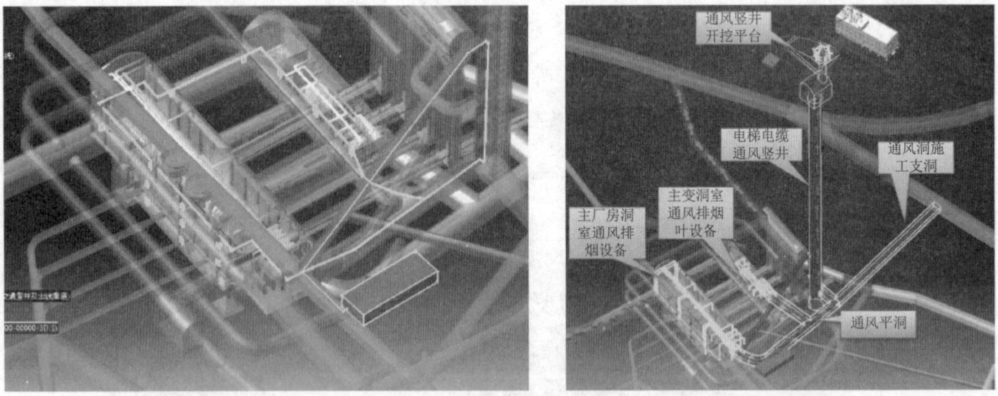

图 9　地下电站厂房内的消防系统及通风系统

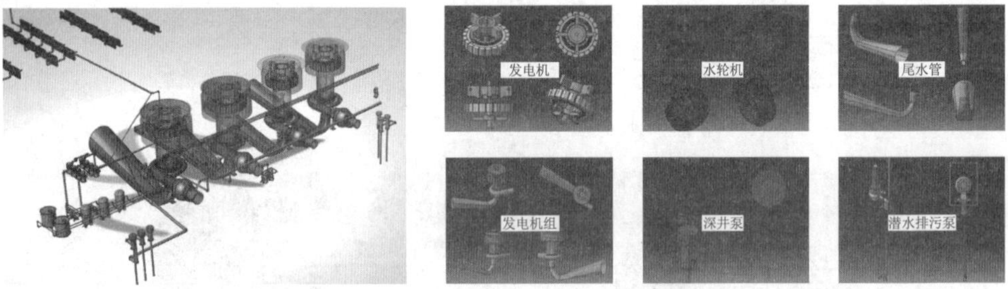

图 10　地下电站厂房水机系统及水机模板

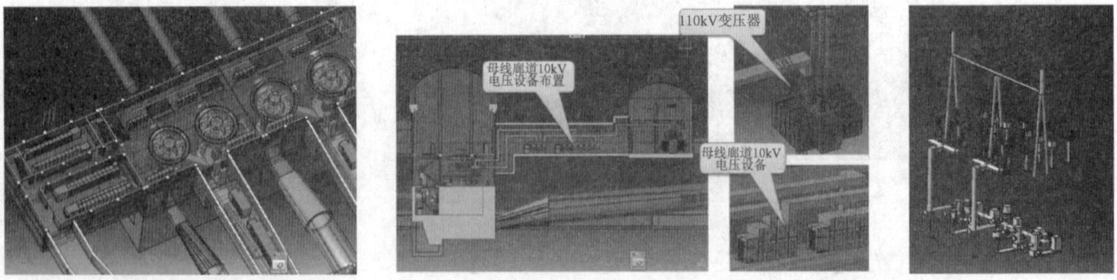

图 11　地下电站厂房机电设备、变压器及厂房出线设备

金属结构专业通过设计流程，依据金结设备的控制条件，拟定闸门、埋件、启闭机设计尺寸，使用参数化方法进行闸门优化设计，并直接利用 CATIA 的绘图功能，进行二维图纸的出图（图 12）。

通过一个统一的 VPM 在线 CATIA 平台进行各专业的协同设计，有效打破了传统设计数据传递的瓶颈。非常方便进行模型的碰撞检查、虚拟漫游，减少设计误差，极大地节约了施工周期与成本，图 13 为地下电站厂房机电系统及通风系统碰撞检查。

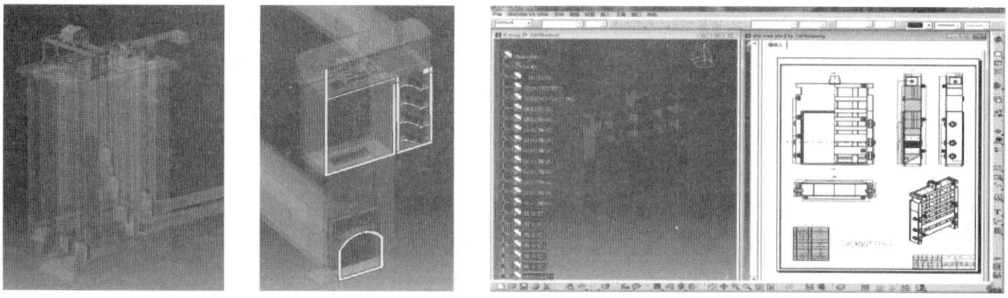

图 12　进水塔、尾水防洪闸金结设备及闸门出图

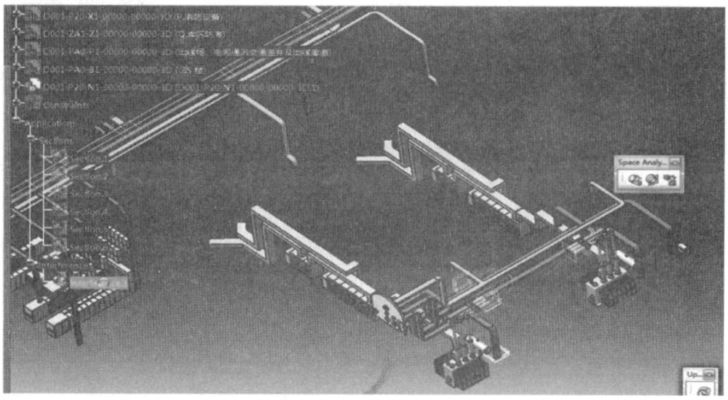

图 13　地下电站厂房机电系统及通风系统碰撞检查

3　特点与创新

BIM 技术在水电工程设计中的应用逐渐成熟，通过 BIM 正向设计技术，设计人员可以在网络协同环境下，完成信息的准确传递和提高沟通效率，从而使设计质量有根本性的提高，图 14 为在讨论会中对专家提出的方案进行现场比较，辅助工程设计方案决策。

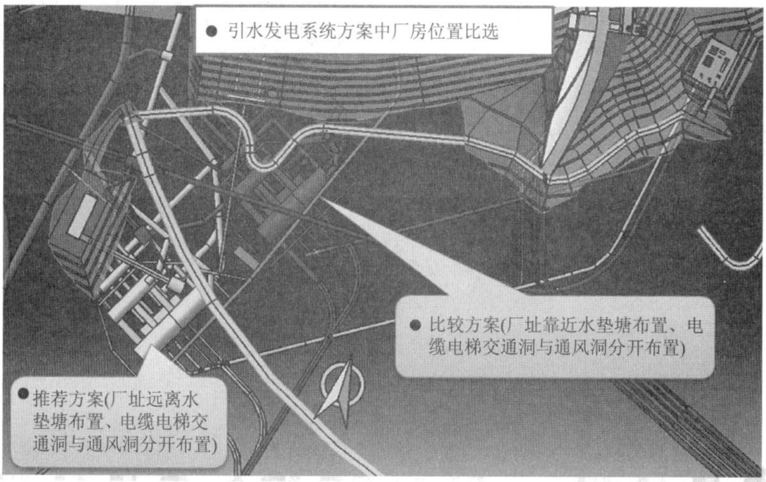

图 14　地下电站厂房比较及推荐方案布置图

利用 CATIA 中的骨架理论来创建模型，有序地将枢纽分解为具有相应功能的部分，有效地通过总骨架控制下一级骨架，来驱动相应的模型。通过枢纽的骨架设计理念层层传递参数，实现 VPM 平台上的自上而下设计的骨架参数化驱动应用，以及各专业在一个网络在线平台上协同设计，更好地共同完成项目。

参数化模板的批量实例化可以快速建模，且模板具有一定通用性，可在类似工程中应用。利用 CATIA 的知识工程进行编程，将大量重复的工作交由程序完成，大大提高了工作效率，图 15 为利用知识工程在地下洞室支护布置中的应用。

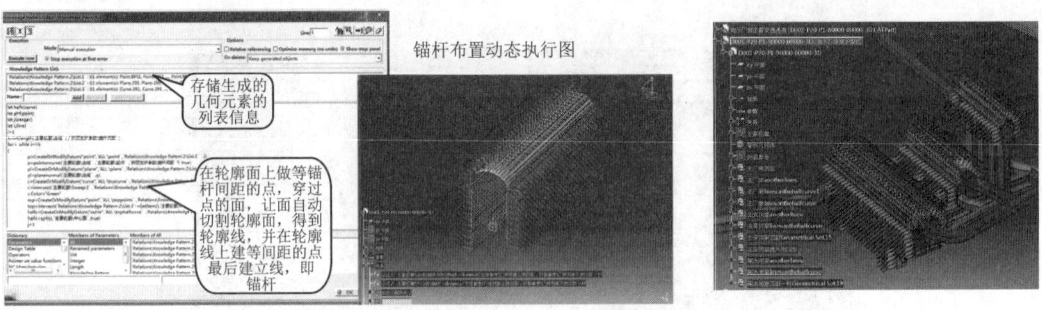

图 15　地下洞室支护知识工程应用

采用 BIM 设计后，利用 MIDAS 进行地下洞室群有限元开挖设计及稳定计算，并进行了地下洞室开挖顺序施工模拟，如图 16 所示。

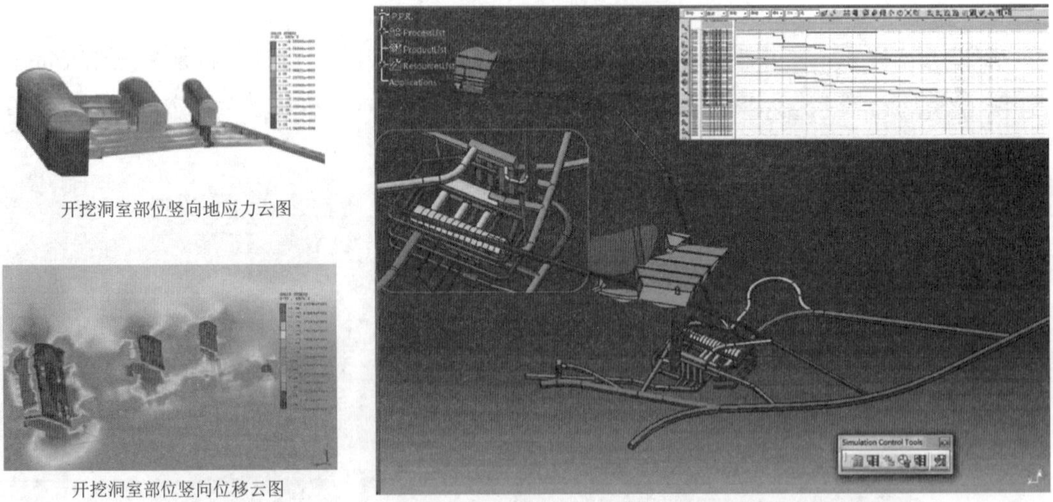

图 16　地下洞室群有限元分析及开挖顺序施工模拟

将水机、电气、金结、通风、消防设备模型与土建 BIM 模型建立在统一的平台，解决了常见的碰撞问题。模型属性中附带的较多的工程信息，为以后拓展应用于施工和工程运行管理提供很大便利。

4　应用总结

本工程通过在设计阶段运用 BIM 技术，建立了涵盖地质、水工、建筑、道路、金属结构、水机、电气、施工各个专业的 BIM 模型。完善了以 VPM 为主平台，综合其他 BIM 应用软件的协同设计解决方案。利用正向设计，依据 BIM 形成的三维模型及所含有的信息，在过程中根据设计方案的重点、难点和设计思路寻找到更加合理的设计解决方案，为设计决策提供了有效的依据，提高了工程设计质量。

通过 BIM 技术建立的工程三维模型为方案汇报、技术交流、图纸校审提供了很大方便，极大地提高了工作效率。

银奖

景洪水力式升船机三维设计及 CAE 分析

中国电建集团昆明勘测设计研究院有限公司

1 工程简介

澜沧江——湄公河是连接东南亚 6 国的国际河流，是我国西南方向最重要的出海水运通道。景洪水电站是澜沧江——湄公河水路大通道建设的重点工程，位于云南省景洪市澜沧江下游河段，总装机容量 1750MW，电站枢纽按 V 级航道标准设计航运过坝建筑物。

通过对船闸和传统升船机的比选，确定水力式升船机作为景洪水电站的通航建筑物，水力式升船机是世界首创中国原创的新型升船机。升船机的主要特性参数如下：

上游最高通航水位：	602.00m（水库正常蓄水位）
上游最低通航水位：	591.00m（水库死水位）
下游最高通航水位：	544.90m（2 年一遇洪水位）
下游最低通航水位：	535.14m（最小通航流量对应水位）
最大提升高度：	66.86m
设计过船吨位：	500t
航船升降时间：	17min/次（单向、空中及入水）
承船厢有效尺寸（长×宽×水深）：	58.0m×12.0m×2.5m
承船厢总重量：	2920t
年货运量：	124.5 万 t

景洪升船机（图 1 和图 2）是水力式升船机的首次工程实践，由概念到实施，不仅需解决结构计算、设备布置等常规问题，还要解决升船机整体动力学、水力系统水力学等特有的技术问题。针对景洪升船机的独特性，工程师们决定从设备选型到项目实施的全过程采用 BIM 正向设计，并根据 BIM 模型开展 CAE 分析。

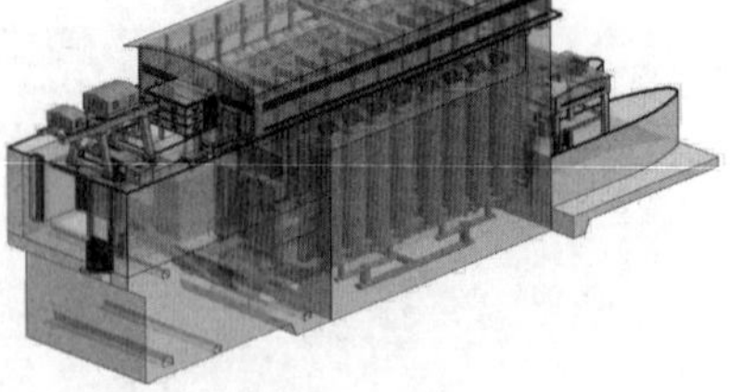

图 1 升船机总体布置（1）

图 2 升船机总体布置（2）

2　景洪水力式升船机三维设计及 CAE 分析

2.1　总体设计

水力式升船机的工作原理是将平衡重做成重量和体积合适的浮筒，浮筒井（简称竖井）布置在升船机塔楼中，承船厢布置在两侧塔楼的中间，悬吊承船厢的钢丝绳布置在承船厢两侧，钢丝绳绕过升船机塔楼顶部的卷筒、动滑轮后固定在钢丝绳固定端均衡梁上。平衡重浮筒的结构重量及配重重量分别大于承船厢结构重量和承船厢水体重量，利用充泄水工作阀门实现竖井内水位的升降，改变平衡重浮筒的入水深度实现浮筒的浮力变化，利用此浮力变化在承船厢重与浮筒重之间产生的差值来驱动承船厢升降运行。

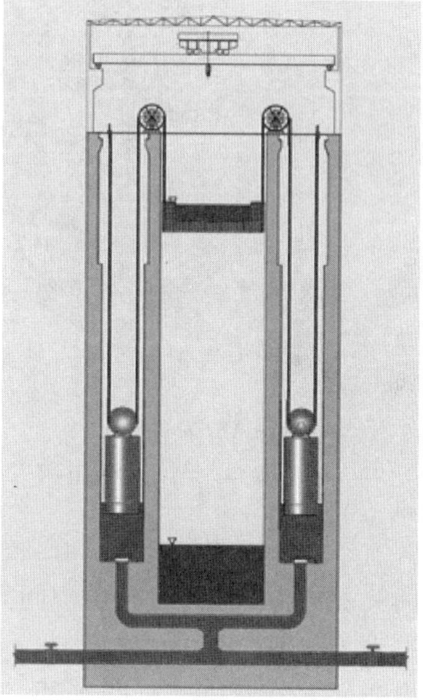

图 3　水力式升船机原理

如图 3 所示，当承船厢需要上行时，上游的充水阀门处于关闭状态，打开下游的泄水阀门，竖井里面的水位下降，浮筒随之下降从而驱动承船厢上行；当承船厢需要下行时，下游的泄水阀门处于关闭状态，打开上游的充水阀门，竖井里面的水位上升，浮筒随之上升从而驱动承船厢下行。

在总体设计阶段，通过数字模型对水力式升船机进行了运动仿真，并采用物理模型进行了验证。根据水力式升船机的特点，工程师们将其主体体结构分解为水力系统、机械系统、闸首金属结构设备和土建结构（图 4），分别对各系统进行三维设计，并开展 CAE 分析。

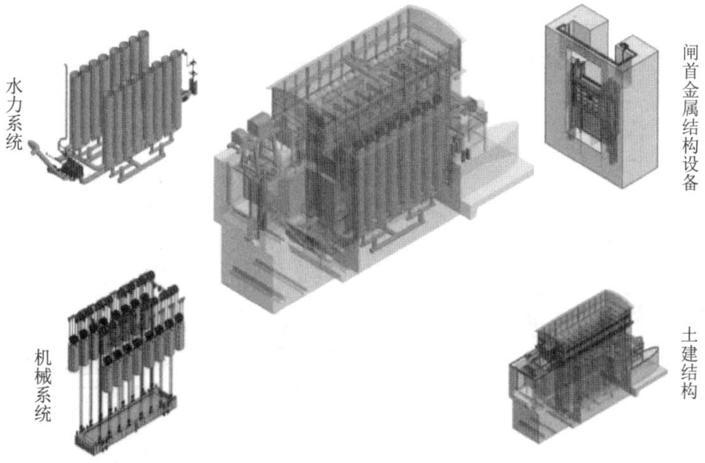

图 4　水力式升船机的组成

2.2 水力系统设计

水力系统是水力式升船机的心脏，是水力式升船机运行的动力源泉，是水力式升船机区别于其他类型升船机的典型系统，其作用相当于其他类型升船机的电力驱动系统，其决定着升船机运行的效率和安全。

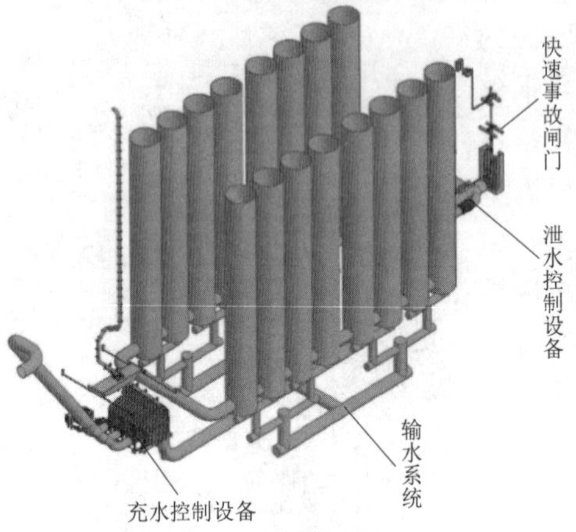

图 5 水力系统组成

水力系统的主要功能是把上游库水引到各个竖井中驱动浮筒升降以带动承船厢上下运行，通过对输水流量的调节控制升船机的运行。如图 5 所示，水力系统由输水系统、充水控制设备、泄水控制设备及进出口快速事故闸门等组成。

为高效解决水力系统的水力学问题，工程师们基于三维设计成果，首次运用 FLOW - 3D 对升船机水力系统的水力学特性开展数值仿真计算（图 6），并采用物理模型进行验证。为解决水力系统设计过程中遇到的高水头阀门空化及振动难题，工程师们研发了突扩体与阀前环向强迫掺气装置，有效地解决了阀门的空化和振动问题。突扩体作为解决阀门空化的关键设备，属于复杂的空间异型结构。因此，采用传统的计算手段，难于模拟其实际工况。工程师们基于三维模型，采用 ANSYS 分析论证了突扩体在设计水头及试验水头下的静强度（图 7），经原型观测，验证了计算成果的正确性。

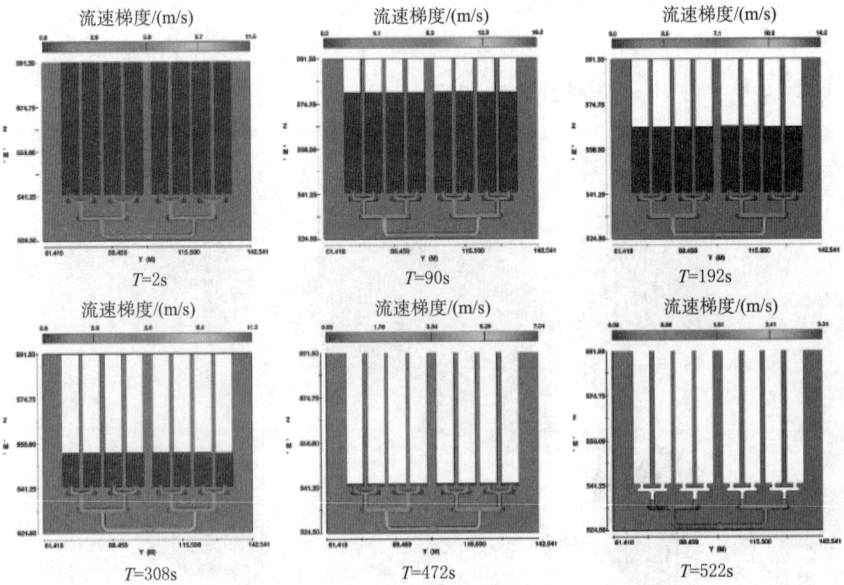

泄水工况竖井随时间变化流速分布图($X=-14.2$m、左侧竖井)

图 6 水力系统 FLOW - 3D 仿真结果

图 7　突扩体 ANSYS 分析结果

2.3　机械系统设计

机械系统是水力式升船机的核心系统，也是它的运载系统。如图 8 所示，机械系统由承船厢总成、卷筒及同步系统、浮筒及动滑轮装置等组成。

机械系统设计的关键是解决升船机抗倾斜问题。设计过程中，工程师们基于三维模型，在 ADAMS 中对升船机系统开展多体动力学分析，并利用 ANSYS 复核了主要部件的静力学特性，有效解决了水力式升船机抗倾斜设计难题（图 9）。

为了将三维设计及 CAE 分析成果引入到运行维护过程中，利用 ADAMS 仿真取得的运行过程受力特性，设立了升船机实时在线监测系统，并将监测数据与 ADAMS 仿真成果比对，实现对升船机的实时在线安全监控。

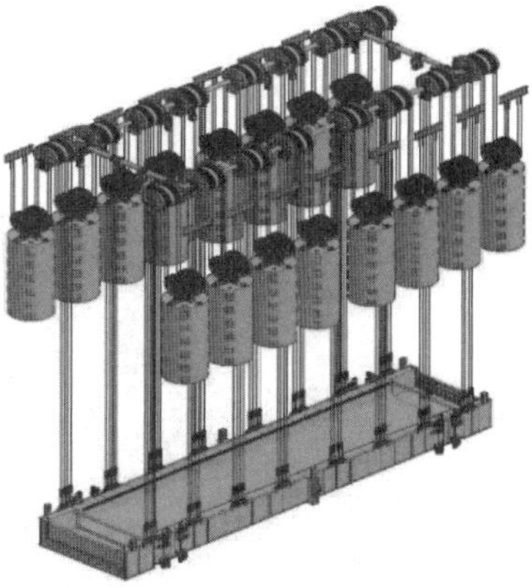

图 8　机械系统的组成

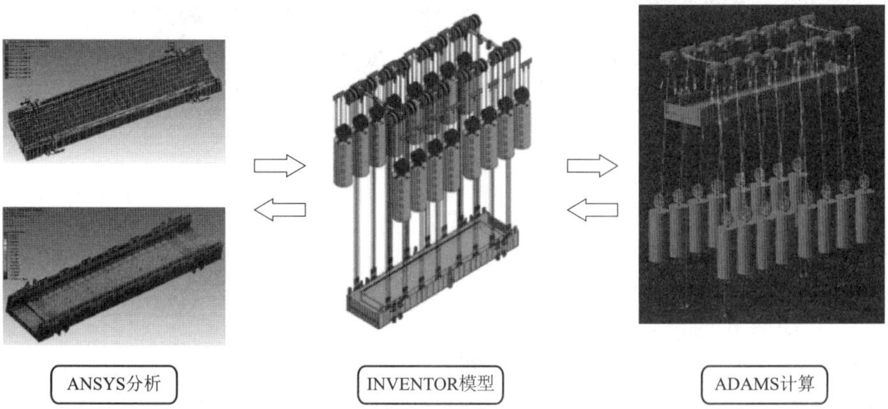

图 9　机械系统三维 CAD 及 CAE 交互设计

2.4 闸首金属结构设备及土建结构设计

闸首是船舶进出承船厢的通道，闸首金属结构设备由上闸首事故闸门、上闸首工作大门、下闸首检修闸门等组成（图 10）。土建结构作为升船机设备的载体，布置在电站枢纽区溢流坝段右侧，由上下游靠船建筑物、上下游导航建筑物和升船机主体建筑物组成（图 11）。

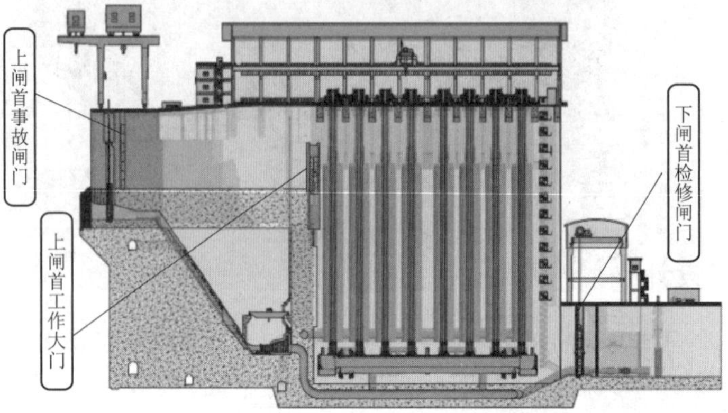

图 10　闸首金属结构设备布置

图 11　土建结构布置

3 创新点

（1）采用 BIM 正向设计及参数化建模，保证了图纸和模型的一致性，方便了设计优化、计量概算及工程出图，解决了各专业间的协同，提高了设计的完成度和精细度，实现了模型既服务于建设过程，又服务于运行维护的作用。

（2）结合数值分析成果，在升船机 BIM 系统中建立了升船机监测模块，实现了实时监测数据与设计数据的对比分析，使升船机性状处于全面监控状态，为升船机的安全运行起到保驾护航作用。

(3) 建立 CAD 及 CAE 辅助设计平台，实现了三维设计软件和 CAE 分析软件之间的关联设计，提高了整体设计效率（图 12）。

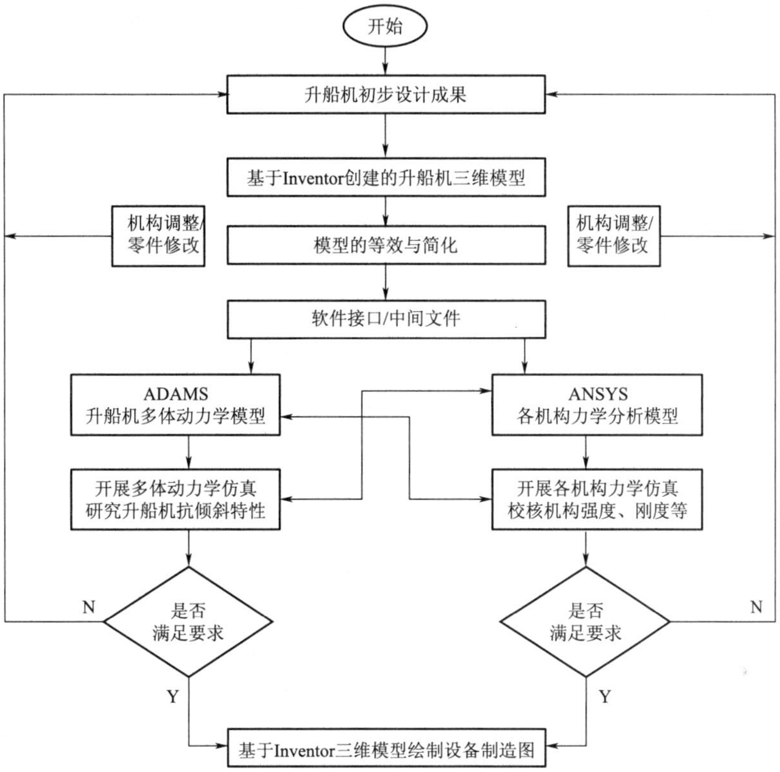

图 12　三维关联设计流程

4　结语

2010 年 10 月，景洪升船机土建工程全部完成；2015 年 12 月，升船机投入试运行；2016 年 11 月，景洪升船机投入试通航。

通过对景洪水力式升船机及 BIM 技术的提炼与总结，景洪水力式升船机项目共授权发明专利 21 项，获得国家发明二等奖 1 项，省部级特等奖 2 项、一等奖 1 项，出版专著 3 部，在编规范 6 项。

景洪水力式升船机设计过程中采用的 BIM 正向设计与 CAE 分析相结合的设计方法不仅促进了水力式升船机的成功实践，在解决类似工程的设计和建设中也极具实用意义。

银奖

连云港港30万吨级航道二期4区围堤工程BIM设计应用

中交第三航务工程勘察设计院有限公司

1 项目概况

连云港港徐圩港区位于连云港区南翼，埒子口以西至小丁港之间海岸，隶属连云区。目前港区外侧防波堤已基本形成，港区内掩护条件良好。

徐圩疏浚物处置4区位于六港池东侧港区陆域，规划为液体散货泊位区，东侧、北侧依托拟建东防波堤外段。所围区域近期作为30万吨级航道二期工程的纳泥区，远期作为液体散货泊位区的陆域。目前徐圩港区防波堤工程已基本形成，港区内掩护条件良好。

根据30万吨级航道二期工程总平面布置，4区围堤总长度约为4848m，由北向南依次为4区1号正堤（长1220.216m）、5号围堤（长1100m）、2号正堤（长1241.019m）和6号围堤（长1286.298m）（图1）。正堤近期满足吹填要求和施工期管道铺设及行车要求，远期作为陆域护岸使用；5号围堤和6号围堤近期要求同1号正堤、2号正堤，远期为堆场隔堤，规划为道路。

图1 区围堤总平布置图

连云港港 30 万 t 级航道工程是世界上最大的淤泥质浅滩深水航道，属于大型围堤工程，采用了新型桶式基础结构。桶式基础结构（图 2）是目前深水软基地区重点研究的新型护岸结构，施工要求高、周期短，因此在本工程中采用了 BIM 技术进行设计、施工与管理，有效提高了设计质量，减少了施工过程中的错漏碰缺，建立了完整、真实的工程数据库，为后期 4 区围堤工程的运营维护提供了数字化基础。

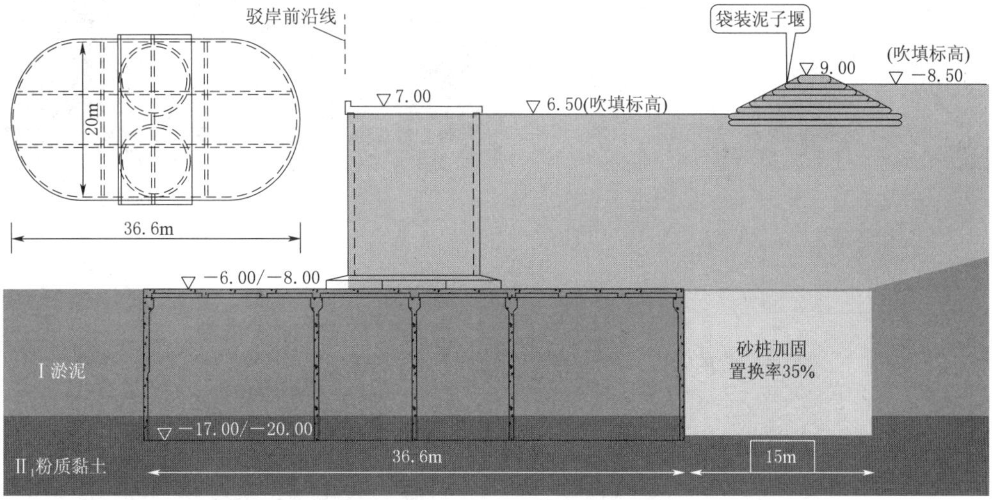

图 2　桶式基础结构典型断面图

2　项目应用情况

2.1　项目设计及总体情况

本工程在连云港港徐圩港区的规划 BIM 设计中，根据不同的设计需求采用了以下几种设计方法：

2.1.1　InfraWorks 在数字港区规划中的应用

本工程基于 InfraWorks，结合高清卫片，建立了港区整体规划 BIM 模型，通过区分色块的方式区分港区不同规划功能区域，直观展示港区的不同的规划分区（图 3 和图 4）；同时结合公共管廊与 4 区围堤存在施工交叉的区域，借助 4 区围堤桶式基础平面方案，合理地考虑管廊远期跨四区围堤、道路交叉的设计。

2.1.2　GIS 技术在数字港区规划中的应用

本工程通过 Revit 建立精确的结构模型，模型包含建筑的精确高度、外观尺寸以及内部空间信息，再通过 BIM 和 GIS 技术的结合，把 BIM 模型的建筑空间信息与其 GIS 模型地理环境共享，应用到港区总体三维规划中，大幅地降低了数字化港区建设的成本。同时，将 GIS 模型通过 Supermap GIS 平台远程发布，供业主查看规划设计方案（图 5），点击相应的区域即可远程查询，包括泊位类型、等级、货种、结构类型、主尺度等在内的基本泊位规划信息（图 6），同时还可以进行基本的距离查询（图 7），大大提高了与业主的沟通效率，充分体现了港区数字化 BIM 设计的意义。

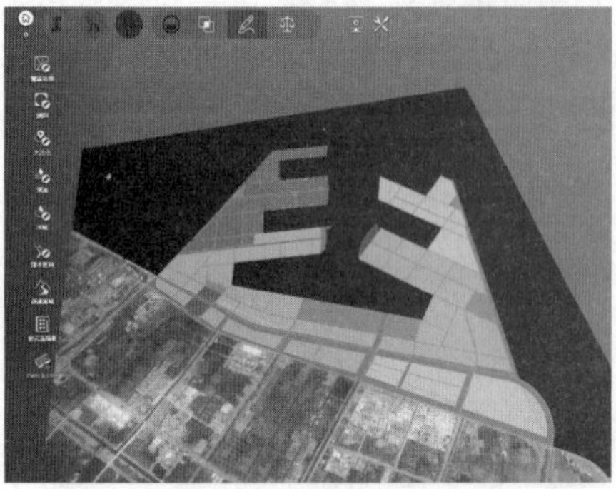

图 3　基于 InfraWorks 的连云港徐圩港区 BIM 规划

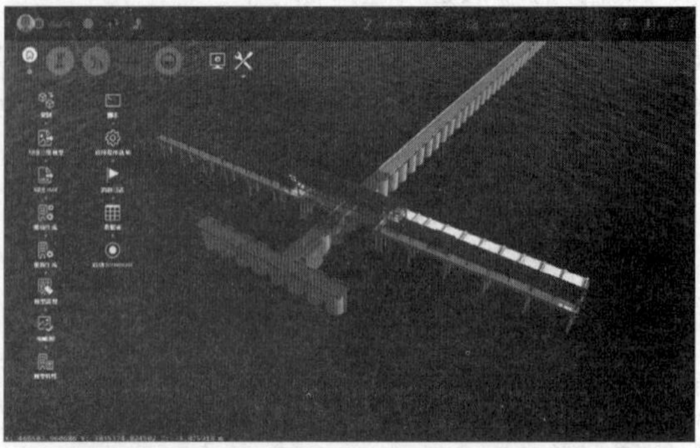

图 4　设计 BIM 模型与规划 BIM 模型结合

图 5　GIS 平台规划设计方案查看

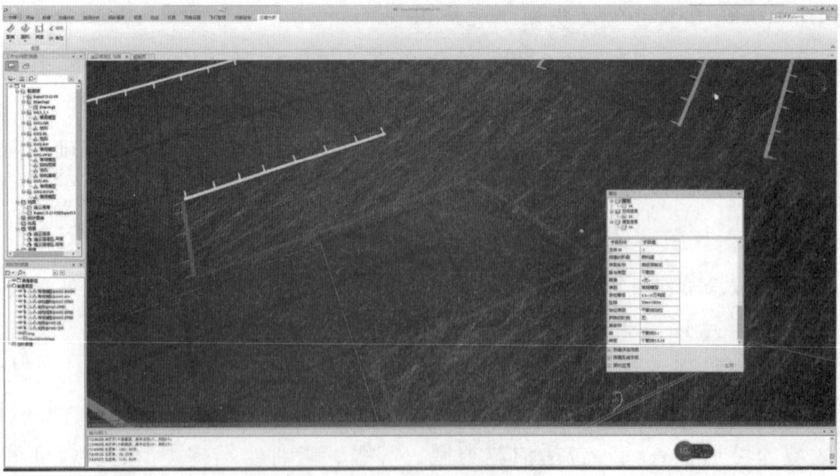

图 6　GIS 平台泊位规划信息查询

图 7　GIS 平台距离等尺度查询

2.1.3　三维地质模型建立

精确的三维地质模型是防波堤结构三维 BIM 精细化设计的基础，本工程依据 4 区围堤的地质勘察资料，借助 Civil 3D 完成了三维地质模型（图 8）的建立，成功解决了断层、夹层等复杂的地质建模问题，断层、夹层处理见图 9。

图 8　4 区围堤总体三维地质模型

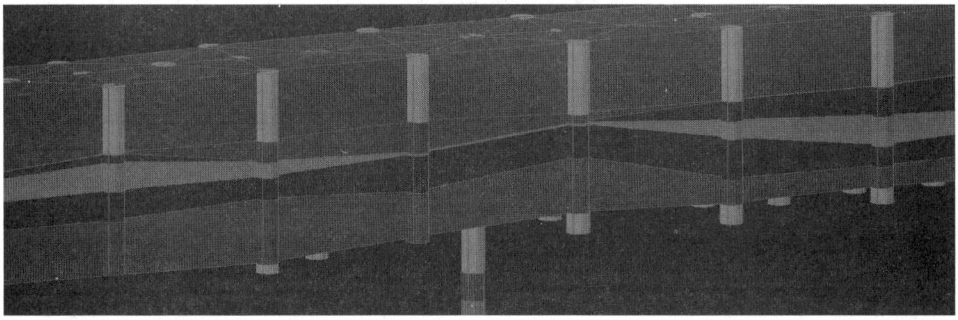

图 9　断层、夹层处理

2.1.4 土方分析

本工程根据创建的三维地质模型，对桶式基础结构的基础进行边坡土方开挖设计分析（图 10），自动统计开挖方量（图 11）。

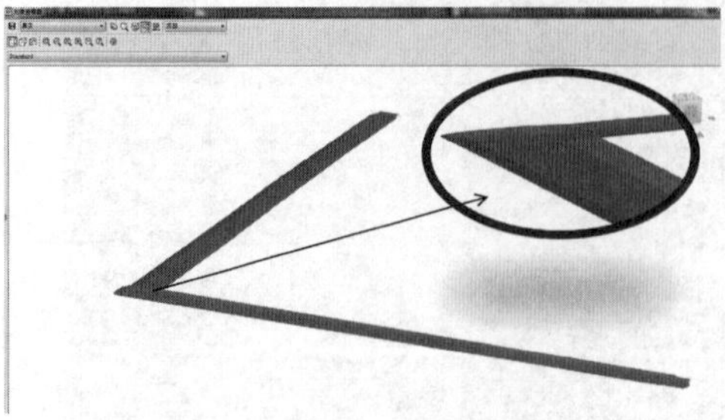

图 10 桶式基础放坡设计

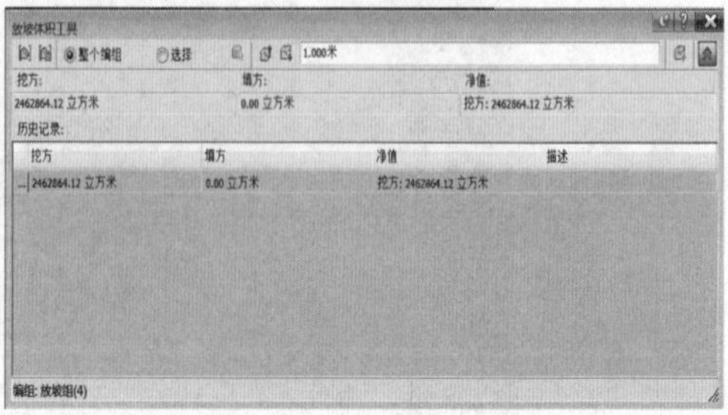

图 11 桶式基础挖方量统计

2.2 特点和创新点

(1) 探讨了港区总体规划设计 BIM 应用的方法，分别给出了基于 InfraWorks 和 SuperMap GIS 两个软件平台的 BIM+GIS 扩展应用方法。

(2) 完成了桶式基础结构 BIM 设计构件族库的创建，为后续桶式基础结构 BIM 快速建模软件开发提供基础。

(3) 以 4 区围堤工程为依托，给出了桶式基础结构 BIM 设计、工程量统计、出图等多种 BIM 扩展应用方法，充分发挥了 BIM 技术在桶式基础结构设计中的应用。

(4) 开发了桶式基础防波堤专用 BIM 设计建模、计算软件，有效提升桶式基础结构 BIM 设计效率和质量。

3 应用心得与总结

(1) 本工程通过 SuperMap GIS 平台以下载卫片的方式搭建了连云港徐圩数字港区初步模型，建立了整体规划 BIM 模型，同时将规划设计所需信息融入 GIS 平台，为以后徐圩港区的总体数字化建设奠定基础。

(2) 本工程深入探索了新型桶式基础结构的 BIM 设计方法，将 BIM 三维地质与结构设计相结合，确保结构基础底标高精准设计；同时 BIM 配筋设计有效避免了施工中的钢筋碰撞，大大减少了施工过程中由设计问题造成的设计变更。

(3) 本工程基于 Revit 平台开发了桶式基础防波堤专用的 BIM 设计建模、计算软件，实现了新型桶式基础结构快速 BIM 设计，有效提升了桶式基础结构 BIM 设计效率和质量。

(4) 编制了《桶式基础结构 BIM 设计指南》，构建了桶式基础结构 BIM 设计族库，为新型桶式基础结构 BIM 设计的推广应用提供了参考。

银奖

BIM+GIS+海洋工程全生命周期整体解决方案

中国电建集团昆明勘测设计研究院有限公司

1 项目简介

珠海市横琴岛位于珠海市东南部，珠江出海口西侧，东隔十字门水道与澳门相邻，南濒南海，西临磨刀门水道，北与珠海南湾城区隔马骝洲水道相望。石栏洲海堤位于横琴新区西南侧，于1993年修建，海堤连接大井角—小香洲—石栏洲，堤线长度约为3.4km，在与九格后山之间海域进行水产养殖，后在堤内填地进行农业开发。本工程的主要任务是通过珠海市横琴新区石栏洲堤岸加固和石栏洲水闸改造，提高石栏洲休闲度假区防潮(洪)标准，保护堤后约5772亩[❶]垦区和水面不受海浪侵袭，为石栏洲滨海休闲带的建设提供防潮安全保障，满足石栏洲休闲度假区的发展建设要求。

2 现状及重难点分析

2.1 工程现状

现状海堤受“天鸽”和“山竹”台风带来的风暴潮冲击，沿线堤防基本全线被破坏，堤后土方流失，目前堤坡由临时抛填的块石防护，消浪能力严重不足，海堤现状工程级别为1级(图1)。石栏洲水闸年久失修，混凝土表面风化剥离，闸门腐蚀脱落，现已荒废(图2)，经安全鉴定，为Ⅳ类水闸。

图1 海堤现状

图2 水闸现状

❶ 1亩≈666.67m^2。

2.2 工程难点分析

工程存在以下特点：

（1）景观要求高。在保证防洪功能前提下，满足人文景观需求。

（2）项目涉及信息量大、种类多，需统筹各种信息进行综合有效的管理。

（3）海堤设计有亲水平台，堤后布置有景观设施。

（4）规划设计、施工、运维中涉及信息多。如何对 BIM 模型信息有效的管理，为海堤设计、施工、运维提供信息服务和决策支持。

（5）地质条件对工程投资影响较大，设计中需根据地质情况确定合理的海堤断面形式。

2.3 BIM 应用需求分析

（1）政策层面：国家出台很多 BIM 扶持政策，例如《建筑信息模型应用统一标准》（GB/T 51212—2016）、《建筑信息模型施工应用标准》（GB/T 51235—2017）等。珠海横琴制定了《横琴新区 BIM 应用导则》，指导和规范横琴 BIM 相关项目内容。

（2）方案比选：利用 BIM 可视化完成方案快速比选，传统设计难以将工程设计与景观设计相融合，常出现建成后景观效果与设计意图相差较大的情况。

（3）信息化管理：建立 BIM 模型信息化管理数据基础；在全生命周期运维管理中，模型作为数据载体进入信息化管理平台，进行工程信息化管理。

（4）投资管控：项目业主对项目投资管控严格，需要设计提供精确的工程量数据及最优化的工程方案。

3 项目对策及目标

3.1 BIM 工作流程

在规划设计阶段，我院创建了地理信息 GIS 数字模型、海洋工程 BIM 模型和景观工程 BIM 模型，并对模型进行三维地质剖切、方案比选、模型出图等工作；对模型进行信息化管理，达到了提高设计效率、辅助工程管理的目的。为此制定了一套 BIM 设计工作流程，该流程从设计资料端开始，通过不断反馈的信息，修订海堤、水闸模型，最终提出设计成果，流程图如图 3 所示。

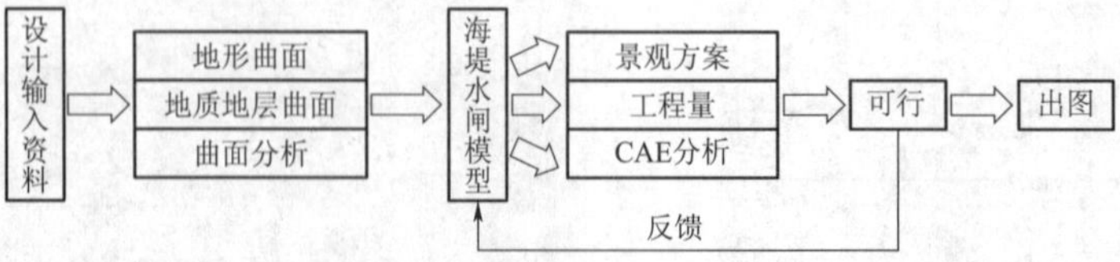

图 3　BIM 设计工作流程图

3.2 BIM 应用目标

本项目应用 BIM 技术的主要目的在于采用 BIM 技术消除信息孤岛，加强参建各方沟通协调，提高团队生产效率，以缩短建设周期，降低工程成本，提高建设水平和质量，最终实现工程项目增值。

本项目 BIM 技术目标如下：

（1）质量控制目标：提高各方模型质量控制及管理水平，提高一次性验收合格率。目标包括移动端辅助质量实时检查、多方质量验收及性能校核、关键质量节点控制和模型质量体系管理。

（2）效益控制目标：优化模型方案，统筹安排投入，减少返工损失，提高协调效率，实现收益目标。

（3）交付目标：将模型文件、视屏漫游文件、效果渲染图片等内容交付管理单位，方便管理单位下一阶段的运维管理工作。

4　各专业所用 BIM 软件与模型构建情况

模型精度满足《横琴 BIM 实施导则》模型深度要求，模型主要包含场地模型、海堤模型和水闸模型，并在设计过程中将以上三者有机结合起来。模型包含的内容如下：

4.1　地形地面地层分析

在工程信息模型中，基于地形地质模型、现状模型等基本资料（图 4 和图 5），利用 Civil 3D 软件进行场地建模并对其进行分析，如高程分析、坡度坡向分析、流域分析等，检查项目范围内与用海红线、河道蓝线、高压黄线及周边建筑物的距离关系，为堤防方案的选线、方案比选、设计、修改等提供基础。

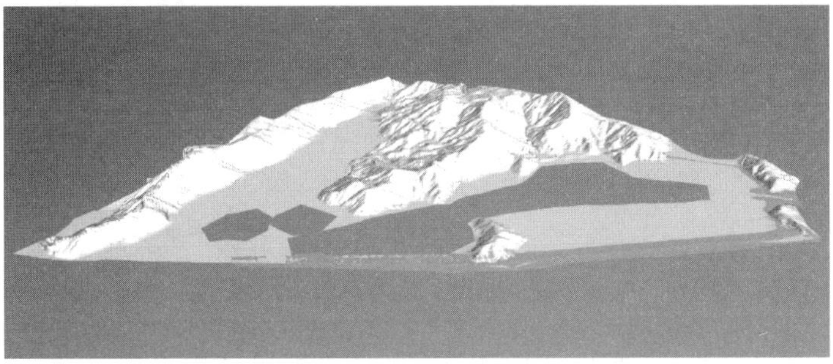

图 4　现场实测图

图 5　实测地形高程图

将勘探专业提供的钻孔数据输入 Civil 3D 构成地层曲面，后续的方案设计以及出图在曲面上开展相关设计工作（图 6）。剖切指定地层曲面得到真实的地层曲面数据，为海堤的断面形式的确定提供依据。

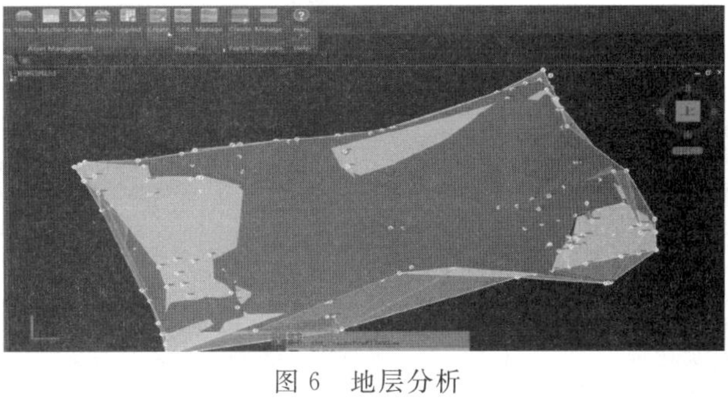

图 6　地层分析

4.2 海堤模型

在方案设计阶段，确定了方案二海堤断面设计的形式，在迎水面布置栅栏板和抛石（图 7）。

在初步设计阶段，修改并完善 Revit 模型：将抛石防浪措施改为四角空心块措施，将防浪堤顶的栏杆改为花池，并在防浪堤与清水平台间增加踏步，在背水面更改了放坡设计，与堤后场地衔接，最终确定海堤模型设计方案（图 8）。

图 7 方案阶段海堤模型

图 8 初步设计海堤模型

4.3 水闸模型

根据结构功能、造价、景观的要求，单孔卧式水闸模型（图 9）运行安全保障度低，景观效果较差，最终确定采用双孔卧式水闸方案（图 10）。

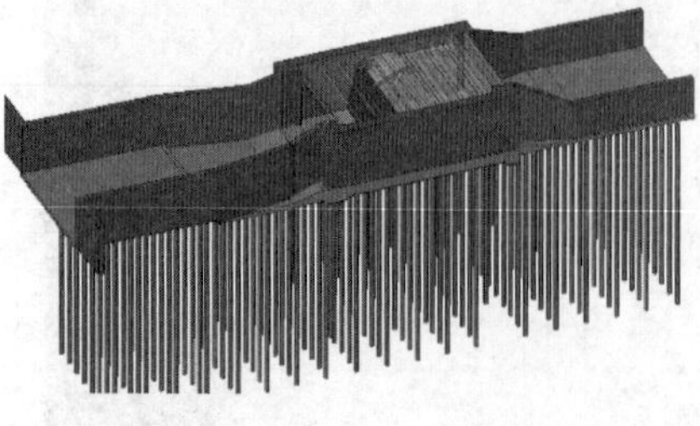

图 9 单孔卧式水闸模型

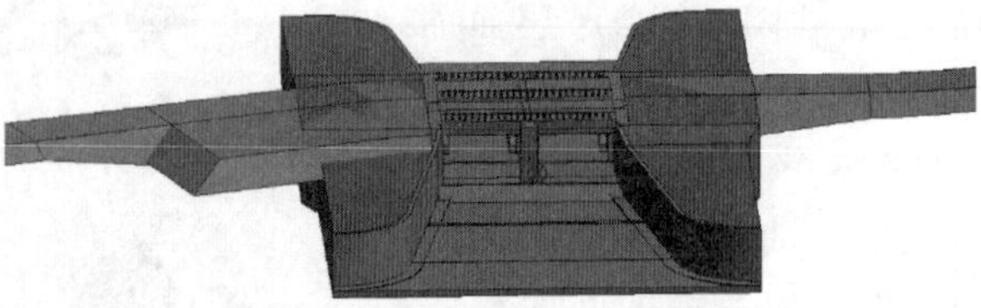

图 10 双孔卧式水闸模型

4.4 管理用房

在初步设计阶段，管理用房采用双层结构（图 11～图 13），与方案设计阶段采用单层结构的管理用房相比，功能分区更为合理、方便使用。并将单体集成到周边大场景中，景观效果良好。

图 11　初步设计阶段管理用房位置图

图 12　初步设计阶段管理用房模型图

图 13　初步设计阶段管理用房效果图

4.5 模型综合

将以上场地模型、海堤模型、水闸模型进行综合，集成在 Navisworks 或 InfraWorks 中，进行模型的综合深化设计。在综合模型中，将各单体集成于大场景漫游视频，实现工程还原，为下一步施工提供便捷的数据资料。模型综合图如图 14 所示。

图 14　模型综合图

4.6　模型交付

成果的交付是最重要的一环，不仅为施工提供了重要的依据，而且为业主方提供了一种高效、简明、可视化的设计成果。在成果提交之前，对交付的数据进行检查，然后再交付模型、图纸、清单和报告等成果。数据交付格式见表 1。

表 1　数据交付格式

序号	内容	软件	交付格式	备　注
1	模型成果文件	Autodesk Revit	*.rvt	
		Autodesk Civil 3D	*.dwg	
		Autodesk 3DMax	*.3dxml	
2	浏览审核文件	Navisworks	*.nwd	
		3Dxml	*.3dxml	
3	媒体件格式	视频剪辑软件	*.AVI	视屏帧率不少于 15 帧/s。内容时长应以充分说明所表达内容为准
			*.wmv	
			*.MP4	
4	图片文件	—	*.jpeg	分辨率不小于 1280×720
			*.png	
5	办公文件	Office	*.doc/*.docx	
			.xls/.xlsx	
			.ppt/.pptx	
		Adobe	*.pdf	

5 总结与展望

5.1 规划设计阶段 BIM 应用亮点

本项目严格按照设计流程，推进 BIM 正向设计。正向设计以数据驱动为核心，以三维模型为载体，以出图为导向，打通了整个设计流程，实现设计流程自动化，显著提高了设计效率和设计质量。我院探索出“BIM＋GIS＋海洋工程”的全生命周期整体解决方案，在项目设计和软件应用中具有诸多创新亮点：建立 BIM 模型，以 BIM 模型为基础确定最优的海堤断面形式，进行功能和景观多方案的比选，建模—出图模板定制，模型进入平台进行管理。

5.2 效益分析

(1) 经济效益分析。本解决方案提高了设计效率、施工效率、业主施工管理和后期运维管理效率、图纸和模型设计过程中大幅度降低了设计错误率、返工率；施工过程中提高了施工方施工效率，有效缩短了施工工期；方便了业主对项目施工质量、进度、投资控制、后期运维等方面的管理。从而提高了工程的整体经济效益。

(2) 社会效益分析。本解决方案适用于堤防类项目，可供类似项目进行参考，拓展了 BIM 技术在水利行业的应用范围，提高了 BIM 技术在水利工程上的应用深度。

本解决方案在设计工作流程、模型构建、出图模板制定等方面结合工程实际进行了创新，取得了较好的行业影响力。

5.3 施工和运维阶段的 BIM 应用展望

在施工和运维阶段，可将 BIM 成果录入平台，从而实现模型管理、施工管控、运维管养监测等功能。平台对 BIM 模型进行统一管理，支持模型漫游、量测、属性查询、图纸关联、剖切、二维码查询等操作。通过 BIM＋GIS 的方式协助业主进行安全、质量、投资、进度风险控制工作。在运维管理阶段，利用传感器数据自动上传平台，进行安全监测和预警。开发移动平台应用端应用，通过二维码进入平台查询相关信息。

横琴新区海堤项目依托“BIM＋GIS＋海洋工程”无缝融合新模式，形成了快速高效、完善实用的全生命整体解决方案。以 BIM 正向设计实现模型构建数字化，依托管理平台，整合海量工程数据，确保各专业间的有效协同，对施工质量、进度、投资进行精细化控制，达到沟通高效率、过程可追溯、管理精细化、价值最大化的目的。

银奖

相城区一泓污水处理厂改扩建及有机废弃物资源循环再生利用中心项目工程 BIM 设计

上海市政工程设计研究总院（集团）有限公司

1 项目基本概况

相城区一泓污水处理厂改扩建及有机废弃物资源循环再生利用中心项目，污水处理总规模为 4 万 m^3/d，餐厨垃圾设计规模为 200t/d，地沟油预处理设计规模为 20t/d。

本工程采用一体化集约布置手法，污水二期扩建的生物反应池、二沉池、混凝反应沉淀池、滤池、消毒池、沼液预处理单元一体化建设与污泥浓缩脱水机房和除臭车间共建。沼气利用单元包括锅炉房与沼气发电机房，合并建设。现状污泥浓缩池和污泥脱水机房拆除后作为有机废弃物协同厌氧消化池、操作楼、预反应池、沼气净化单元、沼气储柜等用地。拆除现状污泥浓缩池和污泥脱水机房前，由建设单位先行建设临时污泥脱水设施，保证一期污水处理的不间断生产。

本工程采用 EPC 模式，在规划设计、施工建设以及运行维护等阶段，均运用 BIM 技术，服务于项目的顺利推进。

2 BIM 技术应用

2.1 BIM 设计流程及标准建设

在项目前期的时候，根据院级 BIM 设计流程及标准，制定了符合本项目的项目级 BIM 设计流程及标准（图 1）。在流程中，不仅仅制定了工程目标，还细化到每个阶段需要重点解决的问题、阶段性 BIM 成果，使得 BIM 应用的实施效果达到预期。

2.2 各专业模型搭建

各专业模型的中心文件位于服务器上，采用互相链接的形式，本地文件与对应的中心文件同步，实现各专业协同设计。

建筑和结构模型见图 2。

给排水及工艺池体模型见图 3。

暖通空调模型见图 4。

2.2.1 结构荷载计算

所有荷载、荷载组合、材料属性都施加在 Revit Structure 中，Robot 只负责施加约束与计算。荷载随结构本体改变而改变，方便调整与模型复用。结构模拟计算流程如图5所示。

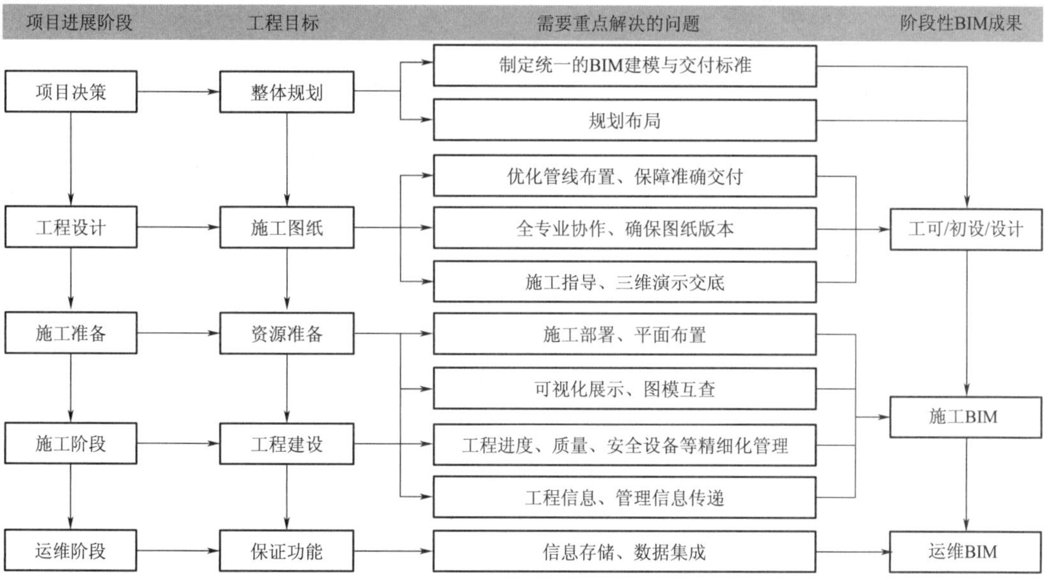

图1　BIM设计流程

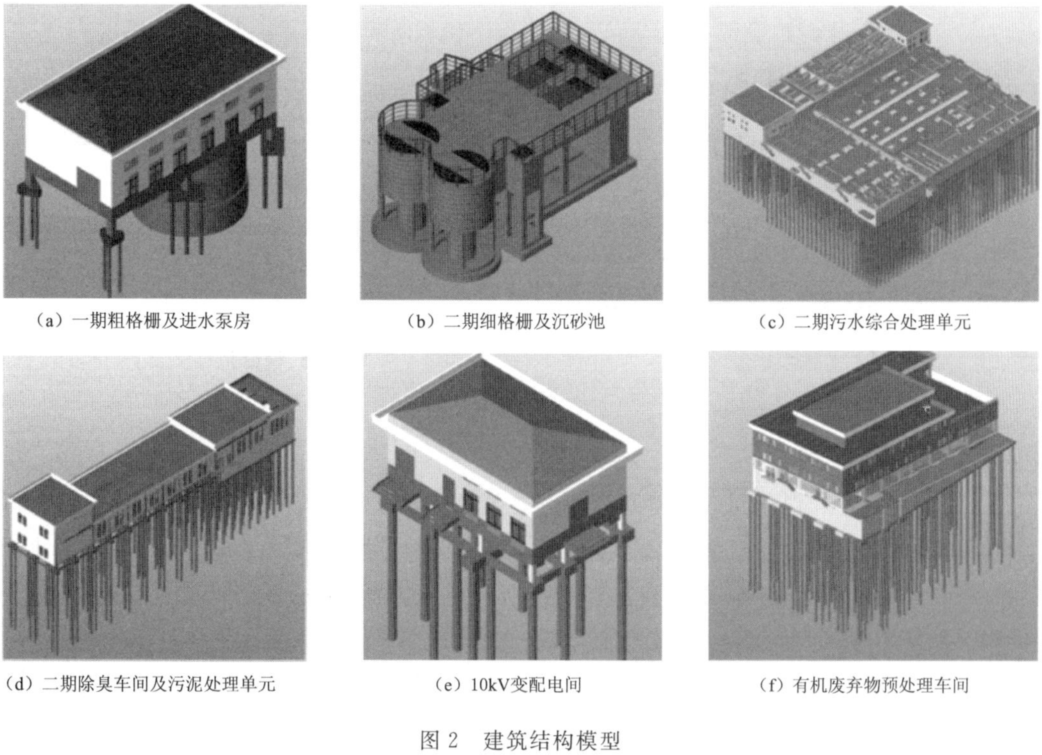

（a）一期粗格栅及进水泵房　（b）二期细格栅及沉砂池　（c）二期污水综合处理单元

（d）二期除臭车间及污泥处理单元　（e）10kV变配电间　（f）有机废弃物预处理车间

图2　建筑结构模型

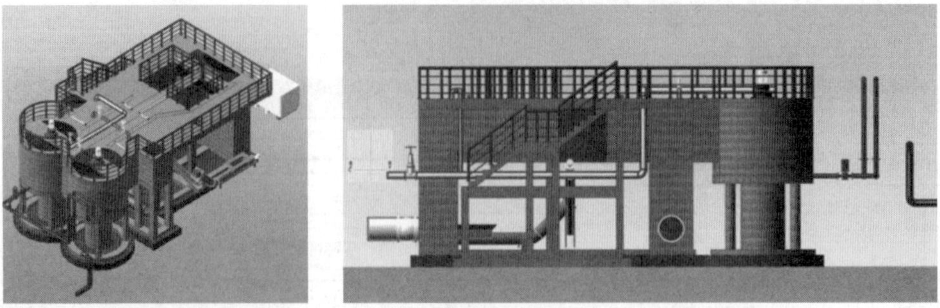

（a）二期细格栅及沉砂池

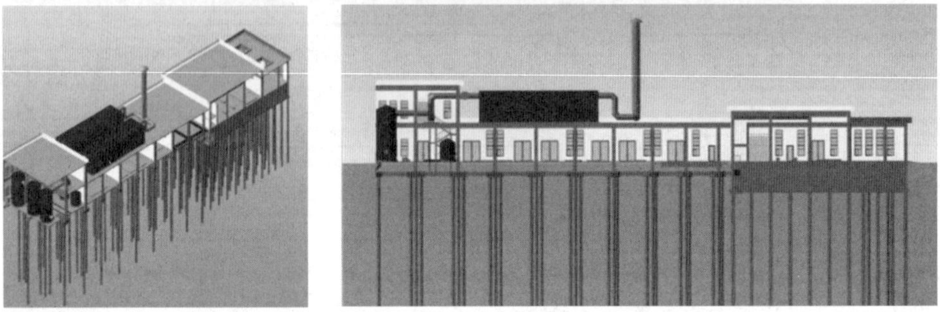

（b）二期除臭车间及污泥处理单元

图 3　给排水及工艺池体模型

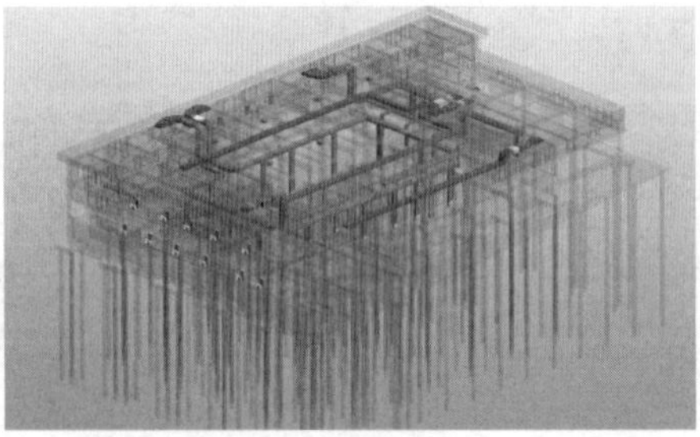

图 4　暖通模型

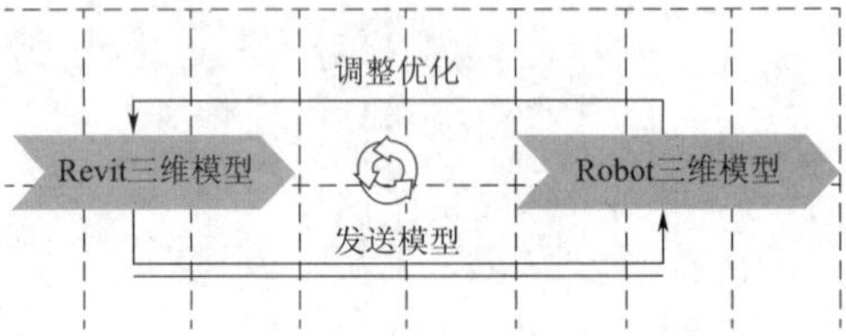

图 5　结构模拟计算流程

2.2.2　通风气流组织

有机废弃物预处理车间的卸料间为控制臭气外溢的重点区域，本项目中利用 CFD 模拟软件，对卸料车间及卸料池进行气流组织模拟，不断调整除臭风量及压力，保证在非卸料以及卸料两种工况下，既能使臭气不外溢，也能使室内空气品质达标（图 6）。

2.2.3　工程量统计

由于完善的族库标准，利用 Revit 明细表统计工程量显得比较简单。从模型中提取各专业的工程量清单见图 7。

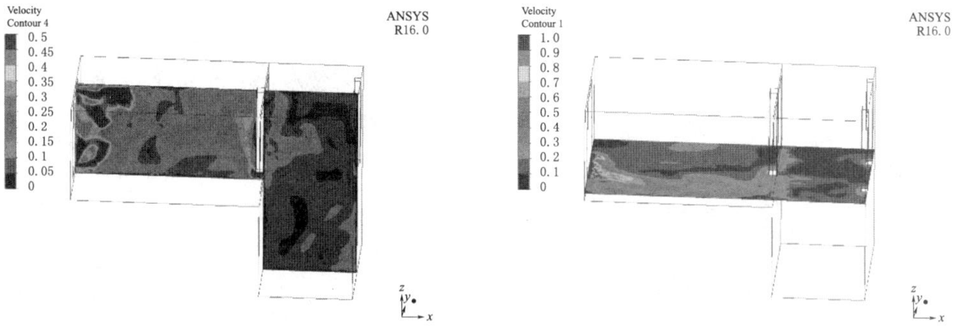

（a）$X-Y$平面速度场　　（b）$X-Z$平面速度场

图 6　卸料间气流组织模拟

明细表: A-结构混凝土 -

<A-结构混凝土>

A	B
类型	体积（m³）
YJK-120mm 组合板(带有压型板)	12.52 m³
YJK-250 x 600 mm	14.71 m³
YJK-主入口楼梯	4.22 m³
YJK-混凝土-100	44.79 m³
YJK-混凝土-100X300	0.09 m³
YJK-混凝土-120	60.43 m³
YJK-混凝土-120-带耳朵	12.09 m³
YJK-混凝土-150	1.99 m³
YJK-混凝土-200	1.71 m³
YJK-混凝土-200X300	0.07 m³
YJK-混凝土-200X400	2.58 m³
YJK-混凝土-200X500	6.68 m³
YJK-混凝土-200X550	3.97 m³
YJK-混凝土-200X850	15.95 m³
YJK-混凝土-250X500	54.63 m³
YJK-混凝土-300X300	0.63 m³
YJK-混凝土-300X400	1.00 m³
YJK-混凝土-300X500	7.54 m³
YJK-混凝土-400	10.51 m³
YJK-混凝土-400X400	7.17 m³
YJK-混凝土-400X550	3.66 m³
YJK-混凝土-400X650	1.83 m³
YJK-混凝土-550	3.23 m³
类型1	116.57 m³
	388.58 m³

明细表: A-门统计表 -

<A-门统计表>

A	B	C	D	E	F
编号	宽度	高度	合计	防火等级	备注
BFM0920	900	2000	4	丙级	管井门
BM1021	1000	2100	2		钢化玻璃
BM1023	1000	2350	1		钢化玻璃
BM1221-1	1200	2100	6		地弹门
BM2025	2000	2500	4		钢化玻璃
BM2033	2000	3300	1		钢化玻璃
GM0821	800	2100	2		钢门
GM1021	1000	2100	9		钢门
GM2530	2500	3000	1	甲级	
HSM3042	3000	4200	2		滑升门
JFM1021	1000	2100	2	甲级	
JFM2121	2100	2100	1	甲级	
LM1227	1200	2700	2		铝合金门
LM1227-1	1200	2700	2		铝合金门
LM1230	1200	3000	2		铝合金门
LM2527	2550	2700	1		铝合金门
M1021	1000	2100	16		木质楼板
M1521	1500	2100	2		木质楼板
YDM1-2027	2000	2700	1		特殊门
YFM1021	1000	2100	10		

明细表: A-窗明细表 -

<A-窗明细表>

A	B	C	D	E
编号	宽度	高度	合计	备注
C0417	490	1750	7	铝合金双银Low-E中空玻璃窗（6+12氩气+6
C0715	700	1600	3	铝合金钢化玻璃窗
C1215	1210	1500	14	铝合金钢化玻璃窗
C1217	1200	1750	49	铝合金双银Low-E中空玻璃窗（6+12氩气+6
C1227	1200	2700	5	铝合金双银Low-E中空玻璃窗（6+12氩气+6
C1327	1360	2700	1	铝合金双银Low-E中空玻璃窗（6+12氩气+6
C4030	4000	2000	2	铝合金双银Low-E中空玻璃窗（6+12氩气+6
C5010	5000	1000	2	铝合金双银Low-E中空玻璃窗（6+12氩气+6
C5030	5000	2000	4	铝合金双银Low-E中空玻璃窗（6+12氩气+6
CK-01	150	1750	52	窗拼杆
CK-02	150	2750	14	窗拼杆
CK-03	60	1750	3	窗拼杆
GC4010	4000	1000	6	铝合金双银Low-E中空玻璃窗（6+12氩气+6
GC5010	5000	1000	4	铝合金双银Low-E中空玻璃窗（6+12氩气+6
MLC4030	4000	2000	2	铝合金双银Low-E中空玻璃窗（6+12氩气+6
MLC4030-1	4000	2000	1	铝合金双银Low-E中空玻璃窗（6+12氩气+6

图 7　工程量清单

2.3　管线综合

BIM 模型中所见即所得，将各专业模型整合、碰撞检测，协调解决方案，减少建设过程中不必要的返工。BIM 模型管线综合如图 8 所示。

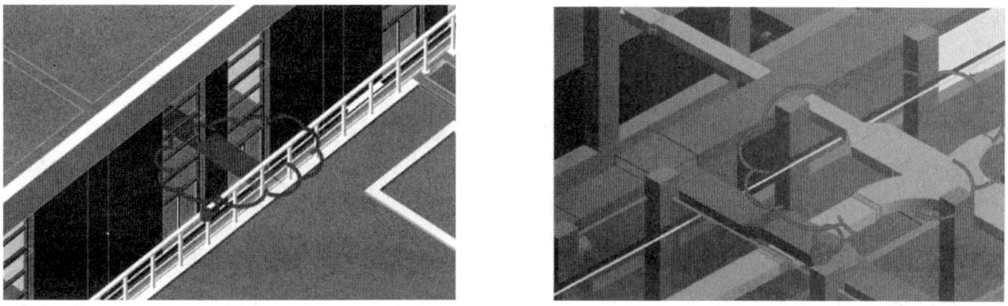

（a）空气管与窗户碰撞　　（b）排风风管与送风风管

图 8（一）　BIM 模型管线综合

（c）污水处理单元外的两个楼梯间距小

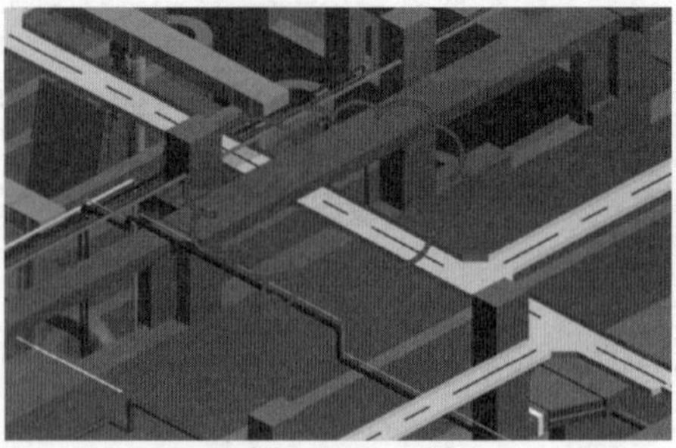

（d）送风风管与电缆桥架

图 8（二） BIM 模型管线综合

2.4 三维设计出图

在具备完善的设计流程及出图标准的前提下，施工图阶段辅助各专业出图，减少传统二维图纸的错漏碰缺。建筑专业施工图如图 9 所示。

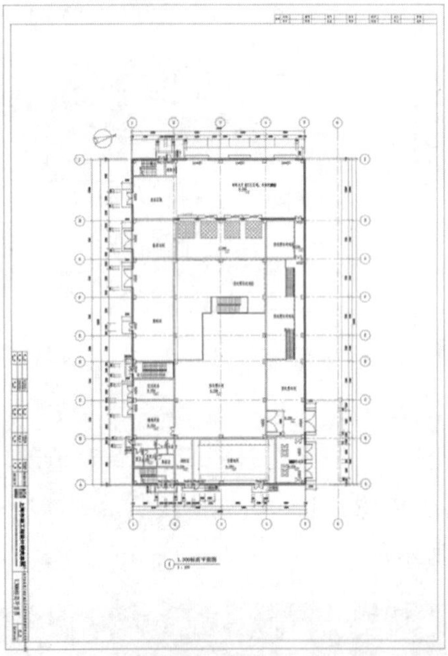

（a）有机废气物处理车间建筑平面图

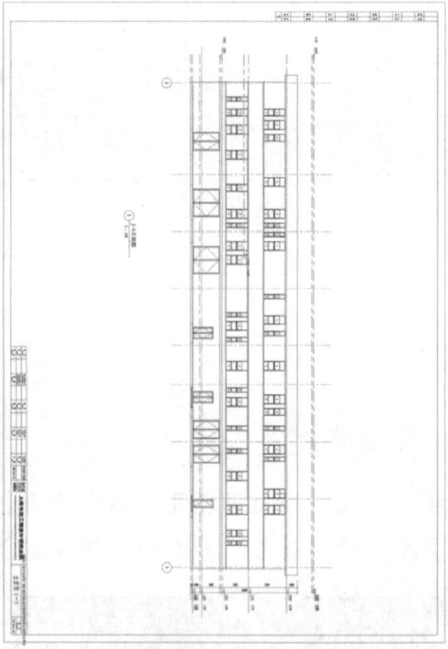

（b）有机废气物处理车间建筑立面图

图 9 建筑专业施工图

2.5 EPC 项目建设管理平台（图 10）

本项目为 EPC 工程，利用公司级的 BIM 管理平台，确保项目达到协同化、精细化、标准化管理。

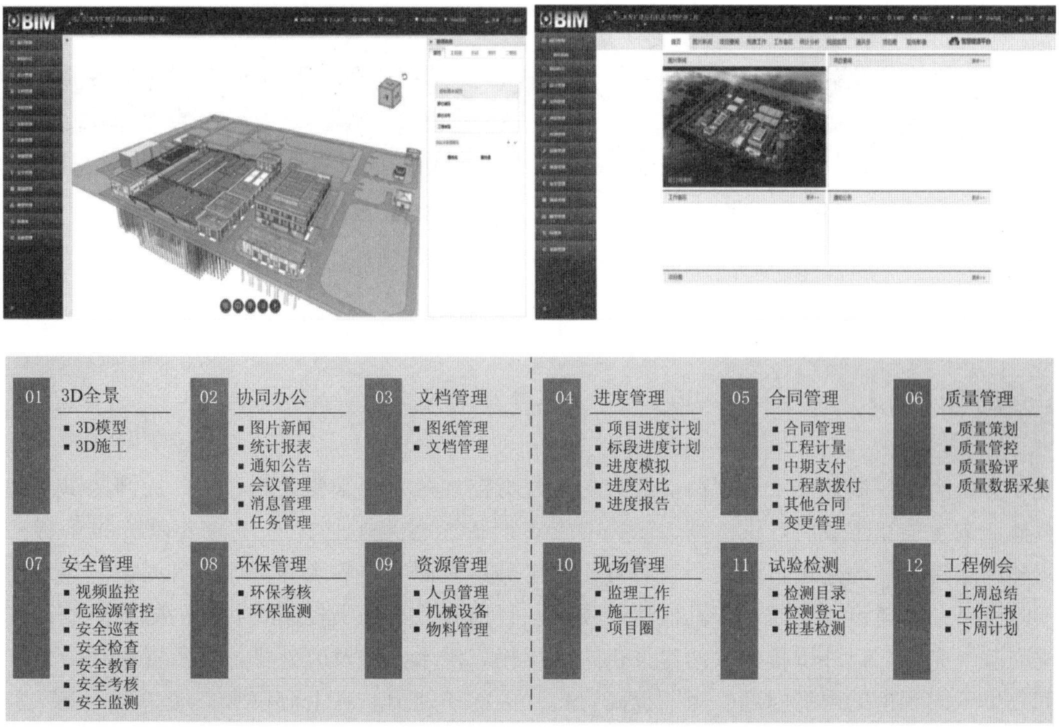

图 10　EPC 项目建设管理平台

3　BIM 创新亮点

(1) BIM 算量过程中的创新。在 Revit 中，风管无法直接统计面积，利用共享参数，在族中增加参数化计算公式，可在项目明细表中完成统计；我院企业级协同管理平台 SMEDI-CBIM，满足该 EPC 项目的各项管理工作，实现对传感器、视频监控、检测设备等多源数据的集成，提高项目的沟通效率及管理水平。

(2) 设计过程中，通风、排水、结构等专业将 BIM 模拟软件作为技术支撑，提高了设计质量和水平。

(3) 建立了一套符合我院图纸标准的三维出图体系，包含项目样板、构件库及标记族，在各项目中重复利用，提高了工作效率。

(4) 利用自主开发的管线综合插件，在此 EPC 项目中提高了管线综合效率及协同难度。

4　心得和总结

BIM 设计流程和设计标准对该 EPC 项目的执行进度和质量非常重要。在该 EPC 项目设备及安装招标过程中，对各设备商提出了 BIM 方面的相关要求，提高了工程质量及 BIM 应用深度。BIM 项目的实施和推进，离不开各专业设计人员的 BIM 应用水平。

银奖

淀东水利枢纽泵闸改扩建工程

上海市水利工程设计研究院有限公司

1 项目概况

青松水利控制片是上海市西部最大的连片低洼地区，历来受太湖、江苏淀泖区洪水和黄浦江潮水的双重威胁，洪、潮、涝、渍灾害严重。相关规划早在1977年就安排了青松片外围除涝泵站的建设，但由于当时青松片十分严峻而紧迫的水利治理项目太多，导致外围除涝泵站的建设一直滞后于其他建设项目。目前青松片外围控制线和外围防洪岸线已按规划基本完成，但外围排涝泵站建设仍进展缓慢，涝水无法及时外排，导致青松片内每年都发生不同程度的内涝问题。为了提高青松片的除涝能力，在上海市水务局"十一五"水利防汛基础设施建设规划中，青松水利控制片外圩部分待建的除涝泵站被列入防汛设施建设项目，淀东排涝泵闸就是其中的建设项目之一。

2 项目应用情况

2.1 项目设计及总体情况

(1) 项目BIM应用的完整性。淀东水利枢纽泵闸改扩建工程BIM应用基于施工图设计阶段，创建了排涝泵闸、引水泵闸、水文测站、泵闸管理区、防汛墙及周边环境三维模型。通过模型组装的方式最终形成项目总装模型，基于总装固化模型进行多专业管线综合检查、三维配筋、二维抽图、施工模拟、实景建模等一系列BIM应用工作，形成了完整的BIM应用过程和成果（图1）。

(2) 工程项目的规模。淀东水利枢纽泵闸改扩建工程的建设内容包括新建一座排涝泵闸（排涝设计流量为$90m^3/s$，水闸总孔径为24m）、一座引水泵闸（引水设计流量为$20m^3/s$、水闸总孔径为5m）、一座水文测站（建筑面积为$33.6m^2$）以及泵闸管理区等。工程概算总投资为48042.75万元，工程费用为21185.77万元。淀东水利枢纽泵闸是上海市目前规模最大、功能最全的控制性水利工程。

(3) 工程建设条件复杂。淀东水利枢纽泵闸改扩建工程施工现场环境要求苛刻，施工难度大。首先，排涝泵闸建设场地四面受限：上游进口受中春路桥限制无法拓宽，影响泵闸进水流态；左岸又受到徐泾原水管线限制，副厂房难以结合站身布置；尤其是右岸的船闸和下游的节制闸建于20世纪70年代，结构单薄，抗风险能力低。其次，工程基坑开挖深度超过 12m、基坑面积达 15000m²，横向泵闸间基坑高差约 4.4m；基坑周边的现状船闸、中春路桥干道、徐泾原水管线等使建设环境控制苛刻。最后，由于工程桩基础施工会对周边环境和围护体系产生较大影响，所以选择合适的技术方案比较困难；施工期降承压水和运行期抗液化难度高。

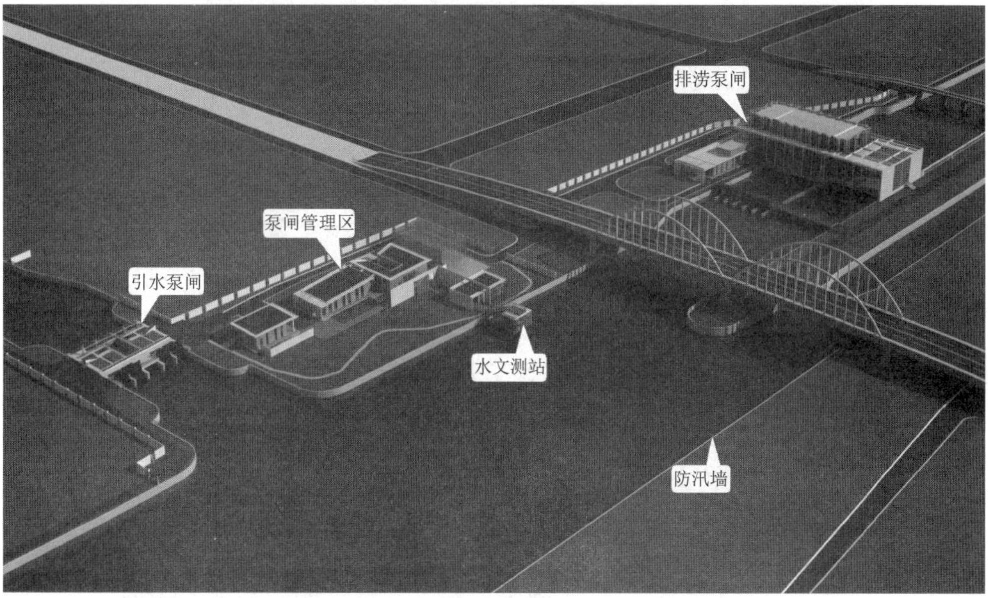

图 1 淀东水利枢纽泵闸改扩建工程 BIM 应用整体效果图

（4）基于 ProjectWise 平台的协同设计提高了 BIM 应用的易操作性。正是基于统一的 Bentley 三维协同设计平台，省去了不同应用平台之间数据转换的过程，该项目 BIM 应用推进过程十分顺畅，专业人员操作便捷，有力地保障了项目的如期完成；多平台发布的轻量化模型在施工、运维阶段的服务过程中也取得了良好的效果，收到各方的充分肯定。

三维协同设计包含两方面内容：一是各专业基于 PW 协同设计平台共享一个工作环境（workspace），在统一的工作环境下实现各专业内协同设计与规范出图；二是基于 PW 协同设计平台实现专业间的协同设计、碰撞检查、工程量提资、权限管理、图档管理等。

（5）施工阶段 BIM 应用。鉴于本工程周边环境苛刻，基坑开挖深度超过 12m，基坑面积达 15000m²，横向泵闸间基坑高差约 4.4m，且紧邻需要正常运行的船闸、中春路桥干道、徐泾原水管线，为有效、准确地说明基坑围护方案的设计意图，利用工程模型进行基坑施工、设备吊装等关键施工节点的动画模拟（图 2 和图 3），取得了良好的效果。

（6）施工数字化交付。根据项目各参与方对项目多样化的需求，结合平台特点发布包括 *.dgn、i-model、3D pdf、Web、iPad 等格式和类型的各式数据文件，满足施工过程中各参与方数据沟通与交流的需求，相关成果在项目施工技术交底、现场技术服务等过程中发挥了积极作用（图 4 和图 5）。

图 2　施工模拟过程一（节选）

图 3　施工模拟过程二（节选）

图 4　发布 iPad 轻量化模型进行施工技术交底与现场技术服务

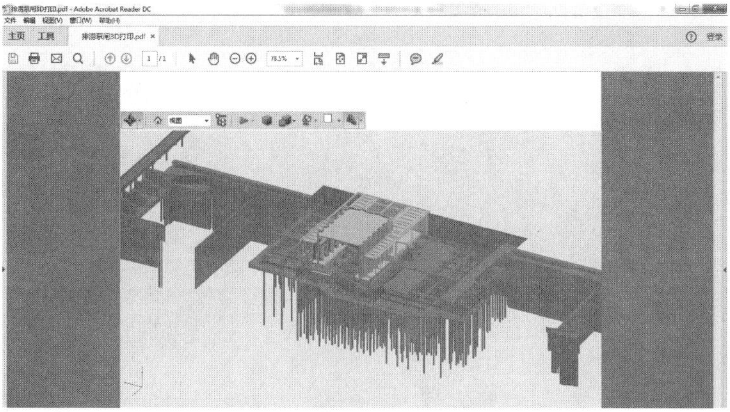

图 5　发布 PDF 轻量化模型进行过程服务与信息传递

2.2　特点和创新点

淀东水利枢纽泵闸改扩建工程 BIM 应用过程中除应用常规技术手段完成项目建模、出图等工作外，还采用了以下技术：

（1）航拍-实景建模技术，构建了项目周边完整的环境模型，为项目进度控制、场地道路快速布置等提供了极大的便利。

（2）参数化设计技术，提高常用结构构件的建模及修改效率，同时将其纳入水利院构件库备用，提高了构件的复用率和设计效率。

（3）三维大体积混凝土配筋技术，为施工阶段模板搭建、钢筋绑扎等提供了可视化的技术支持，提高了施工的精度及效率，确保了工程质量。

（4）AR 增强现实技术（图 6 和图 7），构建虚拟工程现实，让业主提前“身临其境”地感受项目建成后的逼真性，增强业主及参建各方的建设信心。

图 6　AR 增强现实技术展示

图 7　排涝泵闸通水验收现场

3　应用心得与总结

3.1　利用 BIM 技术提升设计效率

（1）三维协同设计是提升设计效率的基础与保障。借助 ProjectWise 统一的协同设计平台，各专业可进行同步设计，实时协同，避免了不同平台之间的频繁切换，提高了设计协同效率；基于统一的信息模型，提高各环节设计成果的快速集成，解决了不同信息模型转换造成的模型缺失，有利于专业间协同过程的顺利开展，提升了整体设计效率；基于统一的数据结构，有效解决了文件格式转换失真的问题，打通了模型在工程全生命周期应用的数据通道，提升了数据应用的效率。

（2）碰撞检查与管线综合整体提升设计效率。在本项目 BIM 应用推进过程中进行结构、给排水、暖通、电气等专业内及专业间的碰撞检查与管线综合，及早发现设计错误及不合理之处，保障专业及总装模型的准确性与完整性，夯实模型固化后出具各类应用成果的基础，全面提升出具设计成果的整体效率。

（3）参数化设计加速设计效率的提升。上海市水利工程设计研究院经过一系列重大水利工程 BIM 应用实践，积累了大量参数化设计的经验与构件库，部分专业已基本实现全参数化设计，从参数化建模、参数化修改到参数化出图、一键统计工程量等，这些参数化设计的应用加速了设计效率的提升。

3.2　充分挖掘 BIM 技术的数据价值

充分挖掘 BIM 技术在工程项目全生命周期的数据价值是 BIM 技术应用的核心。淀东水利枢纽泵闸改扩建工程以施工图阶段 BIM 设计与应用为基础，充分拓展 BIM 技术在工程项目全生命周期的数据价值，向施工和运维阶段延伸应用。

（1）将模型向施工阶段传递，利用模型信息进行基坑施工、设备吊装等关键施工节点的动画模拟，现场管理应用；多平台发布项目数据文件，进行项目施工技术交底、现场技术服务，提高模型信息利用的复用率。

（2）模型数据编码，发挥 BIM 数据的运维价值。上海市水利工程设计研究院积极参与建设方上海市堤防（泵闸）设施管理处“水利工程数字化模型管理平台”的开发建设工作，并在项目推进过程中完成竣工模型、结构构件及设备编码，极大地的方便了建设单位利用后期运维平台进行资产和设备的管理，将 BIM 的数据价值发挥到最大。

3.3 利用 BIM 技术提升企业综合竞争力

BIM 技术作为一项全新的技术手段，能够为企业带来管理和业务形态上的双重优势。BIM 三维设计不同于传统二维设计，将对企业生产和质量管理体系流程产生根本影响，全专业的三维协同设计将进一步提升企业生产效率，变革企业管理模式与管理手段，借此增强企业在行业内综合竞争力，使企业在业务竞争上更具技术优势。

银奖

超宽弧形门闸站（朱码节制闸）工程BIM应用与研究

淮安市水利勘测设计研究院有限公司

1 工程概况

1.1 地理位置

盐河西起淮阴区杨庄盐河闸，流经淮阴、涟水、灌南、灌云四县区和连云港市区，全长约155.3km。以新沂河为界，盐河分为南段和北段，其中南段位于沂南地区。盐河南段始于淮阴区杨庄盐河闸，止于新沂河盐河南套闸，全长约100km，流域面积约302.7km^2。涟水县地处江苏省北部，县城位于东经119°～119°35′，北纬33°45′～34°05′之间，黄淮平原东部，淮河下游。

朱码节制闸（含朱码越闸）位于涟水县城北约5km处的朱码镇北侧，属于盐河干流梯级控制工程，具有排涝、蓄水灌溉和发电等功能。

1.2 设计标准

1.2.1 工程等别

朱码节制闸工程等别为Ⅲ等，工程规模为中型。工程包括节制闸和水电站两部分。其中节制闸设计流量为260.90m^3/s，水电站设计流量为32.10m^3/s，水电站总装机容量为1300kW。排涝面积约28万亩。

1.2.2 建筑物级别

朱码节制闸闸（站）身等主要建筑物为3级，次要建筑物为4级，临时建筑物为5级。节制闸下游导流墩末端设交通桥一座，交通桥荷载等级为公路-Ⅱ级。

1.2.3 设计洪水标准

朱码节制闸拆建标准按照10年一遇设计，按照20年一遇校核。

1.3 工程设计概况

朱码节制闸为江苏省水利厅立项重点基建工程，总投资1.3亿元，2020年12月28日开工建设。

朱码节制闸位于S235省道西侧，闸室轴线与河道中心线正交，距离S235省道桥中心线约118m。朱码节制闸包括节制闸和水电站，采用整底板结构布置，节制闸位于中间，水电站对称布置在节制闸两侧，正向进、出水布置。两侧水电站上部建厂房、控制楼，控制楼采用钢结构连接，外观呈“门”形（图 1）。

图 1　工程效果图

节制闸闸室为开敞式结构，闸孔净宽 23.00m，共 1 孔，闸室垂直水流向长为 26.00m，顺水向长度为 32.40m。底板顶面高程 1.00m，底板总厚度 2.50m。两侧闸墩兼做液压启闭机支座墩墙，闸墩顶高程为 10.30m，闸墩厚 1.50m。节制闸设双主横梁弧形钢闸门，配 QHLY－2×1250kN－8.0m 液压启闭机；上游设检修叠梁门。为满足防渗要求，在闸室底板前段布置钢筋混凝土防渗墙，墙底高程为－10.00m，墙体宽 0.30m。为减少不均匀沉降、降低底板内力，在闸室底板下设钻孔灌注桩桩基，桩径为 0.80m，桩长为 15.00m，桩底高程为－16.40m，呈矩形布置，顺水流向间距为 4.15m，垂直水流向间距为 4.65m。

水电站对称布置在节制闸两侧，选用 2 台 GZ007－WS－210 型轴伸式贯流式水轮机组，叶轮直径为 2.10m，配套发电机为 SFW650－8/650，单机容量为 650kW，总装机容量为 1300kW。水电站底板长 32.40m，单侧总宽 8.70m，水轮机中心安装高程为 3.10m，进出水采用 S 形流道设计，进水流道由矩形断面渐变为圆形，尾水管由圆形渐变为矩形断面，进水流道长 7.51m，尾水管长 9.51m，进水流道底板顶面高程为 1.35m，尾水管底板顶面高程为－2.50m。发电机层和水轮机层高程为 1.88m，厂房地面高程为 10.30m。主站房内设 QD 型 10t 吊钩桥式起重机。厂房进水侧设事故闸门一道，采用 QPKY－2×125kN 液压启闭机启闭，进、出水侧各设检修门一道。为满足防渗要求，在电站底板前段布置钢筋混凝土防渗墙，与闸室段为整体连续结构，墙底高程为－10.00m，墙体宽 0.30m。为减少不均匀沉降、降低底板内力，在电站底板下设钻孔灌注桩桩基，桩径为 0.80m，桩长为 20.00m，桩底高程为－23.60m，呈矩形布置，顺水流向间距为 4.15m，垂直水流向间距为 3.10m。

2 工程难点及BIM应用亮点

2.1 闸（站）址周边建筑物多，合理选址、总体布置难度大

朱码节制闸毗邻朱码船闸、朱码二线船闸、越闸，且与235省道立交，节制闸选址总体布置（图2）需考虑防洪、排涝、发电、交通、施工、航运、征占地、建筑景观、水生态等各方面因素。节制闸（水电站）运行时河道水力性能、流态的优劣不仅影响自身安全稳定，还直接影响朱码船闸、二线船闸航道行船安全，工程选址、总体布置影响因素多。

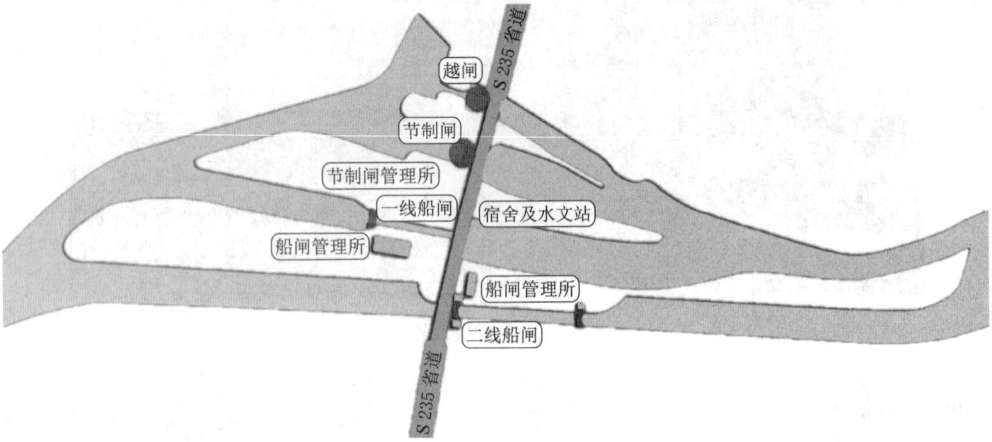

图2 工程选址示意图

图3 BIM+GIS+倾斜摄影展示图

项目组应用BIM＋GIS＋倾斜摄影技术（图3），建立精确实景模型，直观反映工程与周边环境关系，大幅减少现场踏勘工作量，提高征迁调查效率和准确性。同时应用InfraWorks生成原闸址处地形地貌图。将Revit生成的各方案三维图导入InfraWorks地形图，实现方案比选可视化、直观化。根据河道测量断面及InfraWorks地形图辅助Mike21水力计算模型的建立（图4），分析各方案水流流态，实现方案比选理论化、数据化。设计中选取4种总体布置方案进行比选，最终选择方案为原址对称布置方案。

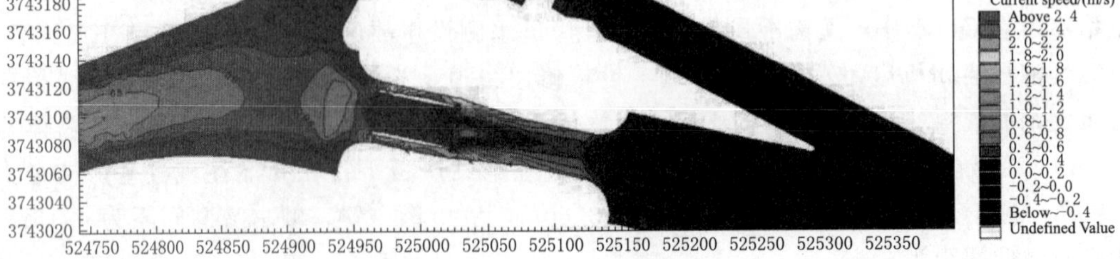

图4（一） Mike21水力计算成果

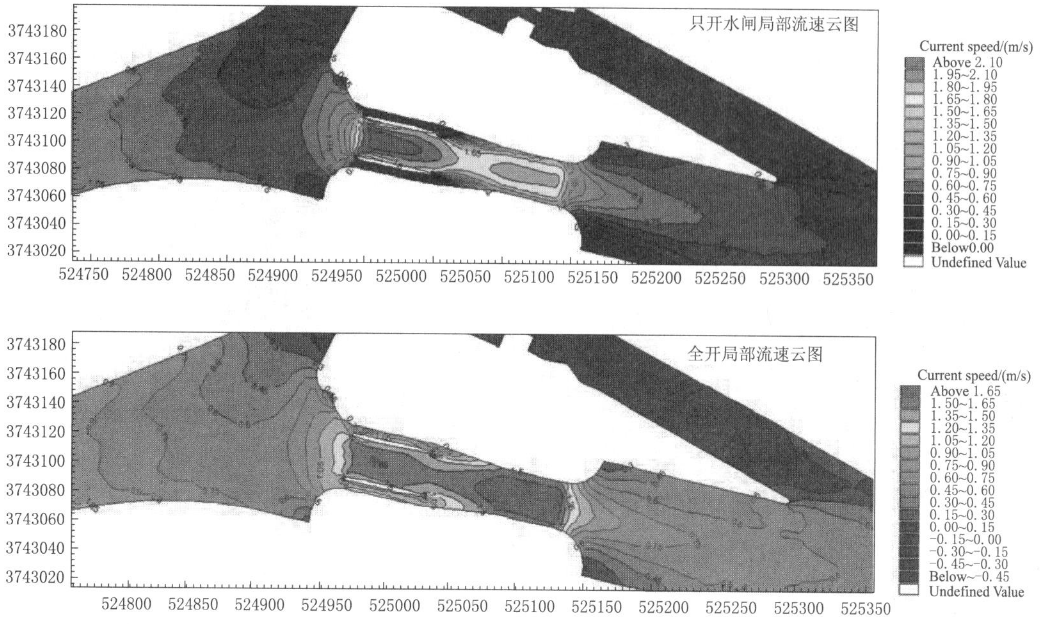

图 4（二）　Mike21 水力计算成果

2.2　工程构筑物多、专业全，模型建立工作量大，精细化要求高

本工程构筑物包括节制闸、水电站、清污机、上下游翼墙等，布置详见图 5，涉及水

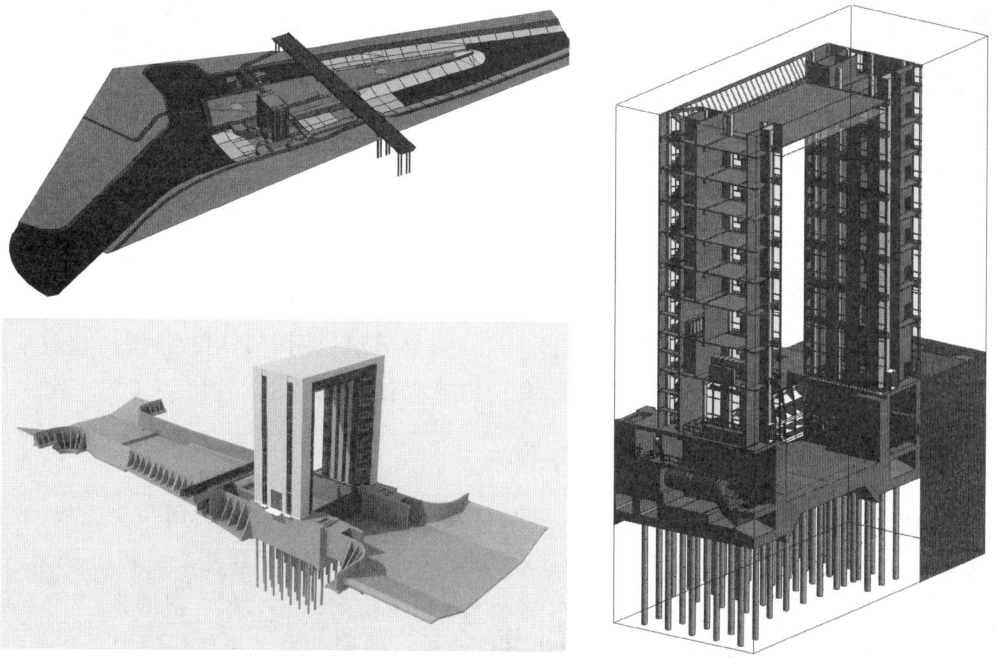

图 5　朱码节制闸总平面及总体布置图（Revit 模型）

工结构、水力机械、电气及自动化、金属结构、房屋建筑等专业，工程构筑物多，涉及专业广，模型建立工作量大；涉及专业比较多，各专业协同难度大；电气、水机、金结等设备繁多，敷设过程中容易错漏碰缺模型建立精细化要求高。水机、电气、金结专业模型详见图 6～图 8。

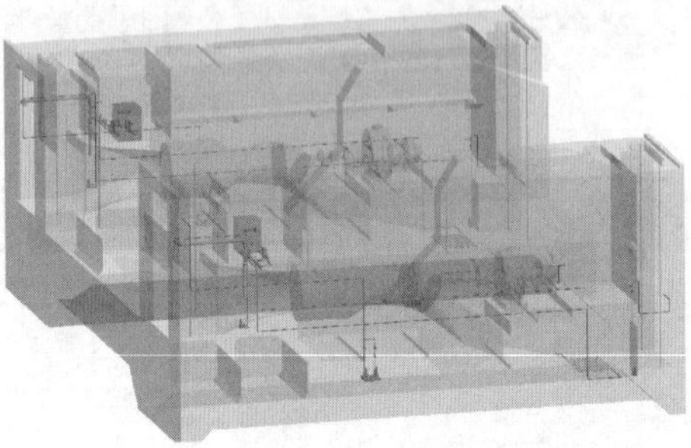

图 6　水机及辅机布置图

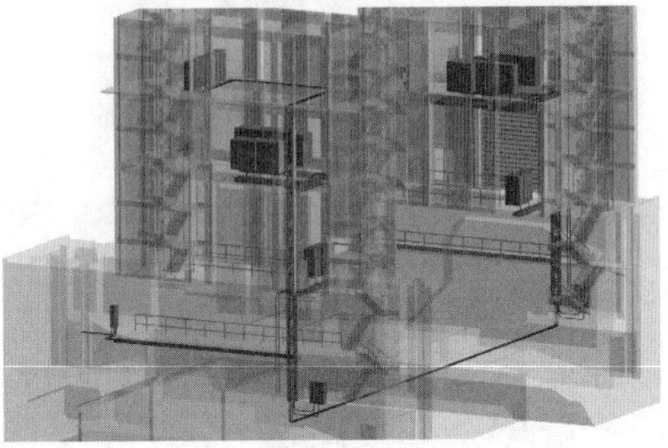

图 7　电气设备布置图

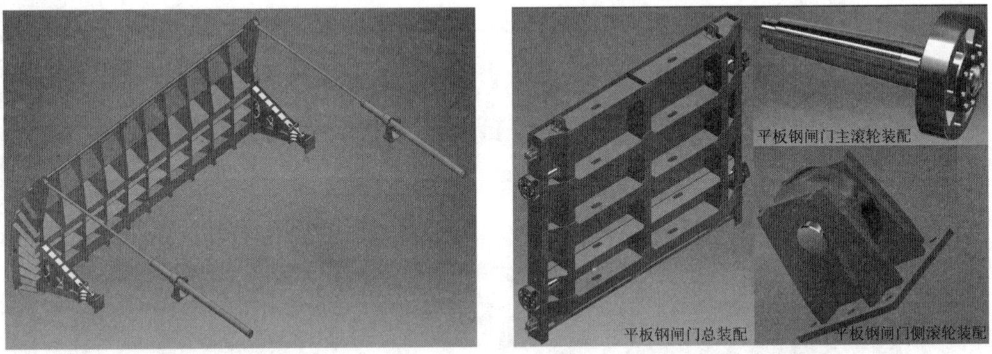

图 8　朱码节制闸弧形闸门设计图

项目组通过 Vault 协同软件进行任务分解，各专业负责人将设计好的模型上传至 Vault，由负责人进行模型校核、实时更新，实现多专业协同设计，提高设计效率。应用 NavisWorks 对各专业的模型进行整合，通过碰撞检查工程、图纸联动功能，消除土建及设备安装专业图纸的错漏碰缺等问题，提升设计成果质量；同时利用软件漫游检查功能，实现工程管理人员仿真巡视检查，实现设备、管线布置合理化、人性化。

2.3　建筑物结构复杂，结构计算难度大

节制闸单孔净跨度为 23m，两侧水电站各宽 10.2m，与节制闸共用一块底板，底板垂直水流向总长达 43.4m，属于平原地区超宽闸室结构，结构计算复杂。利用 BIM 模型与 Midas GTS 应力计算软件交互式导入，实现一模多用参数化分析，对底板、闸门等复杂构建进行三维仿真有限元计算、可视化表达分析，根据计算结果优化模型，实现 BIM 三维设计与其他计算软件设计协同，使设计方案更科学高效。节制闸闸室模型见图 9。

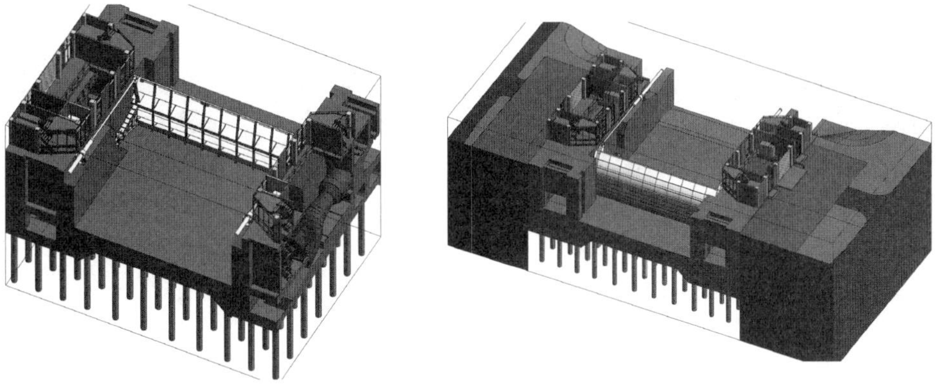

图 9　朱码节制闸闸室结构图

2.4　场地复杂，土方计算不容易精准

工程场地比较复杂，二维基坑开挖图计算土方量准确性不够。在本次基坑开挖设计过程中，应用 Civil 3D，根据测量地形图，生成闸址周边地形曲面作为土方平衡计算原始曲面；根据基坑开挖图，生成基坑开挖曲面作为土方平衡计算参照曲面，计算各分区土方量，指导工程总体土方平衡设计。

2.5　相似构件手动建模周期长，异形结构建模烦琐

工程上下游连接段挡土墙结构相似、规格众多，手动建模周期长；水电站尾水管、圆弧翼墙的异形结构建模周期长、效率低。项目组应用 Dynamo 软件实现相似构件参数化设计和异形结构的可视化驱动进行三维正向设计，提高设计效率和质量。

2.6　通过 BIM 设计数据传递的优势，实现施工、运维协同

通过云协同管理平台 Revizto，将各专业模型导入瑞斯图，进行设计协同、二维三维图纸联动修改、模型数据轻量化并在平台实时更新，实现朱码闸设计数据全过程共享，指导工程施工及运维。应用研发数字施工质量管理平台，实现混凝土浇筑振捣质量可视化模拟及数字化控制。施工现场振捣信息可实时有效导入，并进行动态效果评价与指标精准显示，使混凝土振捣施工质量始终处于受控状态，确保工程质量进行精细化管理。

3　总结

通过本项目的实施，建立了水利工程 BIM 标准化流程，为未来 BIM 项目的实施提供了样板，也积累了宝贵的正向设计经验。同时以设计为载体，前后延伸扩展，链接前期规划及后期施工运维，探索全生命周期 BIM 技术应用，有效地助力工程建设行业高质量发展。

银奖

黄浦江上游水源地金泽水库工程

上海黄浦江上游原水有限公司

1 项目概况

黄浦江上游水源是上海市城市供水水源之一，主要向青浦、松江、金山、奉贤和闵行等西南五区供应原水，是形成“两江并举、多源互补”总体原水格局的重要组成部分。黄浦江上游水源地原水工程将西南五区现有取水口归并于太浦河金泽和松浦大桥取水口，形成“一线、二点、三站”的黄浦江上游原水连通格局，实现正向和反向互联互通输水，确保上海西南五区原水安全供应，为地区经济社会发展、人民群众安居生活提供基础条件，工程受益人口达 670 万。

黄浦江上游水源地原水工程由金泽水库工程、连通管工程等子工程组成。其中金泽水库工程包括金泽水库及金泽泵站两大部分：金泽水库由太浦河取水，占地 2.7km^2，总库容 910 万 m^3；金泽泵站从水库取水增压，日供水规模 351 万 m^3，是黄浦江水源地原水系统的供应枢纽。

2 项目应用情况

2.1 项目设计及总体情况

施工图设计阶段的 BIM 应用是各专业模型构建并进行优化设计，基本应用包括各专业模型构建；建筑结构平面、立面、剖面检查；冲突检测及三维管线综合；虚拟漫游；建筑专业辅助施工图设计等内容。各专业模型的构建使得项目在各专业协同工作中的沟通、讨论、决策在三维模型的状态下进行，有利于对构（建）筑物和设备布置进行合理性优化，为后续深化设计、冲突检测及三维管线综合等提供模型工作依据。

冲突检测及三维管线综合的主要目的是基于各专业模型，应用 BIM 软件检查施工图设计阶段的碰撞，完成项目中设计图纸范围内各种管线布设与建筑、结构平面布置和竖向高程相协调的三维协同设计工作，以避免空间冲突，尽可能减少碰撞，避免设计错误传递到施工阶段。本工程各类管线众多，利用 BIM 软件的碰撞自动检查功能，能够进一步完善设计，在设计阶段就能及时发现碰撞和冲突问题，避免管道及设备到了现场无法安装而返工的问题。虚拟仿真漫游的主要目的是利用 BIM 软件模拟建筑物的三维空间，通过漫游、动画的形式提供身临其境的视觉、空间感受，及时发现不易察觉的设计缺陷或问题，有利于设计与管理人员对设计方案进行辅助设计与评审。

施工深化设计的主要目的是提升深化后建筑信息模型的准确性、可校核性。将施工操作规范与施工工艺融入施工作业模型，使施工图满足施工作业的需求。

施工现场模拟，可以协助现场布置、设备车辆进出通道规划。同时进行施工虚拟预演和进度分析，基于BIM技术的虚拟进度与实际进度比对主要是通过方案进度计划和实际进度的比对，找出差异，发现其中可能存在的矛盾，尽量减少实际施工过程中会发生的问题，实现对项目进度的合理控制与优化。在建筑项目竣工验收时，将竣工验收信息添加到施工作业模型上，并根据项目实际情况进行修正，以保证模型与工程实体的一致性，进而形成竣工模型。

2.2 多参建方协同工作机制

建设单位通过制定了协同工作机制，如图1所示，全过程控制，使参建单位通力协作，即使参建单位采用不同平台，也应满足业主及工程的需求。

竣工模型包括两大部分：金泽水库和金泽泵站。

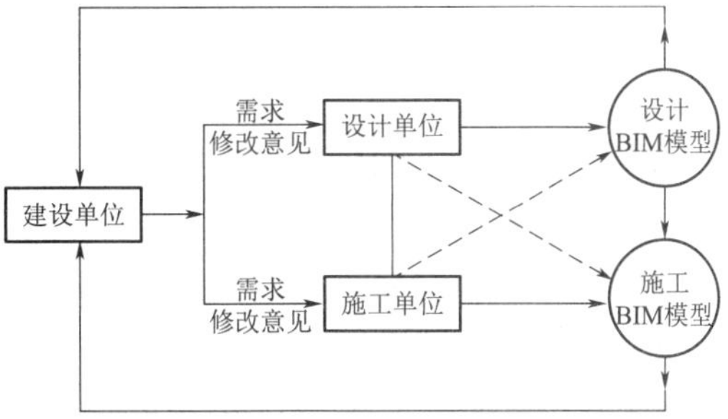

图1 协同工作机制

金泽水库主要建筑物包括取水闸、引水河及堤岸、水库及库岸、输水泵站及管理区、环库河及环库河闸、水质改善及维持设施、水文水质监测设施等。

金泽输水泵站包括取水头部、增压泵站、变频控制室、综合楼、集控水质中心、机修仓库、门卫、环库河桥等构（建）筑物施工；泵站总平面工程，包括所有各种管道及管线、取水管顶管、所有各类井室、场地挡土墙、围墙、道路、各类基坑等的施工。

3 特点和创新点

（1）本工程由业主主导，参建单位协同，各参与方职责明晰；项目有明确的组织体系，各参与单位也有相应的组织架构。

（2）本工程BIM应用与工程实际深度融合，设计阶段的BIM应用团队即为工程的设计人员组成，BIM应用贴合实际，不是简单的二次翻模。

（3）依托本工程，构建了大量适用于市政工程的专业构件库，既可满足本工程的实际需要，也可为今后同类工程所用。

（4）多阶段应用。本工程BIM技术除了提供3D可视化的数据信息模型之外，还进行二次深化设计、碰撞检查、构件外形与数据细化，再配合BIM的相关软件，实现施工的进度管理。

（5）集成化应用。本工程BIM应用从单一专业、独个领域，向多专业、跨领域发展。实现施工过程各个专业、各个领域的全面应用。

（6）多角度应用。通过建立基于BIM的系统平台，让项目参与各方在统一的平台之下，参照统一的BIM模型，进行商讨与决策，确保数据能够及时、准确地在参建各方之间得到共享和协同应用。

4 应用心得与总结

黄浦江上游水源地金泽水库工程BIM技术应用从2015年6月策划实施到2017年6月基本完成，历时两年，全面完成试点方案中的内容，有力地支撑了工程的实施，取得了良好的技术经济效益。

（1）实施之初即制定了详细的BIM实施规划，在规划中制定了明确的项目目标和详细的工作流程，并经专家评审通过。BIM应用按实施规划执行，取得了良好的实践效果。

（2）本工程为设计、施工阶段应用，均达到预期应用目标。

（3）本工程完成了《上海市建筑信息模型技术应用指南（2015年版）》中各阶段基本应用14项，包括：各专业模型构建，建筑结构平面、立面、剖面检查，面积明细表统计，冲突检测及三维管线综合，竖向净空优化，虚拟仿真漫游，建筑专业辅助施工图设计，施工深化设计，施工方案模拟，虚拟进度和实际进度比对，工程量统计，设备与材料管理，质量与安全管理，竣工模型构建等基本应用；完成了试点方案中的内容。

（4）制订了统一的设计样板文件，通过开发Revit插件进行BIM图纸的后期处理工作。

（5）完成专利申请一项《利用BIM技术对土石方调配方案进行优化的方法》，申请号201710398061.1。

（6）依托本工程，开发了X-BIM应用协同管理平台。

（7）本工程BIM应用取得了很好的技术经济效益。基于BIM的设计施工图在实施时，成本与工期比传统设计方法明显减少，设计由被动变更改为主动变更；在土方计算、工程量统计子项中以及出图总体效率上，比以往设计能提高工效、节约人工；进行碰撞检测，在施工图出图之前调整和优化，可避免施工返工和投资的浪费；施工阶段通过BIM虚拟建造，地下连续墙上浇注节省工期14天。各类成本、工期等节约均折算成费用的应用效益约260万元。

（8）通过本工程，各参建单位均培养了大批BIM应用人才，建立起BIM设计梯队，通过本工程锻炼，在BIM应用设计上更为规范、高效。

施工建设篇

金奖

杨房沟水电站 EPC 工程 BIM 建设管理创新和应用

中国电建集团华东勘测设计研究院有限公司

1　项目概况

杨房沟水电站是国内首个采用 EPC 模式建设的百万千瓦级水电工程，是我国新常态下水电开发理念与方式的重大创新。EPC 模式下，传统水电站建设体制和管理模式不再适用，亟须利用“云、大、物、移”等先进技术，以工程大数据为切入口，利用 BIM 技术和数字化手段对工程建设进度、质量、投资、安全等要素进行全面管控，通过 BIM 建设管理创新和应用，实现工程管理的可视化、扁平化、智慧化，切实提升工程质量，发挥经济和社会效益。工程概况如图 1 所示。

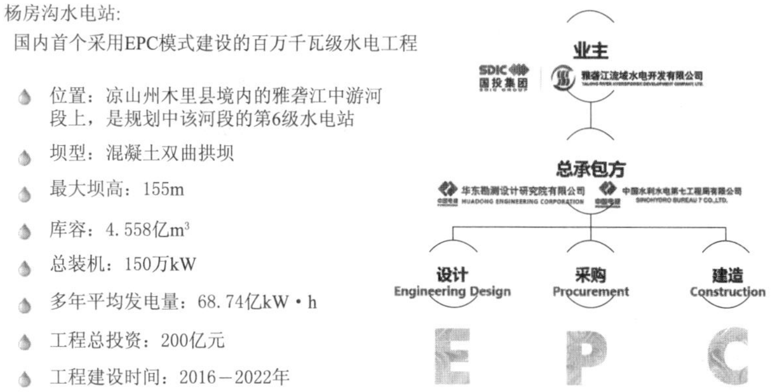

图 1　工程概况

2　项目应用情况

2.1　项目设计及总体情况

为满足 EPC 模式下杨房沟水电站的建设管理需求，首次系统创建了一套基于 BIM 的大型水电工程 EPC 项目智慧管理体系，通过三维数字化协同设计、智能建造、数字化移交等先进的技术手段，实现了以设计施工一体化为核心的大型水电工程 EPC 项目全过程数字化建设管理创新，系统架构见图 2。探索出一套适用于 EPC 模式的 BIM 应用体系，打造出三维协同设计平台、设计施工 BIM 管理系统、质量验评、质量管理、风险管控、移动云办公等一系列产品，具有良好的应用前景和推广价值，系统应用见图 3。

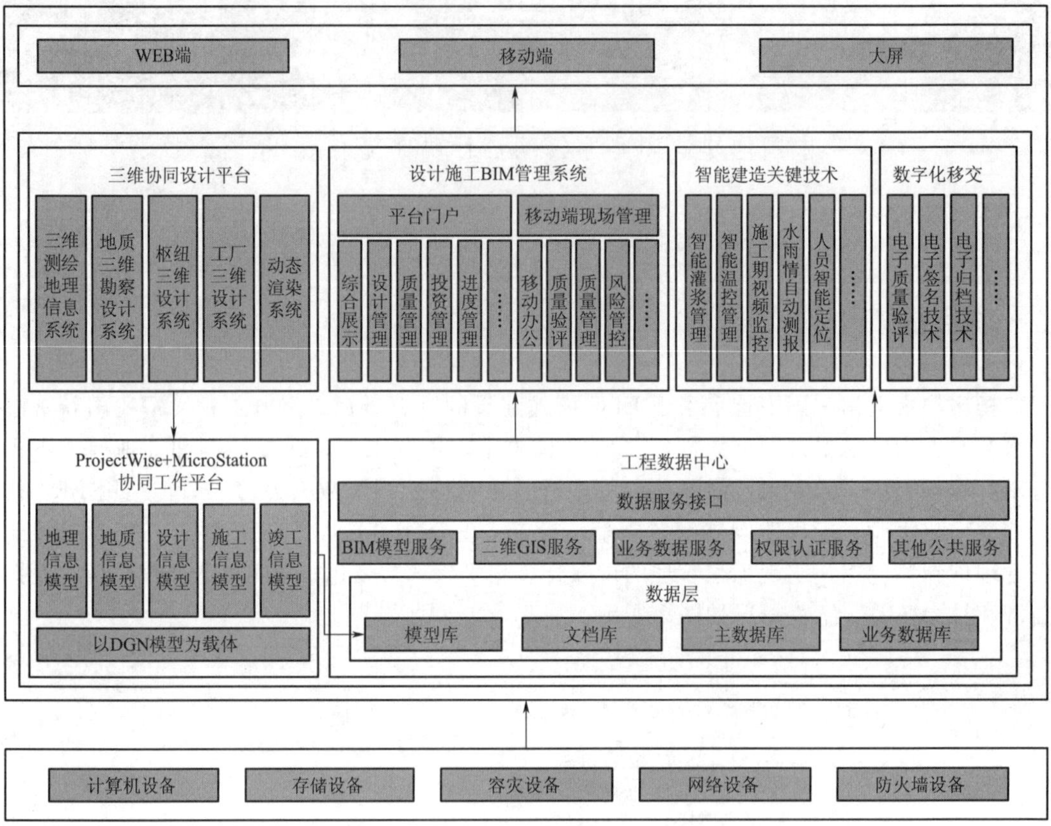

图 2　系统架构图

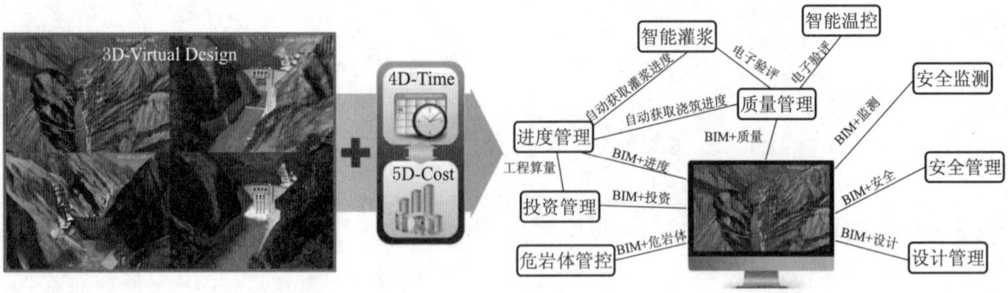

图 3　系统应用示意图

（1）EPC＋BIM＋综合展示。开发全信息模型轻量化插件，实现基于 B/S 架构的 BIM 交互，支持模型浏览、双向查询、定位、漫游等功能，并集成设计、质量、进度、安全、投资等项目信息，实现从设计信息到施工信息的无缝对接，应用效果见图 4。

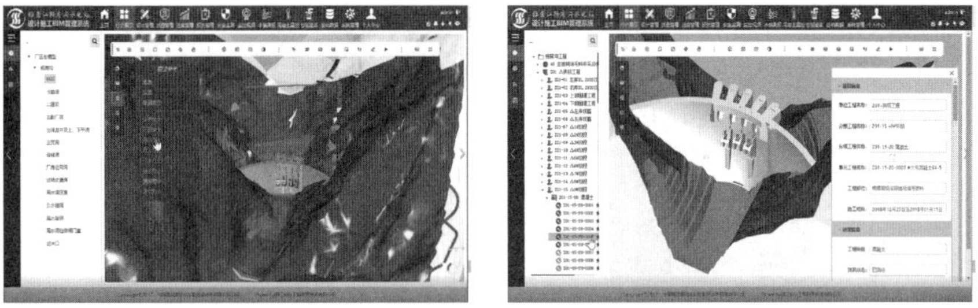

图 4　综合展示应用效果图

（2）EPC＋BIM＋设计管理。EPC 模式下，设计文件报审环节极其复杂，基于 BIM 系统定制流程模板，实现参建各方集约化、全流程同平台办公。目前，系统共有 1444 条设计报审流程，涉及节点操作 14574 人次，全面实现了从线下到线上的管理创新。以编码为纽带，BIM 系统自动将设计文件挂接至相应单元模型，参建各方结合 BIM 模型与图纸开展设计交底，便于深刻理解设计意图，真正实现设计施工一体化，应用效果见图 5。

图 5　设计管理应用效果图

（3）EPC＋BIM＋质量管理。基于单元工程开展移动端质量验评，BIM 模型挂接结构化质量验评数据、质量资料文档、工程影像、电子签章等信息。依据 EPC 管理需求，定制流程模板，实现单元验评数据实时入库、节点流程动态可控。目前，已完成 11764 个单元工程从开挖支护到混凝土浇筑的“无纸化”质量验评，工作时间缩短至原先的 25%，累计提交 70828 张电子表单，节约成本 1192.68 万元。研发质量管理 App，实现现场质量问题的跟踪处理及统计分析，应用效果见图 6。

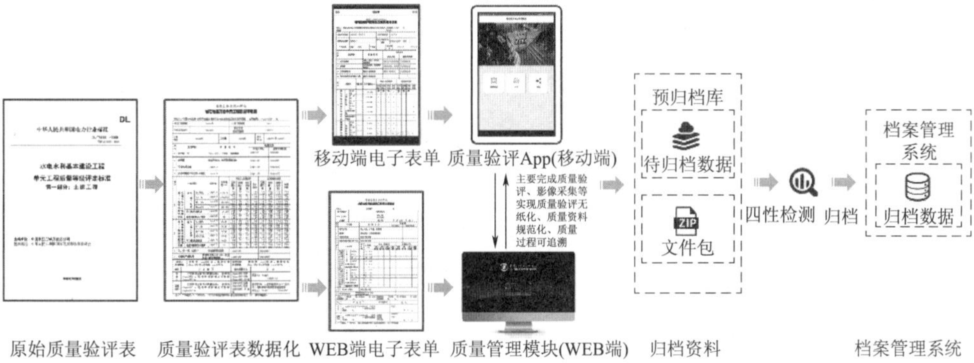

图 6　质量管理应用效果图

（4）EPC＋BIM＋进度管理。基于单元工程开展进度管控，实现拱坝建设仿真与进度实时控制分析，以及工程进度信息综合一体化展示。时值大坝浇筑高峰期，从工程数据中心自动获取混凝土开仓、收仓、接缝灌浆等信息，自动计算龄期、浇筑历时、强度、三大高差等关键数据，EPC 各方用户可定制进度预警。基于 BIM 动态管控，提前完成承包商营地、地下厂房首仓混凝土浇筑、岩壁梁浇筑、主变室、尾调室第Ⅴ层、主副厂房第Ⅶ层开挖支护、大坝首仓混凝土浇筑等一系列进度节点，应用效果见图 7。

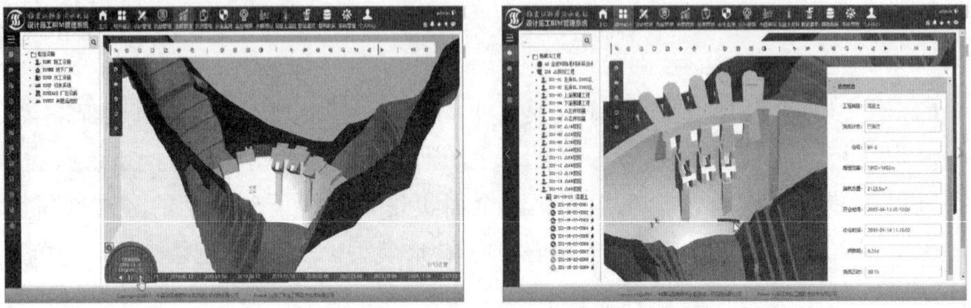

图 7　进度管理应用效果图

（5）EPC＋BIM＋安全风险管理。研发风险管控 App，定制化构建风险管控措施库，支持实时调取当前现场安全风险，量化评估安全风险指数，智能分析风险在控情况及管控趋势，实现安全风险闭环管理，在循环累积中不断提高项目管理水平。保障了高风险工程的零事故安全施工，连续三年完成电力安全生产标准化一级达标，应用效果见图 8。

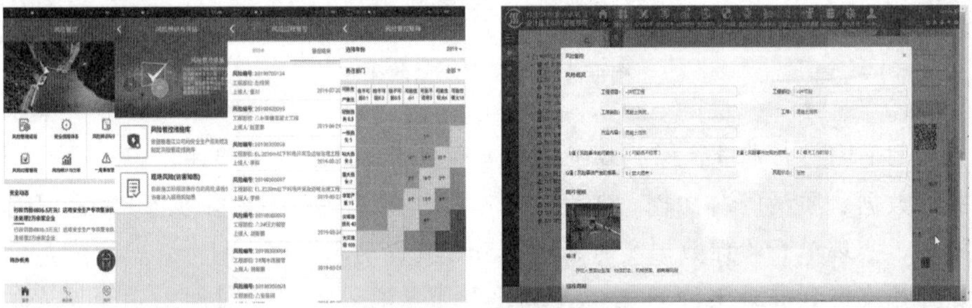

图 8　安全风险管理应用效果图

（6）EPC＋BIM＋投资管理。投资管理模块整合了总承包部和业主之间的各季度投资、结算信息，实时更新节点台账与实际工程量数据，应用效果见图 9。

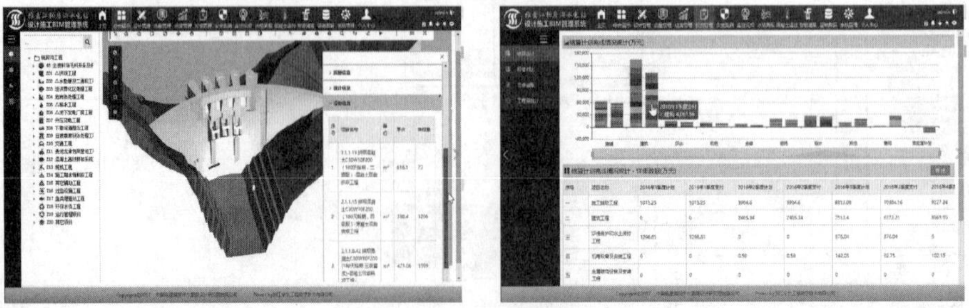

图 9　投资管理应用效果图

（7）EPC＋BIM＋智慧工程管理。由于 EPC 模式参建方众多、信息化系统庞杂，BIM 系统还集成了智能温控、智能灌浆、水雨情测报、安全监测、施工期视频监控等智慧工地建设的现代管理技术与手段，应用效果见图 10。

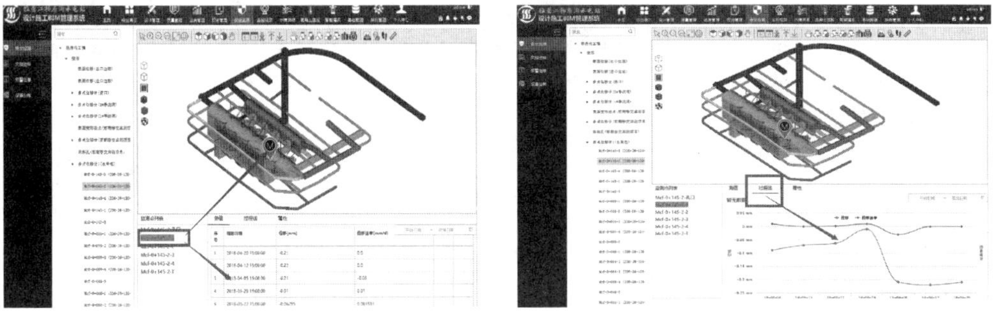

图 10　智慧工程管理应用效果图

（8）EPC＋BIM＋施工标准化。基于可视化、多媒体技术，将 BIM 模型与工法库集成，打造施工工艺仿真培训模块，以 BIM 模型为载体实现了标准化工艺的固化与可视化。

（9）EPC＋BIM＋移动终端管理。通过移动云办公、质量管理、安全风险管控、质量验评等多个 App，将项目管理延伸至作业队和单元工程，用信息化手段支撑项目精益履约，应用效果见图 11。

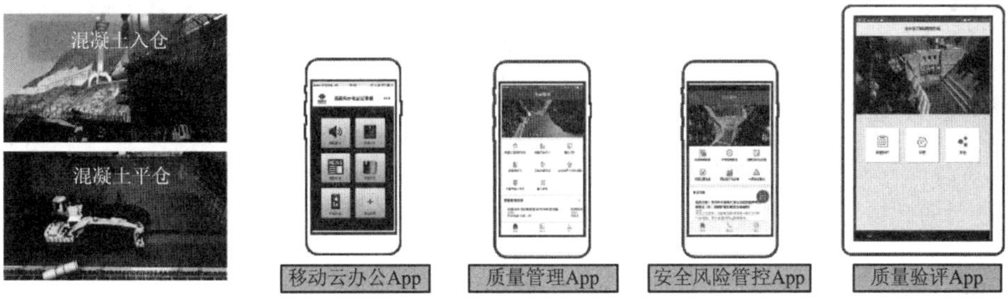

图 11　移动终端应用效果图

未来，杨房沟水电站还将实现大型水电工程 EPC 项目工程档案的数字化、自动化整体移交，为实现基于 BIM 技术的大型水电工程 EPC 项目全生命周期数字化管理和智慧电厂运维管理奠定了基础。

2.2　特点与创新点

（1）创新点一。首次系统创建了基于 BIM 的大型水电工程 EPC 项目智慧管理体系，解决了施工过程数据在不同参建方、不同建设阶段之间的感知与共享难题，见图 12。

（2）创新点二。实现了水电工程全专业三维协同设计，并且通过轻量化模型实现了设计施工相互会签、三维交互式评审及 BIM 模型与工程管理信息的充分融合，见图 13。

（3）创新点三。研发了可模块化配置的设计施工 BIM 管理系统，实现了大型水电工程 EPC 项目的设计施工一体化管控，见图 14。

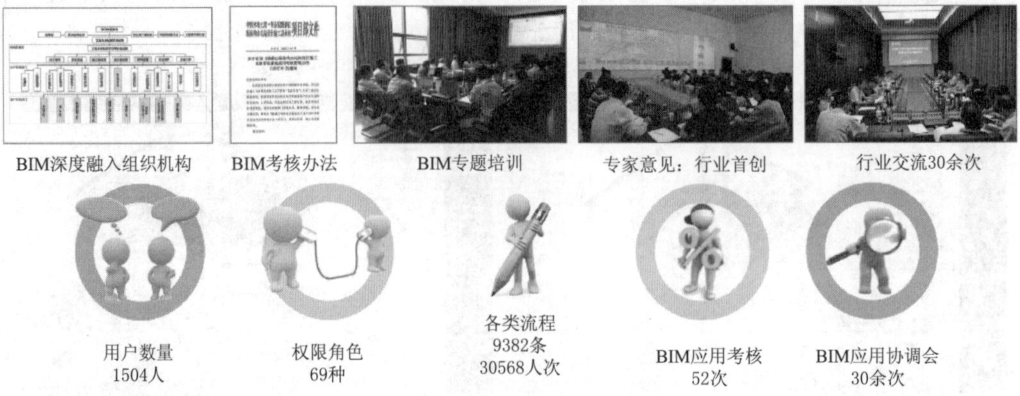

图 12　系统管理体系应用效果图

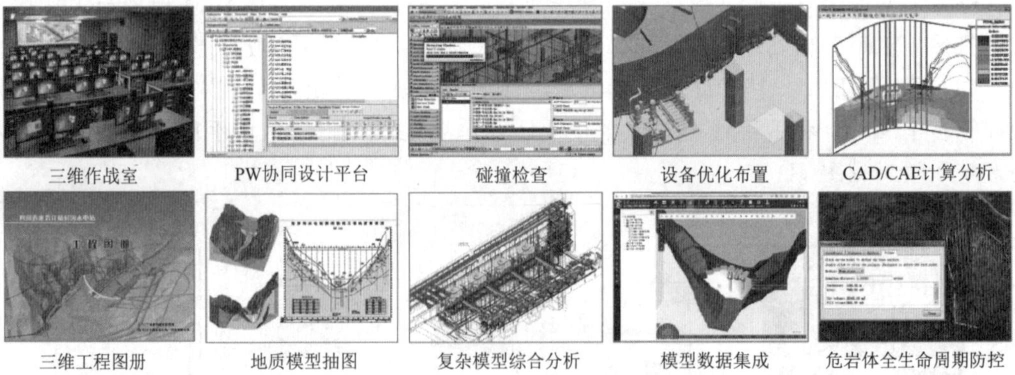

图 13　三维协同设计成果图

图 14　系统开发进度示意图

（4）创新点四。首次提出了有效解决大型水电工程 EPC 项目从“物理实体电厂”到“数字孪生电厂”的数据信息损失问题的整体移交方案，打通了工程全生命周期管理的“最后一公里”，见图 15。

流程实例类型	流程实例数量	操作节点数量
设计图纸报审流程	803	8229
报告报审流程	145	1440
修改通知报审流程	496	4905
质量评定审核流程	7151	14339
单元填报审核流程	580	1198
施工方案填报流程	63	131
施工进度填报流程	110	220
质量缺陷排查工作流程	34	106
小计	9382	30568

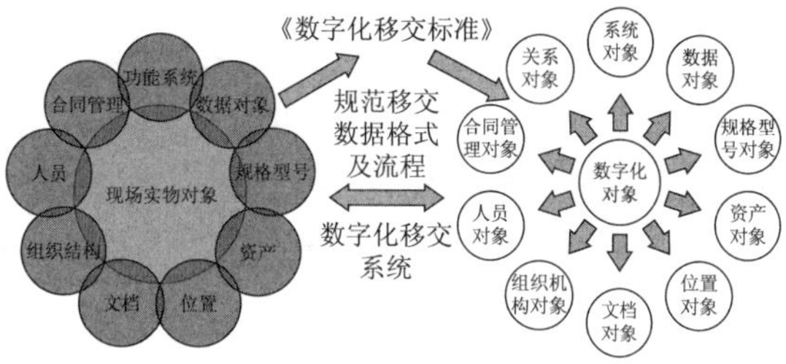

图 15　数字化移交示意图

3　应用心得与总结

基于 BIM 的大型水电站 EPC 全过程数字化建设管理创新与应用项目以 BIM 模型为载体，以业务管控为中心，以移动化应用为重心，实现了单项目、全要素管理的工程建造智能化。借助先进的技术方法和手段，对传统水电工程的建设管理进行了创新，提升了 EPC 模式下水电站建设的管理水平，真正实现了大型水电工程 EPC 项目中基于移动设备的人机交互管理、扁平化管理、数据感知和共享管理，为大型水电工程 EPC 项目管理升级、优化生产组织提供了新思路、新方法，实现了杨房沟水电工程的数字化管理和智慧化管控，为国内同类工程建设创新管理思路提供了良好的借鉴。

本项目的使用为杨房沟水电站带来了积极的经济效益和社会效益。截至 2019 年 9 月，为杨房沟水电站带来直接或间接经济效益约 21595.31 万元，工期提前 6 个月。知识贡献方面，本项目已取得 9 项软件著作权，发表论文 15 篇，获得第四届全国质量创新大赛最高等级奖。

杨房沟水电站作为国内首个百万千瓦级 EPC 水电工程，被赋予了极高的社会关注度，行业内外已有 30 余家单位到杨房沟现场开展 EPC＋BIM 模式的调研学习。各调研单位一致认为杨房沟水电站 EPC＋BIM 应用成果具有很强的可操作性和推广价值，对水电行业 EPC 项目管理以及“两化”深度融合具有示范效应。专家鉴定认为该成果是国内水电行业首创，经进一步完善、改进后可作为行业标准范本推广。以杨房沟成果为蓝本，华东勘测设计研究院完善了工程全生命周期数字化解决方案，现已成功运用于 300 余个项目，工程规模突破 1000 亿元。

金奖

那棱格勒河水利枢纽工程建设管理期BIM技术应用

黄河勘测规划设计研究院有限公司

1 项目概况

那棱格勒河项目是国家172项节水供水重大水利工程之一，是柴达木盆地水资源配置体系的骨干水源工程，是海西州有史以来规模最大的水利工程，也是那棱格勒河干流的骨干调蓄工程。

项目的开发任务以供水、防洪为主，兼顾发电。工程建成后可提高区域供水安全保障水平，提高大型矿产资源开发基地和国家重要基础设施的防洪安全，对于促进海西州、青海省藏区经济社会可持续发展意义重大而深远。

那河水利枢纽工程工程规模为Ⅱ等大（2）型，总投资23亿元，总工期54个月，于2018年11月15日开工建设，计划于2023年5月15日完工。目前正在进行大坝、溢洪道出口、联合进水塔等部位的开挖，以及大坝基础处理等工作。

该项目采用PMC管理模式，我公司同时承担该项目勘察设计及项目管理工作，采用PMC工程建设模式，更有利于BIM技术在设计、施工和运维阶段全生命周期应用和价值延伸。

水库总库容为5.88亿m^3，正常蓄水位3297.00m，最大坝高78m，最大覆盖层厚度140.88m。

水利枢纽由主坝、副坝、溢洪道、泄洪洞、供水洞、发电洞、电站厂房等建筑物组成，枢纽平面布置图，其中主坝为沥青心墙堆石坝、副坝为混凝土重力坝。

2 项目应用情况

2.1 项目设计及总体情况

（1）精细化程度。该工程设计为全阶段设计，包括可研、初设和施工图设计，工程设计涵盖全专业，包括勘测、地质、坝工、厂房、机电、金属结构和施工等专业。整个项目建立了主坝、副坝、溢洪道、泄洪洞、供水洞、发电洞、电站厂房等BIM模型（图1）。

以高边坡锚索为例，本次模型建模精度极高，完全可以达到数字化交付标准，锚杆通过UDF用户特征的方式插入，自动适应不同的边界条件，与实际施工情况完全吻合，同时，进行具有针对性的参数化调整可以实现不同需求的锚索型式及工艺模拟。细节上锚索模型保留 100%细节，锚具、夹片等尺寸完全符合工程实际（图 2），模型达到制造精度。

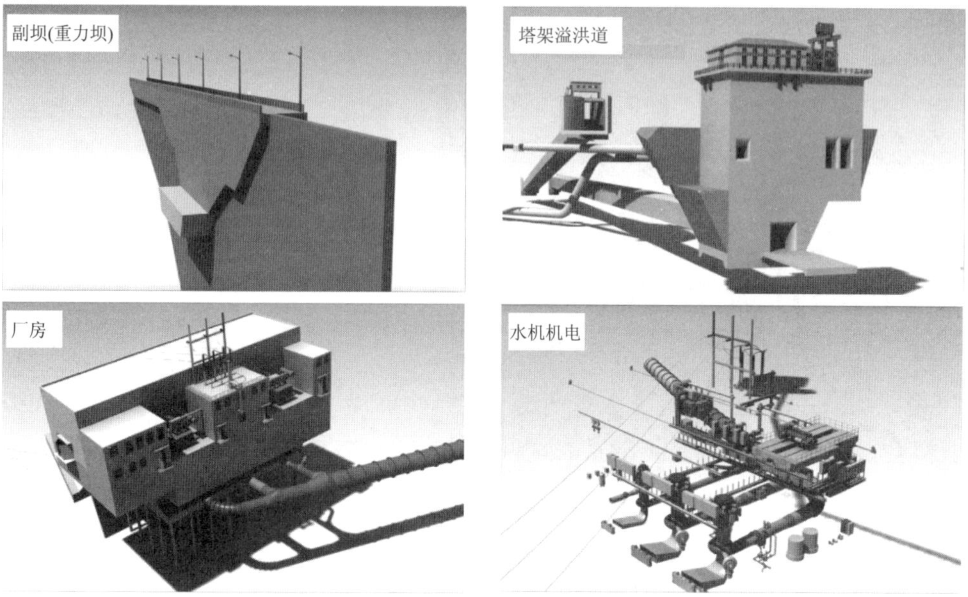

图 1　各专业的高精度模型

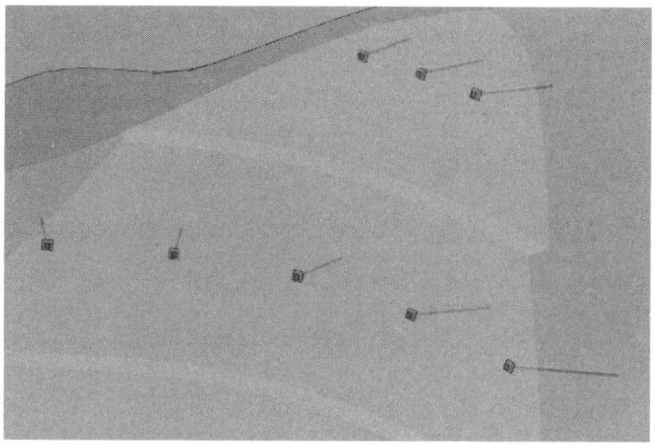

（a）锚杆

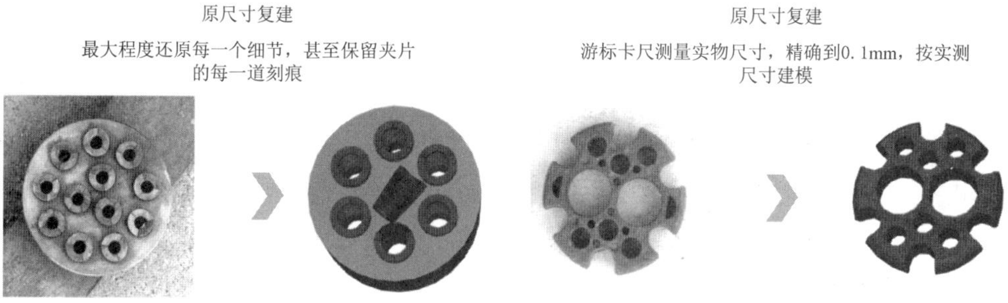

原尺寸复建
最大程度还原每一个细节，甚至保留夹片
的每一道刻痕
原尺寸复建
游标卡尺测量实物尺寸，精确到0.1mm，按实测
尺寸建模

（b）锚具、夹片

图 2　高边坡锚索

图 3　三维地形生成

(2) 专业匹配性。采用二次开发技术，利用 ArcGIS 软件的不规则三角网（TIN）构建 DEM，并在 CATIA 软件中无损失生成三维地形（图 3），解决工程三维地形建模精度损失且难以有效表达人造地貌的问题。

通过对真实地貌进行精确模拟，可以有效地计算开挖、边坡等，同时还可以进行产汇流等水文专业计算。

本项目在可研阶段，我公司使用的为 CATIA V5 平台，在初设及施工图设计阶段，公司已转入 3DE 平台。BIM 技术运用于项目设计的全阶段和全专业（图 4），结合不同设计阶段和不同专业的特点，各阶段和各专业的模型精度要求有所不同。根据不同的标准创建不同精度的模型，满足应用需求的同时又节省了人力物力，提高了项目的收益价值。

	可研阶段	初设阶段	施工图阶段
勘测与地质	全局1:5000，局部1:2000的测绘模型及对应阶段的地质模型	全局1:2000，局部1:1000的测绘模型及对应阶段的地质模型	全局1:2000，坝址区1:500的测绘模型及对应阶段的地质模型
水工	能快速调整的骨架式模型，主要针对规模和选址	能够快速调整的参数化模型，主要针对选定坝址的多种方案比选	构件化模型，可使用参数进行局部调整，针对施工可能的变更
施工	永久道路、导截流建筑物简单模型，临时道路不建模，施工场地采用空间占位模型	施工场地、临时道路道络采用简单模型，永久道路、导截流建筑物按初设深度建造	施工场地采用标准化模型，导截流建筑物、道路进行了深度处理
金结	主设备空间占位模型	闸门、启闭机初步选型及布置方案	闸门、桥机及启闭机详细布置及零部件设计及校核
电气	主设备空间占位模型	设备体型模型及布置方案	电气接线图设计，电气设备、电缆桥架详细布置设计、L2P、电气安全空气净距校验等
水机	主设备空间占位模型	设备体型模型及布置方案	水轮发电机组设备、辅助系统、消防等详细设计等
选用平台	CATIA V5	3DE平台	

图 4　设计全阶段应用

该项目采用 PMC 管理模式（图 5），我公司同时承担该项目勘察设计及项目管理工作，采用 PMC 工程建设模式，更有利于 BIM 技术在设计、施工和运维阶段全生命周期应用和价值延伸。

在施工阶段所使用的“那河建管系统”可以令业主、设计、施工、监理等人员在同一平台上共同协作，只需要一台电脑就可实现全天候随时随地沟通协调，就如一间功能齐全的移动办公室，提高了办公效率与项目速度。

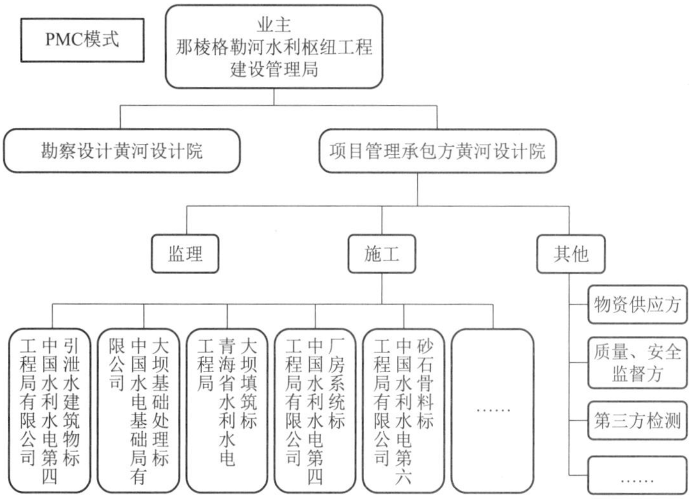

图 5　项目建设 PMC 管理模式图

（3）应用点。勘测上 BIM 应用（图 6）——根据所提供地质剖面数据，将其导入模型后拟合生成地质模型。通过三维模型模拟生成的地形，可以迅速看清地质构造。是正向设计必备也是先决的条件之一。

图 6　勘测上 BIM 应用

在表现上勘测也可以通过BIM得以更加直观的表达，不论是设计人员还是施工人员都便于其快速地理解地质状况。

结构上BIM应用——重力坝流程化设计软件ADD。该程序界面友好、智能化程度高、快速上手易操作。操作步骤依次为：进入ADD模块、阅读操作指南、建立坝轴线、选择坝段类型、大坝截面设计、生成大坝模型、生成建基面、实现坝体分缝、完成智能建模。

该模块拥有五大功能，分别为进度管理分析与评价、BIM+GIS数据融合、设计管理模块、工程驾驶舱和施工模拟。无需客户端，只需要网络便可对项目进行管理、通知、变更等操作。

（4）融合情况。基于BIM+GIS的建设管理平台，由BIM三维应用、高精度地形与TIN地形镶嵌融合、动态卷帘地上地下空间联动、实时空间大数据可视化功能，可实现BIM应用综合管理：统一入口、高度可视化、数字化归档、界面友好、使用高效；在一张GIS地图上实现工程设计、施工信息的综合管理；基于B/S架构，随时随地查看；手机端访问，信息漫游查询；基于WebGL无插件开发，实现WEB端流畅高质量浏览GIS场景和BIM模型；实现横向多维度关联、纵向深度挖掘的数据多维分析应用；权限管理，使参建各方进行高效管理（图7）。

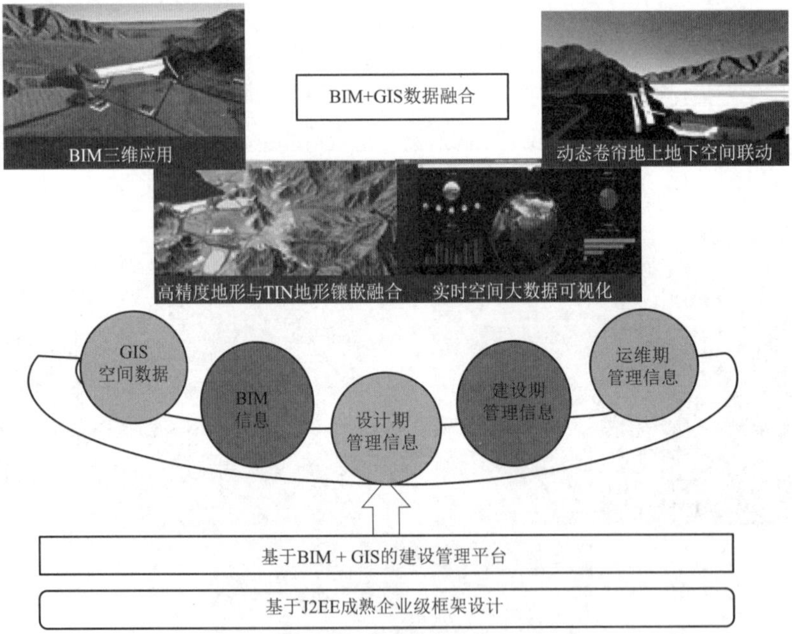

图7 基于BIM模型的信息的集成与传递

“数字那河”管理系统中的建设管理模块（图8），将工程设计文档和BIM模型挂接，使得设计信息可追溯，设计成果可视互动。利用“数字孪生”技术，将几何信息与属性信息集成于统一的模型之中，通过基于模型的数字交付实现设计信息的自然传递，并通过持续交付，形成动态数字档案馆，为业主提供档案管理的数字化解决方案。

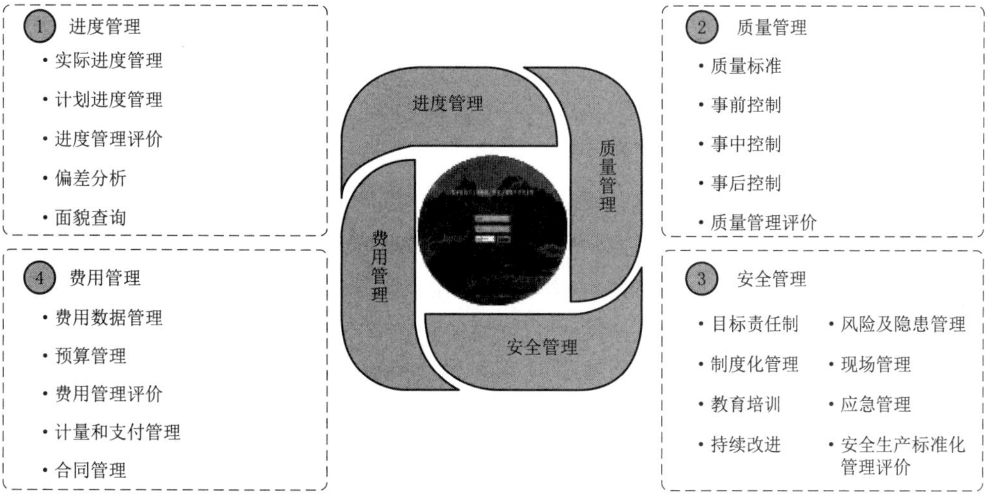

图 8 建设管理系统

供图管理系统可实现每一张图纸的查询、归档与历史状态检索，形成“图纸档案库”，并与供图计划关联，督促相关设计人员按时出图，避免大面积的出图延误。

进度管理主要做到功能全覆盖、计划浏览、偏差分析（重点）、偏差趋势、进度纠偏措施及指令等，并实现移动端进度上报、可进度管理、进度录入、上报进度日志、进度统计。

按日、周、月不同时间粒度反应现场施工情况，按实际进度或计划进度查询工程面貌，按不同工程区域模拟，有针对性的了解特定工程的施工现状。

质量管理主要有质量控制全覆盖和质量数据全覆盖。质量控制全覆盖，是指从资料查验到事前控制，事中质量检测数据的多媒体存档，事后控制的多端质量验收导引和移动验收评定。

安全管理由危险源与隐患智能报表、危险源管理、危险源可视化展示实现基于 BIM 的可视化安全管理；基于智能流程引擎的隐患管理，根据业务流程，逐层上报审批，形成归档。

费用管理。与工程实际支出费用相互联动，动态监测及统计费用的使用情况与工程量之间的联系，PC 端一键智能支付工程费用，便捷高效。

（5）综合效益。BIM 技术为本项目带来了广泛的综合效益，这主要体现在经济效益、技术提升和社会价值三个方面。

提升项目经济效益的核心是节省投资、提高效率。针对本项目而言，从建管、设计、监理、施工等各方面来看，BIM 技术带来的效益主要体现在三个方面——管理出效益、设计出效益、技术出效益。

利用基于 BIM 技术项目管理平台实现全要素、全方位、全生命周期的精细化工程管理，合理权衡质量、成本、工期、安全四大管理要素，寻求工程建设最优解。总承包管理方处理料场设计变更，借助项目管理平台，节省处理时间 5 天，节省管理成本约

15 万元。

受到 BIM 技术最深刻影响的归根结底还是设计。在本项目中，设计单位完成了从三维建模到 BIM 全面协同正向应用的跃升，并进一步利用数字孪生等技术，对设计成果进行三维数字化的精细分析，助推设计优化。如利用 BIM 技术对主坝进行优化，节省投资 200 余万元。

经过对本项目中 BIM 技术的应用成果进行产品化改造，逐步形成 YREC 特色 BIM 应用产品群，通过走向市场创造新的经济效益。那河项目管理平台通过改造、优化，已成为我公司广泛应用的总承包管理平台，在青海、甘肃、安徽等地多个项目中取得了良好的效果，创造了新的效益增长点。

通过那河项目的应用，我公司 BIM 技术得到了新的锤炼和提升，创新是企业一泓源源不绝的效益清泉。BIM 技术进一步助力传统技术提升，例如传统的施工工期依靠定额文件进行估算，利用 BIM 技术可以实现施工过程的细化模拟，精准计算施工工期；BIM 技术通过项目实践，自身成熟度不断提升，其重要体现就是从应用走向研发，ADD 模块就是一个典型；BIM 技术正向深层次扩展，由单纯的 BIM 走向 BIM+，由简单的三维模型走向数字化工程产品。

借助于 BIM 技术以及与之配套的各种新兴技术，项目的社会价值也得到了不断发掘。依托项目管理平台，通过设立新闻专栏等形式，那河项目树立了公开透明、积极向上的良好形象，积极接受新时代的监督，提升项目公信力。与此同时，依托工程项目，提升企业技术，进而提升了行业技术水平和科研能力，这对于全行业乃至全社会的发展进步都具有不可估量的积极意义。

2.2 特点与创新点

（1）创新无人区工作模式。那河工程地处戈壁无人区，具有高海拔、严寒的特点，且沟通协调较为困难。引入 BIM 技术后，将从建设工程项目的组织、管理和手段等多个方面进行系统变革，开展创新无人区工作模式，该模式的核心是自动化和减少人力投入。

（2）创新“数字那河”管理模式。“数字那河”管理系统以 BIM 为核心，实现 GIS 空间数据，BIM 信息，设计期管理信息，建设期管理信息，运维期管理信息的多元融合，数据库设计以 BIM 模型数据为核心数据表，基于工程划分对模型进行基于单位工程、分部工程、单元工程的逐级划分，基于编码形成 BIM 数据的“身份证”，打通 BIM 模型、数据库业务信息表和 GIS 平台瓦片数据间的连接关系，保证数据的唯一性与延续性，贯穿工程全生命周期。

（3）创新“智慧工地”监控系统。那河项目的视频监控摄像头覆盖了工区及生活营地区，通过“智慧工地”系统实时浏览和查看，并通过中央控制系统对劳务工、设计、监理、业主等常驻施工人员的个人信息、进出场信息、安全措施等信息进行管理。

（4）基于 BIM 的智能化进度管理。对工程进度进行趋势分析，形成可输出打印的报表与分析报告，通过对工程数据的分析，智能生成工程关键线路及进度前锋线，为项目管理人员提出优选的赶工方案奠定基础。

3 应用心得与总结

（1）项目解决的问题。

1）提高设计标准化程度，提质增效。通过总结设计流程并结合一系列自主开发的流程化设计工具或平台（如重力坝智能化流程设计、厂房三维模型稳定计算、机电智能化设计等）大幅降低设计难度，直接避免人为因素造成的设计错误，提高了项目成果设计质量、提升了设计效率。

2）数据级协同助推设计理念转变。在统一的平台和数据架构支持下，进行基于工作包的项目设计精细化管理，同时开展坝工、枢纽、厂房、机电、金结等多个专业和部门的数字化协同设计流程再造，打破部门或专业的传统界限，实现真正意义上的数字化正向设计。

3）BIM 助力高效沟通。BIM 的可视化及所见即所得优势，在项目设计及施工初期就发挥了巨大作用，设计期的技术讨论不再依赖二维设计图，直接基于 BIM 模型进行讨论；施工中使参建各方的沟通协调更加高效便捷，受到施工、监理及业主各方的一致认可并希望继续加强，为设计人员应用 BIM 坚定了信念。

（2）BIM 应用的价值。

1）BIM 对工作模式的改变。逐渐转变并实现全专业设计的协同和正向设计，确保数据源的唯一和设计方案的最优。基于自主研发设计管理平台，全面、及时了解项目资源状态、人力成本消耗和设计进度等关键信息，实现设计全过程数据管理，开创了数字设计业务全新的工作模式。

2）BIM 对设计方法的改变。基于信息化技术的快速发展，以及我院 BIM 技术的不断进步，设计人员通过不断优化的设计流程，自主研发“基于流程设计的坝工智能设计程序”“二维三维联动的机电设备选型程序”“电气智能化布置”等系列专业设计流程系统，不仅大幅改善设计体验，对水利水电工程设计的标准化、智能化、产品化的发展产生重大影响。

3）BIM 对建设管理的改变。自主开发、应用可交付的“数字那河”管理系统，确保了项目设计、建造、运维全生命周期过程中各阶段的可视化高效技术沟通，利用“数字孪生”技术使工程参与各方更加方便地进行工程精细化管理，为类似水利水电工程提供非常宝贵、可借鉴、可复制的实践经验。

金奖

大连湾海底隧道建设工程 BIM 应用

中交大连湾海底隧道工程项目总经理部

1 项目概况

大连湾海底隧道建设工程为政府与中交集团合作（PPP）项目，全长 5.1km，南起人民路，向西下穿港隆西路后进入南岸大连港码头间港池，向北以沉管隧道形式下穿海域，在外轮航修厂码头登陆，顺接光明路。隧道为双向六车道，设计时速 60km/h，主体结构使用寿命 100 年。主要包括：沉管段隧道 3.0km，南北岸暗埋段、敞开段 1.7km，接线道路 0.4km。隧道沉管段由 1 节 135m、12 节 180m 直线管节和 5 节 148m 曲线管节组成，管节采用两孔一管廊结构形式，标准断面尺寸为宽 33.4m，高 9.7m，重 6 万 t。

项目建设包括新建海底沉管隧道工程、陆域段隧道工程、道路工程、供电照明工程、通风工程、消防工程、排水及市政基础设施管网工程、交通工程及交通监控中心、绿化工程等。

大连湾海底隧道工程施工四大工点划分分别为：沉管预制、存储区（干坞），北岸施工区，海上施工区，南岸施工区。

2 项目应用情况

2.1 项目设计及总体情况

本项目 BIM 应用分为以下三个阶段：

第一阶段，以干坞模型为重点，建立相关建模标准与流程，基于干坞模型进行相关应用，兼顾施工管理平台，调研需求并定制研发方向，相应功能模块上线运行并不断完善。着重人员 BIM 能力建设，夯实项目 BIM 基础。

第二阶段，以主线模型为重点，各工区全面开展基于主线 BIM 模型的各项应用，引进集团项目管理平台及智慧工地平台，经过建设、试点应用、全工区推广等多个阶段最后到全项目上线运行，根据项目实际需求增加或缩减智慧工地各项应用范畴，同时在其他信息化应用方面开展相关工作。

第三阶段，不断丰富完善第二阶段各项工作，同时按运维团队要求完成数字化模型及信息化数据的轻量化编辑与系统化整理，最后对项目应用过程中的成果进行整理与总结。

(1) 基础建模。大连湾海底隧道项目在开工伊始就编制了项目《BIM 应用实施导则》，定制了统一的建模标准，规定了模型颗粒度及应用规则，明确命名原则、底图处理方式、模型划分细度、材质选择等标准，方便各工区与总项目整合模型统一规范。

考虑到项目模型的搭建是以服务项目实际应用点出发，按照模型用途划分模型精度等级作为实际模型精度控制标准，但为使项目模型整体精度达到建筑行业 LOD 标准要求，将按模型用途的等级划分与 LOD 等级五个设计阶段依次对应（表 1）。执行过程中深度的选取标准不得低于对应阶段 LOD 标准要求。

表 1　　按模型用途的等级划分精度要求

模型用途	概念模型	初设模型	施工图模型	深化应用模型	竣工交付模型
精度要求	非几何数据，仅线、面积	粗略的形状，大概尺寸	具有精确尺寸的模型实体，包含形状、方位	具备可视化应用的条件，包含施工设备，预埋件及安装可能涉及的零件	根据竣工图及移交标准建立的模型

目前项目模型细度以达到规范规定的 LOD350，即可利用模型进行施工深化设计应用阶段。

（2）BIM 协同方式。在模型搭建过程中为保证全工区参与，集中各工区 BIM 力量协同完成建模任务。提前确定了建模的协同方式和变更原则，规范了模型的存储方式和存储结构，使项目模型随设计进度及时更新并有效储存，更新模型文件留存方便查阅。

本项目采用链接模型工作方式作为协同工作方式，将工程分为多个部分，最终各部分之间通过链接的方式进行彼此参照，最终合成整体模型，详见图 1。

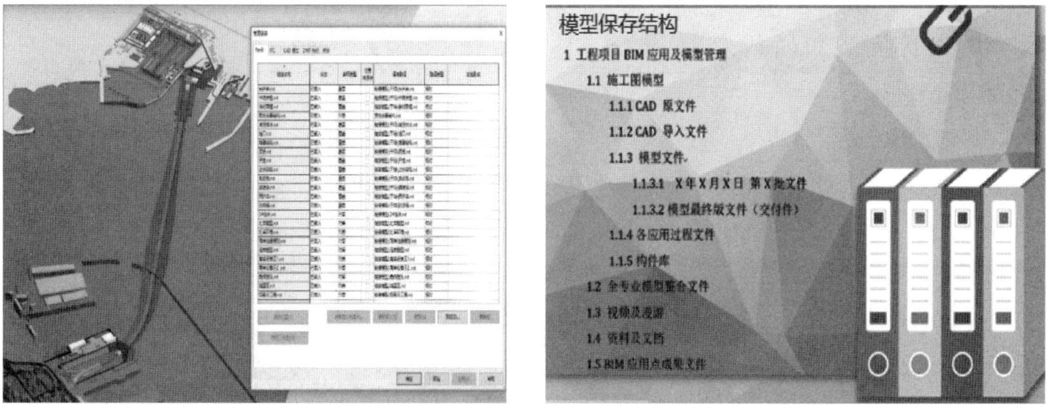

图 1　模型协同方式图

（3）代码设计。模型代码确定与录入，其重要性不亚于模型的建立，项目确定为模型添加工程名称，单位工程、子单位工程、分部工程、分项工程、编号里程号、流水号、清单量等各类参数。对于模型代码的确定，参照分部分项划分文件编制完成，模型代码作为与平台挂接确定模型身份的标签，每个模型代码都具有参数唯一性。

项目编码规则见表 2。

表 2　　部分编码规则

01	02	03	04	05	06
地点＋工程名	专业英文缩写	汉字名称	汉字名称	里程号或施工简称	流水编号数字
项目名称	单位工程	分部名称	分项名称	位置（编号）	流水号
大连湾海底隧道，干坞工程 DLWHS GW	干坞主体 WT 围堰 WY	基坑开挖 KW 地基基础 JC	路上土基开挖 TKW 路上岩基开挖 YKW	K290＋000～K290＋025 或 SG-01	A

注　模型构件编码共由 6～7 层结构组成，中间以“-”连接，每层编码由“～”连接。
样例 1：大连湾海底隧道项目-干坞工程-干坞主体-基坑开挖-路上土基开挖-施工段 1。
编码：DLWHS-GW-WT-KW-TKW-SG～01-A。

（4）主线模型建立。以 Revit 为主要建模软件，建立沉管预制干坞及辅建区、北岸施工区、南岸施工区及沉管主线施工区等大型水工土建模型，见图 2。

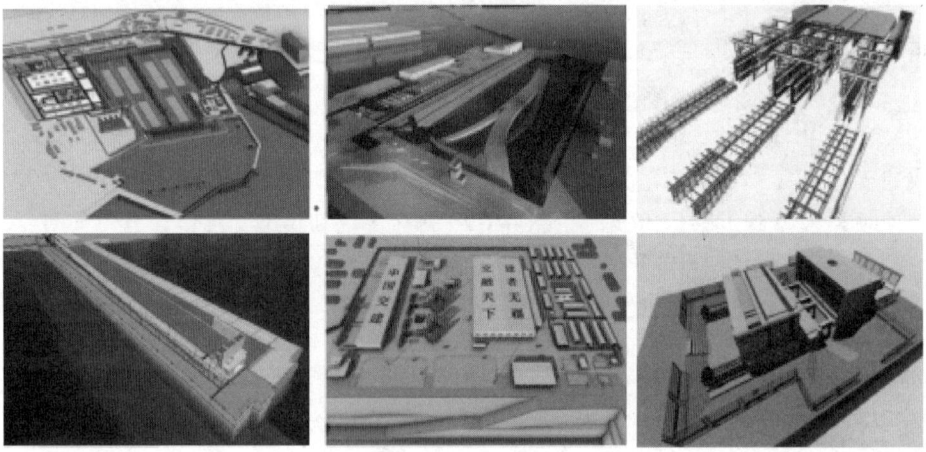

图 2　海隧主体模型

（5）地质模型建模。根据地勘数据进行地质地层模型建立，通过细致的数据处理，能将复杂的地层结构通过可视化的方式显现，同时借助多种软件平台满足工程量计算、任意断面查询、任意地质层可视化查看分析等应用，见图 3。

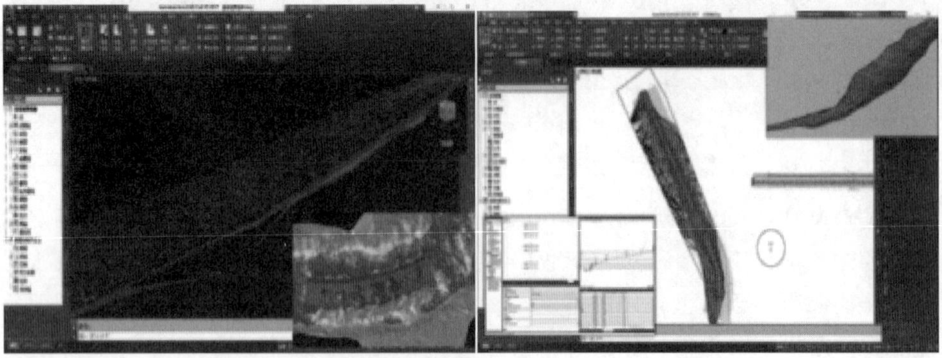

图 3　地质模型

通过应用 Civil 3D 以及 ASC 部件编辑器，通过拾取 CAD 路线及边线，建立主线暗埋段主体结构模型等大体量模型，与传统 Revit 建模方式对比，BIM 工作效率、模型精准度、断面查询/出图等功能都有明显提升，见图 4。

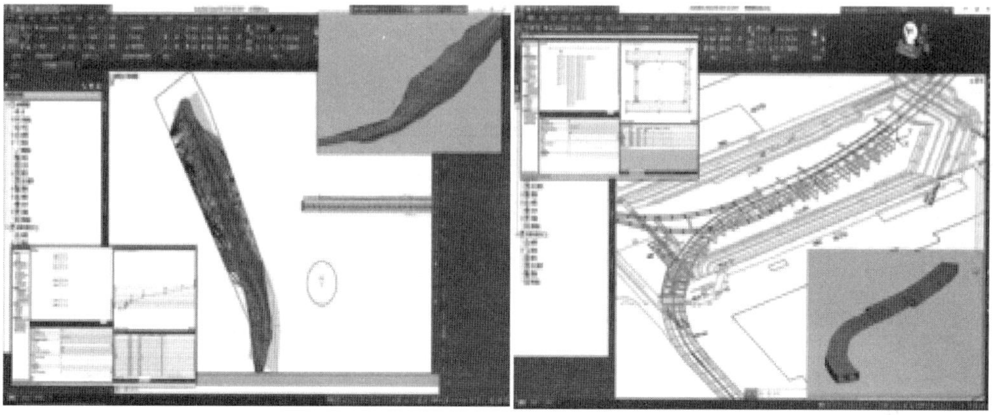

图 4　Civil 3D 主线快速建模

（6）钢筋模型建立。利用自主研究的 Revit＋Dynamo 钢筋解决方案以及“一航钢筋”建模插件创建钢筋模型，有效解决了钢筋快速建模、复杂空间曲线结构钢筋建模等难题。通过可视化的方式优化钢筋节点，减少钢筋碰撞，合理优化钢筋下料。

受限于 Revit 软件创建钢筋模型的局限性，以及一航钢筋软件对如弧形登陆段模型创建困难的问题，通过不断探索与研究，研究了 Revit＋Dynamo 钢筋解决方案，见图 5，该方案建模灵活，基本可以满足南北岸暗埋段钢筋模型创建需求。通过该方案结合一航钢筋优化下料计算的钢筋利用率在 98.6%以上。

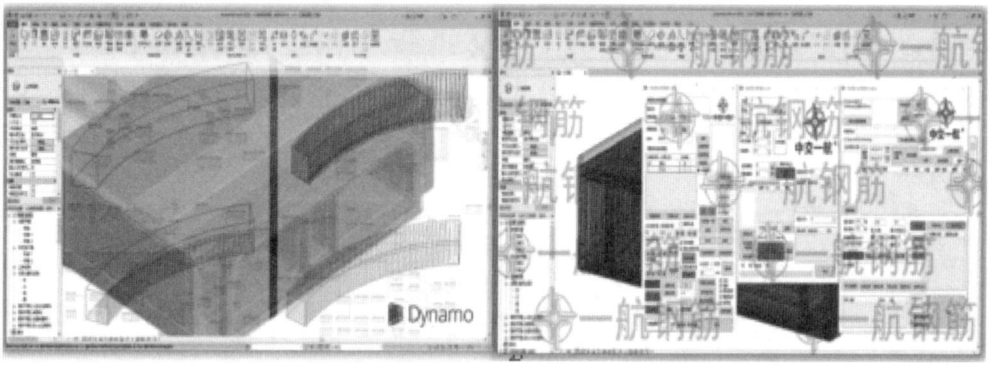

图 5　钢筋智能建模

（7）一航族库应用。利用自主研发的一航族库平台（图 6），将项目建模过程中累积的族文件通过云端共享提升后续建模速度。将通用性较强的一些构件的结构尺寸进行了参数化处理，建立了水运工程通用构件族库，并通过应用累积建立船机设备、消防设备、钢结构等机械族库，减少建模与应用周期。

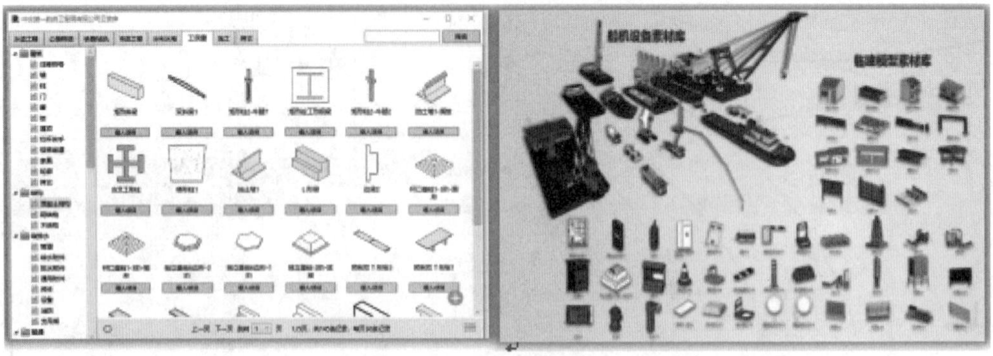

图 6　一航族库

（8）图纸审核。在工程开工前期，施工人员利用 BIM 模型对施工图纸进行了详细的比对检查。截至目前，累计已发现图纸问题 30 余处，有效避免了因上述图纸问题引起的返工等一系列问题。

（9）工程量查询。本项目在利用 Revit 建模提取主要结构件工程量的基础上，着重对水下施工进行了详细的工程量统计，以水下勘测数据为依据，建立了完整的水下地质模型，将“不可见”的水下施工变为“可见”。同时为加强项目成本管控对钢筋建模，可以灵活、快速计算施工工程量，大幅提升了工作效率。

（10）结构设计。在实际施工过程中，利用 BIM 技术搭建模型导入相关力学软件中辅助进行贝雷架、模板的力学分析计算、利用可视化编程等的手段进行沉箱浮游稳定计算，借助参数化和程式化优势快速计算等，同时也保证了计算结果更加准确、可靠，结构计算见图 7。

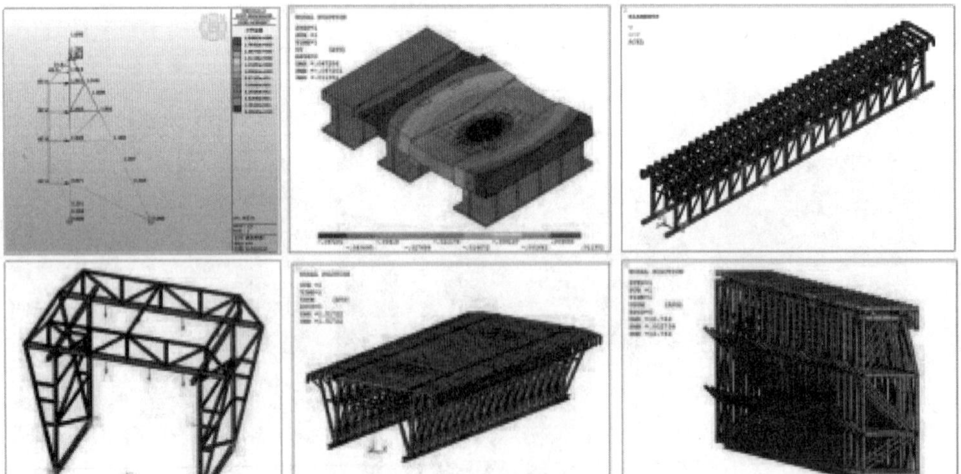

图 7　BIM 结构设计计算

（11）方案优化。辅助设计对不同方案进行讨论与比选，利用 BIM 技术可视化优势，将设计意图通过三维方式准确传达，解决了传统二维表达方式不直观、不准确的问题，减少方案研讨时间，快速出图，快速工程量计算，见图 8。

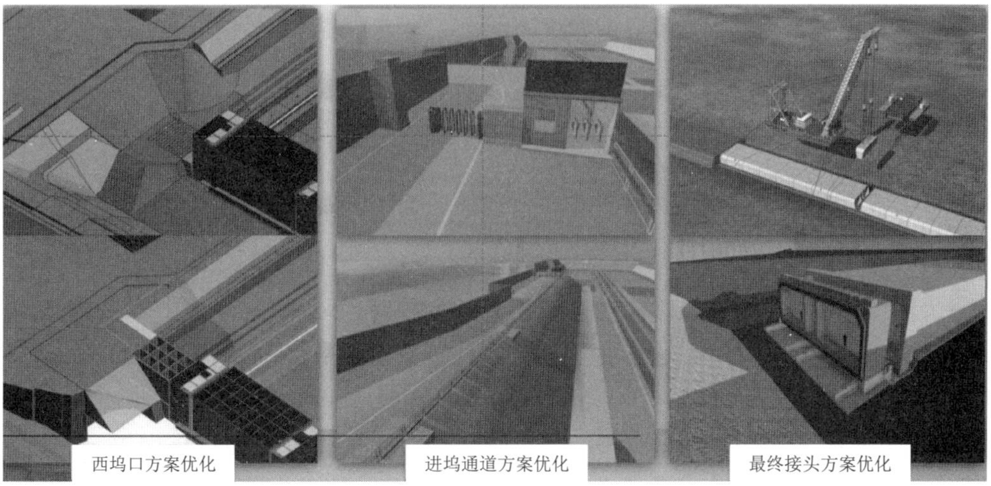

图 8　方案优化

2.2　特点和创新点

2.2.1　船舶施工管理平台

针对本项目水上施工船舶多且密集，船舶交叉作业、抛锚、移船等实际问题，借助 BIM 技术可视化优势研究与开发适用于本项目的船舶施工管理平台，以实现对施工区域内船舶精确定位、基于 BIM 等比例船舶姿态跟踪、实时锚位显示等功能。整体提升了本项目施工船舶管理力度，有效避免了船舶调度混乱对施工的影响，船舶施工管理平台功能见图 9。

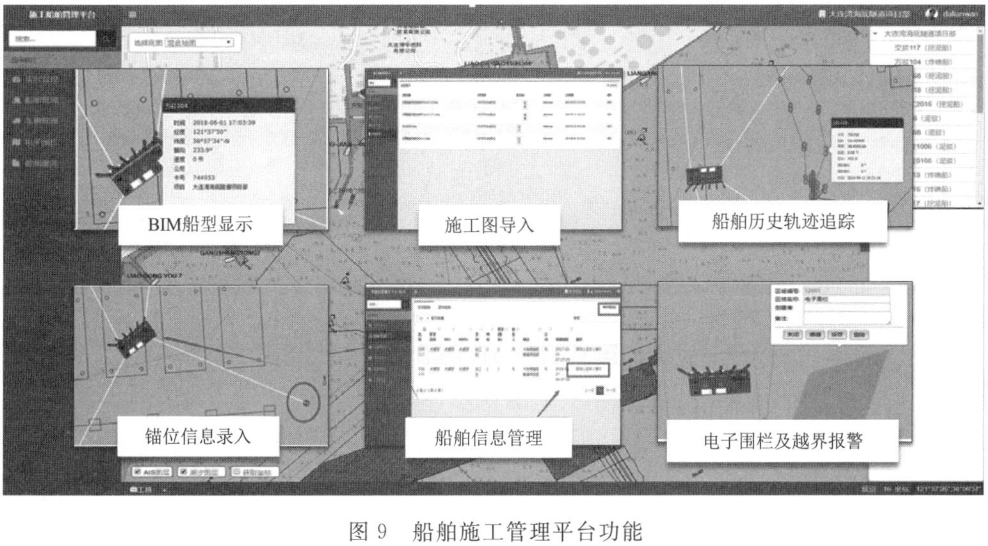

图 9　船舶施工管理平台功能

（1）船舶精确定位。

通过船舶自身安装的 RTK 设备获取高精度的定位数据，获取船舶精确位置信息。信号进行采集并在平台上进行显示，为项目提供直观的施工区内外船舶位置情况。

（2）基于 BIM 等比例船舶姿态跟踪。

通过实时接收到的方驳双 GPS 定位数据，基于上述建立的相对坐标系，得到其他船型点的位置数据，利用 BIM 技术对船舶模型进行建模，并根据船型数据与 BIM 模型等比例复合，最终可以在平台显示出船舶类型与准确的实时姿态和位置。

（3）实时锚位显示。

将锚艇的船型文件上传至平台，在锚艇上安装与施工船定位相同精度的设备，锚艇测出抛锚点的位置数据，将设备定位数据接入工业路由器并发送到平台以获取锚艇的实时位置，平台以锚型文件显示具体锚位并与对应施工船对应的卷扬机进行线性关联。

（4）卫星影像图与进度管理。通过二次开发，将城建坐标作为平台唯一应用坐标，并将 CAD 中不同结构进行颜色填充，通过不同色区区分不同施工部位的进度情况，直观且实用的辅助项目进行显示进度管理。

2.2.2 BIM 施工管理平台

在项目管理过程中，充分将 BIM 和互联网、物联网、云技术等现代化信息技术融合，建立项目 BIM 施工管理平台，使 BIM 在信息交换、可视化等方面优势得到充分发挥。管理平台三端数据同步，实现任务分派、进度统计、流程提醒、数据收集等多项功能，覆盖进度、质量、安全、人员、物资、档案等多项管理环节，4DBIM 平台功能见图 10。

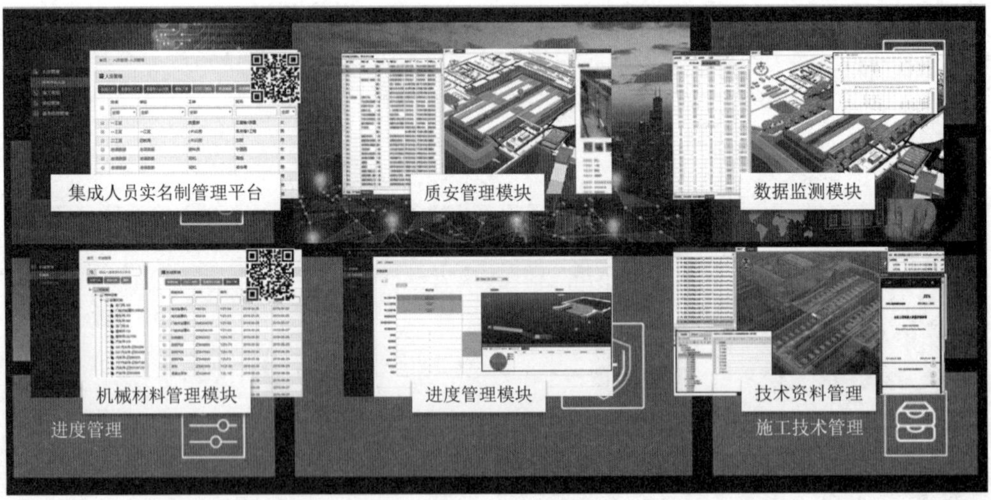

图 10　BIM 施工管理平台

（1）门禁与实名制管理制度。BIM 施工管理平台可以将人员数据与门禁系统进行链接，人员刷卡时，读取门禁信息的同时校验人员信息，对于资格证书过期或未经过安全交底的人员拒绝进入。所有管理数据通过平台与与模型关联，可直接通过 BIM 模型对门禁和人员进行授权和管理，并将入场人员数据与 LED 屏幕进行联动显示。

（2）机械设备管理。BIM 施工管理平台数据库包括了项目所需机械的规格标号等基础信息，可以通过移动端扫码填报机械的检查结果和凭证资料，对机械的进出场时间、检查记录进行管理。在形成项目机械设备库后通过平台与 BIM 模型及进度挂接实现双向查询管理。

（3）质量安全管理。BIM 施工管理平台提供了便捷高效的质量安全管理模块，检查人员在施工现场发现质量安全问题，可以实时通过手机将问题描述和整改要求以相应的图片发送给整改人并将出现问题的区域直接标记在 BIM 模型上，整改人收到通知后可以立即找到位置并安排整改，将整改情况在手机上回复给检查人去验收，实现了问题记录和整改通知的流转。

（4）进度管理。根据分项工程内容将施工任务派发至主办施工人员，主办施工人员根据每日完成情况填报相关的人员、机械、工程量信息，工程量信息作为阶段性完成任务自动录入平台，BIM 模型与 WBS 通过部件代码自动关联，WBS 的实时更新直接驱动 BIM 模型显示现阶段主体施工情况，通过计划与实际的比较、填报工程量与模型量（或清单量）比较进行必要的节点分析，收集每日填报的信息形成施工日报、周报。统计机械设备用量进行施工效率分析。

（5）混凝土管控系统。在混凝土管控中，引进了物料现场验收管理系统、混凝土全过程监控系统和混凝土配送管理系统，实现了从原材料进厂、混凝土拌合生产到混凝土配送的全套信息化管理流程，大幅提升工作效率的同时，有效避免了人为的材料丢失等现象。

（6）其他信息化手段。BIM 与物联网充分结合，对接门禁、视频监控、结构监测、环境监测等多种数字化设备，BIM 成为信息的载体和整合的基础。此外，本项目还配备了场内车速监测设备、便携式执法记录仪等设备，保证了施工中违规现象的证据留存和追责。

3 应用心得与总结

通过 BIM 及信息化技术的应用，大幅度提高方案审核的效率、效果，优化大量施工技术问题。截至目前，大连湾海底隧道下属四个工区，已全部使用 BIM 技术进行方案及施工交底汇报，进而培养了施工 BIM 技术人才，为项目全面信息化数字建造，打好了坚实的基础。

利用 BIM 可视化技术减少方案研讨等会议时间 50%；通过 Civil 3D 地质建模及批量出图的应用减少地质分析、算量、出图 50%的工作量；应用自主研发的一航钢筋软件，提升钢筋利用率 4%，节省钢筋加工人员投入 75%；全套混凝土生产、配送信息化系统应用减少相关管理人员投入 70%，减少人为材料损失 100%。

管理人员通过 BIM 技术加深对图纸的理解，快速统计工程量，对比图纸，查找方案错误；进度计划方面，利用 BIM 模型及平台，加强施工现场进度管理，进度计划及考虑因素显著提升；与现代管理技术深度融合，质量安全管理水平显著加强。

利用 BIM 技术优化方案，节约材料，建筑垃圾明显减少；BIM 平台加强管理效率，监控资源运转流程，提升资源利用率；利用四新技术，打造信息化智慧工地，推动建筑行业现代化。

金奖

基于 BIM 的特高拱坝智能建造关键技术应用

中国三峡建工（集团）有限公司　武汉英思工程科技股份有限公司

1　项目说明

白鹤滩水电站工程规模巨大，总装机量 1600 万 kW，是继三峡工程之后的世界第二大水电站。为优质高效建成白鹤滩大坝并长期稳定安全运行，本项目开展了基于 BIM 的特高拱坝智能建造关键技术应用研究，实现了一系列管理创新和技术突破，支撑了大坝工程建设及运行全生命周期的信息化和智能化管理。

本项目的 BIM 应用工作，紧密围绕白鹤滩大坝工程的结构特点、建设难点与重点来开展，通过建立面向大型水电工程施工过程的 BIM 平台与应用标准，以解决工程中的实际管理与技术问题为导向，开展了 BIM 建模与“BIM＋”深度应用工作，形成了大量的技术成果与工程应用成果，为白鹤滩大坝工程建设提供有力的支撑，为水电工程建设 BIM 应用提供了可借鉴的宝贵经验。

2　项目研发与应用成果

2.1　建立面向水电工程施工过程的 BIM 应用平台

本项目依托白鹤滩拱坝工程的建设，建立面向拱坝施工过程的 BIM 平台，架构如图 1 所示。

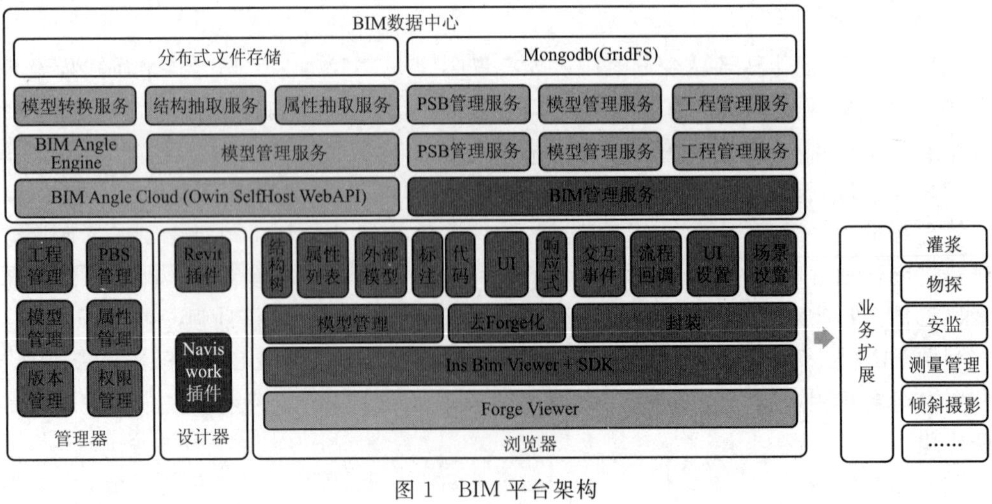

图 1　BIM 平台架构

平台利用云计算、大数据存储、WebGL 等技术，建立基于 BIM 的工程数据中心、管理平台与 BIM 浏览器，实现多源异构 BIM 模型的轻量化处理与可视化展示。支持以工程结构分解（PBS）为核心的工程信息、BIM 模型与构件组织，支持原始设计属性、数模分离下的模型扩展属性、施工过程属性、文件关联属性等多种信息组织，形成完整、真实、实时、动态的数字可视大坝。

建立“BIM＋”通用应用架构（图 2），支持与业务系统与第三方系统接口，实现 BIM 与进度、施工、安全、质量管理的融合，支持与边坡开挖、大坝混凝土、固结、帷幕灌浆、计量签证、科研仿真、安全监测等集成应用。

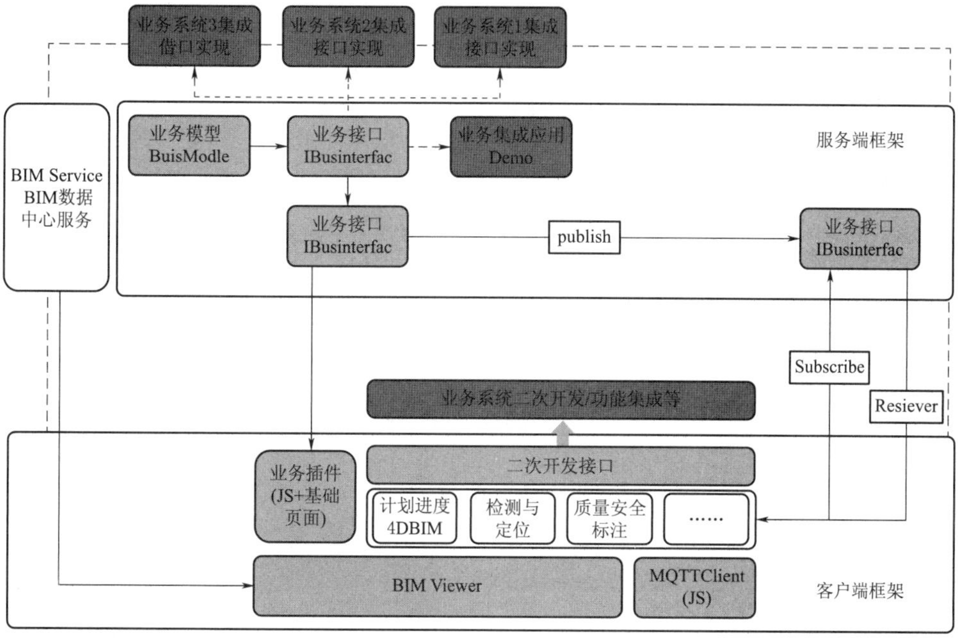

图 2 “BIM＋”应用架构

2.2 面向施工过程的大坝工程全专业 BIM 建模

本项目面向工程建设期的管理目标，编制大坝工程 BIM 建模与应用标准，研究并形成了符合大坝工程应用特点的 BIM 建模（图 3）、深化设计与应用技术路线。研究并应用基于 Dynamo 的参数化建模方法，实现大坝拱圈形体参数化构建、结构模型参数化融合、坝段模型参数化分切、浇筑单元模型参数化生成，支持构件化批量自动输出，满足工程建设过程中 BIM 模型分阶段深化、快速交付的要求。研发大坝混凝土单元深化设计与 BIM 算量插件，根据分区规则实现参数化材料分区建模与工程量计算、计量属性维护与计算书生成，并与项目管理系统集成，实现基于 BIM 的计量、签证与结算。利用模型的轻量化转换与数模分离技术，实现地质模型、原始设计参数与相关特征及热、力学属性的统一管理与模型轻量化发布（图 4）。

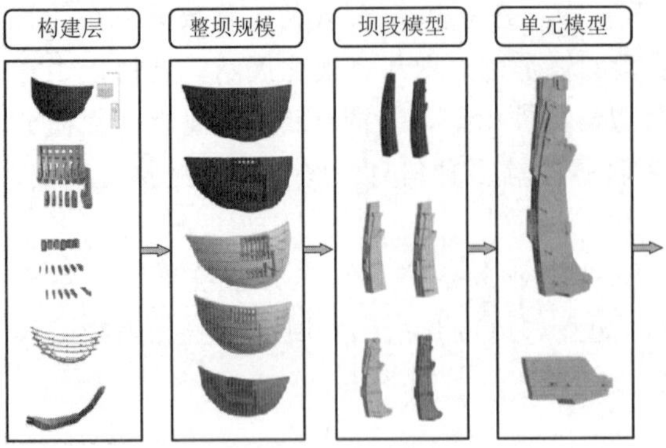

图3　大坝结构BIM建模技术路线

图4　工程地质模型管理与参数发布

2.3　BIM在大坝工程建设中的全面应用

以BIM平台为基础，深化BIM参数化建模，优化建模方式，并将BIM成果深度应用于工程计划进度、计量结算及大坝混凝土浇筑、灌浆、金结等施工过程管理中。

2.3.1　BIM在大坝施工进度计划中的应用

白鹤滩工程大坝施工进度控制是工程能否按期蓄水、发电的关键。为科学合理地编制并跟踪大坝施工进度计划，本项目以大坝施工进度仿真为基础，实现仿真成果的可视化发布、施工计划的动态调整与优化（图5）；工程长期、年度、短期计划编制与计划形象展示；实时进度驱动的工程可视化进度形象；计划进度对比等多种施工进度分析与展示（图6），为大坝工程进度控制提供先进的手段。

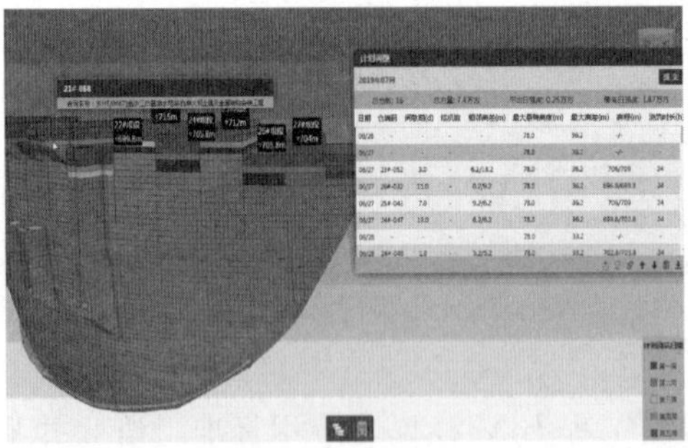

图5　基于BIM的计划调整与优化

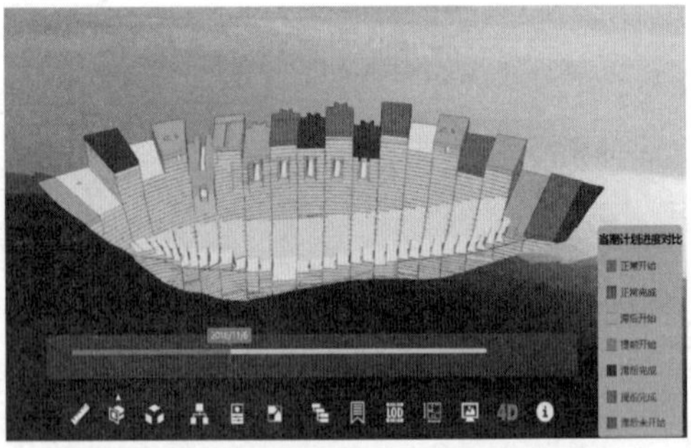

图6　基于当期计划与进度的对比展示

2.3.2　基于BIM的大坝工程量计算与结算

为解决大型水电工程“重进度、轻结算、难清量”的顽疾，组织实施“四同时”项目，研发BIM建模与算量插件（图7），内置设计与计量规则，实现快速参数化建模与算量，并将建模与算量结果提交BIM数据中心集成管理；同时基于建模成果，驱动工程量计算书生成，与工程管理系统（TGPMS）接口，打通单元签章签证与工程结算流程，最终实现基于BIM的算量、计量、签章与结算全流程管理，实现BIM结算进度与计量成果查询（图 8），大幅提高了计量结算的工作效率，保证了单元质量、计量数据的准确性，为项目审计与合同完工清量的顺利开展奠定了坚实的基础。

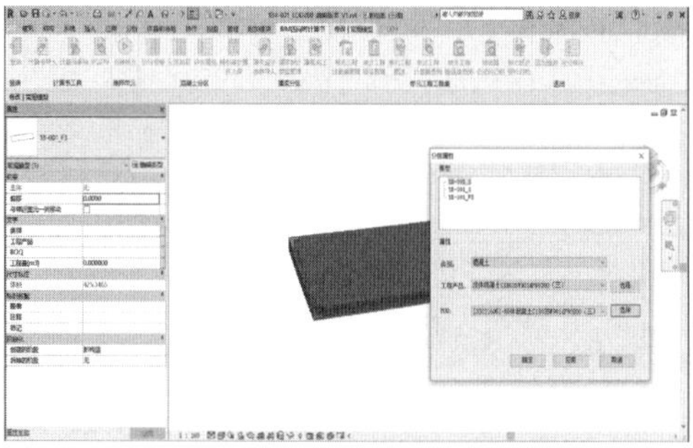

图 7 “四同时”BIM 建模插件

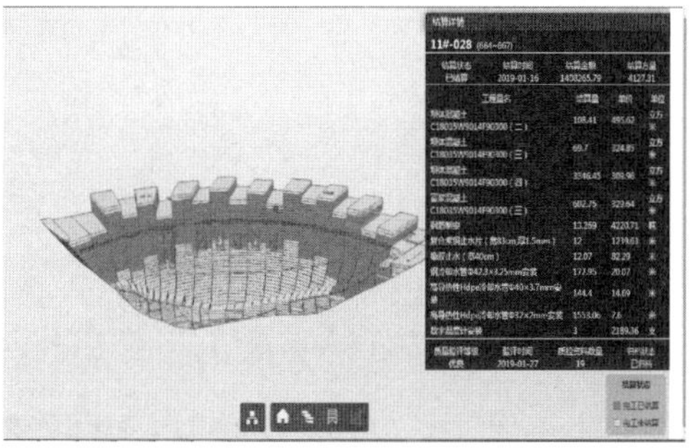

图 8 BIM 结算进度与计量成果查询

2.3.3 BIM 在混凝土施工与温控过程应用

（1）基于 BIM 的大坝浇筑仓面设计。基于大坝分坝段 BIM 模型与分层 BIM 模型，提取单元方量、上下层面积、关键控制点等核心参数，内部埋设的温度计、冷却水管、测温光纤及其他埋件实现数字化定位管理，为混凝土浇筑仓面设计与施工提供支撑（图 9 和图 10）。

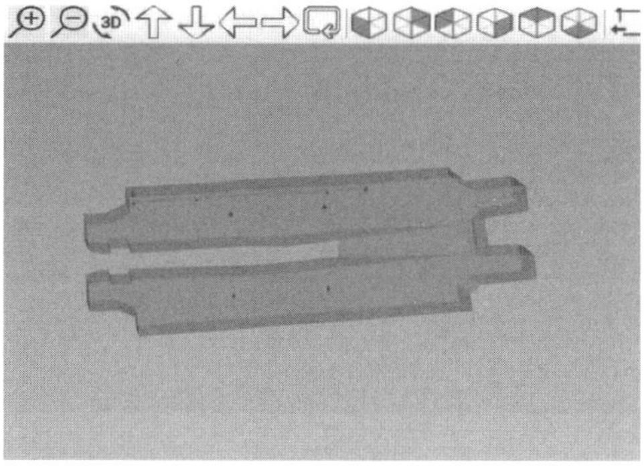

图 9 浇筑单元体型及埋件三维分布

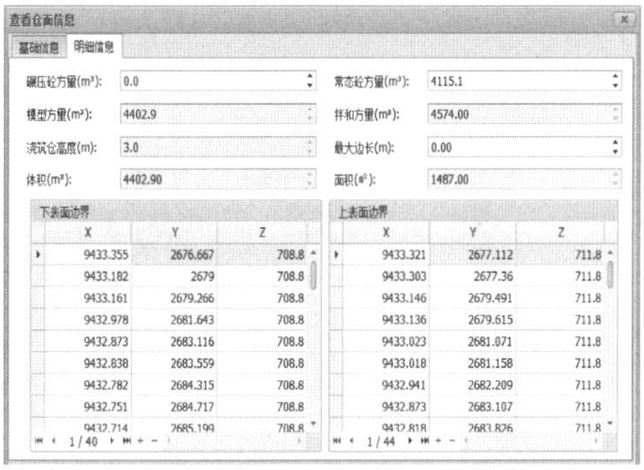

图 10 单元体型控制点参数提取与维护

（2）缆机优化调度与下料点分析。白鹤滩大风天气多，工程采用双层 7 台缆机多仓同浇，安全风险大，迫切需要建立一套高效、安全的调度布置方法。本项目实现基于 DimViewer BIM 的缆机优化布置（图 11）与安全调度功能。基于实时的工程进度形象与备仓进展情况，动态调整缆机布置与作业安排，实时计算的作业分区面积、分区方量计算、浇筑强度、判断安全距离等指标分析与判断，实现缆机优化布置与调度。

下料点均衡性与坯层覆盖时长控制是大坝浇筑质量控制的重要内容，本项目基于缆机工业控制系统数据接口采集缆机运行轨迹以及重量数据，建立的缆机运料落点与浇筑坯层分析功能。利用 BIM 三维展示功能，直观展示每一运输趟次的卸料及落点信息，分析缆机运输卸料落点与坯层浇筑信息（图 12），掌握缆机运输卸料定位规律，优化施工组织，确保满足下料点均衡性与坯层覆盖时长要求。

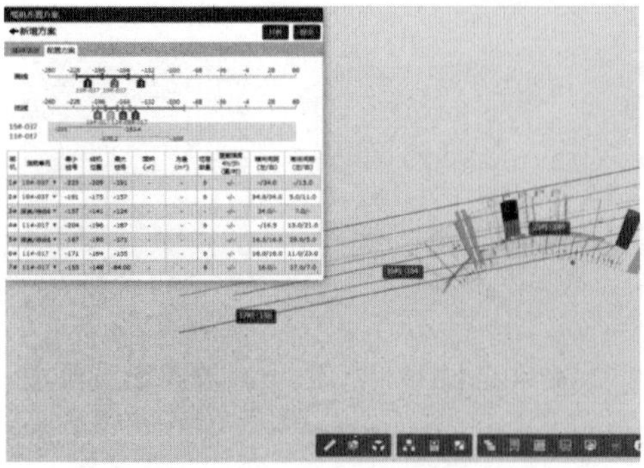

图 11　DimViewer BIM＋缆机布置

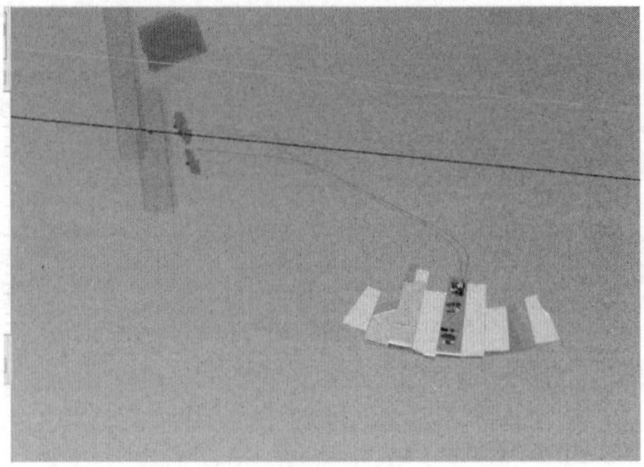

图 12　缆机落点与坯层分析

（3）内部埋件碰撞检查。为全面掌握大坝内部温度发展与分布规律，白鹤滩大坝混凝土内部埋设大量测温光纤，若灌浆布孔不当将打断光纤，影响大坝内部长期温度监测。本项目研发光纤碰撞检查功能（图 13），基于系统全面管理的光纤布置与灌浆孔布置参数，实现碰撞检查与布置调整优化功能，避免光纤被打断，为工程的长期运行监测提供保障。

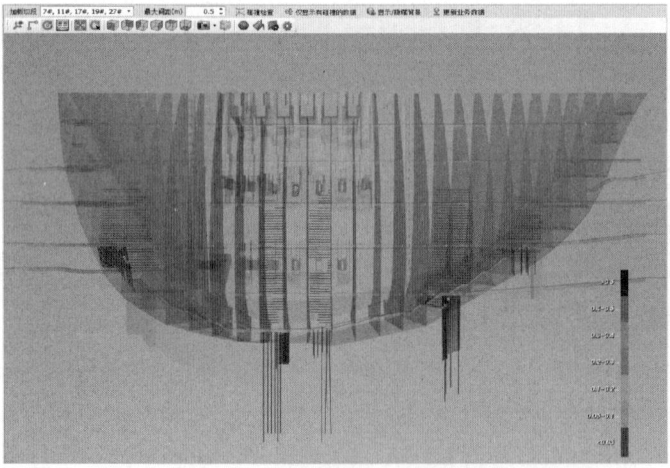

图 13　大坝混凝土测温光纤与灌浆孔的碰撞检查

2.3.4 BIM 在灌浆施工过程监控与成果评价中的应用

（1）基于 BIM 的固结、帷幕灌浆设计、进度与成果展示与分析。固结、帷幕灌浆是重要隐蔽工程，其施工质量、进度控制十分关键。本项目实现灌浆设计、施工全过程数字化管理，实现了灌浆孔位布置、施工与成果信息的全面集成管理（图 14 和图 15），基于 BIM 实现全过程、多维度进度、成果分析与地质耦合下的空间大数据分析，为坝基长期稳定分析与渗流分析提供第一手的原始数据。

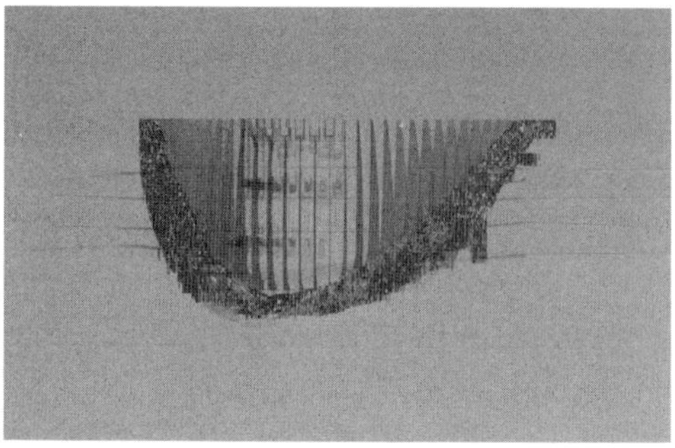

图 14　固结灌浆设计、施工过程与成果可视化分析与展示

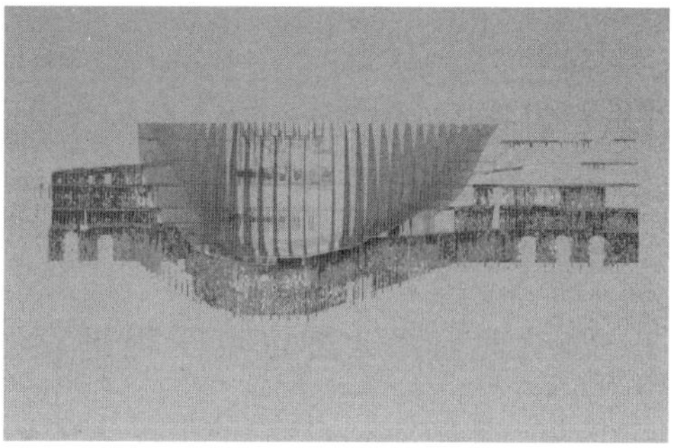

图 15　帷幕灌浆设计、施工过程与成果可视化分析与展示

（2）基于 BIM 的物探成果可视化分析与展示。为全面掌握坝基的地质状况，科学评估灌浆成果，白鹤滩工程组织了大规模的物探检测工作。本项目以海量的物探数据为基础，利用 BIM 技术实现对灌前、灌后声波、全孔成像等物探成果可视化分析，灌浆前后对比分析（图 16）。

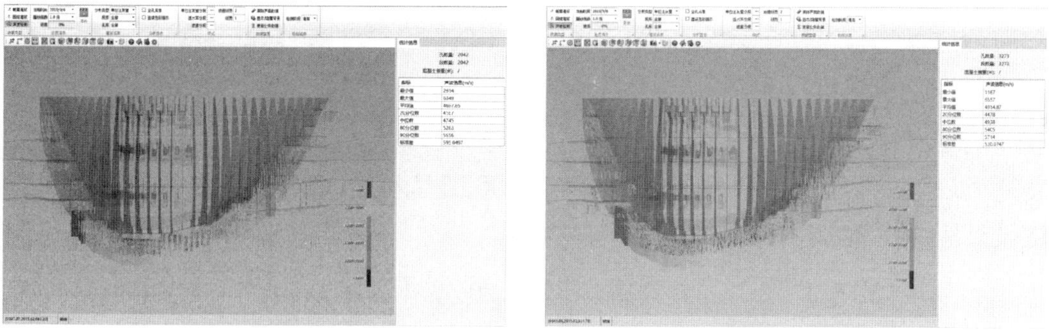

图 16　灌前、灌后声波测值分布分析与可视化展示

2.3.5　基于 BIM 的大坝性态仿真与安全评价

工程全生命周期安全监测是全面、及时掌握大坝总体工作状态的重要手段。为了直观、可视化地展示不同部位的安全状态，本项目以安全监测测点空间布置坐标及监测测值数据为基础，利用 BIM 及可视化技术，实现测点三维布置、测值分布与可视化拟合，开展监测成果与进度形象的耦合分析。

白鹤滩工程规模大，地质条件复杂，施工难度大。为优化施工方案，降低工程技术风险，工程委托多家科研单位开展了大量的科研工作。本项目研发了科研服务平台及有限元分析模型与后处理成果的可视化展示模块，实现 BIM 结构模型与仿真模型的集成展示，支持云图、变形图、矢量图、等值线（面）、剖切面等分析形式，实现了各家科研单位的温度、应力、渗流等分析成果的在线可视化发布，使科研成果更好地服务于施工方案优化、验证与现场施工组织，实现了科研与生产的双向紧密集成。

2.3.6 基于BIM的VR展示与标准化工艺应用

利用BIM+VR技术，实现白鹤滩工程总体三维虚拟显示与巡游，实现了大坝混凝土浇筑等关键施工过程的可视化工艺过程展示，促进了企业知识积累与施工规范化提升。

3 项目的特点与创新点

3.1 建立面向特大型水电工程建设过程的BIM应用模式与平台

（1）建立以PBS为核心的工程结构分解。

（2）定义统一数据规范，建立工程数据中心，实现了多源、异构、多专业BIM及业务数据的集成，实现可动态更新的数字化孪生大坝。

（3）建立以BIM为核心的，涵盖参建各方的、协同工作平台iDam。

（4）全面开展了以BIM为核心的工程大数据分析，为工程建设提供支撑。

3.2 研究并应用了面向水电工程建设过程的参数化、动态建模与高效应用技术

（1）研究并应用基于Revit+Dynamo的水工建筑物参数化建模技术。

（2）开发并应用设计参数驱动的模型快速构建、快速深化与更新组件。

（3）研究并应用大规模柱状构件的批量构造方式与高效显示方案。

（4）提出了数模分离的BIM属性综合管理方案与技术。

3.3 以问题为导向，研发了系列BIM应用工具与BIM+应用软件，解决工程建设过程中关键技术与管理问题

（1）利用BIM技术解决工程建设中计划与调度优化、施工干扰等系列关键技术问题。

（2）将BIM技术与管理流程进行融合，为跨组织的工程管理流程高效协同提供支撑。

（3）以BIM技术为依托实现跨组织、多施工专业交叉作业条件下的信息共享、流程优化与效率提升。

（4）首次在水电主体工程计量结算中利用BIM算量技术，解决工程建设“主进度、轻结算”的顽疾。

3.4 形成了完整、真实、全面BIM应用成果与工程数字资产，为工程全生命周期管理与运营期安全评估提供支撑

（1）形成以完整的以大坝混凝土浇筑仓为核心的BIM深化设计、施工、温控、监测等应用成果。

（2）以物探钻孔BIM模型为载体，实现水电大坝工程完整、真实的声波、全孔成像数据与成果的集成管理。

（3）以灌浆孔BIM模型为载体，形成了完整、真实的大坝固结、帷幕灌浆设计、进度、施工成果的集成管理。

（4）以 BIM 构件为载体，全面集成设计、施工、进度、监测、测量、检测、质量等数据，为工程全生命期管理提供支撑。

4 应用心得与总结

BIM 技术在施工阶段的应用可有效提升施工信息化水平、推动施工精细化管理，对于节约成本、加快进度、保证质量等方面可起到重要的作用。当前 BIM 技术发展的趋势从聚焦设计阶段向施工阶段深化应用转变，从单项应用向多业务集成应用转变，从单纯技术应用向项目管理集成应用转变，从单机应用向基于网络的多业务集成转变。

本项目的建设，顺应并引领 BIM 的发展趋势，面向水利水电工程建设的特点与白鹤滩拱坝建设的实际需求，开展 BIM 在大坝建设期深度应用的研究与管理平台研发，以问题为导向，解决了工程建设环节一系列的技术问题与管理问题，形成了全面的大坝工程 BIM 应用资产，为工程基于 BIM 的全生命周期管理提供了有效的技术手段与全面的数据支撑。本项目的 BIM 应用将推动 BIM 技术向多专业、集成化、协同化、全生命周期的方向发展。

本项目成果是 BIM 技术在工程施工过程综合管理与分析领域的重大应用创新，显著提升了大型基建工程的管理水平。本项目在白鹤滩电站工程的示范性应用以及取得的显著效果，一方面为白鹤滩大坝大体积混凝土的施工质量控制、地质基础处理的质量与进度控制、工程计量结算等提供了先进的手段与工具；另一方面，也促进了设计、施工、监理、科研等参建各方的生产管理与技术水平的提升，行业示范作用巨大。

银奖

上海水利工程数字化建设管理平台

中国电建集团华东勘测设计研究院有限公司

1 项目概况

上海水利数字化建设管理平台是上海市堤防（泵闸）设施管理处为全面提升上海市水利工程的数字化、智慧化的重要举措。上海市堤防（泵闸）设施管理处引入 BIM 技术搭建了水利工程数字化模型管理平台及技术标准体系，对上海市重点水利工程项目群的 BIM 设计和施工进行统一管理。依托典型重大水利工程，建成 BIM 应用示范项目，开展 BIM 在建设管理阶段应用的开发与建设工作，并将成果逐步在上海市重大水利工程建设中推广应用。

2 工程数字化设计应用成果

2.1 全专业三维数字化协同设计

淀东水利枢纽泵闸工程是上海市最具代表性的重点水利工程，专业覆盖面广，也是水利建筑集成的创新典范。该工程基于中国电建集团华东勘测设计研究院（简称华东院）HydroStation 平台进行全专业三维协同设计，使用华东院开发的“上海水利工程数字化模型管理平台”对工程展开数字设计成果和建设管理一体化应用。

在工程设计阶段，HydroStation 平台提供项目全专业三维数字化协同解决方案，见图 1。

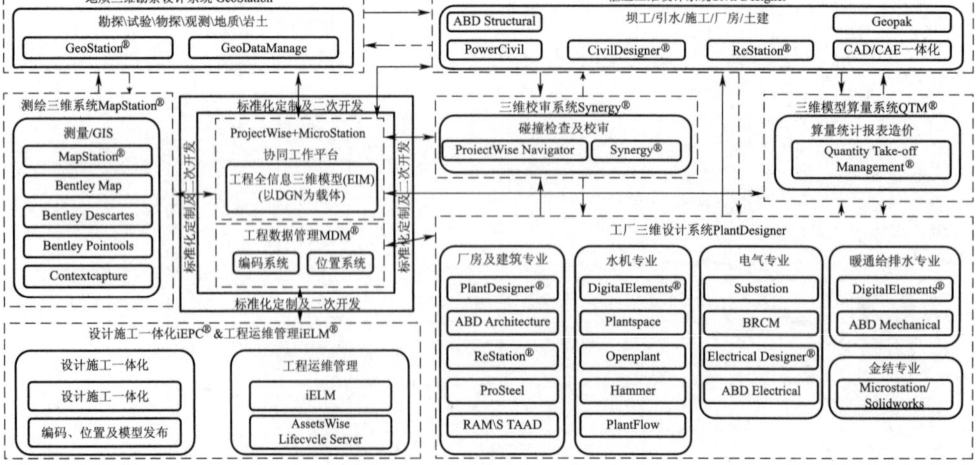

图 1 水利工程三维数字化协同设计解决方案

各专业基于 ProjectWise 搭建的标准工作环境进行协同，模型成果以统一的 dgn 格式存储，保证数据信息在单专业内部和各专业之间传递无障碍，极大地提升了协同设计效率。

2.2　三维模型建立

项目各专业利用 BIM 模型做施工图深化设计，包含地质、水工、建筑、机电和金结等多个专业模型。

2.2.1　地质模型

地质勘测专业应用华东院自主设计研发的三维地质建模软件 GeoStation。GeoStation 是华东院自主研发的一款集数据管理、地质建模、分析计算、二维出图、土木设计等模块于一体的三维软件。地质勘测专业成果包括工程三维地质模型和地质图纸，部分成果见图 2。

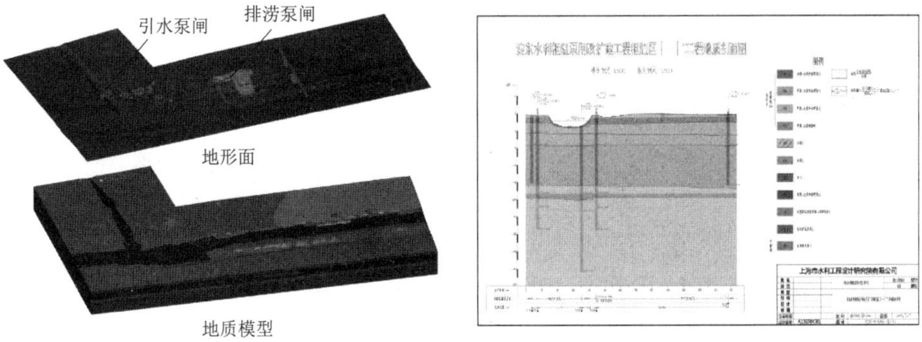

图 2　三维地质模型和地质图纸

2.2.2　三维配筋模型

三维配筋使用专业配筋软件 ReStation。ReStation 是由华东院经过多年自主研发并完全拥有自主知识产权的参数化混凝土配筋三维设计系统，可广泛应用于水利水电、工民建、市政等基础设施设计行业的三维结构配筋设计。项目使用 ReStation 对复杂水工结构完成三维配筋，并基于钢筋模型抽取二维钢筋图和统计钢筋材料量表，提升综合出图效率超 300%，并降低 15%钢筋损耗率。工程典型三维配筋模型和钢筋图纸量表见图 3。

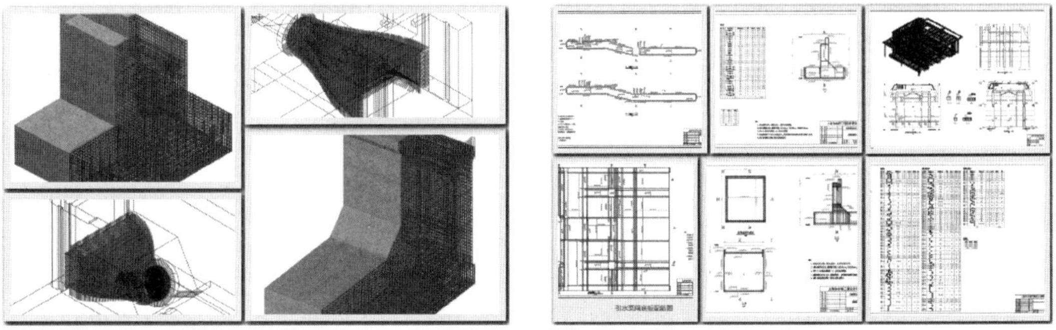

图 3　三维配筋模型和钢筋图纸量表

2.2.3 基坑模型

枢纽三维设计系统 CivilDesigner 是华东院基于 Microstation 开发的专门用于水电水利工程枢纽设计的软件，包括拱坝体型设计、智能曲线、复杂边坡设计、三维地下洞群、地块设计、引水叉管等专业工具。本项目基于 CivilDesigner 快速完成水工枢纽建筑物三维基坑和边坡快速布置，实现基于同平台水利枢纽全信息三维模型的布置协同设计。泵闸基坑模型见图 4。

2.2.4 机电模型

项目基于华东院 PlantDesigner 和 DigitalElements，完成了具有设备布置、智能开孔、建筑装修、电气埋管设计、图纸自动标注等工作，实现厂房、电气、暖通、水机等全专业覆盖的泵闸三维协同设计，解决了专业会签流程复杂、专业之间错漏碰问题突出、绘图工作量大等关键技术难题。机电模型见图 5。

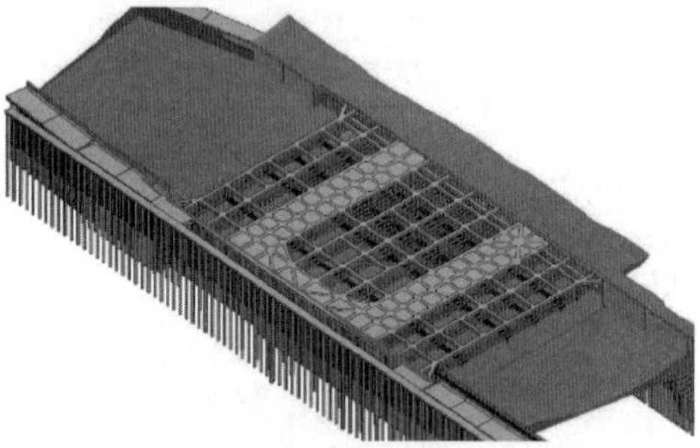

图 4 泵闸基坑模型

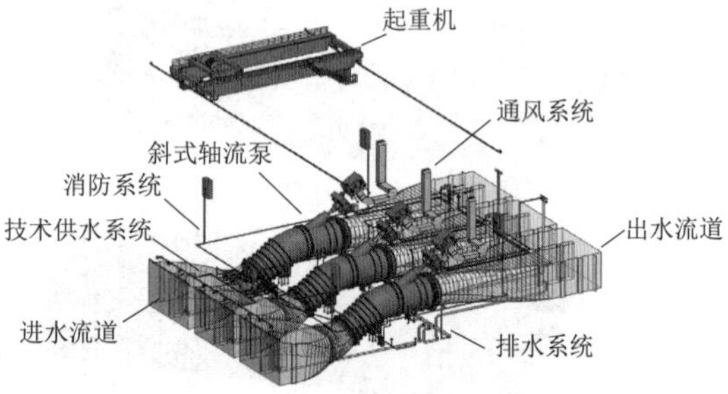

图 5 机电模型

2.2.5 模型总装

项目基于 Microstation 图形平台完成水工、建筑、机电和金结等各专业三维模型总装（图 6），各专业模型无需转换文件格式，保证模型数据统一完整。

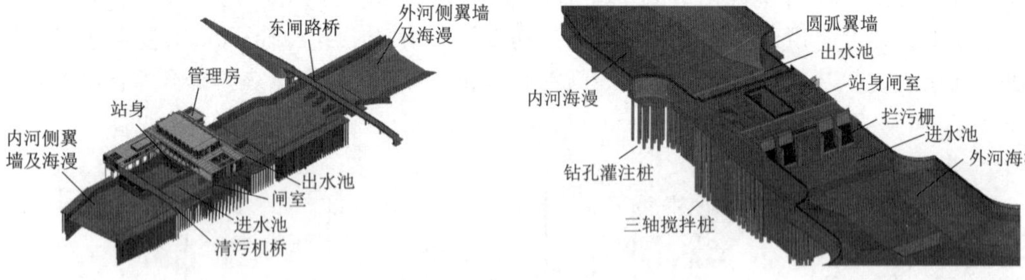

图 6 排涝泵闸和引水泵闸总装模型

2.3 三维模型核查、设计优化

通过三维模型完成专业间碰撞检查，在施工前完成设计优化，从而提升设计质量。在引水泵闸设计过程中使用三维模型对拦污栅的选型进行了合理性分析，及时修改优化设计方案，从而避免设计错误。本项目通过模型碰撞检查，共排除错误 25 处，优化设计 8 处，极大地提升设计产品质量，减少现场设计变更超过 90%，节约工程建设成本约 10%。

2.4 施工深化设计

本项目设备机房内基于施工图模型进行机电深化设计，包括综合管线排布、管线竖向优化、支吊架优化、管线穿墙穿板预留预埋等，项目施工深化设计部分成果见图 7。通过综合管线优化可以实现泵站有限空间内的设备集约布置，降低工程变更，确保工程进度及控制成本。同时配合土建结构实际施工结果，及时更新优化管线布置。

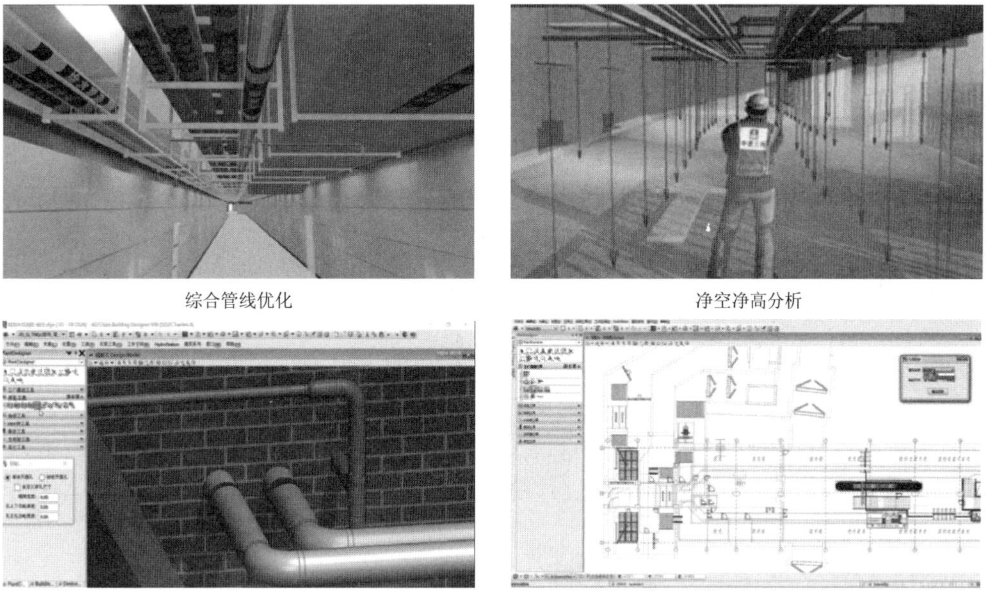

综合管线优化　净空净高分析

智能开孔深化　孔洞统计

图 7　施工深化设计

2.5 出图

本项目使用各专业的三维数字模型直接剖切获取二维图纸，实现工程正向设计，使得综合出图效率提升约 20%（图 8）。

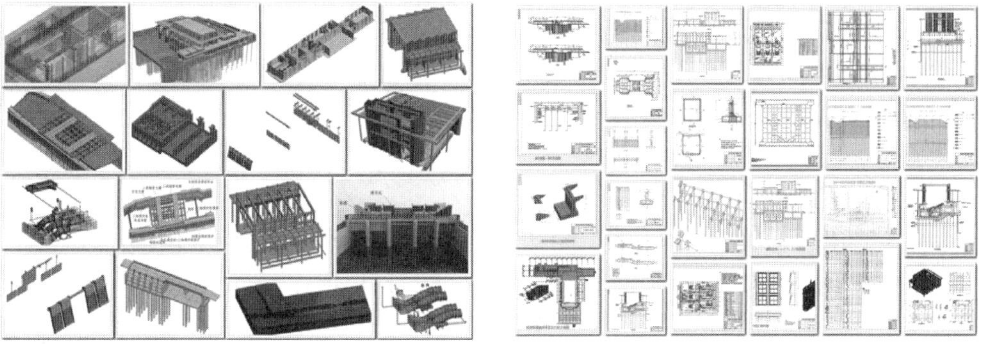

图 8　三维模型和工程图纸

2.5.1 地质专业出图

使用华东院自主研发的 GeoStation 软件，直接从地质数据库生成二维图纸。GeoStation 实现了工程地质图件自动编绘与动态更新技术，解决人机交互绘图工作量大、交叉剖面错误多、校审环节复杂等问题，使地质图纸质量大为提高，出图效率提高约 30 倍。

2.5.2 配筋出图

使用华东院自主研发的专业配筋软件 ReStation，从三维钢筋模型直接抽取二维钢筋图和钢筋量表，综合出图效率较常规设计手段提升超 300%，图纸准确性和质量得到极大提高。

2.5.3 其他专业出图

水工专业、建筑结构专业、机电专业等专业从三维模型直接抽取二维图纸。除了传统的二维图纸，利用 BIM 模型还可以导出轴测图和 ISO 图，创新了出图形式，有助于更加高效准确地传达设计方案。

2.6 工程量统计和材料报表

利用 BIM 模型除了能高效地输出二维图纸，还能方便地生成和导出工程材料报表和工程量统计信息。华东院自主研发的配筋软件 ReStation 可以高效地输出钢筋材料报表。此外，华东院还自主研发了三维算量系统 QTM（Quantity Take - off Management），内置国标清单库和计算规则，可直接由设计模型得出工程量报表，同时可以综合单价信息，自动计算区域成本。

2.7 数字化交付

三维数字化设计成果支持多平台发布，包括 Web 端、IPAD、手机端及 3D PDF 等。支持把三维 BIM 模型发布成 PDF 格式，无需安装专业设计软件即可查看三维模型。实现模型的轻量化处理和发布技术，开发了基于网页版虚拟现实技术的模型展示技术，用户不需安装任何插件，三维模型及属性数据即可在网页端和移动端进行展示。

2.8 施工模拟

利用 BIM 模型进行施工进度模型，本项目开展多过程施工进度模拟，完成施工过程风险预判，还可以对施工难点和复杂工艺进行施工工艺模型，并制作模拟视频，进行可视化施工交底，便于施工人员对施工方案的理解，提高施工效率和质量。

2.9 场地布置

利用基于 BIM 的施工场平布置，对施工各阶段的场地地形、既有建筑设施、周边环境、施工区域、临时道路、临时设施、加工区域、材料堆场、施工机械及安全文明施工设施等进行规划布置和优化分析。直观检验不同时期施工场地布置的合理性，提前优化场地布置方案，有效减少不同工区作业干扰。

3 数字化模型管理平台应用成果

为便于对上海市重点水利工程项目群的 BIM 设计和施工进行统一管理，基于华东院“工程数字化管理解决方案 CyberEng”开发“上海水利数字化建设管理平台”。华东院 CyberEng 工程数字化管理解决方案坚持“以 BIM 为载体，以业务管控为中心，以移动化应用为重心”，紧紧围绕从项目前期规划、数字化建管到智慧运营的工程建设全生命周期业务，深度集成 BIM、GIS、IoT、移动互联、大数据和云计算等前沿技术，实现底层基础与上层应用数据互联互通，帮助各工程项目现场形成一套基于数字化的全新管控架构和思想，大大提升了项目的管控能力与效益。CyberEng 工程数字化管理业务架构见图 9。

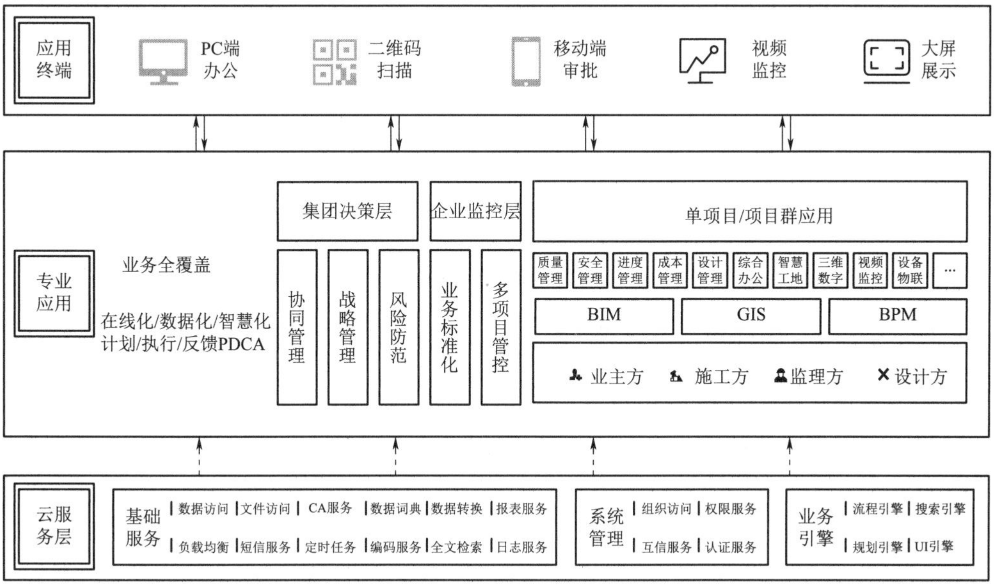

图 9 CyberEng 工程数字化管理业务架构

3.1 建立技术标准体系

华东院通过深入研究国内外 BIM 标准，结合上海市堤防（泵闸）设施管理处辖下的重大水利工程，建立了相关 BIM 标准体系，完成标准编制并通过专家咨询，标准包括《重大水利工程建设 BIM 成果技术标准》《重大水利工程建设 BIM 数据编码标准》《重大水利工程建设 BIM 数据交付标准》《重大水利工程建设 BIM 系统应用指南》。这些技术标准体系的建立强力促进了上海市重大水利工程 BIM 技术在设计和建设管理阶段的落地实施。

3.2 系统门户网站

系统门户网站的界面为设计单位、施工单位、建设管理单位的用户提供任务待办提醒，分项功能入口，把系统全部水利工程项目的质量管理数据、工程造价信息、建设进度数据进行可视化，方便用户快速访问功能页面、掌握工程建设全局。

3.3 综合展示

通过综合展示模块，在国内首创性地将水利工程 BIM 模型同设计、进度、质量和造价信息整合挂接，方便用户快速查询和分析，直观掌握工程建设情况，打破工程建设过程中的信息孤岛，实现工程信息共享。

3.4 设计管理

设计管理模块创新地将设计图纸报审、设计修改通知报审、设计报告报审和审核在网页端集成，优化对设计进度的跟踪和对设计成果的管理，实现各参建方基于统一的设计成果进行高效的协作。

3.5 进度管理

进度管理模块支持施工单位施工计划的批量填报和建设管理单位的审批管理，结合 4D 进度模拟，实现基于 BIM 模型的工程进度计划和管控。

3.6 质量管理

质量管理模块将水利行业常用质量表单的填报和审核电子化。配合手机移动终端 App，在工程现场完成质量验评表单的填报和数据、影像的上传通过“线上＋线下”手段相结合的管理流程，对工程的质量进行精准管控，确保质量达标。

3.7 造价管理

造价管理模块支持将概算、合同、结算工程量清单快速导入工程数据中心，并进行数据的智能分析和可视化处理，解决工程造价信息的创建和管理难题。同时不断积累信息数据，为后续项目建设的开展提供重要参考。

3.8 安全监测

安全监测模块支持基于 BIM 模型的安全监测数据查询和基于智能数据图形的安全监测管理；同时，对安全监测数据的变化状况进行智能监控和预警，将水利工程建设的安全水平提升到新的高度。

4 应用心得与总结

4.1 效益分析

本项目取得的效益如下：

（1）本项目实现了水利工程项目涉及的全专业 BIM 协同设计，各专业直接基于三维模型进行二维抽图，输出材料报表，实现设计和出图效率大大提升；利用三维 BIM 模型的核查和设计优化提高设计质量。

（2）通过深入研究国内外 BIM 标准，结合上海市堤防（泵闸）设施管理处辖下的重大水利工程特点，建立BIM标准体系，为上海水利工程BIM技术应用提供标准基础。

（3）上海水利工程数字化管理平台，实现上海市水利工程项目的统一化数据管理体系，将全面提升上海市水利工程数字化、信息化施工和运维能力，为施工质量、进度、安全等工程建设信息的综合管理与决策支持提供帮助。

4.2 技术创新

本项目主要的创新点如下：

（1）三维数字化协同设计。本项目基于华东院的“一个平台、一个模型、一个数据架构”的技术优势，在三维协同管理环境中进行标准化配制，快速建立水利工程的地质、水工、建筑、金结、机电设备等多个专业的BIM模型。并基于项目BIM模型完成施工模拟、场地布置和数字化交付。

（2）施工包划分。按照施工组织方案的WBS工作分解结构，将总施工包分解成单位工程、分部工程、分项工程、单元工程等，并利用自主开发的3D模型分解工具，实现模型的快速分解、创建施工包属性等功能。

（3）三维信息模型与工程属性数据的关联技术。基于建立一套能够适用于整个水利工程运行管理需要的编码规则，并将规则中的字段进行定制，以适用于水利工程的需求。通过统一的编码实现模型信息工程属性的管理，从而建立完整的三维信息模型。

（4）模型的轻量化处理和发布技术。将三维信息模型中的信息“一键式”压入模型中并剔除模型冗余数据，仅保留最终图形成果信息的方式，实现了以标准模型数据格式统一管理几何尺寸信息、空间拓扑信息及工程属性信息。

（5）WEBGL轻量化模型展示技术。为了能够使得模型在网页端进行展示，开发了基于网页版虚拟现实技术的模型展示技术，用户不需安装任何插件，借助网页实现三维模型数据的读取，并根据需要定制开发各种交互功能。

（6）基于BIM模型展示工程建设数据统计信息。通过统一的编码技术，将BIM模型构件与工程建设的设计管理、进度管理、质量管理、造价管理等数据的统计信息关联起来并进行图表等多样化展示，因此在BIM技术的应用上更进了一步，实现BIM模型更高层面的应用。

上海水利工程数字化建设管理平台实现全国首次在省区范围内多个水利工程项目群的BIM设计和施工进行统一管理，是水利行业最为先进且落地的数字化建设管理平台，达到了“统一平台、集成集中、智能协同”的目标。平台为今后更深层次挖掘数据价值提供基础，为以后水利工程的实施提供技术支持，对国内水利工程BIM技术在建设管理阶段的拓展应用具有重大的标杆意义。

银奖

基于“BIM+”的项目管控平台

中国电建集团昆明勘测设计研究院有限公司

1 项目概况

2018年2月，横琴新区第一批海绵城市项目启动，是目前国内最大的海绵城市建设EPC项目。合同价款56亿元，建设总工期32个月，包括5个子项目，建设内容主要包括市政基础设施及配套工程，景观公园、山体绿道。

市政基础设施及配套工程主要包括21条市政道路（总长15.6km）、横跨天沐河的4座大型景观桥、7条排洪渠（3.7km）、排洪渠桥涵35座、地下行车通道29条（3900m）及其他市政配套工程。

本项目的三个大型公园占地面积约100万m^2，以“天沐贯东西 绿弦谱新音”为设计理念，定位绿色生态通廊，承担着横琴生活服务功能，是重要的公共生活空间。

山体绿道项目建设内容包括总长15km的步道工程，30个生态坑塘以及少量附属设施及相应的绿化景观等。

项目在山体、道路、绿地、排洪渠建设中贯彻海绵城市“渗、滞、蓄、净、用、排”的理念，打造“山体-城市-河渠”多层次、多功能的海绵城市，在源头通过海绵措施削减雨水中的污染物，过程中通过管网建设保障排水安全，末端通过公园内的湿地对水体进行净化。从平面上增设多级净化塘，从剖面上加入水体净化过滤层，从植物配置上引入水体净化植物，实现小雨不积水，大雨不内涝，水质有改善，并与公园景观充分融合，打造“高颜值”海绵城市。

2 项目应用情况

针对该项目多专业统筹协同难、多参与方一体化办公流程多、施工过程管控难度大、示范性工程标准高等建设管控难点痛点，研发了基于“BIM+”的项目管控平台，应用于项目全生命周期的项目管控和BIM应用服务。

横琴新区海绵城市第一批示范项目BIM应用与项目管控平台（以下简称“管控平台”）以GIS+BIM为核心，融入物联网、云计算、大数据等信息技术，通过三维模型驱动数据（图1）。平台基于EPC建设模式，以投资费控为核心，以进度为主线，以质量安全为目标，涵盖项目设计、采购、施工、运营全生命周期的业务需求，可对参建各方进行“分级授权”，灵活定制工作界面，实现项目全生命周期的协同管理。

管控平台由BIM应用、项目管控、智慧感知、移动应用四大子系统构成（图2）。借助信息技术将工程建设全过程的数据与业主方、总包方的业务工作和管理体系相融合，可起到固化优化管理流程、提高工作效率、提高工程管理透明度、堵塞管理漏洞、有效管控项目风险等作用。

图1　横琴新区海绵城市第一批示范项目基于“BIM+”的项目管控平台

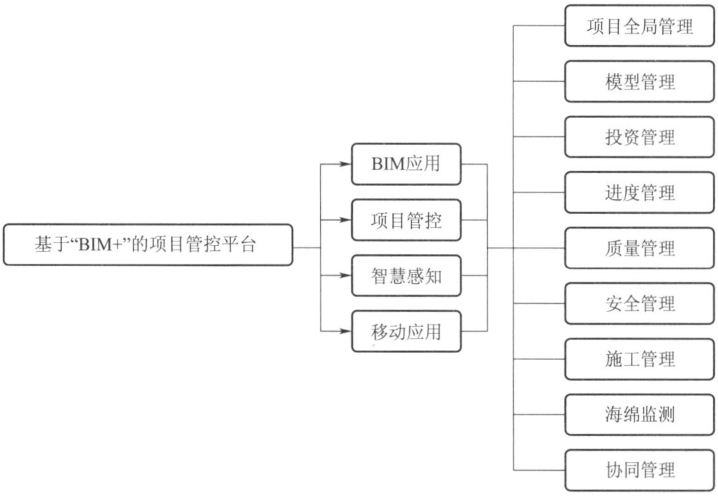

图2　平台主要功能模块

2.1　项目全局管理

平台以投资费控为核心，以进度为主线，以质量安全为目标，涵盖项目设计、采购、施工、运营，全生命周期的业务需求，项目全方位信息自动汇集到平台大屏（图3），能够对投资费控、进度、质量安全进行宏观把控，实现项目的全局管理。

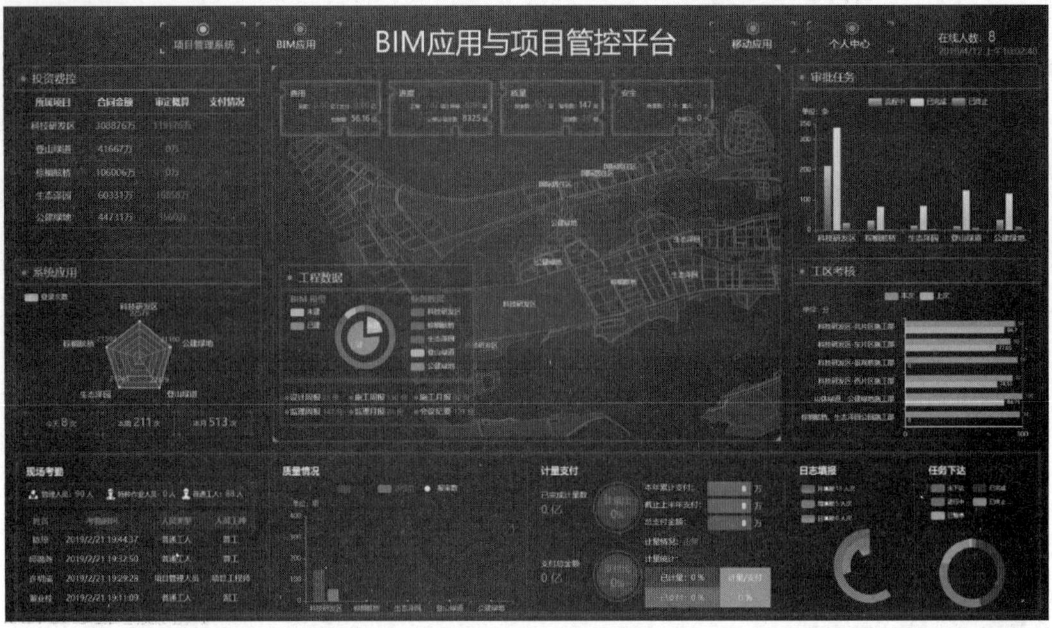

图 3　平台大屏

2.2　模型管理

（1）海量模型轻量化整合：通过平台，可以对地质模型、市政工程模型、景观工程模型、海绵设施模型等多专业 BIM 模型进行轻量化整合，统一集成到横琴全岛 GIS 大场景中。

（2）模型库：在平台模型库中，对所有 BIM 模型进行统一管理，支持模型漫游、量测、属性查询、图纸关联、剖切、二维码查询、模型信息统计等操作。

（3）模型对比：在平台的模型对比模块中，可以进行不同阶段、不同方案的 BIM 模型分屏联动对比，实现设计方案决策的直观和高效。

2.3　投资管理

（1）投资费控：通过三维可视、数据共享，将 BIM 模型与造价清单关联，使项目估算、概算、预算、结算、计量、支付各环节的管控更加有效。基于通用模块加定制化开发去快速响应和适应项目本身的特点。

（2）土方平衡优化：利用 BIM 手段，分析公园各个地块的场地及土方工程量，为公园土方调配提供基础数据，反馈公园竖向设计的填挖分布，通过建立公园软基处理交工面和公园设计完成面两个三维空间曲面模型，分析计算两个曲面之间的填挖方量，以填挖方相对平衡作为目标，通过不断迭代调整，综合判断所得最优的公园设计完成面高程，以达到优化设计、节省投资的目的。

2.4 进度管理

（1）进度模拟：以工程的分部、分项为基础，可进行项目进度计划的导入、编制，结合现场手段采集数据，以此为依据填报工程量，关联到模型查看最新进度情况，能够动态地反应项目天、周、月的进度情况，通过模型展示未建、在建、已完成等工程状态，同时可以基于实际报量信息和计划进度信息，进行工程实际进度和计划进度的模拟及两者对比（图4）。直观查看进度偏差，并以不同的颜色实现进度预警。

（2）工程实景进度：通过无人机对施工现场全区域进行预设路线航飞拍摄，快速制作施工现场全景，在平台中可以直观地看到各个时期施工现场的实景和项目的形象进度情况（图5）。

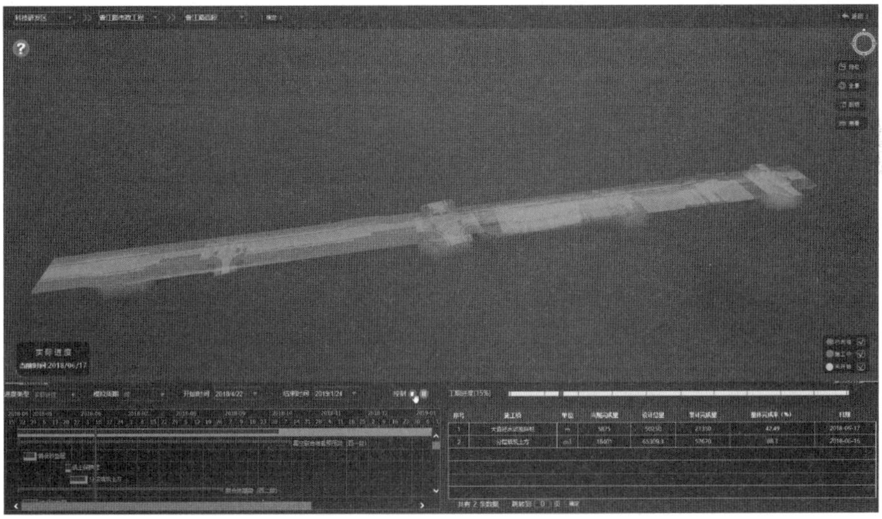

图4　基于BIM模型进度模拟

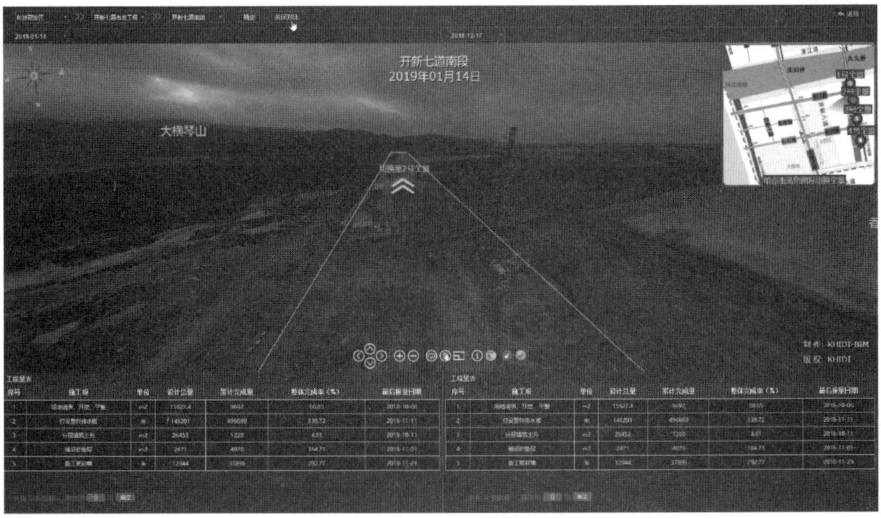

图5　施工现场实景进度

2.5 质量管理

（1）质量管控：从分部、分项一直到检验批的所有的人物流程、报批的表单，都在系统里可追溯、可查询。

（2）碰撞检测：基于BIM模型碰撞检测结果，在平台中可以进行碰撞构件的可视化查看，以及碰撞列表、碰撞报告的管理与查询。

（3）施工方案模拟：针对关键工程施工，在WBS关联构件的基础上，将施工进度整合进BIM模型，模拟项目整体施工工艺安排和重点部位施工工序，检查施工组织的合理性及施工方案可行性，实现施工方案的可视化交底。

（4）三维技术交底：利用BIM模型庞大的信息数据库，不仅可以快速地提取每一个构件的详细属性，让参与施工的所有人员从根本上了解每一个构件的性质、功能和所发挥的作用，还可以结合施工方案和进度计划生成4D施工模拟，组织参与施工的所有管理人员和作业人员，采用多媒体可视化交底的方式，对施工过程的每一个环节和细节进行详细的讲解，确保参与施工的每一个人都要在施工前对施工的过程有清晰认识。

（5）BIM模型对比检验：在平台中，利用BIM模型与无人机影像叠加，实现施工现场实景进度与虚拟建造成果的比对和偏差分析。

2.6 安全管理

（1）施工安全监控：通过平台，对施工现场噪声、扬尘等进行实时监控，对关键工点、拌和站、钢筋加工厂、预制场等监控摄像头数据进行采集及传输，使得终端用户能够掌握现场施工情况。同时对监控设备及监控覆盖范围进行建模，模型集中到施工场地布置整体模型中。在平台中直接点击监控设备模型，便可展示对应的监测数据信息。

（2）安全风险评估及展示：在施工场地布置整体模型的基础上，建立基坑围挡和临时围挡模型，并在围挡等存在安全隐患的模型位置，额外制作安全警示标志。通过平台进行安全可视化交底，在三维模型中模拟漫游到各个安全风险点，进行安全讲解。

2.7 施工管理

（1）施工场布置：对不同阶段的施工现场布置进行BIM建模，对办公与生活临时设施、相关堆场及施工设备、大宗物资及机械车辆进行三维管理，达到优化场地布置方案，减少不同工区作业相互干扰的目的。

（2）施工平面布置：基于施工场现场平面影像，可进行施工现场情况快速更新，规划堆场、施工设备、材料加工厂等位置，进行施工便道设计和变更，进行方案优化，确定施工现场平面布置方案。

（3）工程监测：对工程关键部位各项控制指标进行全面监控，实现施工部位沉降、隆起监测数据的统计分析，辅助施工质量和安全管理。

2.8 协同管理

（1）图模校审：平台利用三维模型作为图纸校审的沟通协同平台，各专业负责人和各参与方在平台中通过BIM模型，检查设计中存在的问题，以及现场施工环境和设计图不一致等问题。可以发起流程到相关责任人处进行修改，也可以集中汇集成标准记录文档，统一开会讨论解决。

（2）跟帖式任务管控：动态回复式的协同工作，可以@相关的所有方，在不同阶段过程中去提交资料，而不用打回流程。可追踪管理，能适应复杂程度高的项目。

（3）多专业协同业务流程：平台能够适应工程设计、施工建设期管控的多专业协同业务流程，支持审批意见分组显示、审批意见回复及分层级打印。

2.9 海绵监测

可对海绵控制指标进行监测分析，动态反映海绵措施的运行状态，为地块海绵指标达标、区域雨洪管理和生态环境保护提供支撑。

2.10 移动应用

基于微信小程序开发的移动端应用，可为参建各方提供消息推送、日志填报、任务下达、现场巡查、流程信息查询、进度追踪、任务审批、数据上传和下载、交底、现场巡查等轻量化应用，使协同工作更便捷。

3 特点与创新点

（1）海量模型轻量化整合。解决了大型海绵城市工程三维GIS场景模型与多专业BIM模型轻量化整合的问题，平台承载模型数量多，浏览速度快。

（2）“BIM+GIS+项目管理”深度融合。平台实现“BIM+GIS+项目管理”三者的深度融合，整合GIS大场景提供宏观+微观全局视角，BIM模型与项目管控系统实现数据双向互通，提供项目过程控制和精细化管理。

（3）全生命周期多专业协同。实现项目设计、施工过程中的多专业协同，以及项目信息、工作流程的集中管控，通过动态回复式任务流程、审批意见分组显示等定制化功能，提升沟通效率和管理精细度。

4 应用心得与总结

通过平台的建设与使用，充分发挥了BIM、GIS和项目管理三者的优势，实现大型海绵城市与市政项目的海量模型轻量化整合，全岛三维地理实现了项目设计、施工过程中的多专业协同，以及项目信息、工作流程的集中管控，达到了沟通效率高、过程可追溯、管理精细化、价值最大化的目的。

信息化平台工具能极大地提高项目的信息化水平，降级信息丢失和协调难度。因此在后续新建工程项目中，信息化平台工具将得到进一步开发与应用，使工程建设信息化真正落地。

银奖

黑河黄藏寺水利枢纽工程建设期 BIM 综合应用

黄河勘测规划设计研究院有限公司

1　项目说明

黑河黄藏寺水利枢纽坝址位于黑河上游东、西两岔交汇处以下 11km 的黑河干流上，距青海省祁连县城约 19km，是国务院部署的 172 项重点水利工程之一，也是 2016 年开工建设的 20 项节水供水重大水利工程之一。工程设计成果示意图如图 1 所示。

黄藏寺水利枢纽的开发任务为：合理调配中下游生态和经济社会用水，提高黑河水资源利用效率，兼顾发电等综合利用。

黄藏寺水利枢纽是《黑河流域近期治理规划》中安排的黑河干流骨干调蓄工程，工程的开工建设是落实中央关于加强生态环境保护、大力推动脱贫攻坚和民族地区发展战略的重要举措，是黑河流域综合治理新的里程碑。

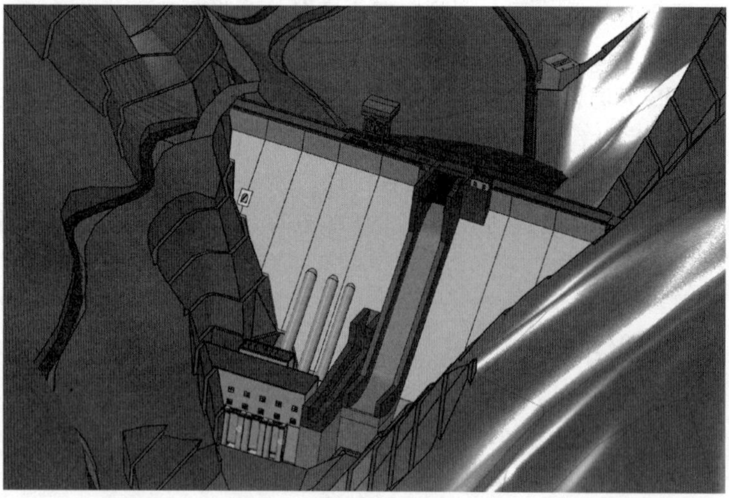

图 1　工程设计成果示意图

为满足工程的开发任务，并结合所选坝址区地形地质条件，工程选择碾压混凝土重力坝作为挡水建筑物，同时在坝身布置了放水、泄洪及发电引水建筑物。电站厂房布置在重力坝发电引水坝段下游、溢流坝段右侧。电站为坝后式地面厂房，采用“一机一管”布置，电站尾水通过尾水渠排入主河道。

2 BIM 综合应用情况

2.1 BIM 集成应用能力及 BIM 技术与现代管理方法融合情况

2.1.1 基于 BIM 的进度管理

传统的进度管理主要依靠横道图和主观经验对项目进行管理，本项目基于 BIM 的进度管理是在自主开发的 BIM 综合管理平台中进行（图 2），和传统进度管理一样，也是按照作业分配、进度控制和偏差校正等几个方面来控制，利用模型和数据反馈现场实际情况，根据现场实际情况进行计划或资源的调整。BIM 进度管理包括计划进度采集、虚拟建造、实际进度采集和展示、里程碑节点、进度偏差、趋势分析等。

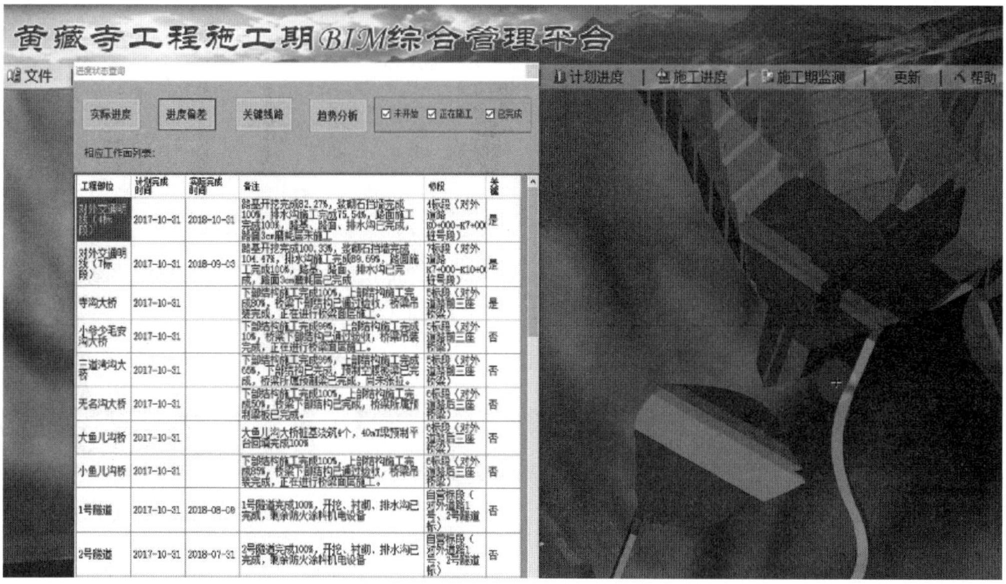

图 2　基于 BIM 的进度管理示意图

2.1.2 基于 BIM 的质量管理

黄藏寺水利枢纽基于 BIM 的质量管理主要包括两个方面的内容，一是碾压混凝土坝质量过程控制，二是验评管理，两者对应不同的 App，但 App 所上传数据都可在 BIM 综合管理平台中查询，在平台中对数据进行分析反馈，调整施工参数，指导下一阶段施工。

2.1.2.1 碾压混凝土坝过程控制

质量管控主要针对碾压混凝土坝，在电脑端 BIM 管控平台中进行开仓证的颁发和要料单的审核，颁发完之后在自主研发的混凝土碾压 App 中进行质量管控，主要包括主机口检测、卸料检测、仓面管理、碾压检测的数据填报，同时在施工过程中，App 提供每个关键工序的施工细则，供现场技术人员参考（图 3）。

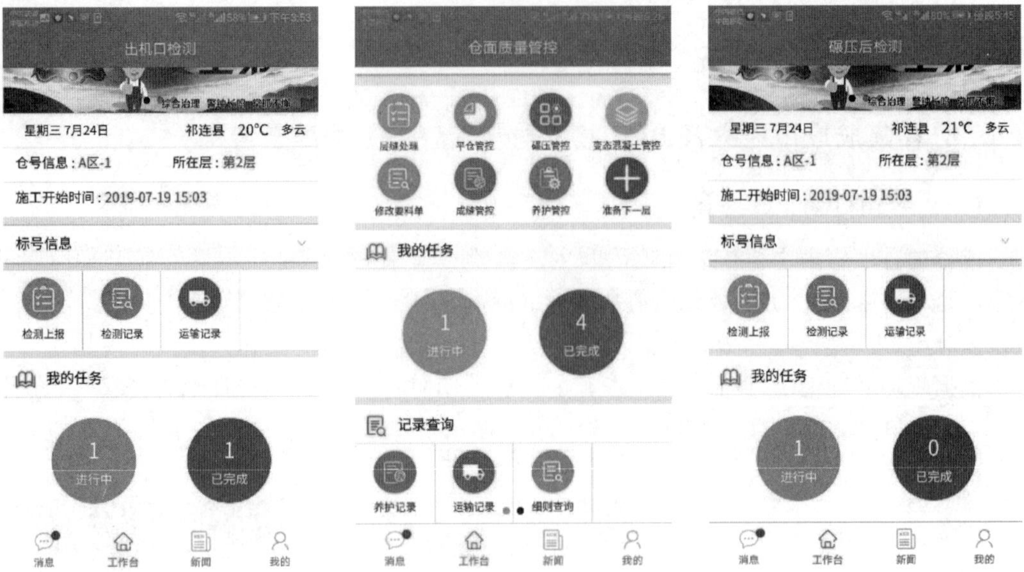

图 3　质量管控 App

2.1.2.2　质量验评

在项目的验收评定过程中最多需要施工方、设计方、监理方和业主方共同参与（验收评定时施工方与监理方必须参与，设计方和业主方可能参与）。为方便验评，保证验评信息通畅，开发质量验评 App，如图 4 所示。基于该 App 的验评需要 4 个步骤：施工方自检、验收评定通知、验收评定、结束验收评定。

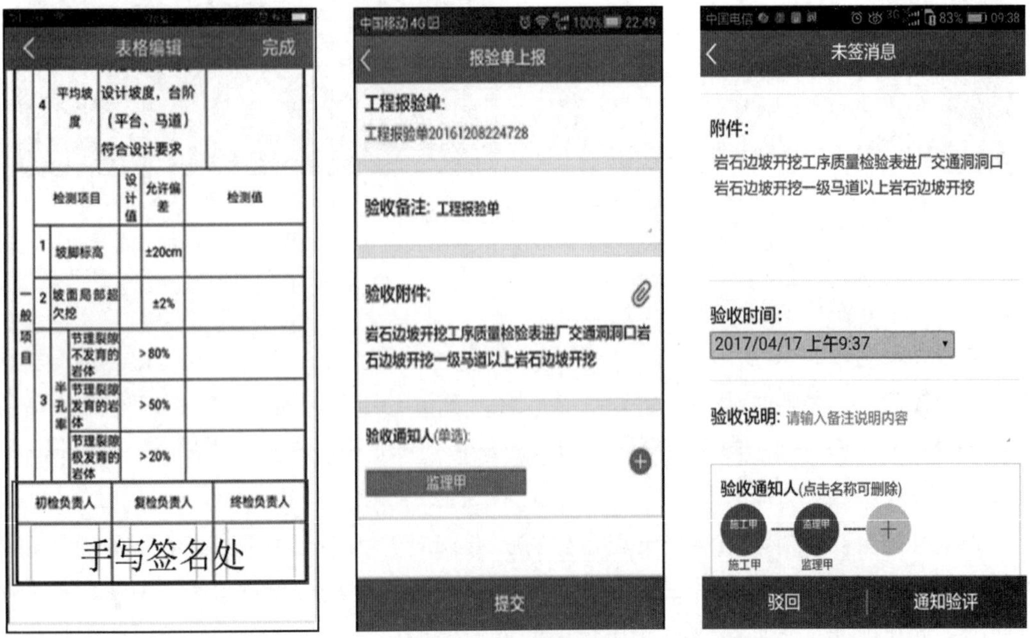

图 4　质量验评 App

2.1.3 基于 BIM 的安全管理

基于手机 App 的安全管理主要是对危险源的管理，在现场对危险源进行实时的采集、上报及处理和提醒等，保证危险源处理的及时、高效（图 5）。主要有 4 个步骤：危险源采集、危险源确认、危险源处理、危险源解除。

图 5　危险源管理

2.2 BIM 技术应用的创新型

2.2.1 设计牵头的 EPC 模式下 BIM 的推广

作为设计施工总承包方，承担设计、施工管理、采购等工作，BIM 实施团队在前期设计阶段对设计部门进行 BIM 设计指导和实施工作，施工阶段利用前期设计工作的成果，在同一平台上进行开发，保证了模型和数据的完整性。根据总承包事业部的要求，需要开发基于 BIM 的建设管理平台，并在施工现场进行指导、推广实施。设计牵头的 EPC 模式总承包保证了设计施工延续性，能够快速高效地指导分包商进行 BIM 数据采集。

2.2.2 多端合一的集成系统

通过基于混合云的统一应用平台，实现了客户端（BIM 应用综合管理平台）、移动端（碾压混凝土质量管控 App、验评管理 App 和危险源管理 App）数据的融合（图 6），一端上传，多端可查。同时，利用客户端和移动端各自的优势，实现不同数据的整合，扬长避短，实现整个施工工地的数字化。

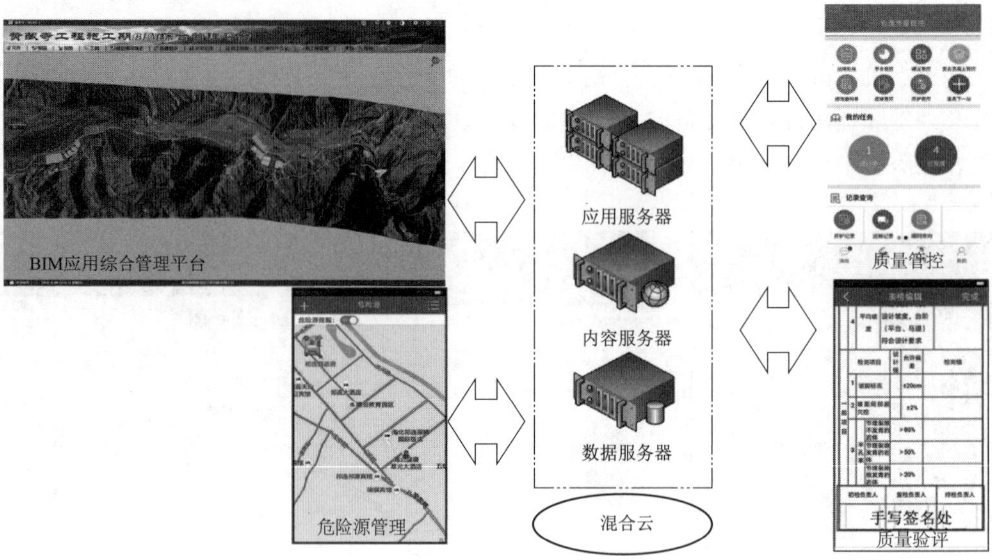

图 6 多端合一集成系统

2.2.3 基于无人机的应用

在黄藏寺项目施工过程中，无人机的应用覆盖了多个专业、多种用途，主要有三类用途：大范围航拍照片、720VR 全景照片、倾斜摄影生成模型（图 7）。

图 7 利用倾斜摄影进行基坑设计变更

3 应用心得与总结

通过 BIM 技术的应用和对设计施工的支持，公司对外拓展业务迅速，连续两年新签合同额超过 50 亿元。公司也实现了对国内多个市场的拓展工作，打入了黑龙江、福建等地，并进一步巩固了黄河流域相关省市的市场，让公司在设计咨询市场上的地位得到了进一步的巩固。

黄藏寺项目全生命周期 BIM 应用已经实现了从三维信息到属性信息、从管理数据到分析数据的进步，距离最终的智慧工程仅一步之遥。从多年来的 BIM 设计和拓展应用情况来看，BIM 应被视为一种技术、一种理念，它为所有的工程技术人员提供了一种新的解决问题的思路。特别是通过与 EPC 模式的结合，总承包方自上而下地推动实施 BIM 技术应用，可以有效地降低项目综合成本，提高项目可控性。

在黄藏寺项目的实际 BIM 应用中，值得推广到行业的成果主要如下：

（1）管理模式：设计牵头的 EPC 模式下 BIM 的推广应用，BIM 实施团队在设计阶段和施工阶段全阶段参与，保证了模型的延续性和数据的完整性。设计牵头的 EPC 总承包保模式，能够快速高效地指导分包商进行 BIM 数据采集。

（2）施工综合管理平台：通过智慧工地系统和 BIM 应用综合管理平台，对所有的施工期数据按照流程化和数据可视化两条线路统一入口，实现高度可视化的施工期综合管理，并为后期数字化交付打下基础。

（3）移动端质量管控、验评和危险源管理 App：通过基于移动端的质量管控，真正做到了施工过程全过程、全参数监控，根据施工质量实时反馈参数；验评管理实现验评资料自动派发、验评结果自动统计、基于 BIM 模型的验评资料可视化归档等功能；通过基于移动端的危险源管理，可以实现基于位置的危险源提醒、危险源标注、基于流程的危险源排查等功能，提高工地的安全等级。

（4）无人机应用：基于无人机的应用主要用于方案汇报、滑坡体处理、现场查勘、快速设计变更等，大大提高了工作效率，也使其他项目相关方更直观地了解项目、方案，更易于交底。

银奖

余姚西分 EPC 项目 BIM 协同管理创新应用

长江勘测规划设计研究有限责任公司

1 余姚西分 EPC 项目介绍

姚江上游余姚西分工程是浙江省委省政府和宁波市政府决策部署的姚江流域防洪排涝工程“6+1”工程之一，工程通过在姚江上游瑶街弄兴建调控工程，主要建设内容包括挡洪闸、削峰调控闸、应急船闸、上下闸首建筑结构及河道疏浚等（图 1）。

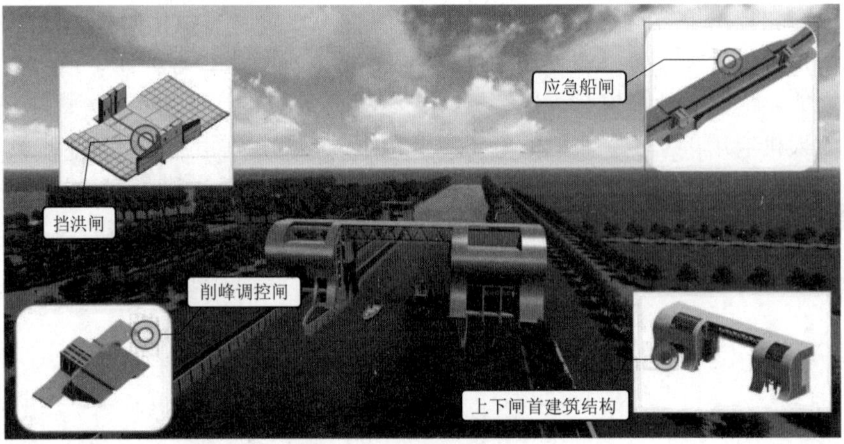

图 1 余姚西分项目示意图

余姚西分 EPC 项目的统筹管理工作量大，接受业主、监理的管理及政府相关部门的审批和监管，涉及专业众多，需要解决多项沟通协调和管理工作难题，为全面提升项目管理的效能与质量，制定 BIM+精细化协同管理解决方案。

2 余姚西分 EPC 项目 BIM 协同设计应用

2.1 BIM 应用思路及实施方案

BIM 应用策划先行，创新 BIM 组织新标准。将 BIM 与项目矩阵式管理架构相融合。项目前期制定了 BIM 实施标准，规范项目 BIM 实施工作流程、建模规则、应用要求及验收标准等。

2.2 多专业协同设计

余姚西分 EPC 项目建设内容涉及水工、建筑、给排水、暖通等多专业，借助 BIM 技术，协调沟通各专业设计，确保多专业协同设计的模型精度、深度符合要求，项目管理阶段数据传递标准化、规范化。

2.3 自主开发在线审图新模式

构建在线审图新模式，无纸化在线报审设计成果，审查意见痕迹在线留存，并输出审图意见报告附件，通过移动端、PC 端传递数据信息，项目参建相关各方数据共享，实现异地实时沟通协调。

2.4 BIM+GIS 助力可视化场地规划

利用 BIM+GIS 技术，对项目场地进行可视化规划（图 2），在线讨论，合理进行施工场地布置。建设阶段还可根据施工进度，在线对施工场地布置进行动态调整。依据场地规划成果，生成项目施工总平面布置图，指导施工场地布置和道路规划。

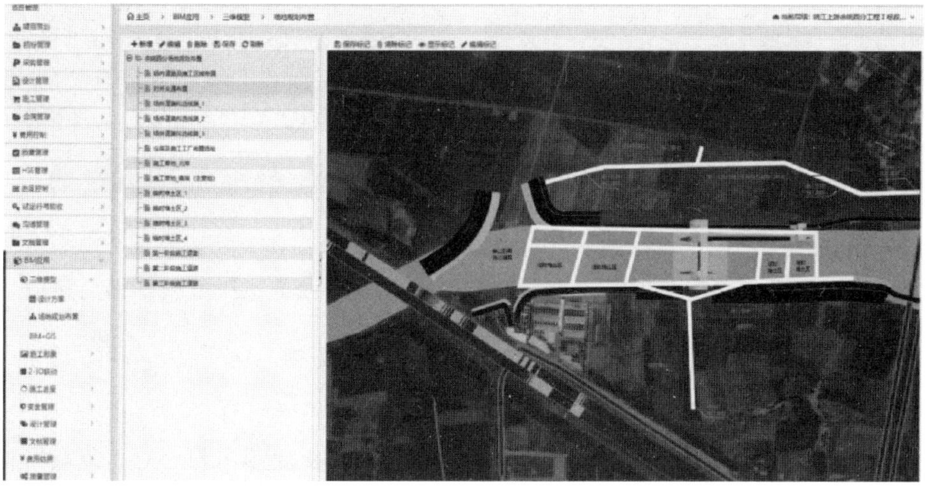

图 2　可视化场地规划

2.5 优化施工方案的可实施性

本项目应急船闸 6 号、7 号闸室段上空有 110kV 高压线通过，施工时必须考虑安全距离及电线水平摆动距离。

在论证钻孔灌注桩钢筋笼吊装施工方案时，采用一次吊装 25m 长钢筋笼，吊车距离高压线的距离为 1m，不满足安全距离要求。因此，结合桩基础钢筋笼制作和安装要求，采用一次吊装 9m 长钢筋笼方案，吊车距离高压线的距离为 13m，符合安全施工要求（图 3）。

（a）施工时一次吊装25m长钢筋笼

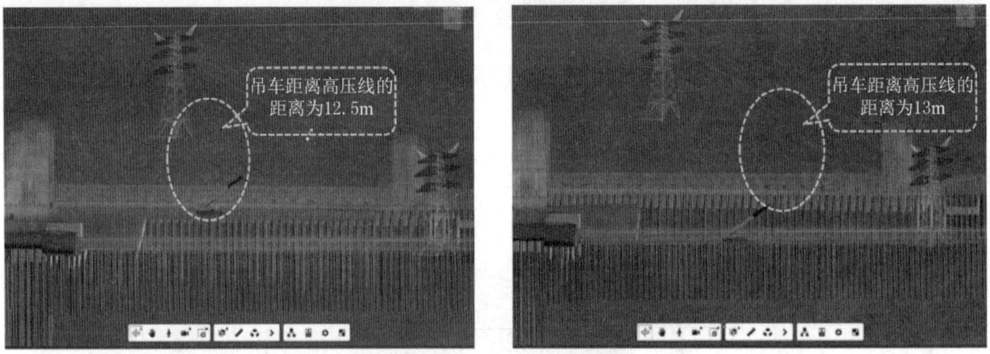

（b）施工时一次吊装9m长钢筋笼

图 3　优化施工方案的可实施性

借助 BIM 技术，可提前模拟建设期各类施工机械、设备施工方案，提前论证、优化施工专项方案，从而提升项目施工效率和安全保障。

2.6　可视化设计交底

在施工准备阶段，BIM 成果可用于设计交底、安全交底等工作。对于复杂结构、关键部位，借助 BIM 模型、二三维联动显示，帮助理解设计意图，大幅度提高参建各方沟通的效率和准确性。

3　余姚西分 EPC 项目 BIM 协同管理

3.1　自主研发 PowerPMS－BIM 协同管理平台

本项目采用了自主研发的 PowerPMS－BIM 平台解决方案，在项目实施过程中，参建各方基于 PowerPMS－BIM 平台开展精细化协同管理。

构建丰富的 BIM 模型二维码库，更便捷地传递、共享项目信息，相关人员可以异地实时查看项目信息。

3.2 进度管理

在进度管理模块中，根据项目特点、施工组织设计方案，编制项目进度计划文件。依据进度可动态模拟工程实施过程，高亮显示关键线路；进行计划进度和实际进度可视化对比，高亮显示提前或滞后的施工部位，进行提示或预警；随进度反映工程产值情况，辅助管理人员进行进度分析和后续工作决策。

根据每个月的施工进度计划，借助 BIM 模型，提前展示相应待施工的结构部位，并合理安排人、材、机等施工资源配置，规划场地布置（图 4）。

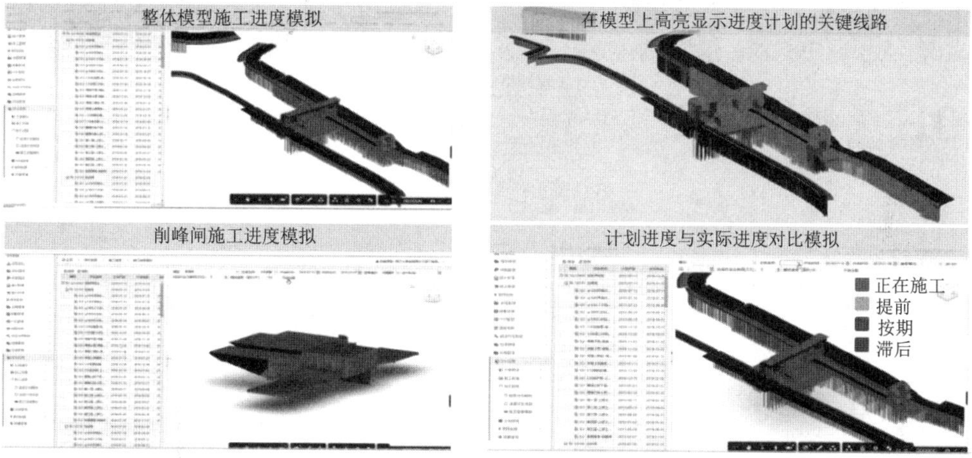

（a）动态模拟工程实施过程

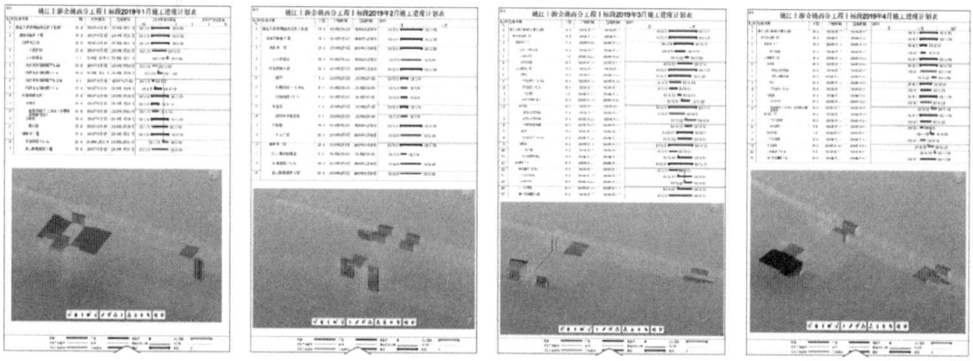

（b）提前合理安排施工资源配置

图 4　精细化进度管理

3.3 费用管理

在费用管理模块中，根据计划或实际进度，统计所选时间段完建项目的费用计量清单表，或选择模型构件，生成相应费用计量清单表。

根据每月或累计至当前阶段的工程计量，展示对应的结构主体模型，生成对应的工程计量报验单，用于施工作业的工程量及费用结算（图 5）。

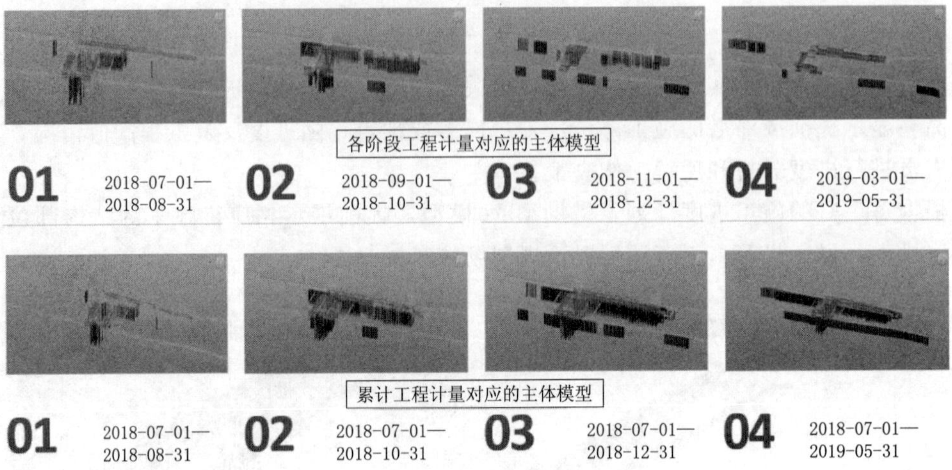

（a）展示对应的结构主体模型

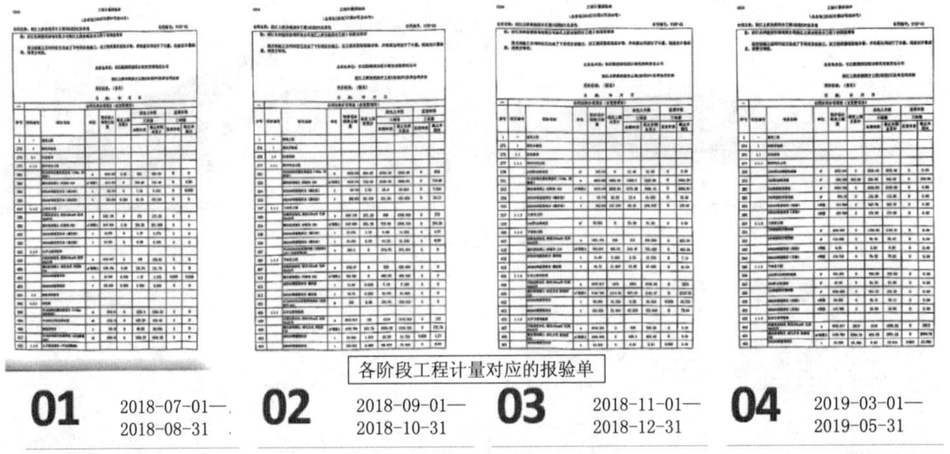

（b）生成对应的工程计量报验单

图 5　精细化费用管理

3.4　质量管理

在质量管理模块中，基于 BIM 模型完成各单元工程质量评定，可实时展示工程的质量情况。形成对应的单元工程质量验收评定表、质量评定结果和质量评定文档。

质量巡检过程中发现问题时，可对问题部位拍照取证并关联对应的 BIM 模型构件，填写质量整改通知并发起整改流程，在关联的 BIM 模型上以颜色区别显示该整改流程是否闭合，便于项目管理人员直观查看巡检情况及整改结果。

3.5　HSE 管理

现场 HSE 管理中发现的重大危险源，基于 BIM 模型，移动端实时在线填报、识别，以微信、邮件等形式将危险源信息推送至相关人员。对于现场安全交底，施工人员可以通过现场扫码，查看并获知项目现场施工危险源，做到提前预防。

3.6 文档管理

项目建管过程中产生的数据、报告单、联系单等资料，通过施工参数及文档附加功能在 BIM 模型上做好记录，形成项目唯一的资料数据库。

3.7 项目管理中心看板

基于 BIM 功能模块业务形成的项目管理中心看板，参建各方可在线进行协同管理。安全、质量、进度、费用等关键数据以图表形式直观展示，数据可穿透至相应的业务模块中，并支持物联网设备对接，为项目决策提供辅助（图 6）。

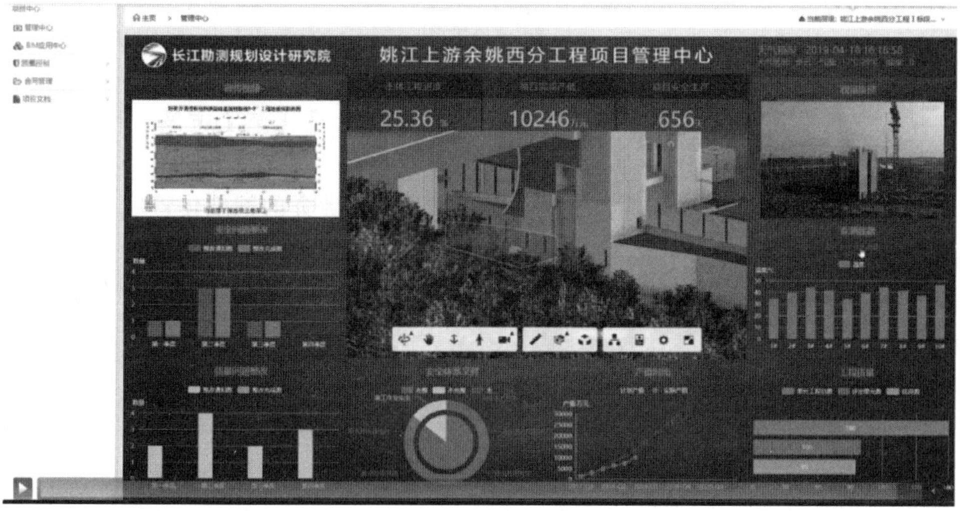

图 6　项目管理中心看板

3.8 EPC 项目 BIM 应用中心

PowerPMS-BIM 平台的项目 BIM 应用中心是各项 BIM 应用功能的展示平台（图 7），包括施工形象、计划进度模拟、实际进度模拟、质量巡检、质量评定结果展示、费用估算等内容，便于项目管理人员快速获取项目的各项建管信息。

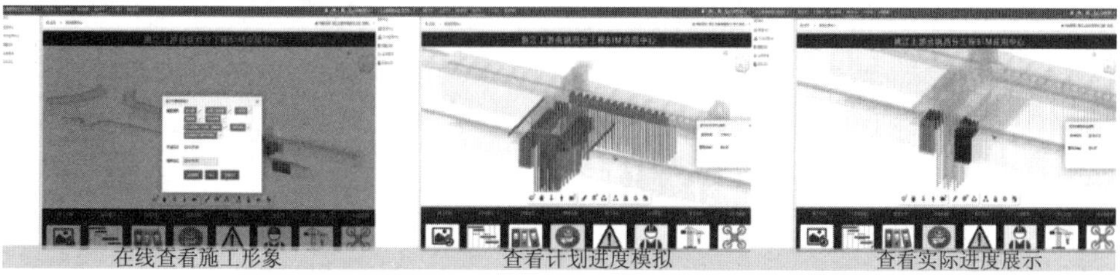

图 7（一）　EPC 项目 BIM 应用中心

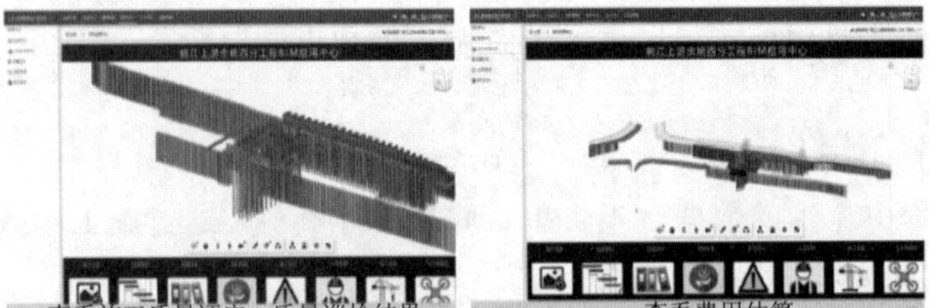

查看施工质量评定、质量巡检结果　　查看费用估算

图 7（二）　EPC 项目 BIM 应用中心

4　应用心得与总结

BIM＋精细化协同管理平台在余姚西分 EPC 项目中的应用，基于 BIM＋GIS＋IOT 的技术融合，实现了设计协同、施工优化和精细化建设管理。

自主开发在线审图新模式，实现可视化场地规划，优化施工方案，切实提高协同效率。

着力于 EPC 项目进度、费用、质量、安全、文档等业务的精细化管理，保障项目建管过程中的安全、质量可控，进度、费用可期。

立足项目管理过程本身，探索 BIM 应用对 EPC 项目的多维价值，稳步推进项目信息化智慧管理新进程。

银奖

基于BIM+GIS的智慧工地管理系统研究与应用项目说明材料

中水北方勘测设计研究有限责任公司

1 项目说明

本项目是中水北方勘测设计研究有限责任公司（简称中水北方公司）与安徽蒙城县水利局、蒙城县城市发展投资控股集团有限公司共同合作开发的集防洪、排涝、蓄水灌溉、交通航运于一体的三等中型工程，主要建筑物由节制闸和船闸组成，节制闸为大（2）型水闸敞开式结构，两孔一联共16孔，单孔净宽10m，总过流宽度160m，设计流量为20年一遇2400m^3/s，校核流量为50年一遇2900m^3/s。新建船闸为Ⅳ级船闸，设计船型为500t级，兼顾1000t级船型，船闸闸室有效尺度为240m×23m×4.20m（长×宽×门槛水深），闸室采用整体式钢筋混凝土倒“Π”型结构，顺水流向分成12节，每节分缝长度20m。

本工程始终秉承“确保大禹奖、争创鲁班奖”的创优目标，着力将本项目打造为优质工程、精品工程。为此，依托中水北方公司的信息化、智慧化技术支撑平台，针对本项目提出“互联网+、集成化、数据化、智能化”的“智慧型工程项目管理”新模式，基于BIM+GIS、物联网、云计算、无人机、智能感知等前沿科技手段开发了一套适用于本项目的“工程全生命周期智慧化管控平台”，引领前沿科学技术在水利工程项目管理上的深度融合与应用。本平台共包括“基于BIM+GIS工程项目管理系统”“全景视频监控与智能识别系统”和“基于BIM的三维可视化技术交底”三大体系（图1）。

图1 智慧工地管理系统

2 BIM+GIS 工程项目管理系统

为保证项目的整体管理水平，提高施工阶段管理效率，发挥地理信息和 BIM 技术在工程施工管理中的技术优势，开发了涡河蒙城枢纽建设工程 BIM+GIS 工程管理系统，于 2019 年 6 月底投入使用，该系统集成 BIM 技术、三维地理场景、三维倾斜实景模型等多项技术，能够使项目信息共享、协同合作、成本控制、虚拟情境可视化、数据交付信息化、能源合理利用和能耗分析方面更加便捷，实现项目进度、质量、安全、投资等实时监控和预警（图 2 和图 3），让项目的每个参与者都能够第一时间掌握项目的动态，为项目的顺利实施提供决策支持与保障，提高人力、物料、设备的使用效率。

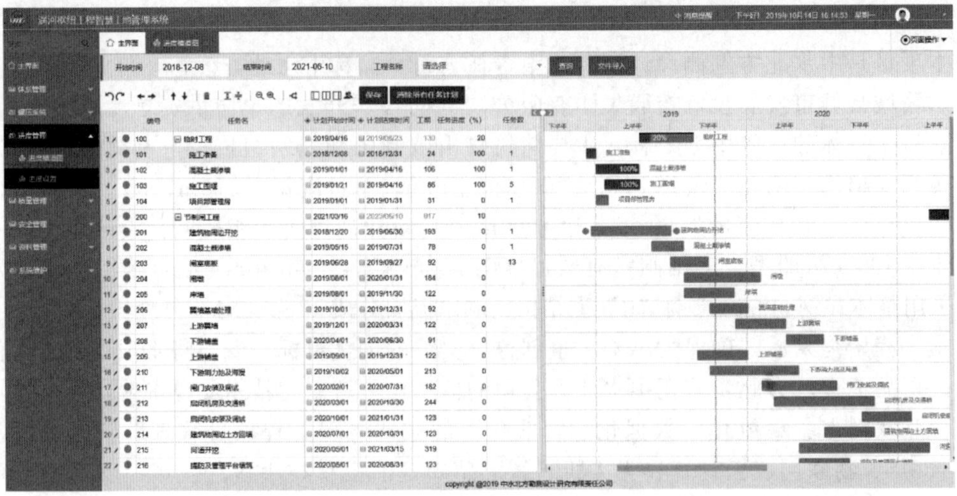

图 2　进度管理

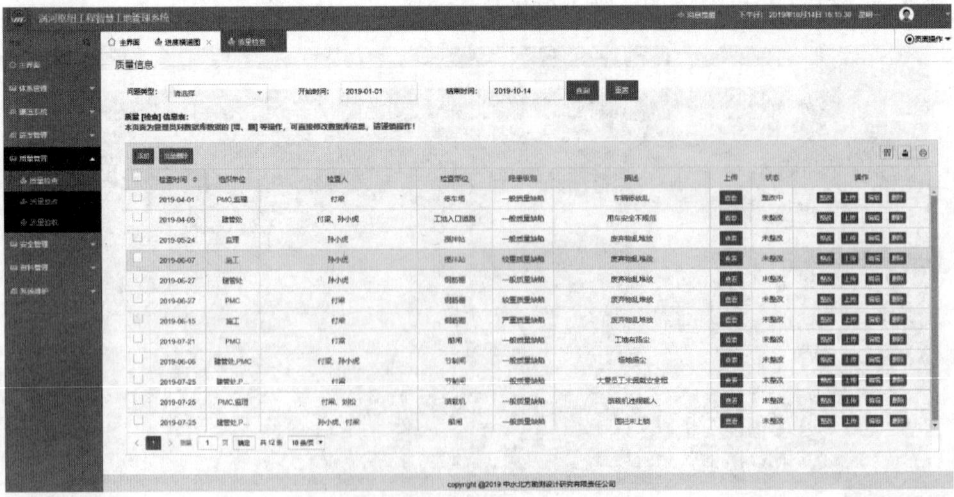

图 3　质量巡查

3　倾斜摄影技术

倾斜摄影是用于制作三维实景模型的关键技术。在借助具有高性能协同并行处理能力的数据处理系统的情况下，可快速建立能够反映地物的外观、位置、高度等属性的三维实景模型。倾斜摄影技术可以有效地降低三维模型构建成本，缩短三维建模工作周期。

利用无人机倾斜摄影技术，建立不同时期（时间轴）涡河蒙城水利枢纽工程三维实景模型，动态展示涡河蒙城水利枢纽工程各个阶段的建设和进展情况，并为 BIM+GIS 平台提供精准的区域地形影像数据。

4　基于 BIM 的可视化技术交底

传统的技术交底通常以文字描述或口头讲授为主，尤其对于一些抽象的技术术语工人容易错误理解，造成返工，影响施工质量和进度。

本工程针对 12 个关键部位及复杂工艺工序采用 BIM 技术建模，进行反复模拟，找出最优方案，利用三维可视化模拟对工人进行技术交底。

例如，在本工程的闸基截渗墙施工中，由于截渗墙的防渗效果直接影响到节制闸的渗流稳定性，对墙体质量要求较高，因此本工程采用基于 BIM 的三维仿真动态模拟技术对截渗墙施工工艺流程进行可视化模拟，针对流程中的关键环节进行直观展示。

船闸闸墙施工采用整体移动式大型钢模板工艺，支撑系统采用“Π 式龙门架+钢模+型钢围囹+对拉螺栓”结构，该龙门架及模板系统安装施工工艺较为复杂，采用 BIM 技术对龙门架安装及高大模板布置和施工进行可视化模拟，提高了模板施工的安全性及经济性。

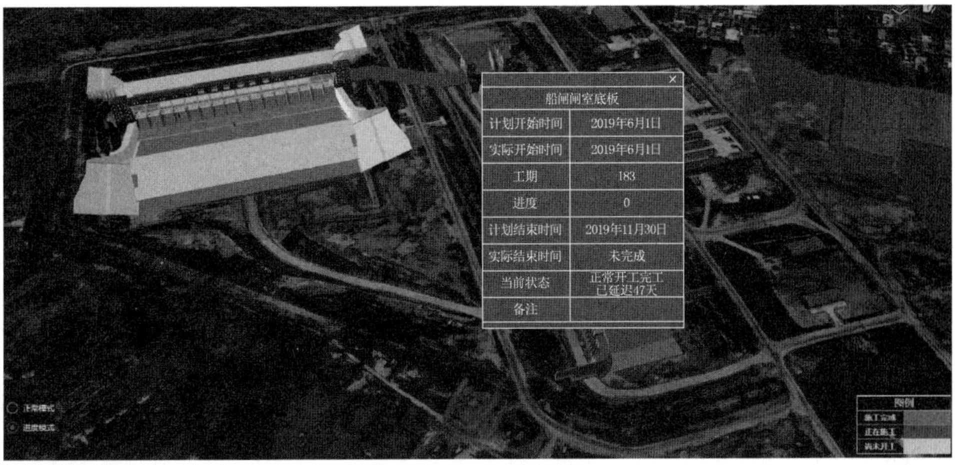

图 4　基于 BIM 的进度提醒

通过 BIM 三维技术交底，工人可以更好地理解施工工序，交底内容得到更好的贯彻，避免了由于工人理解偏差导致的返工和窝工等情况（图 4）。

5　全景视频监控与智能识别系统

本工程视频监控系统包括人脸识别、车辆识别、智能安全帽和场景化视频监控四部分。

（1）人脸识别系统对进出施工场地的人员自动进行识别记录，将信息化手段融入劳务管理中，为劳务成本核算提供真实可靠的数据分析，既可以避免无关人员进入施工场地，又可以进行考核和安全管理。

（2）车辆识别系统可以对车辆进行自动识别，保存车辆进出记录，为材料管理、环保管理、弃土运输管理等工作提供有效数据。

（3）智能安全帽系统采用物联网、人工智能、大数据、移动定位等技术，让前端现场作业更加智能，让后端管理更加高效，实现了前端现场作业和后端管理的实时联动、信息的同步传输与存储，以及数据的采集与分析。后端管理人员可以实时掌握作业人员的位置和工作状况，有效保障了作业安全，提高了工作效率和管理效率。

（4）场景化视频监控系统采用高清球形摄像头，从高空全景监测，使现场作业、形象、进度一目了然。

6　项目设计及软件应用中的总体情况、特点、创新点、心得

6.1　总体情况

（1）利用Bentley平台进行施工期BIM应用，采用AECOsim进行船闸和节制闸深化设计，Geopak进行场地设计。

（2）BIM数据是三维GIS的重要的数据来源，能够让三维GIS从宏观走向微观，实现精细化管理。

（3）基于BIM+GIS技术，以及各种智能感知设备的应用，大大提升了智慧工地的信息化水平和管理水平。

6.2　创新点

（1）利用BIM进行施工期模型深化设计、分层分块统计工程量、施工场地布置、施工方案模拟和三维可视化技术交底，提高了施工效率和管理效率。

（2）基于BIM模型和数据库技术，结合施工方案划分模型和添加信息，融合了质量、安全、进度、成本等信息，使用户能便捷地获取某一施工区的各项信息，使进度、质量、成本等信息一目了然。

（3）运用GIS的倾斜摄影实景3D模型的方式计算土方开挖与回填工程量，在直观有效地开展土石方的挖运分析与运算基础上，实现土方平衡计算的精确化与精细化。

（4）基于BIM+GIS技术进行施工进度模拟，将施工过程按照时间进展进行可视化模拟，通过动态施工模拟可减少施工冲突，优化施工方案，有效进行进度管控。

7 应用心得与总结

基于 BIM+GIS 构建了“智慧型工程项目管理系统”，推动工程管理从传统的微观管理方式向现代化、智能化、宏观化管理方式迈进，使得工程数据可视化、施工进度形象化、项目成本具体化。可以大大提高工程管理的针对性、有效性。实现了信息的互联互通和数据的交互共享，极大地提高了信息的准确性和传递效率，为多部门之间的协同合作搭建了沟通的桥梁，全面提升管理效益。

运行维护篇

金奖

数字化设计及全生命周期管理技术在浙江仙居抽水蓄能电站中的应用

华东勘测设计研究院有限公司

1 项目概况

仙居抽水蓄能电站位于浙江省仙居县湫山乡境内，为一座日调节的抽水蓄能电站，总装机容量 1500MW（4×375MW），属一等大（1）型工程，为国内目前最大单机容量的抽水蓄能电站。工程动态投资为 58.51 亿元，静态投资为 48.91 亿元。电站枢纽由上水库、输水系统、地下厂房、地面开关站及下水库等建筑物组成。输水系统采用两洞四机的布置方式，地下厂房布置在输水系统中部，洞群包括主副厂房洞、主变洞、母线洞、尾闸洞、500kV 出线洞等洞室，图 1 为仙居地下厂房洞群枢纽图。电站于 2010 年 12 月 17 日正式开工建设，2016 年 6 月 7 日首台机组正式投入商业运行。

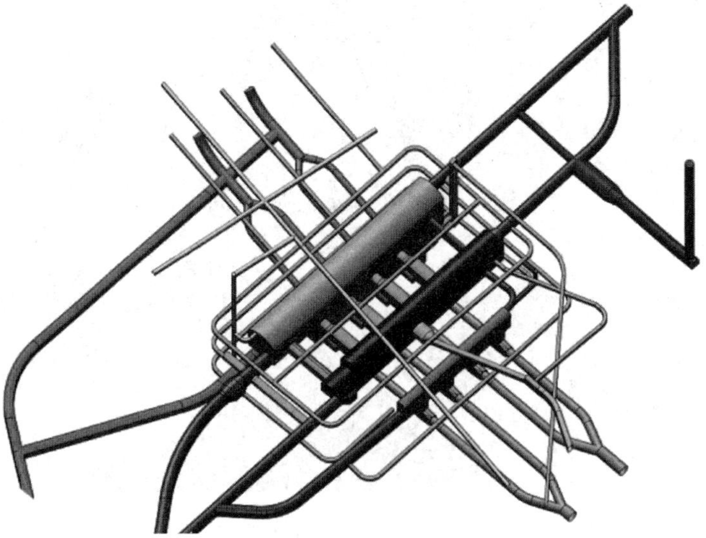

图 1　仙居地下厂房洞群枢纽图

工程以实现全生命周期数字化应用为目标导向，全面开展三维数字化设计、设计施工一体化应用、工程数字化移交应用、工程全生命周期管理研究与应用等工作，成为国内第一个全面实现数字化交付、全生命周期管理的抽水蓄能电站。

2 项目应用情况

本项目涵盖了仙居抽水蓄能电站工程的全部三维设计和数字化电站应用内容。采用Bentley软件进行三维设计，应用范围包括地质三维数字化设计、枢纽三维数字化设计、工厂三维数字化设计、工程数字化移交等水电站主要设计领域，实现了从三维设计建模、三维校审、三维出图等数字化设计基础应用。同时将三维模型进行集成，以统一的、轻量化数据格式发布至移动客户端、网页端，并延伸至工程数字化移交及全生命周期管理应用。

本项目是国内水电行业第一个全面实现三维数字化设计、设计施工一体化、工程数字化移交、工程全生命周期管理的成功案例，实现了革命性的技术创新。

2.1.1 倾斜摄影应用

仙居抽水蓄能电站项目采用先进的倾斜摄影测量技术，采用Bentley公司的Context-Capture实景三维建模软件对电站所在区域进行了较大范围的实景三维模型生成（图2)。华东勘测设计研究院多年来致力于Bentley系列设计软件的深入应用及开发，在实现高效生成三维模型的同时，还做到了Bentley平台下倾斜摄影数据与设计模型集成，大大延伸了倾斜摄影技术的应用范围。

图2 仙居抽水蓄能电站倾斜摄影成果

倾斜摄影技术为水电站的3D形象展示、环境地形分析、灾害影响模拟分析和应急响应决策支持等领域提供了新的思路和技术手段。图2为仙居电站倾斜摄影成果，此次在仙居抽水蓄能电站的成功应用，有效论证了该技术的可操作性，为今后更大范围地推广倾斜摄影技术提供了有力的案例支持。

2.1.2 设计施工一体化

2.1.2.1 施工进度与成本管理

工程施工进度与成本管理模块通过将三维全信息模型与工程计划进度及实际施工进度相结合，借助计算机仿真分析手段对影响实际施工进度的因素进行量化模拟分析，实现融合了工程进度信息、工程量及费用信息的5D数字施工模型的三维动态仿真展示，同时可利用三维模型就计划进度和实际进度进行三维施工面貌、工程量投入、费用投入等对比分析（图3）。

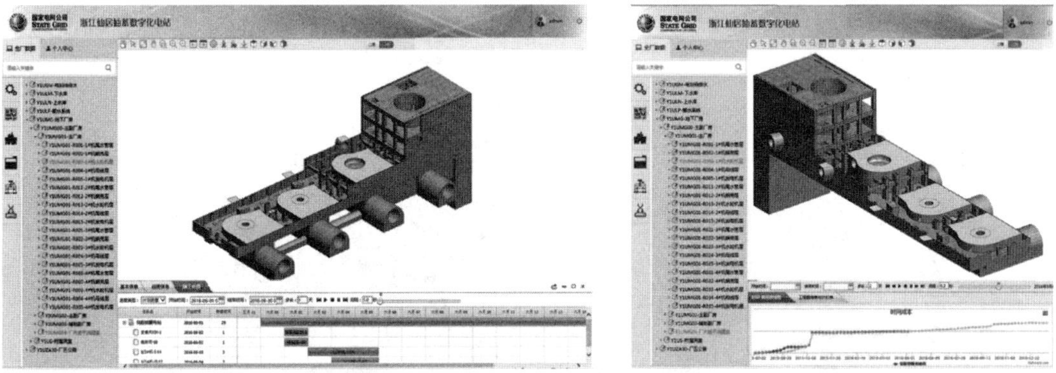

图3　施工进度与成本可视化综合展示

2.1.2.2 移动端电站信息综合展示

将电站全专业的三维模型进行集成，以统一的、轻量化数据格式发布至移动客户端(iPad)，将图纸、规范、图片、文档、进度计划等内容集成至三维模型中，借助移动设备的便携性，实现三维模型“近距离”接触工地现场、踏勘现场，发挥三维模型的工程指导及检查作用。图4为移动端电站施工信息及面貌的三维综合展示。

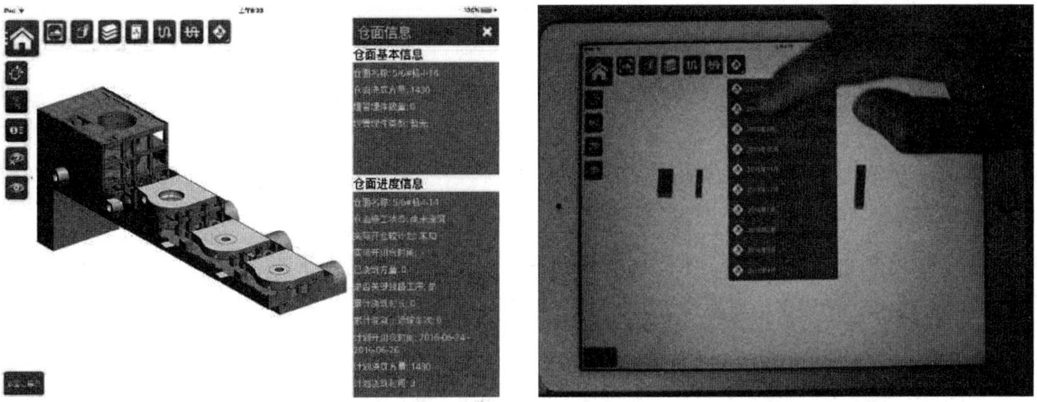

图4　移动端电站施工信息及面貌的三维综合展示

2.1.3 数字化移交及数字化资产管理应用

基于国内外数字化移交标准研究，结合仙居抽水蓄能电站的管理需求，制定针对国内抽水蓄能电站的数字化移交标准，建立数字化移交管理系统，包括移交计划管理、移交任务管理、移交流程管理及数据移交等，实现基于三维数字化技术的对电站相关的模型、文档、结构化数据等进行规划、搜集、整编、质量校验、发布等功能。数字化移交可以将建设期的工程数据有效地为运行期服务，开创了一条结合建设项目数据管理和运行服务数据要求相结合的新道路。

图 5 为仙居抽水蓄能电站设备资产管理页面。基于三维可视化技术的资产管理系统的应用继承多种静态和动态数据，实现资产全生命周期的统一化管理，能够从全过程控制资产的状态，利用三维可视化技术进行空间位置的对应和外在形象的表述，将资产管理的水平提高了一个层次。

图 5　设备资产管理页面

2.1.4 工程全生命周期管理系统建设

仙居抽水蓄能电站率先引入工程全生命周期管理理念并启动相关技术研究，首个提出基于 HydroStation 工程三维数字化协同设计平台和电站三维全信息模型的工程全生命周期管理解决方案，围绕覆盖工程全过程的工程数据中心，建设物联网、云服务等新一代信息技术为特征的工程全生命周期管理系统，创新提出统一编码服务的工程数据中心、三维全信息模型轻量化发布、数字化设计与施工管理一体化、智能三维数字化档案等技术，核心解决工程数据信息跨阶段、跨单位、跨平台损失问题，实现集团型企业和设计施工总承包项目的数据共享利用，促进工程行业信息化发展。

工程全生命周期管理以工程数据中心为基础数据平台，结合三维数字化模型，建立资产管理系统及大坝安全监测系统、状态监控管理系统和其他子系统。

通过工程全生命周期管理系统的建设，打破设计、施工、运维阶段工程数据信息以图纸报告作为主要交付物的传统，创导工程数字化生产管理模式，使工程设计、施工、运营业务不断向数字化、自动化、智能化发展，充分利用新一代信息技术实施工程数字化移交、大数据云中心托管服务等新型业务，进一步提升工程咨询行业服务水平。

2.1.4.1 工程数据中心

为了能够使各业务数据能够实现共享，建立用于存储和管理电站各类信息数据、对外提供各种数据统一访问服务的数据库和数据服务框架，形成工程数据中心。包括主数据服务、编码服务、静态文件存储服务、模型服务等。

2.1.4.2 大坝安全监测子系统

大坝安全监测管理子系统是通过各种信息化技术手段，对与大坝运行安全相关的变形、渗流、内观、环境量等各类监测项目的监测数据进行统一采集、处理和分析，并通过短信预警等手段提醒管理人员，大大提高大坝运行管理人员的工作效率，节约水电站运营成本。该子系统包括大坝安全监测数据实时监测、监测数据分析、数据异常报警等功能模块。大坝安全监测子系统页面如图 6 所示。

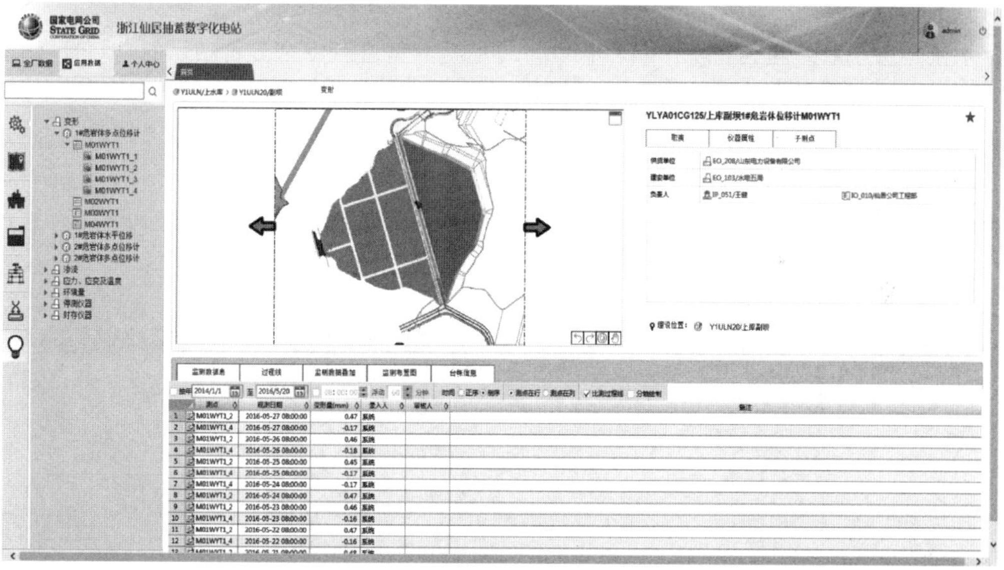

图 6 大坝安全监测子系统页面

2.1.4.3 机组状态监测子系统

机组状态监测子系统是基于三维可视化技术建立水泵水轮机、发电电动机主要部件简化模型，根据监测布置图建立状态监测系统所有测点模型，并进行编码，以测点作为数据入口，通过工程数据中心获取厂家的状态监测数据，并对机组状态监测数据进行处理和分析，以图表信息的方式为机组运行管理提供信息数据和决策分析的系统。该模块包括机组实时状态监测、监测数据分析、数据异常报警、故障诊断及状态报告等功能内容。机组状态监测子系统页面如图 7 所示。

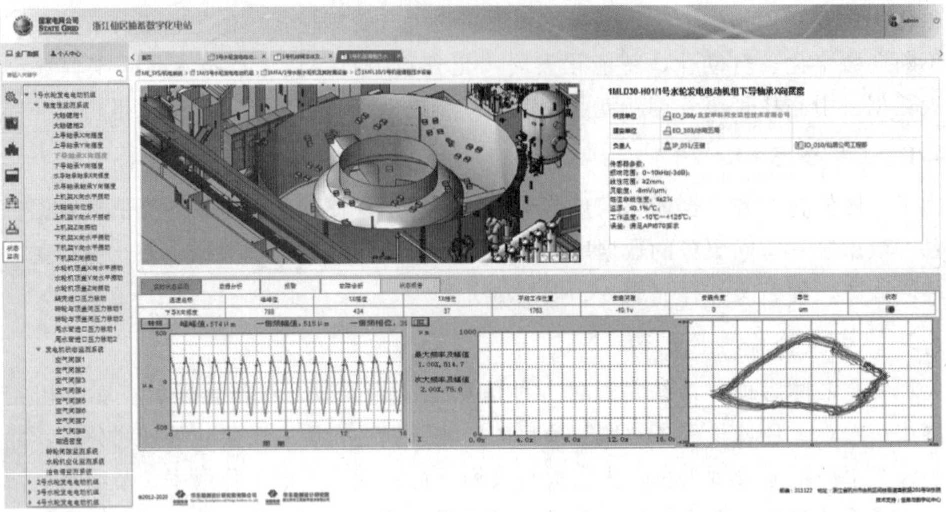

图 7　机组状态监测子系统页面

2.1.4.4　水工巡检子系统

水工巡检子系统是通过三维可视化技术将巡检数据进行综合分析展示的电站日常管理子系统，其目的是掌握建筑物或设备运行状况及周围环境的变化，发现设施缺陷和危及安全的隐患，及时采取有效措施，保证水工建筑物的安全和电站运行稳定。通过水工巡检子系统可确保巡检工作的质量，提高巡检工作的效率，该系统包括巡检数据采集、巡检数据分析展示、缺陷管理等基本模块。图 8 为水工巡检子系统页面。

图 8　水工巡检子系统页面

2.1.4.5 机电设备虚拟检修培训子系统

通过虚拟现实技术，将电厂球阀设备精细模型发布为可交互三维模型，结合电厂设备检修工艺流程为电厂开发了机电设备虚拟检修培训子系统。通过可视化技术展示机电设备，将其复杂的构造、烦琐的检修工艺以动画的形式进行演示，提高电厂管理人员的感性认识，通过考试模块加强学员检修流程和业务技能的学习。

2.1.5 标准体系

为确保水电工程全生命周期管理能够得到有效实施，近年来，华东勘测设计研究院在借鉴国内外现行的三维数字模型建模、数字化移交、资产管理、编码等标准的基础上，结合本项目逐渐建立起涵盖三维数字化设计技术与组织、软硬件及信息安全、数字化业务及应用的综合性技术标准体系（图 9）。

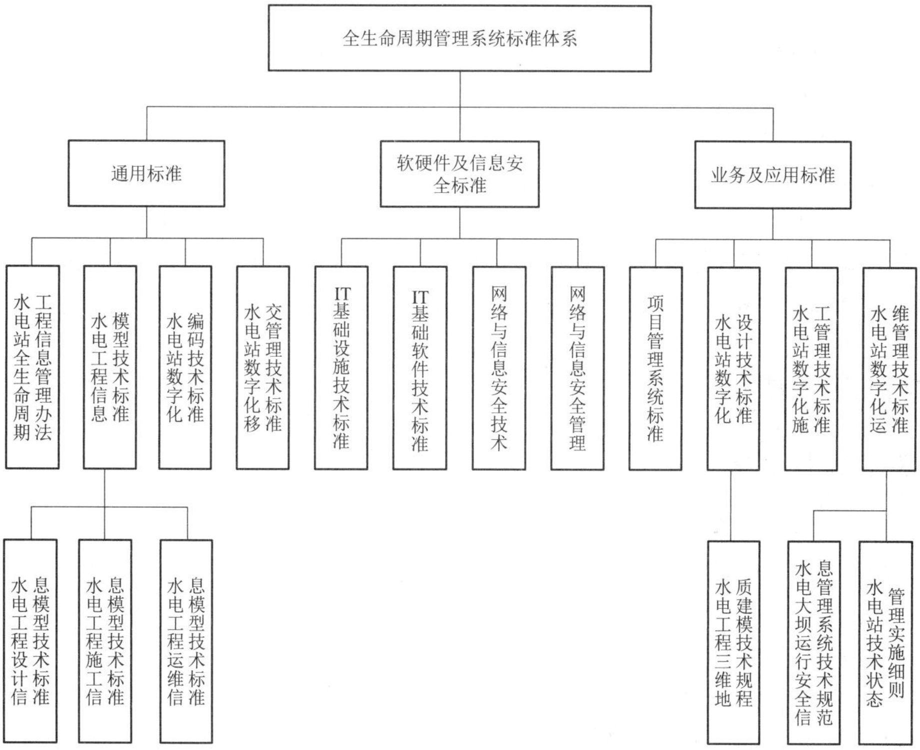

图 9　水电全生命周期管理系统标准体系框架

3 应用心得与总结

三维数字化设计和工程全生命周期管理是工程设计的新起点，引领着工程建设和运维手段的全面革新，延伸出巨大的数字化设计、施工、运维咨询业务市场。华东勘测设计研究院在仙居工程中所取得的技术成果和实践经验已经形成了完整的技术体系和系统平台，并取得了极大的综合效益，建议在工程行业内广泛推广使用。

金奖

"BIM+"跨平台技术在南水北调水污染突发事件应急处置中的应用

河南省水利勘测设计研究有限公司

1 项目概况

南水北调工程是国家重大战略性工程。目前，中线工程已惠及北京、天津、石家庄、郑州等沿线19座大中城市、5310多万居民，成为沿线城市的生命线。近年来突发性水污染事件时有发生，严重威胁供水安全。

为提高突发水质污染事件时的应对效率，受中线建设管理局北京分局委托，我公司以BIM模型为基础，以水力学、河流动力学为核心，结合GIS、无人机实景建模、实时推流直播、智能语音播报等信息技术，开发了"水质突发事件应急处置决策支持系统"，实现三维可视化的水质污染扩散展示，为水质突发事件的应急处理提供了科学快速的决策支持。

2 项目应用情况

2.1 项目设计及总体情况

为实现平台功能，项目组采用Bentley BIM平台的多种软件进行模型构建，采用水利计算分析软件进行水利专业模型构建，并基于GIS平台进行功能开发，具体实施过程如下：

(1) 资料收集。收集和整理南水北调中线总干渠水北沟渡槽至北拒马河暗渠渠首段的已有工程设计资料和运行资料。

包括：地形图、渠道平、纵断面图、输水建筑物设计图等，用于建立系统所需的BIM模型；各渠道、各建筑物的水力特性表，用于参与水动力学模型构建；闸门调度参数、最大开度、实时流量等运维信息，用于整合形成BIM模型中包含的信息。

(2) 实景模型构建。由于现有地形数据无法满足水力学计算所需的高精度要求，项目组利用无人机实景建模技术，获取项目渠道周边、退水闸下游河道的高精度实景模型（图1），作为水力学计算和扩散模拟的基础。

倾斜摄影范围包括，项目范围内13.5km渠道两侧各400m，北拒马河暗渠退水闸下游河道5km。为进行地理位置和高程配准，事先使用专业测量仪器精确布置地面控制点。项目中采用固定翼无人机实施快速、大范围航测，配合多旋翼无人机获取重点建筑物各角度的高清影像，保证了项目进度。

图 1　项目实景模型

（3）BIM 模型构建。为解决由水面反光等原因造成的渠坡、水体、桥梁等实景模型变形的问题，项目组采取 BIM 模型与实景模型相结合的方式展现工程全貌。项目 BIM 模型如图 2 所示。

模型建成后，在 GIS 平台中对实景模型进行压平、分割等操作，用带有坐标信息的 BIM 模型替代实景模型，实现 BIM、实景模型融合展示。

图 2　项目 BIM 模型

（4）水利专业模型开发。以项目 BIM 模型、实景模型为基础，转换为 DEM 数字地面模型导入水利专业软件，构建高精度的一维水动力学闸站联合调度模型、污染体对流扩散模型、退水淹没演进模型，如图 3 所示。模型构建完成后，经开发使其融入系统成为平台的数据来源，并根据应急处置业务流程需要，进行污染物扩散和退水洪水的在线模拟计算和结果输出。

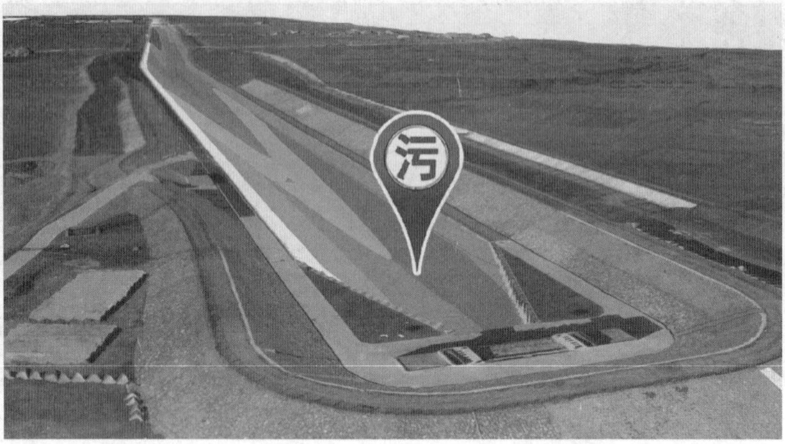

图 3　水利专业模型成果

（5）系统开发。系统基于 B/S 模式开发，面临模型体量大、浏览器效率低等问题。鉴于此，系统在 GIS 平台内整合 BIM 和实景模型，利用 BIM 轻量化、实例化技术、分割瓦片、增加 LOD 等技术手段，降低三维场景的瞬时数据流量，提高场景流畅度。

以此为基础，利用数据库在 BIM 模型上挂接工程资料、应急物资、人员配备等各种信息，在场景内叠加污染物扩散和退水洪水计算结果图层，增加交互操作，实现数据的二维、三维可视化展示和自由查询。

系统采用数据大屏的前端布局，主界面（图 4）划分多个窗口同步显示实景模型、BIM 模型、模拟结果数据等，方便管理人员全方位掌控信息。平台内还加入了无人机现场直播、模拟结果智能语音播报等功能，满足应急处置各项需求。

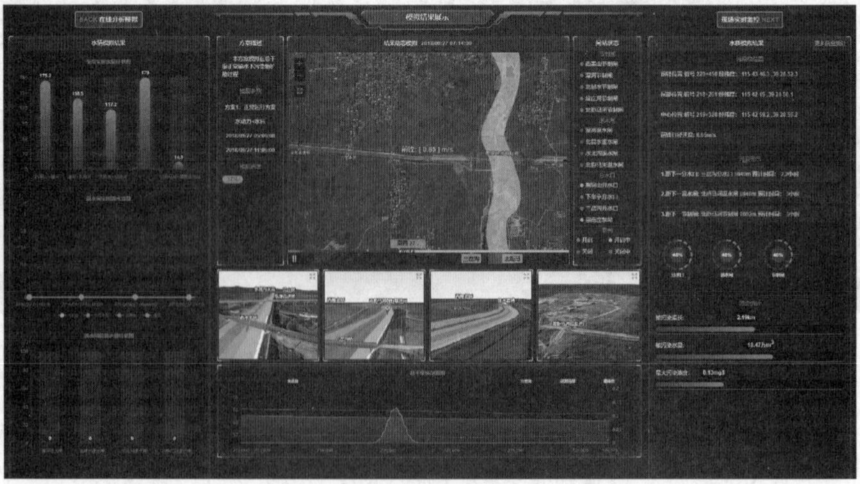

图 4　系统主界面

2.2 特点和创新点

(1) 创新点一。项目中以 BIM 模型、实景模型导出的 DEM 为基础进行水力学模型计算，提高了计算网络的剖分细度和计算精度，可以更真实地模拟污染物扩散和退水淹没演进过程，为辅助决策提供了有力支撑。

(2) 创新点二。项目基于 BIM 模型搭建三维可视化场景，叠加水利专业模型计算成果，实现了直观的数据可视化展示。

(3) 创新点三。项目将 BIM 技术与其他先进信息技术相结合，应用在重大基础设施的应急决策与管理中，取得了良好效果，具有开创性。

(4) 创新点四。项目将 BIM 成果融合在系统中向业主进行交付，实现 BIM 的技术附加值，具有行业参考意义。

3 应用心得与总结

目前"南水北调中线水质应急处置决策支持系统"已在 2018 年 9 月 26 日开展的中线工程水质污染突发应急演练中成功应用（图 5），应急演练中控为应急处置提供了重要决策支持，系统提供的三维数据可视化展示、污染物扩散在线模拟等功能受到专家领导一致好评。

图 5 水质污染突发应急演练中控现场

基于 BIM 技术开发的应急处置决策支持系统的成功应用，节省了大量人力、物力和时间，初步估算每次的突发水质污染事件中，可为决策和处置节省经费约 300 万元。并可提高南水北调中线干线管理应急处置水平，为确保南水北调中线干线工程的安全运行、保障居民用水安全做出了重要贡献。

银奖

杭州市第二水源千岛湖配水工程项目说明

浙江省水利水电勘测设计院

1 项目概况

杭州市第二水源千岛湖配水工程从千岛湖淳安县境内取水，通过输水隧洞将千岛湖水引至杭州市余杭区闲林水库，为下游原水输水工程提供优质千岛湖水，同时在输水线路途中向建德市、桐庐县及富阳区部分区域供水。在 2020 年水平年供水规模下，输水线路重力自流到闲林水库，进水口水位为新安江电站发电死水位 86.0m，闲林水库取汛限水位 69.5m，设计流量为 38.8m^3/s。

本工程为Ⅰ等工程，主要建筑物包括千岛湖进水口、千岛湖-闲林水库输水建筑物、分水口、闲林出口流量控制及调压设施、闲林水库取水口等，为 1 级建筑物，次要建筑物为 3 级建筑物。

2 项目应用情况

2.1 项目设计及总体情况

（1）正向 BIM 应用。千岛湖配水工程输水线路总长约 112km，沿线布置进水口、事故检修设施、分水口、放水阀室、控制闸、电站和配水井等 45 个建筑物，均采用三维协同设计，建立 LOD300、LOD400BIM 模型。

将进水口分层取水闸模型（图 1）导入 Flow 3D 软件进行水力学计算，研究在不同水位下，开启相应高程闸门后，闸室冲水及隧洞排气过程，验证结构型式的合理性。

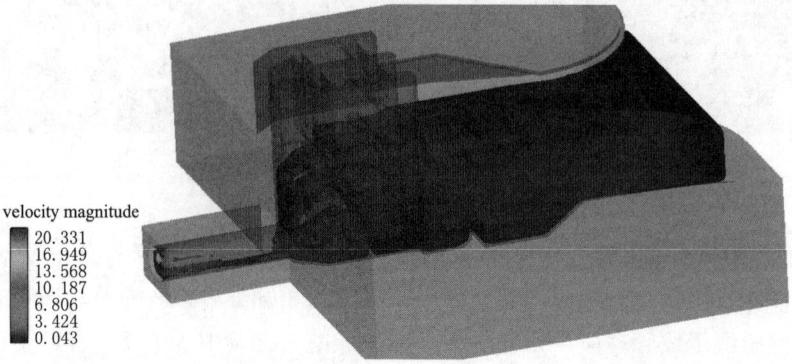

图 1　进水口分层取水闸模型

流量调节阀室及能源回收电站是本工程重要的流量控制与消能建筑物（图 2），结构布置复杂。地质、水工、电气、水机、金结、建筑进行全专业 BIM 协同设计，模型精度达 LOD400。

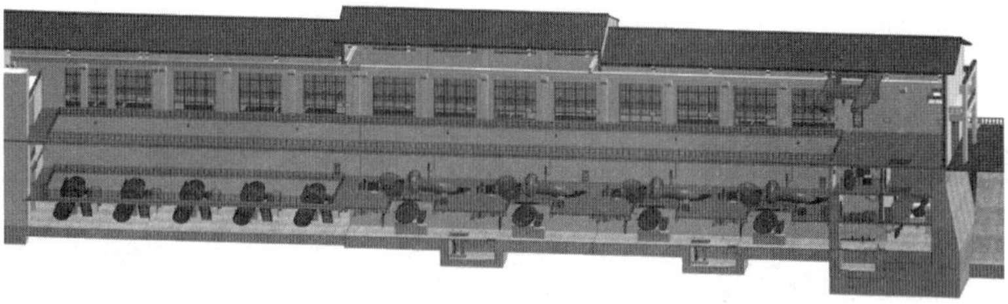

图 2　流量调节阀室及能源回收电站模型

利用地质软件的离散光滑插值技术创建电站地层曲面，实现了土石方量分类计算（图 3），为电站基础型式选择提供了可靠、直观的依据，同时简化了地质纵横剖面交点处分界线深度校正的烦琐工作。

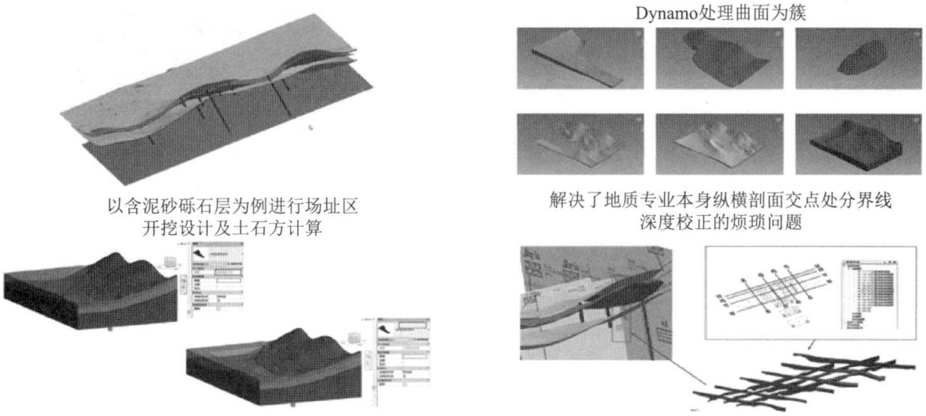

图 3　土石方量分类计算

借助 Revit 的 MEP 组件完成消防供水、技术供水和低压空气压缩等系统的管路布设（图 4）。利用专业插件进行电缆敷设并导出电缆清册，解决了电缆精准计量的问题。用碰撞检查功能分析机、电管线布置的合理性，完成管综优化设计，提升设计质量。

图 4　管路布设

采用数字化交付（图 5），模型轻量化发布至我院自主开发的平台，形成数字孪生工程，供参建各方浏览和查询工程信息。应用平台的施工仿真模块，在开工前按照进度计划模拟项目建造过程，起到优化施工组织设计的作用。利用 VR 技术，将 BIM 模型转变成手机等终端 VR 场景，提供身临其境的直观体验，实现一模多用。

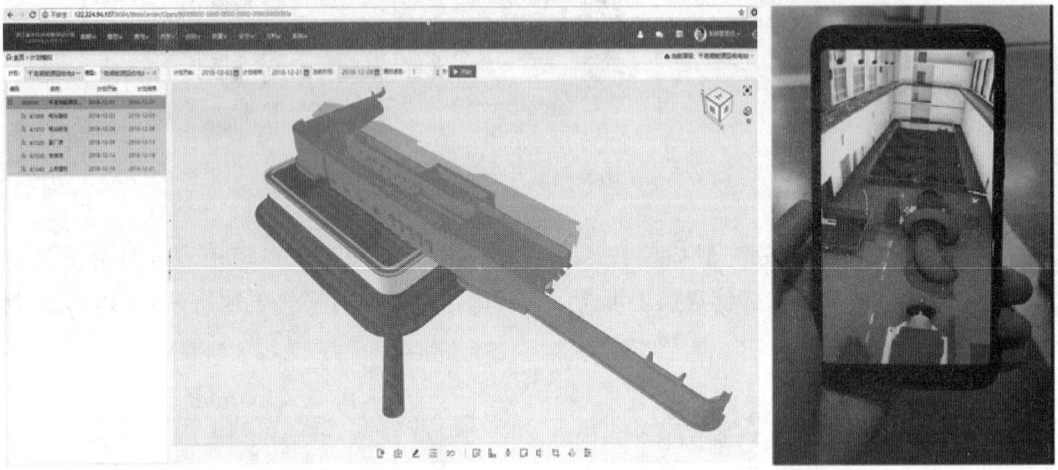

图 5　数字化交付

本工程引水线路长，建筑物类型多。采用标准化设计，积累了丰富的族文件，大大增强我院 BIM 族库的完整性（图 6），为形成整体的效率提升奠定基础。

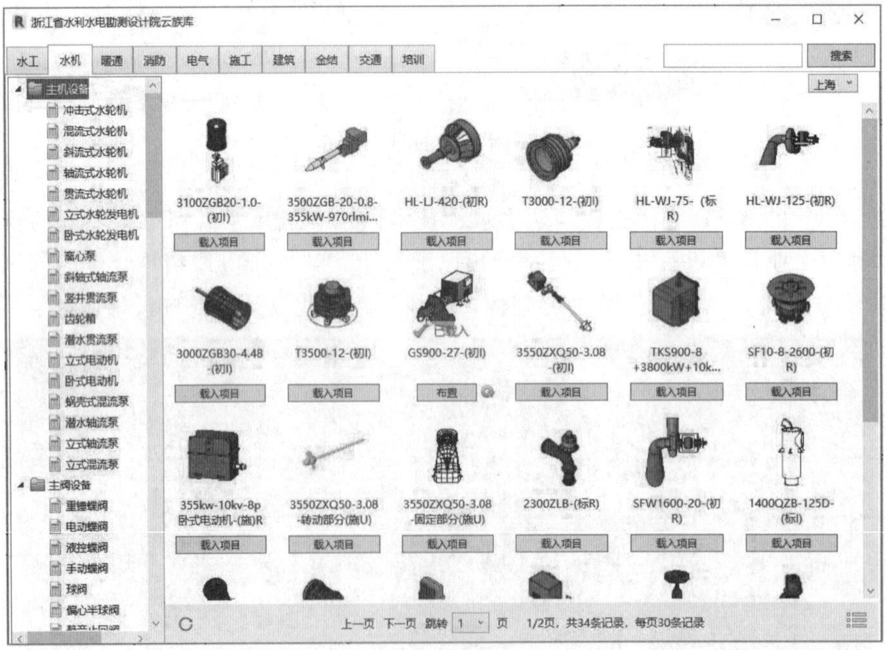

图 6　企业族库

(2) 运维应用。本工程安全保障要求高、运维管理难度大，专项投资约7000万元，建设“千岛湖配水工程智慧管理综合平台”(图7)。平台以工作流为基础，以BIM模型为载体，将离散的运维数据转化为彼此关联、可高效处理的结构化数据库；并围绕运维的需要，应用物联网、二维码、移动互联、异构系统集成等技术，将闸阀监控、设备状态监测、视频监控、水质水情监测等统一展示，实现运维信息的集成与共享。

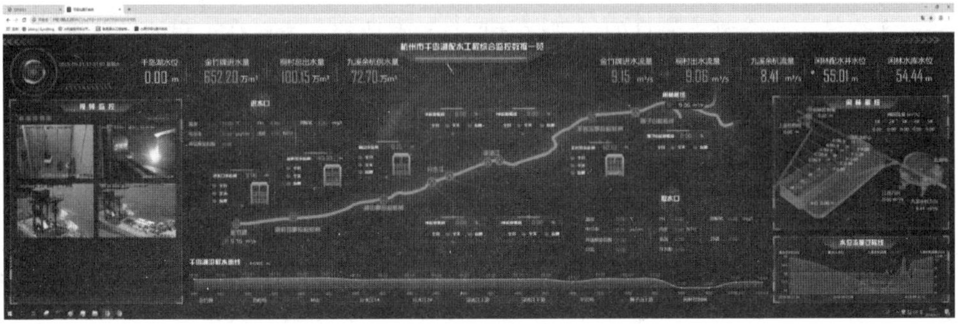

图7　平台界面

BIM与GIS融合，创建千岛湖配水工程全线三维可视化场景(图8)。利用平台的距离测量、隔离显示、场景漫游、空间分析等功能，对工程全貌与内部构造进行全方位阅览。根据实时数据在三维场景中展示当前输水过程，包括管道水流的实时状态、闸阀启闭、泵站运行过程等，实现整条输水线路运行状态的可视化管理。

图8　三维可视化

通过Revit二次开发的导出插件，在满足运维精细度要求的前提下，对模型进行最大程度的轻量化处理，压缩率达11%左右，保证模型的快速加载和流畅运行。应用自主开发的BIM模型分类编码系统，为模型的每一个构件赋予唯一的编码，并包含管理分区、建筑物、专业等信息，在平台中自动生成模型树。点击模型树中任一层级，能够快速聚焦、定位，实现模型的统一管理和便捷查找。

借助模型树进行安全监测管理，可直观展现全线任一测点的空间位置，查询仪器型号、实时监测值、预警值等，并提供数据超限预警提醒功能。

平台提供多途径的设备信息管理功能，辅助用户将工程信息批量地录入或修改，形成运维知识库。将日常维护记录与BIM模型相关联，形象展示实时指标数据、日常维护工单、设备台账、设备维修次数等，提高管理效率。

目前，千岛湖配水工程智慧管理平台已投入试运行，以模型为纽带进行各类运维数据的共享，实现了工程全要素信息的可视化管理与动态监控，为提高工程的智慧管理水平提供了技术保障。

3 应用心得与总结

杭州市第二水源千岛湖配水工程是关系近千万居民饮水安全、健康及钱塘江水资源科学配置的重大民生工程，对提高杭州等地的饮用水源水质、确保供水安全具有重要意义。通过本项目的建设，杭州市区将形成千岛湖、钱塘江、东苕溪联合供水、互为备用的多水源供水格局，并为实现分质供水打下基础，让杭州人民喝上放心水、优质水。

银奖

茜坑水库BIM+GIS智慧库区平台项目

深圳市北部水源工程管理处　上海宝冶集团有限公司

1　项目概况

茜坑水库地处深圳市龙华区，始建于1993年，于2000年进行扩建，当前总库容1916.8万m^3，是以供水为主、兼顾防洪的大型水利工程。

本项目为茜坑水库BIM+GIS智慧库区平台项目，是以茜坑水库为试点，基于水库现有资料，综合运用BIM、GIS、物联网、遥感技术、大数据、云技术等新技术，实现对茜坑水库相关水工设施的可视化展示、标准化管理以及集成化应用，为茜坑水库"安全可控运行、精细高效管理、科学智能调度、快速精准应急"四个基本目标的实现提供支撑。项目采用松耦合架构模式，构建"1+1+N"服务应用体系（图1）。

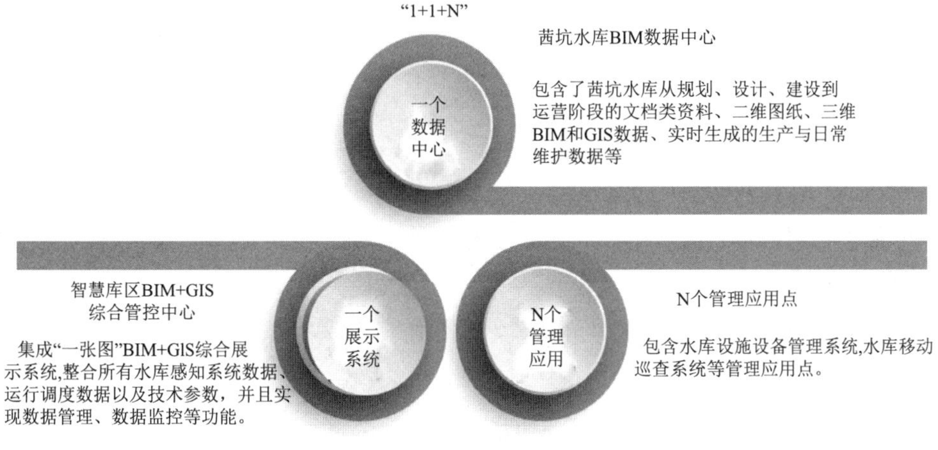
"1+1+N"
茜坑水库BIM数据中心
包含了茜坑水库从规划、设计、建设到运营阶段的文档类资料、二维图纸、三维BIM和GIS数据、实时生成的生产与日常维护数据等
一个数据中心
智慧库区BIM+GIS综合管控中心
集成"一张图"BIM+GIS综合展示系统,整合所有水库感知系统数据、运行调度数据以及技术参数，并且实现数据管理、数据监控等功能。
一个展示系统
N个管理应用
N个管理应用点
包含水库设施设备管理系统,水库移动巡查系统等管理应用点。

图1　项目概况

2　项目应用情况

2.1　茜坑水库BIM数据中心

基于茜坑水库现有资料，对水库三维BIM+GIS数据进行逆向采集与生产，并将水库从规划、设计、建设到运营阶段的文档类资料、二维图纸、生产与日常维护产生的实时数据与三维 BIM+GIS 空间模型进行整合，形成贴合茜坑水库管理需求的标准化 BIM 数据中心（图 2）。

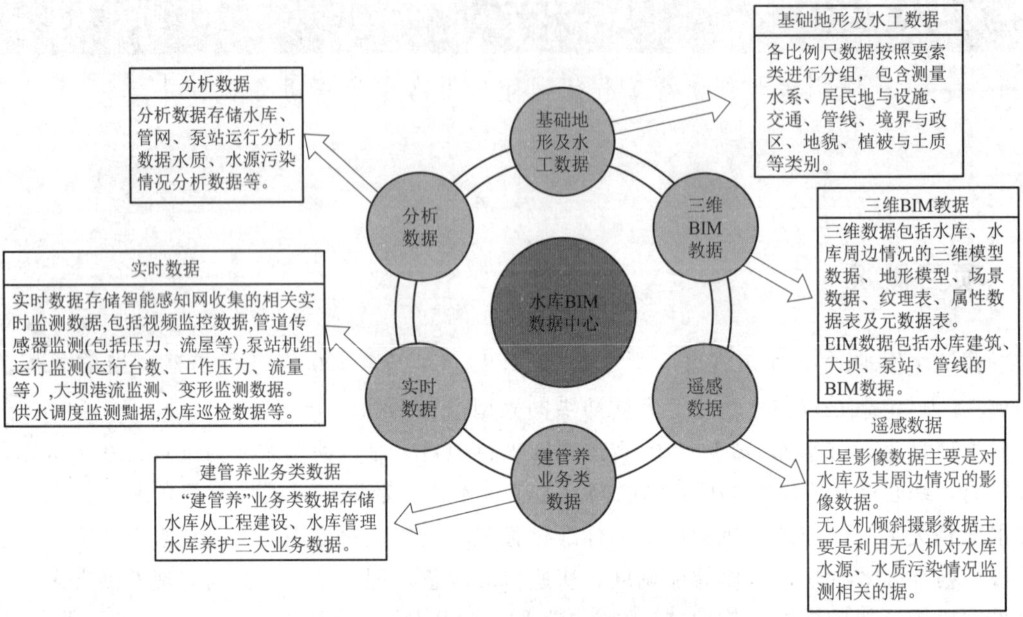

图 2　水库 BIM 数据中心

2.1.1　基础地形图数据

基础地形数据库存储各级比例尺的线划数据。各比例尺数据按照要素类进行分组，包含测量水系、居民地与设施、交通、管线、境界与政区、地貌、植被与土质等类别。

2.1.2　三维和 BIM 数据

三维数据包括水库、水库周边情况的三维模型数据、地形模型、场景数据、纹理表、属性数据表及元数据表。

BIM 数据包括水库建筑、大坝、泵站、管线的 BIM 数据。

2.1.3　遥感数据（卫星影像数据、无人机倾斜摄影数据）

卫星影像数据主要是对水库及其周边情况的影像数据。

无人机倾斜摄影数据主要是利用无人机对水库水源、水质污染情况监测相关的数据（图 3）。

2.1.4　水库业务类数据

水库施工管理相关业务数据、水库设施设备管理数据、固定资产管理数据等。

2.1.5　实时数据

对接水库现有监控系统，包括水情测报系统、压力报警系统、大坝渗流观测系统、视频监控系统，录入相关实时监控数据。

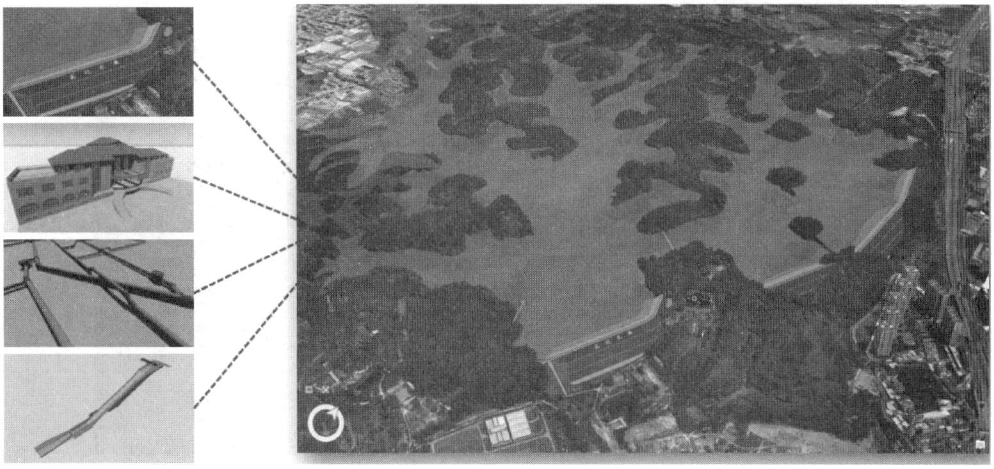

图 3　水库多源遥感数据叠加

2.1.6　系统运行维护数据

系统运行维护数据库主要涉及平台运行管理的数据，如数据更新管理数据、用户权限数据、系统配置数据、日志数据等。

2.2　智慧库区 BIM+GIS 综合管控中心

通过 BIM 和 GIS 结合，实现单体工程 BIM 设计数据整合、地上地下数据整合、智慧设施运维数据整合，形成 BIM+GIS 综合展示平台（图 4），更好地服务运维管理，产生效益。

图 4　综合展示平台效果示意图

2.2.1　基于倾斜摄影的水库三维建模

由于本次项目需要对水库主体建筑利用 BIM 技术进行精细建模，所以在倾斜摄影建立的三维模型中（图 5），需要衔接 BIM 建模的大坝主体建筑。

图 5　倾斜摄影图

首先确定需要进行衔接处理的范围，对需要处理范围内的倾斜数据进行格式转换，便于与 BIM 模型衔接；通过对倾斜摄影模型抹平、删除游离物、补缝等工序，对范围内的倾斜摄影模型处理。

2.2.2　基于 BIM 技术的水库主体建筑三维建模

目前，BIM 技术正广泛应用于水利水务类工程建设全寿命周期的各个阶段。结合茜坑水库在设计、建造、运营中生成的现有资料，拟将部分水库主体建筑及设备，包含水库管理大楼、主坝、副坝、溢洪道、各类监测传感器末端设施等，采用 BIM 三维正向与逆向相结合的方式完成水库主体 BIM 模型数据的生成和修正。

根据茜坑水库现有设计资料与现场采集资料，结合我司企业标准及最新国家 BIM 标准，建立水库主体各专业模型；其模型要求保持与设计图纸、现场采集资料的一致性，并可在此基础上开展 BIM 业务应用。

主体结构样例如图 6 所示。

图 6　主体结构样例

可将后期增加的水工建筑物或机电设施的现状三维模型。依据竣工图纸建设的初始竣工三维模型以及通过三维表现方式呈现的后期加固图纸可以直接导入数据库（图 7～图 9）。

图 7　水库管理大楼

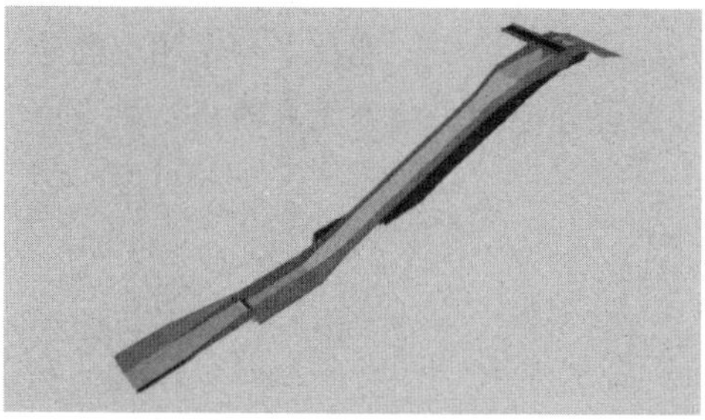

图 8　水库主坝溢洪道

图 9　水库大坝安全监测传感器

2.2.3　与现有监控系统对接

2.2.3.1　水情信息

（1）在“水情信息”电子地图（或抽象示意图）背景上标注显示茜坑水库名称、实时水位与库容等。能用实时变化的填充色彩来形象表示当前水位的高低。要求电子地图定位准确、标注清晰易读。

（2）当降雨量超标准时，实时提示预警并自动向相关人员发送短信息。

（3）查询水库当前和历史降雨量数据。查询结果专题图、图表以及报表、统计数据等方式表示。以图表方式表现的查询结果要求图形表格直观易读，排版整洁。能以 A4 纸排版打印。

2.2.3.2　大坝安全

在 GIS 页面上展示茜坑水库的水位，主坝和副坝放大后并能显示各个测点的位置和标注。在测点位置处显示当前测压管的管底高程、当前水位、水温；变形观测点的编号、实时值。当水位变化或位移变化过大时显示不同的颜色加以警告。水位变化过程曲线如图 10 所示。

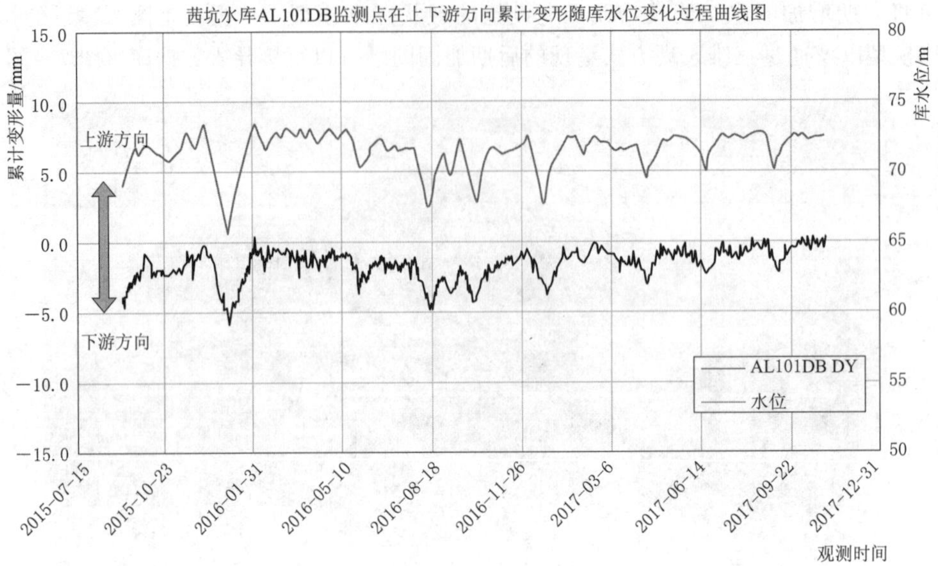

图 10　水位变化过程曲线图

2.2.3.3　视频监控

管控平台通过将安防监控和生产监控数据信号集成到平台中，能在平台中相应的建筑模型上实现监控点的视频调用，通过平台实现点对点管理控制，达到无人值班、少人值守的管理水平。

2.3　水库"一张图"综合展示系统

提供水库"一张图"综合展示页面（图 11），所有水库用户可以在上面获得统一发布的地图内容或动态监测与统计信息，具体包括 GIS＋BIM 三维交互模块、水资源监测实时模块、水库安全监测实时模块、水库供水调度实时模块、水库视频监控模块等。

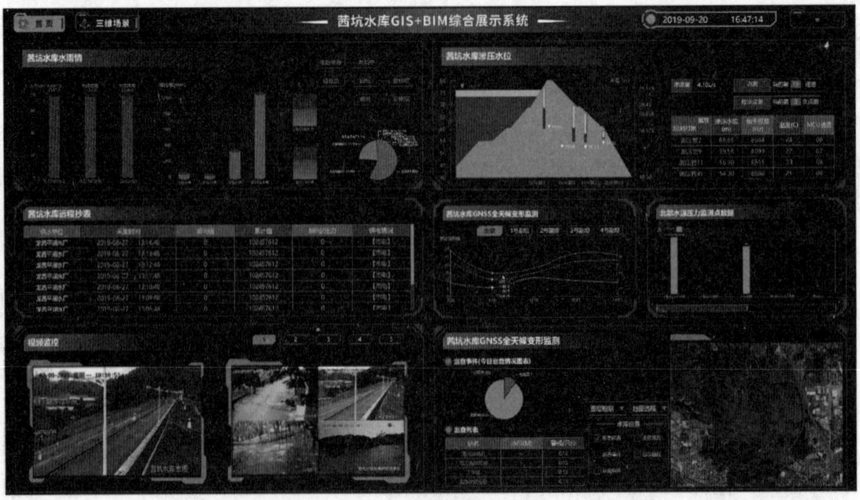

图 11（一）　"一张图"GIS 展示示意图

图 11（二） “一张图”GIS 展示示意图

2.3.1 查询检索

基于水库数字化建管养数据库，平台提供面向各级用户的基于数据访问权限的信息综合查询和检索功能。数据查询和检索有良好的性能，能满足各管理人员的查询需求。

2.3.2 统计与分析

基于水库数字化建管养数据库，提供面向各级用户的固定格式的统计报表功能，以及部分个性化定制报表功能，满足各管理人员的报表需求，统计与分析内容包括每月、每日引水、供水、入库、转供水分析等。

2.3.3 动态监测与统计

对接各领域实时监测系统，实现对重要监测信息的整合。通过集成业务系统的各种重要统计表格与信息，并保持与原业务系统完全同步，这样有关领导就可以随时方便地查看了解水库运行的各种情况以及一系列统计信息。动态监测与统计指标展示实现图-文-表的一体化关联，支持多源异构系统集成。

2.3.4 预警告警

设置预警告警专栏，对于水库监测、泵站监测、管线监测等各类报警信息，进行信息筛选后的滚动播报，并可进一步查看报警详情信息，消息推送相关负责人，并关联相应管理系统，启动事故处置流程。

2.4 茜坑水库业务应用体系

2.4.1 移动巡查

基于移动巡查 App 的巡查，能够将人工巡查、移动巡查 App 的数据进行展示管理（图 12）。

1. 水务工程智能巡查移动系统

在移动终端用户注册成为系统用户后，即可在移动终端上进行操作，实现地图自动定位、巡查时间、路线自动跟踪、巡查过程进行拍照、摄像，通过系统进行实时上传，接收总部任务派发、巡查路线指定等功能（图13）。

图12 当前巡查功能显示图

图13 拍摄、摄像成果编辑功能示意图

功能模块包括基础设置、消息接收、当前巡查、巡查记录、巡查信息上传、巡查时间线路自动记录上传等。

2. 智能巡查管理后台

开发智能巡查管理后台（图14），在后台实现巡查人员巡查时间、巡查路线接收、巡查过程所拍照片、视频接收，根据巡查事件的不同与局相关系统进行对接，对巡查事件进行自动分发，对不同人员、组进行巡查任务指派，巡查人员、记录的统计分析，巡查、管理人员权限管理等功能。

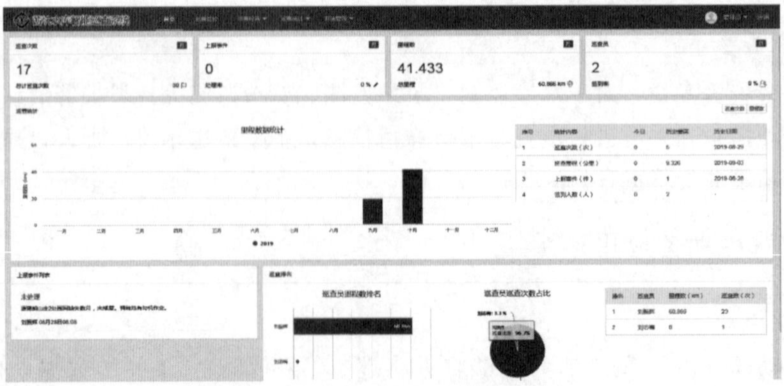

图14 智能巡查系统后台管理功能图

2.4.2 资产管理

二维码资产设备管理模块（图 15），在茜坑水库 BIM＋GIS 综合管控大屏界面中设置模块入口，该模块可将资产设备的购买、借用归还、维修及报废、备品备件、设施设备台账等信息与 BIM 模型进行关联与耦合，并通过二维码将虚拟数据与现实中设备资产进行关联，实现移动终端扫码可快速查看设备运行状态、运维记录、监测数据等功能（图 16）。

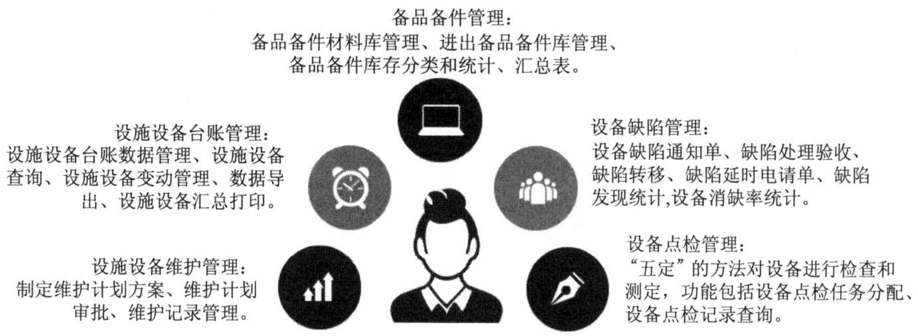

备品备件管理：
备品备件材料库管理、进出备品备件库管理、
备品备件库存分类和统计、汇总表。
设施设备台账管理：
设施设备台账数据管理、设施设备
查询、设施设备变动管理、数据导
出、设施设备汇总打印。
设备缺陷管理：
设备缺陷通知单、缺陷处理验收、
缺陷转移、缺陷延时电请单、缺陷
发现统计,设备消缺率统计。
设施设备维护管理：
制定维护计划方案、维护计划
审批、维护记录管理。
设备点检管理：
“五定”的方法对设备进行检查和
测定，功能包括设备点检任务分配、
设备点检记录查询。

图 15　二维码资产管理模块架构图

图 16　二维码资产管理移动端界面图

院校篇

金奖

“BIM+”技术在杨房沟拱坝工程智能建设中的应用

天津大学

1 项目概况

杨房沟水电站位于雅砻江中游河段上，是雅砻江中游河段一库七级开发的第六级。杨房沟水电站为一等工程，工程规模为大（1）型。工程枢纽主要建筑物由挡水建筑物、泄洪消能建筑物及引水发电系统等组成，如图1所示。挡水建筑物采用混凝土双曲拱坝，坝顶高程2102.00m，正常蓄水位2094m，最大坝高155.00m；泄洪消能建筑物为坝身表、中孔+坝后水垫塘及二道坝，泄洪建筑物布置在坝身，消能建筑物布置在坝后；引水发电系统布置在河道左岸，地下厂房采用首部开发方式，尾水洞布置在杨房沟沟口上游。杨房沟水电站的开发任务为发电，电站总装机容量1500MW，安装4台375MW的混流式水轮发电机组。

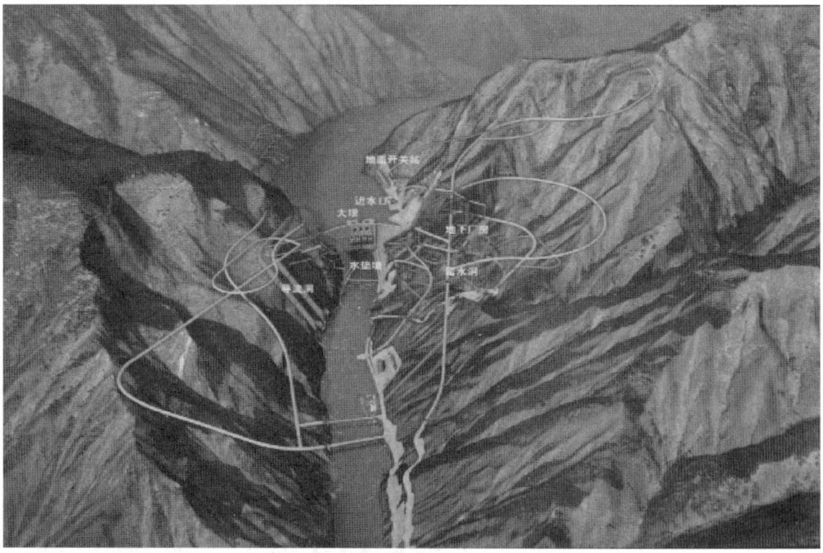

图1 杨房沟水电站效果图

作为大型水利水电工程，杨房沟水电站建设规模大，投资大，施工条件和地质条件复杂，涉及影响因素众多，给施工进度与质量控制带来了相当的难度。大坝施工过程是一个复杂的随机动态过程，受自然环境、结构形式、防洪度汛、机械配套及组织方式等众多因素影响，具有很强的随机性和不确定性。同时大坝灌浆工程属于隐蔽工程，面临工程量大、施工复杂的难题。BIM技术的出现改变了传统的项目设计、建造及管理模式。随着BIM技术在水利工程的推广应用，呈现出与各专业技术领域集成应用的趋势。为了提高杨房沟拱坝工程智能化建设水平，有必要将BIM技术应用于杨房沟水电站建设过程中。

本项目基于“BIM＋”技术，利用BIM参数化设计、信息管理和信息共享等优势，将BIM技术与大坝施工进度和灌浆质量控制相结合，实现对杨房沟水电站大坝施工进度和灌浆质量的全过程智能分析和管控，同时利用BIM＋AR技术，实现工程信息的现场可视化管理，有效提高杨房沟拱坝工程的智能化建设水平。

2 项目应用情况

本项目设计总体思路如图2所示。包括研究内容、研究方法和工程应用3部分。研究内容分为BIM＋智能仿真、BIM＋智能灌浆和BIM＋AR可视化；研究方法主要是参数化完成BIM模型的创建，并和各系统集成，最后实现基于“BIM＋”技术的进度模型、灌浆模型以及AR可视化模型；工程应用部分主要内容是构建了基于BIM技术的进度仿真系统和灌浆施工监控系统，并基于AR技术实现工程信息的现场可视化。

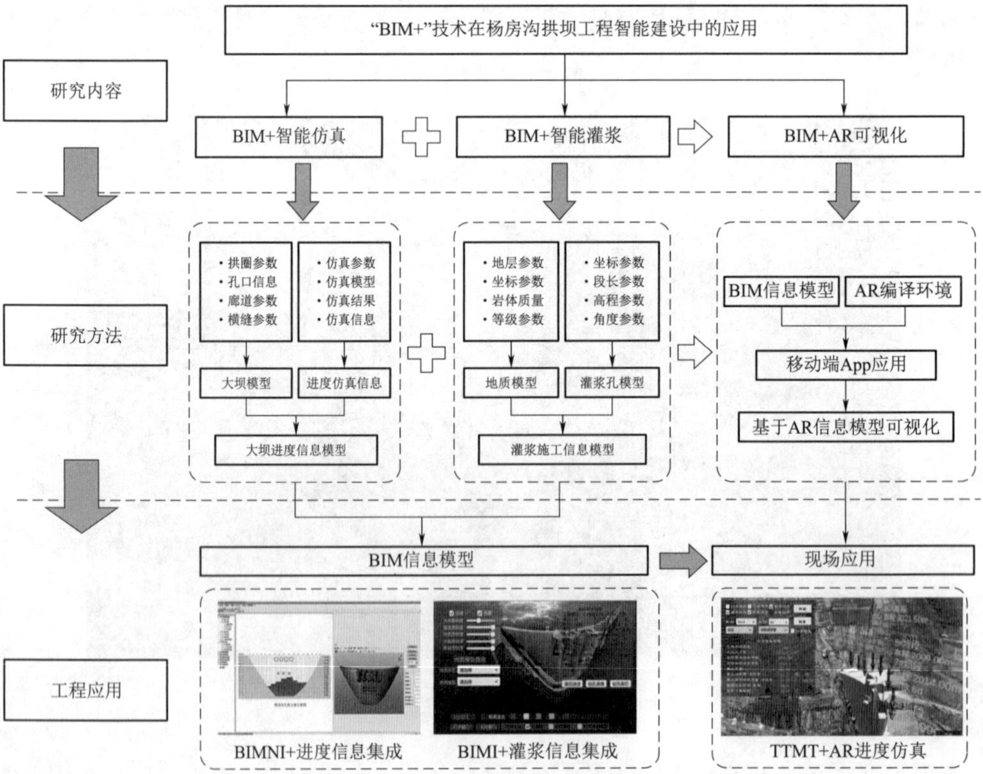

图2 项目设计总体框架图

2.1 总体情况

"BIM+"技术在杨房沟拱坝工程智能建设中的应用包含3个关键技术问题，分别为BIM+智能仿真、BIM+智能灌浆和BIM+AR可视化。

2.1.1 BIM+智能仿真

基于"BIM+"技术，将参数化BIM模型与杨房沟拱坝施工进度智能仿真系统集成，实现BIM模型与施工进度信息的融合和交互，其总体技术框架如图3所示。

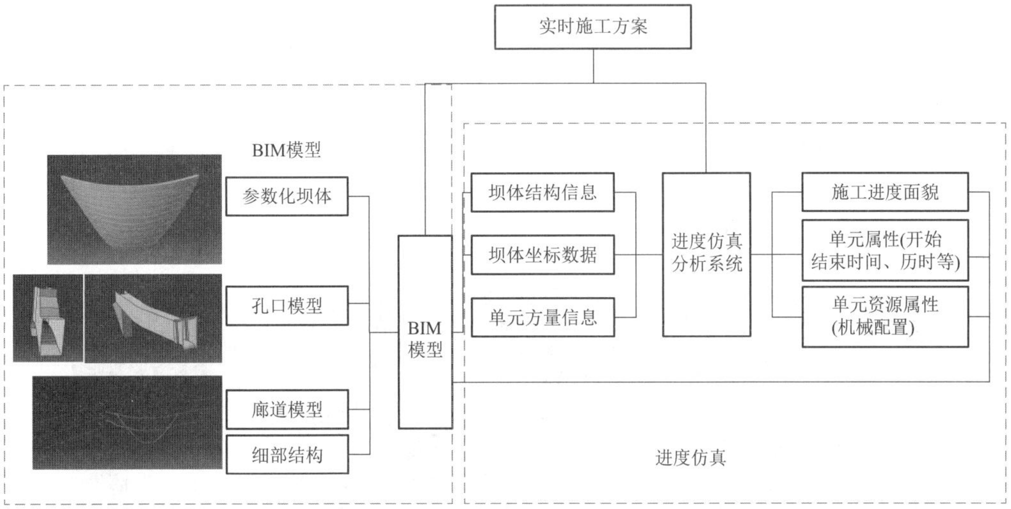

图3 BIM+智能仿真技术框架图

杨房沟水电站"BIM+智能仿真"技术路线可以分解为以下步骤：

(1) 参数化建模。针对不同体型（抛物线型、双曲线型等）拱坝，基于参数化建模方法，建立具有普适性的参数化拱坝模型，实现参数驱动模型构建。以拱坝坝体为例，过程如图4、图5所示。遵循模块化、参数化、装配式的建模思路，将参数化拱坝模型与孔口模型、廊道模型及横缝面模型进行布尔运算及装配处理，过程如图6所示。

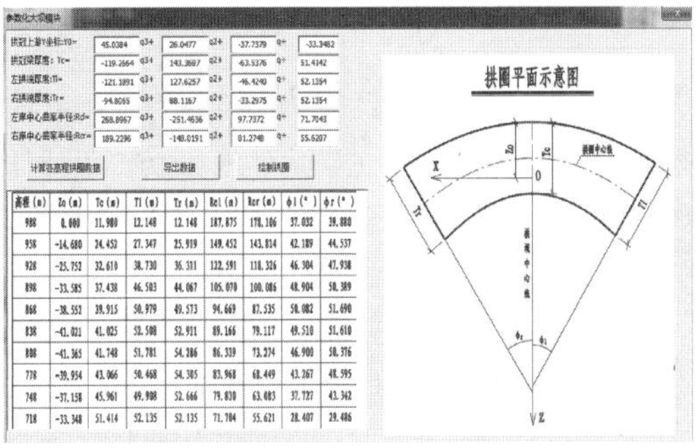

图4 拱圈控制参数计算模块

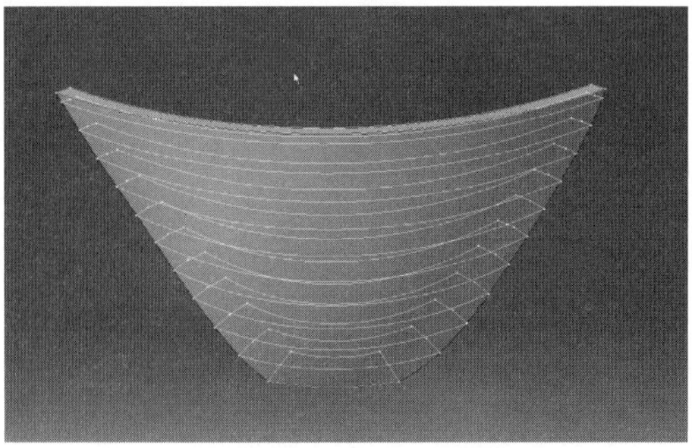

图5 参数化大坝模型

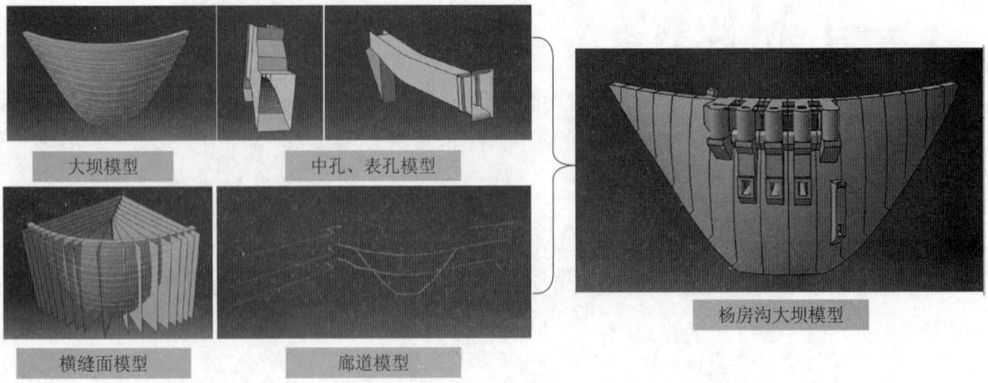

图 6　大坝整体模型建模流程

(2) 基于 BIM 模型的大坝进度仿真。根据现场实际施工分仓方案，对 BIM 模型进行动态切割，并提取仓面坐标、面积、体积等几何信息，为施工进度智能仿真分析提供基础数据，获取过程如图 7 所示。

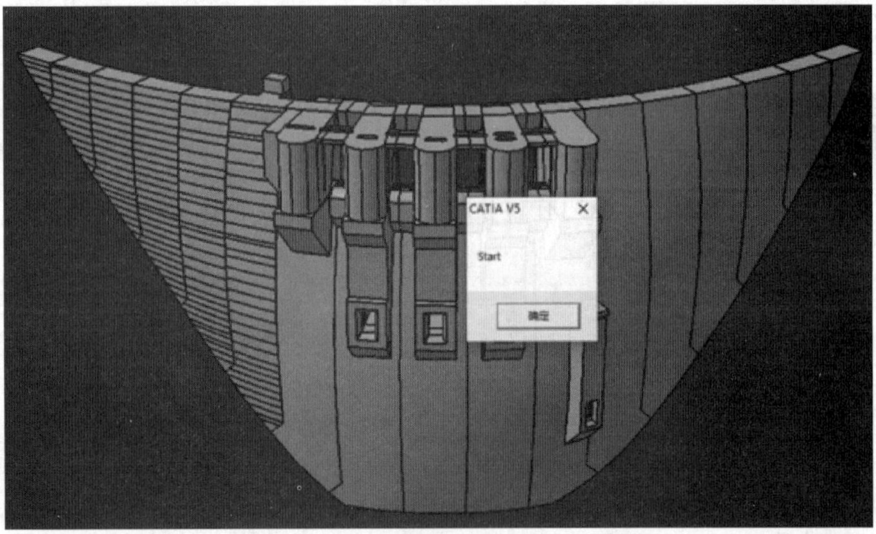

图 7　BIM 模型动态切割

综合考虑杨房沟拱坝的结构形式、施工工艺、防洪度汛和浇筑能力等复杂约束条件，建立杨房沟拱坝施工进度仿真模型，基于贝叶斯方法和证据理论，实现对施工仿真模型的智能更新，实现现场施工状态的实时跟踪，如图 8 所示。研发了杨房沟拱坝施工进度智能仿真分析系统，并和 BIM 模型进行集成，实现施工进度信息的二维和三维可视化分析，系统界面如图 9 所示。

在杨房沟拱坝施工进度智能仿真分析系统中，可实现任意时刻大坝施工面貌的二维和三维可视化查询、也可在集成施工进度信息的大坝进度 BIM 模型中进行信息的交互查询和施工进度的动态模拟（图 10 和图 11）。

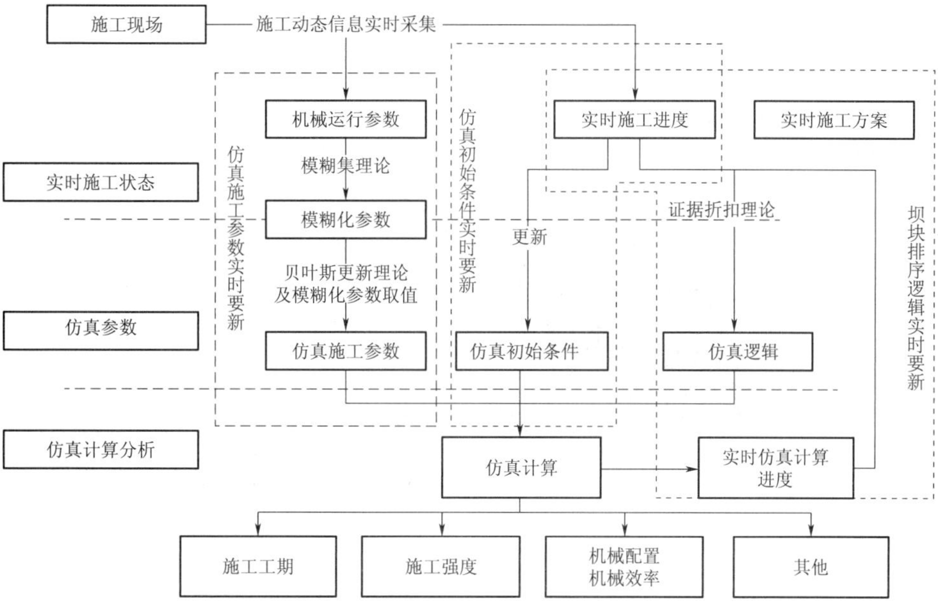

图 8　施工进度仿真模型智能更新流程

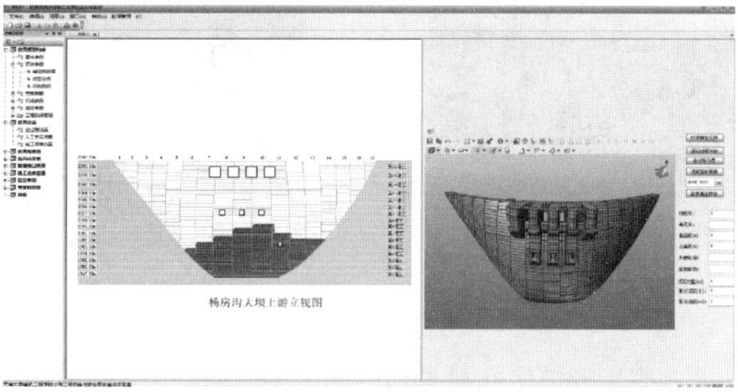

图 9　杨房沟拱坝施工进度智能仿真分析系统

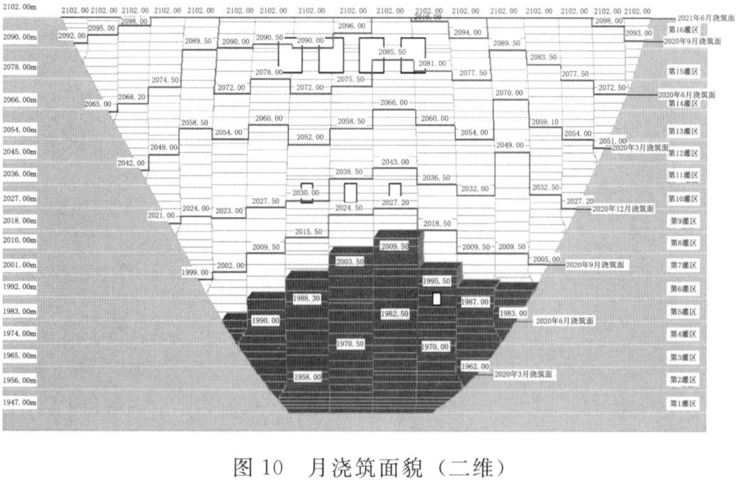

图 10　月浇筑面貌（二维）

2.1.2 BIM+智能灌浆

灌浆 BIM 模型是以灌浆孔模型、地质模型为载体。其中灌浆孔模型采用参数化建模方法，地质模型采用无人机倾斜摄影技术构建地表实景模型，并结合地质数据，建立三维地质模型。精细化地表实景模型如图 12 所示。由于灌浆孔模型众多，且位置、角度等不同，因此，项目引入参数化灌浆孔建模。首先利用灌浆孔参数进行灌浆孔参数化建模，灌浆孔属性参数包括坐标参数、段长参数、高程参数和角度参数。然后利用参数化建模灌浆孔批量生成所有灌浆孔。对固结灌浆孔和帷幕灌浆孔参数化建模后进行批量生成，其结果如图 13 所示。

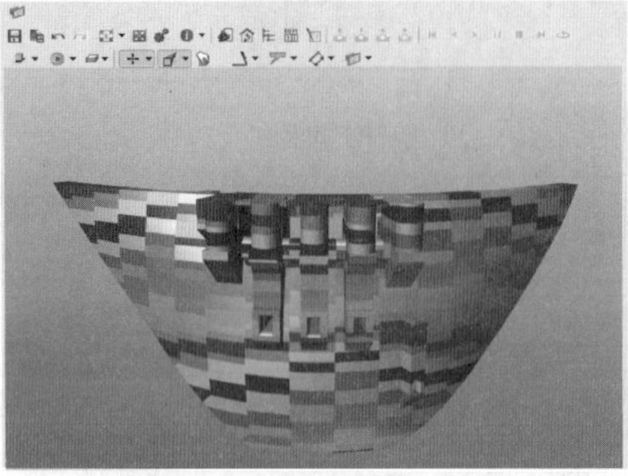

图 11　月浇筑面貌（三维）

图 12　实景建模成果图

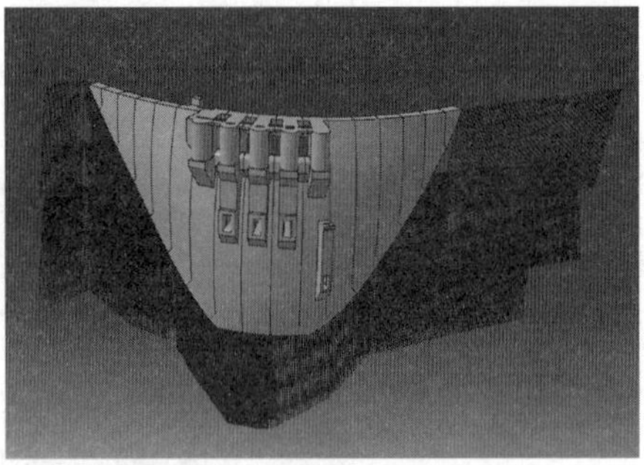

图 13　参数化灌浆孔模型

对地质模型、大坝模型和灌浆孔模型及灌浆施工信息进行集成，灌浆孔信息与灌浆施工参数进行了耦合，点击灌浆孔段后显示灌浆施工信息，例如孔号、高程信息、注灰量信息等，如图 14 所示。对灌浆检查孔与检测信息进行耦合，点击检查孔孔段后显示工程检查信息，例如灌后波速信息、钻孔录像和钻孔取芯等，如图 15 所示。

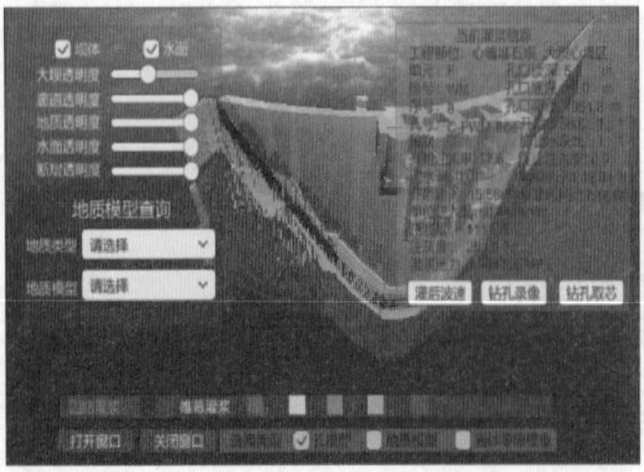

图 14　灌浆 BIM 信息可视化

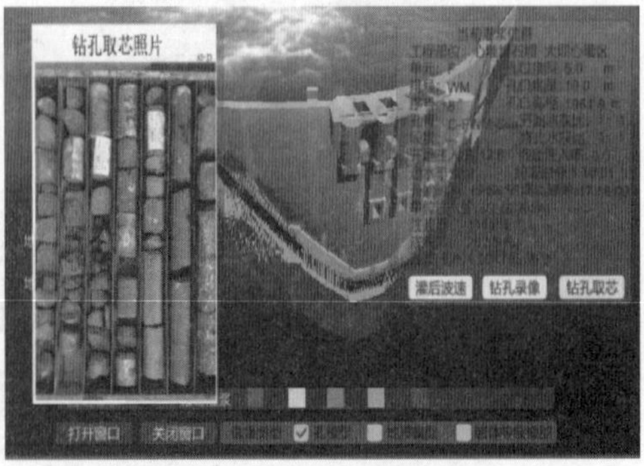

图 15　集成图片信息的灌浆 BIM 模型

2.1.3 BIM+AR 可视化

BIM+AR 部分利用了增强现实技术，和建筑信息模型结合，增强现实的目标是通过精确模拟将计算机生成的虚拟物体带入真实世界，实现了在增强现实场景下的交互查询和信息展示。

针对传统 BIM 模型在纯虚拟场景下的展示和实际场景脱离以及动态边界模型的创建和渲染需要耗费大量时间和精力的问题，将 AR 技术引入 BIM 信息展示中，可直观反映现场环境变化，在施工现场可直接通过便携式智能移动设备实现对 BIM 信息的分析与查询，将施工信息与实际场景相关联，更加直观地对施工现场进行分析和管理。本部分主要包括 BIM+AR+进度信息可视化和 BIM+AR+灌浆信息可视化。

（1）BIM+AR+进度信息可视化。将施工进度信息与 BIM 集成，利用 BIM+AR 技术，项目各方人员可通过智能移动终端实现任意时刻的大坝浇筑面貌与浇筑信息查询（图 16），实现对大坝未来施工情况的总体掌控，并根据施工进度偏差情况进行进度优化调整。

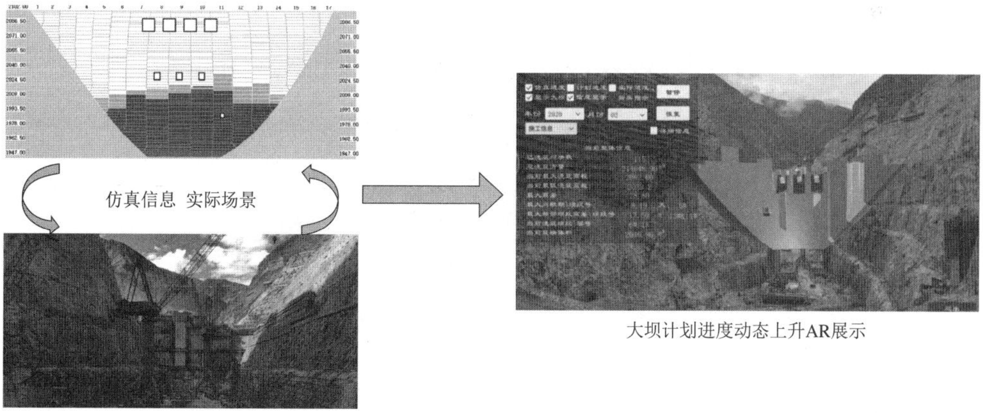

图 16　基于 BIM+AR 技术的进度可视化流程

利用 BIM+AR 技术，施工人员可以在现场直观了解大坝当前建设面貌及大坝整体浇筑方量等信息，坝段间歇期及悬臂高差、整体坝段高差、相邻坝段高差等预警信息（图 17）。将虚拟模型和施工信息与真实场景结合起来，将工程施工中可能出现悬臂高程超标、老混凝土等情况的坝段突出显示，供现场人员直观管理决策，实现 BIM 信息的最大化高效利用。

（2）BIM+AR+灌浆信息可视化。将坝基灌浆信息与 BIM 集成，实现了 BIM 灌浆信息在增强现实（AR）场景下的交互查询和展示，实现流程如图 18 所示。利用智能移动终端，施工管理人员可以在现场对灌浆施工质量、灌浆施工进度等进行分析和讨论，提高施工管理水平。

利用 BIM+AR 技术，项目各方人员可通过智能移动终端在坝体廊道中对周围灌浆孔的三维空间分布和位置进行观察，对断层、廊道和灌浆孔的空间关系进行直观分析，并在现实场景中对灌浆孔的名称、长度、透水率、开始水灰比和终止水灰比等施工信息进行交互查询，同时可以查询断层、灌后波速、钻孔录像、钻孔取芯照片等图像信息（图 19）。

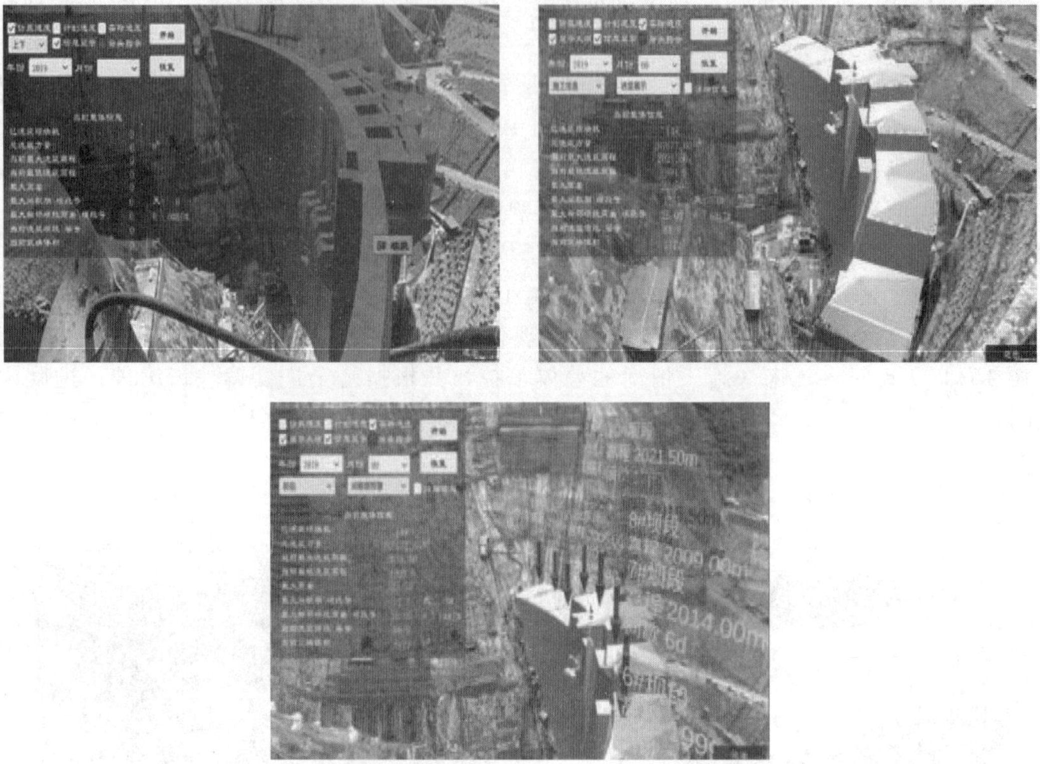

图 17　基于 BIM+AR 技术的进度信息可视化

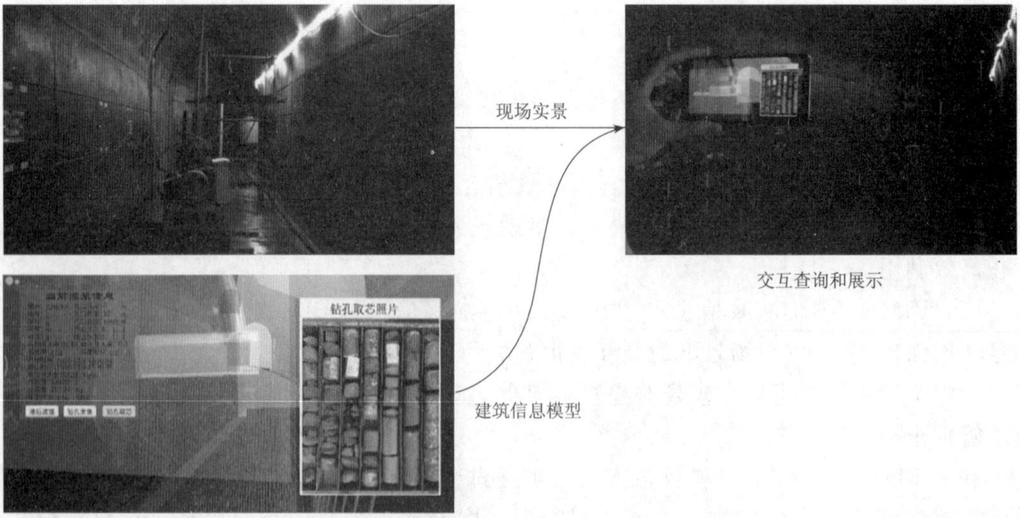

图 18　基于 BIM+AR 技术的灌浆可视化流程

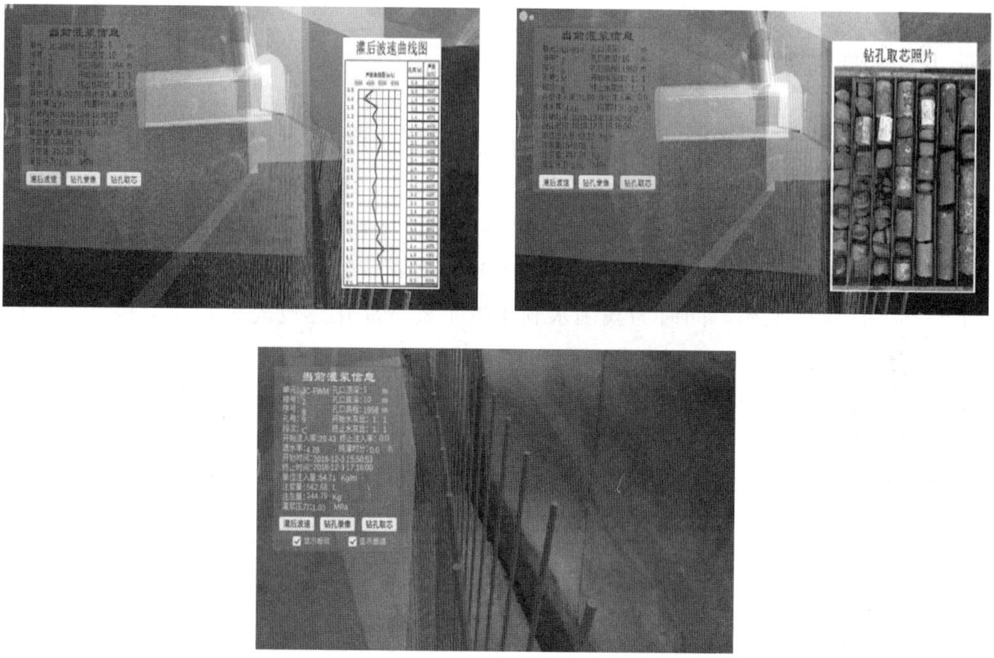

图 19　基于 BIM+AR 技术的灌浆信息可视化

2.2　特点和创新点

本项目综合利用"BIM+"技术，实现对杨房沟水电站大坝施工进度和坝基灌浆质量的全过程智能分析与控制，创新点如下：

（1）BIM+智能仿真。实现智能仿真与 BIM 模型的集成分析。

（2）BIM+智能灌浆。实现智能灌浆与 BIM 模型的集成分析。

（3）BIM+AR 可视化。基于增强现实技术，实现真实场景下 BIM 模型的智能可视化分析。

本项目成果在杨房沟水电站大坝施工进度与灌浆质量控制中成功应用（图 20），工程施工进度和灌浆质量始终受控，杨房沟"BIM+"智能建设系统为工程高标准、高质量建设提供重要技术手段，荣获全国质量创新大赛最高级（QIC－V 级）（图 21）。

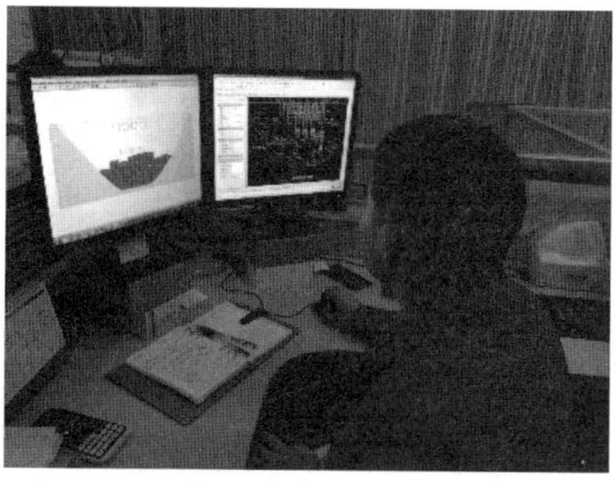

图 20　施工进度仿真系统现场应用

图 21　荣获全国质量创新大赛证书 QIC－V 级

3 应用心得与总结

本项目大坝施工进度和灌浆质量管理中面临的施工信息与模型融合程度低、可视化效果不直观问题，本项目结合杨房沟拱坝工程，提出基于“BIM+”的大坝智能建设技术，实现BIM模型与智能仿真、智能灌浆的集成分析，以及真实场景下的智能可视化分析。

本项目成果为杨房沟水电站大坝施工进度和灌浆质量管控提供技术支撑，有效提升杨房沟工程智能化建设水平，同时为我国水利水电工程智能化建设提供了技术积累，具有重要的推广应用价值。

本项目依托雅砻江杨房沟水电站工程，完成了基于“BIM+”的大坝施工进度智能仿真系统和灌浆实时监控系统的研发及应用。在此，特别感谢雅砻江流域水电开发有限公司和中国电建集团华东勘测设计研究院有限公司对本项目的大力支持。

金奖

基于BIM技术的港航专业毕业设计协同工作模式研究

河海大学港口海岸与近海工程学院

1 项目概况

霞关一级渔港二期工程项目位于浙江省苍南县最南端，与沙埕港隔海相望，距离仅5.0km。二期工程建设主要内容包括新建老鼠尾防波堤1000m，门仔屿防波堤70m，航道4200m，渔业码头两座，渔港护岸兼道路586m，管理用房820m^{2}及水电等配套设施。由此可见，霞关一级渔港二期工程建设内容较多，建设项目覆盖码头、航道、防波堤、护岸等多项港口、航道与海岸工程，以及用房、给排水、电气等港口配套工程，各建设项目之间相互关联，相互影响。

2 项目应用情况

2.1 项目设计及软件应用中的总体情况

2.1.1 码头工程

基于Revit完成霞关渔港二期工程两座码头模型的构建。在建模过程中，创建了项目族库和材质库，完善细节，成功实现了借助BIM模型的二维视角CAD出图、工程量自动计算统计、构件碰撞检查、三维空间迅速纠错。

在三维视角下，基于BIM的码头结构设计，可使学生便捷正确地了解高桩码头结构空间关系。模型的搭建完成后即可生成任意视角的图纸，且一旦发现错误，只需要调整三维模型，图纸自动更改；而二维CAD绘图耗时，图纸更改需要逐张完成，花费大量精力。码头结构的工程量清单可自动快捷准确地生成，而传统设计过程中采用手算的方式，复杂且易产生误差。单、双引桥码头模型如图1和图2所示。码头模型BIM平面图和立面图如图3和图4所示。

2.1.2 配套工程

基于Revit完成码头附属管理用房的搭建（图5），根据规范要求完成房屋内部卫浴设施、机电设备的布置，继而应用MEP与碰撞检查工具完成管道铺设。采用高程差来避免给水、污水、废水管道在变坡过程中的可能碰撞，优化管道连接处处理（图6）；基于三维视角选取电缆桥架布置走向，解决桥架绕行与结构预留孔问题。丰富BIM设计阶段信息，方便项目施工。

图 1　单引桥码头模型

图 2　双引桥码头模型

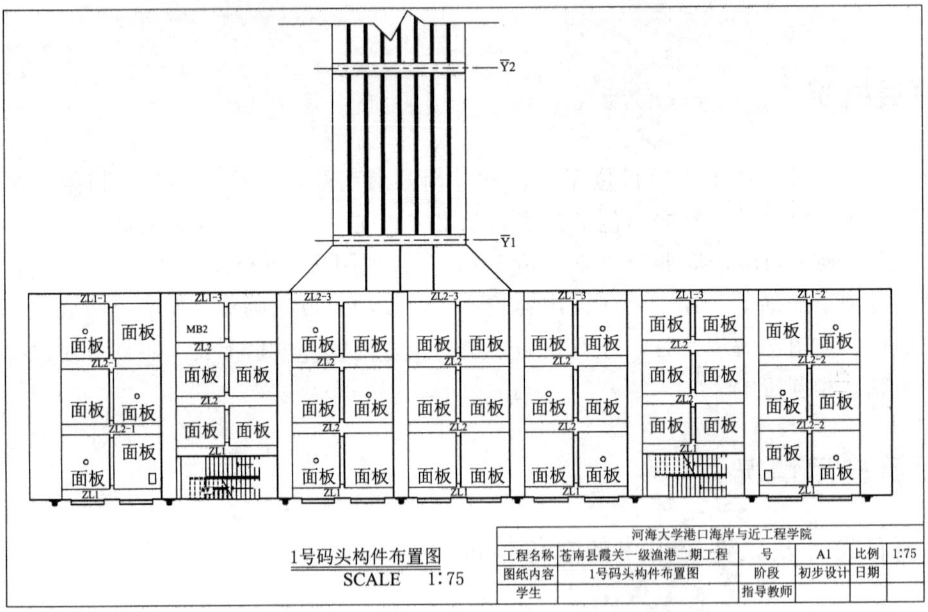

图 3　码头模型 BIM 出图（平面图）

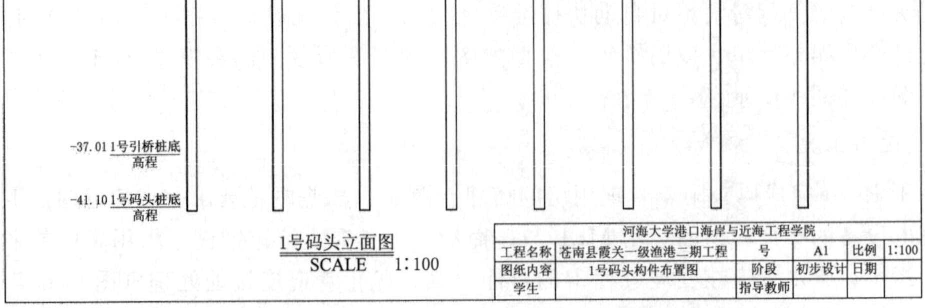

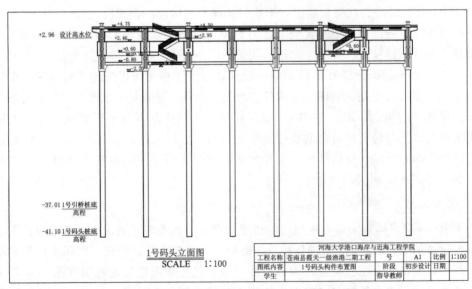

图 4　码头模型 BIM 出图（立面图）

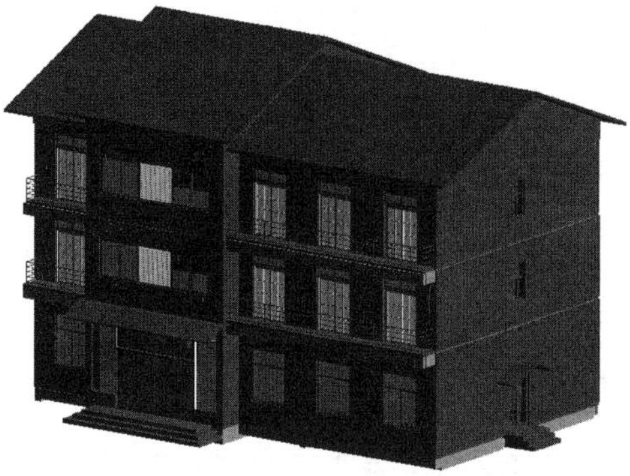

图 5　管理用房模型

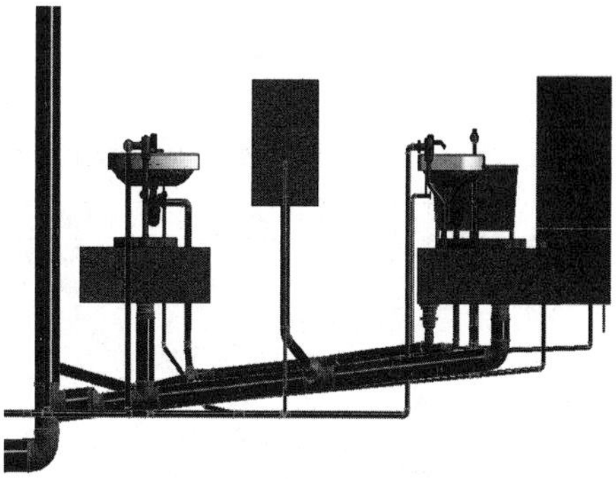

图 6　给排水模型

2.1.3　航道工程

基于 Civil 3D 软件生成曲面，利用其三维可视化分析高程。通过其中的等高线赋值工具给二维等高线赋予高程值，生成地形曲面，打破了传统二维图纸三维可视化的局限性，让学生更加了解地形的走势。利用 Civil 3D 软件中的放坡功能，实现航道、港池的精准开挖（图 7），并且可以同步计算挖方量，大大提高了计算精度和工作效率。航道放坡完成后，利用 Civil 3D 软件的采样功能，可以批量导出航道的横断面图（图 8）。

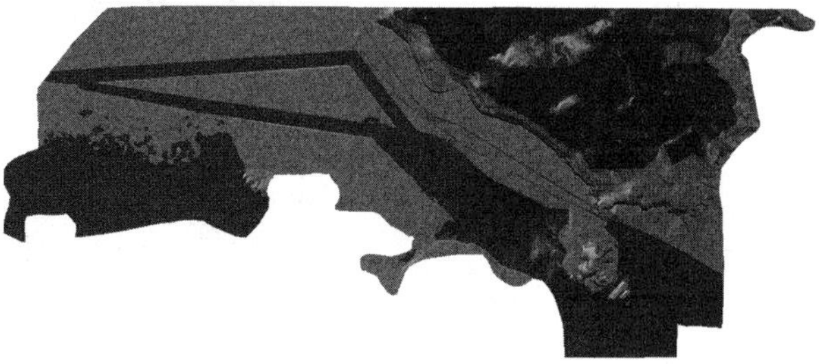

图 7　航道开挖示意图

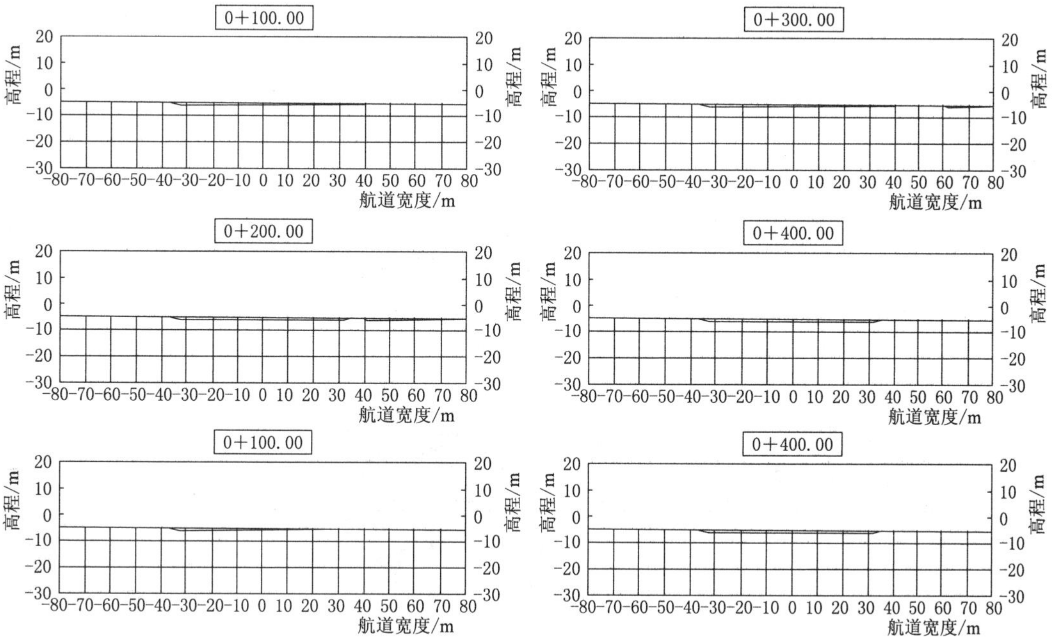

图 8（一）　航道断面图

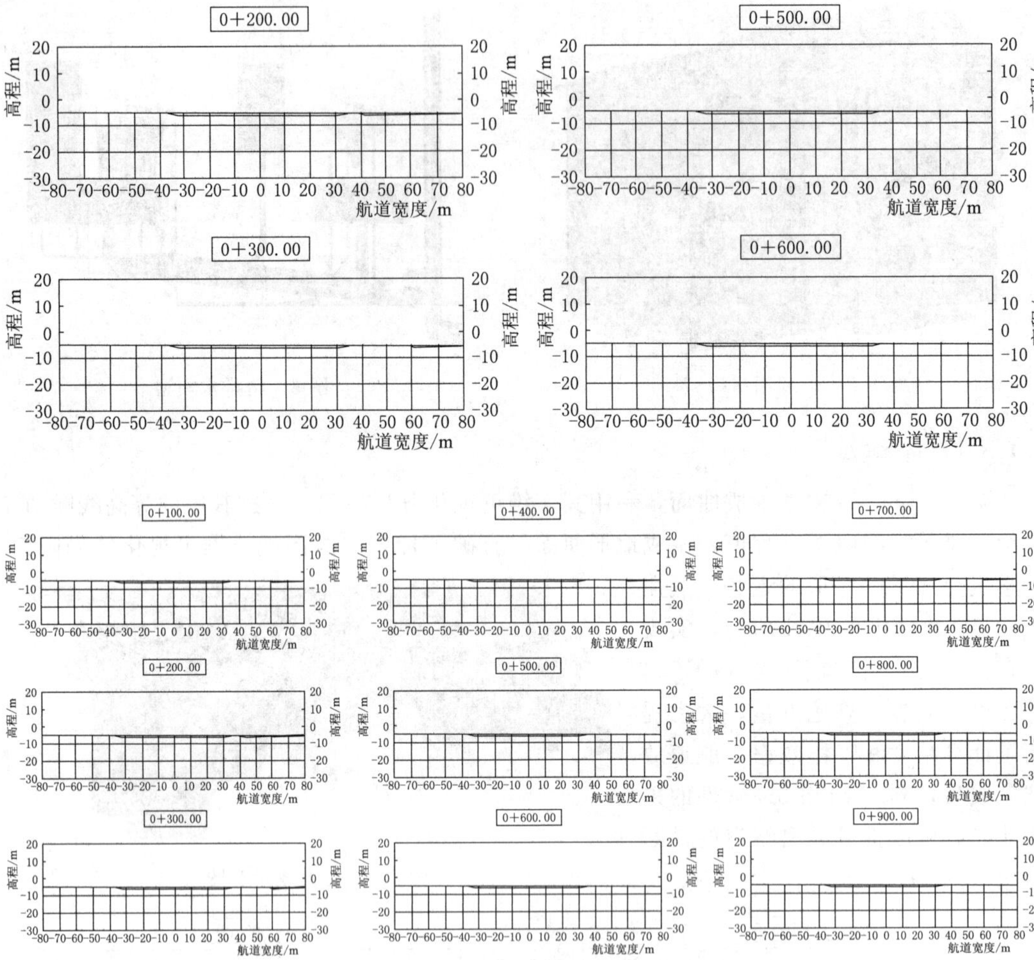

图 8（二） 航道断面图

2.1.4 海岸工程

根据不同施工段的防波堤和护岸结构形式，利用 Autodesk Subassembly Composer 创建相应的部件，利用 Civil 3D 进行参数化装配建模，定制生成模型纵横断面图，精确计算各部分工程量，方便项目设计及施工。与传统毕业设计相比，可视化程度更高，模型与真实地形完全耦合，贴近实际工程，便于出图和计算工程量，且结构材质清晰，分块明确。防波堤 CAD 模型和 BIM 模型如图 9 和图 10 所示。

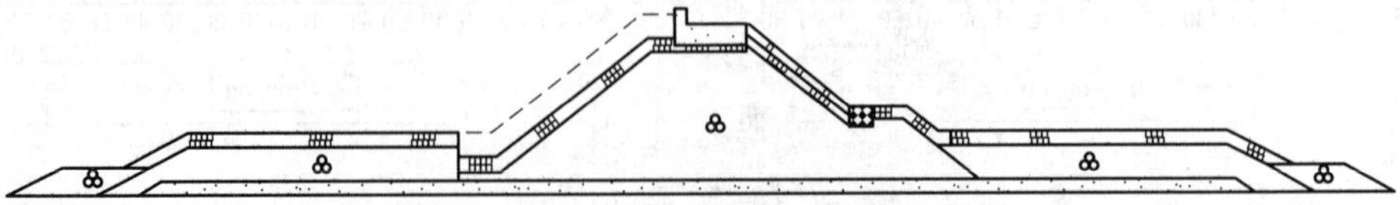

图 9 防波堤 CAD 模型

2.1.5 协同设计

基于河海大学校园网进行数据协同，实现模型总装、模型协调调用、多用途样式集合。

图 10　防波堤 BIM 模型

（1）施工过程控制。利用 Navisworks 完成模型总装、碰撞检测以及施工工序模拟。码头、护岸、防波堤、管理用房、地形建模完成后导入 Navisworks，对各模型的相对位置进行检查，调整各模型的位置坐标，针对模型发现的问题修改链接的源文件。根据模型实际的外观材质寻找合适的贴图对模型进行渲染。拆解模型建立各个构件相对应的集合，制作每个集合的动画，根据施工逻辑顺序安排施工计划，导出施工工序模拟动画。

（2）Dynamo 二次开发。基于 Dynamo 可视化编程，进行参数化建模，优化 BIM 设计。本项目的码头为高桩梁板式结构，构件较多，重复建模工作量大，通过 Dynamo 二次开发实现参数驱动批量建模，在灵活的读取与写入参数中快速建立码头模型，减少重复工作。同时基于 Dynamo 二次开发，快速汇总工程量，并可自动匹配清单计价编号，实现成本预算的计算与提取。二次开发流程如图 11 所示。

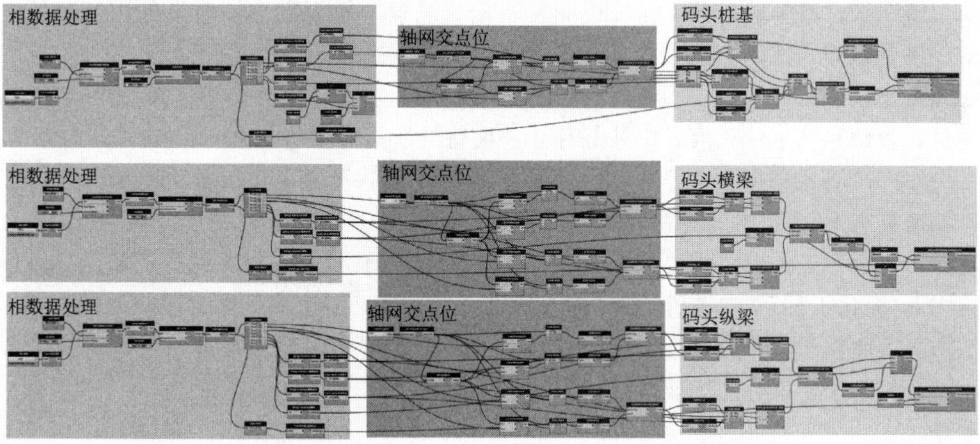

图 11　二次开发流程图

（3）VR 虚拟现实体验。采用 Lumion 软件对模型进行渲染，实现项目可视化。将模型数据共享至云端，基于项目主要场景导出全景图片，真实地展示项目概况，通过扫描二维码实现项目在云端的全景漫游，便于师生间的沟通交流（图 12）。

2.2　特点和创新点

（1）BIM 在港航毕业设计中的创新应用。毕业设计师生团队在统一 BIM 软件平台上，根据合理组织与安排，进行多专业方向协作设计和交流，在港航专业实现了真正意义上的毕业设计团队协同设计。团队建立的毕业设计族库可被后续人员快速查看和调用，并不断丰富完善。毕业答辩环节结合了 BIM 和虚拟现实技术，使毕业设计成果得以形象展示。

扫描二维码
即可在移动设备上查看效果并分享
加载中..

图 12　移动端二维码及视频界面

（2）新毕业设计模式实施效果。新毕业设计采用基于 BIM 技术的协同工作模式，提交成果集成了计算书、图纸、视频等文件；学生对复杂工程进行协同设计，建立起了工程整体设计概念；模块化和参数化设计让绘图、改图工作更加高效，BIM 的可视化使学生更易理解图纸；教师的指导工作变得非常轻松、高效，极大突破了时空的限制；VR＋视频的成果展示方式使原本枯燥的答辩现场变得极具震撼力。

此工作模式激发了学生的学习兴趣，毕业设计成果质量显著提高，同时也减轻了教师工作量，教师和学生对此模式一致好评，并期待继续推广使用。

（3）BIM 在港航专业教学中的思考。现阶段，水利行业正积极推进 BIM 用于实际工程，急需具有 BIM 技术的专业人才，高校教学改革创新也要求积极引入智慧化、信息化手段，作为教育工作者，需要将 BIM 应用于更多的港航专业核心课程中，如："港口水工建筑物""渠化工程""航道整治""海岸工程""水运工程施工"等；同时要加强 BIM 与虚拟仿真实验教学项目的结合，促进智慧教室和智慧课堂的建设；进一步推进校企合作，致力于开发基于云平台的毕业设计校企协同指导新模式。

金奖

水利水电工程数字化设计解决方案——以某水电站厂房为例

河海大学　中国电建集团昆明勘测设计研究院有限公司

1　项目概况

某大型水电站装机容量 3000MW，电站枢纽主要由挡水建筑物、泄水冲沙建筑物和引水发电建筑物组成。发电建筑物厂房布置于坝后主河道，装有 5 台单机容量 600MW 的水轮发电机组，为 1 级建筑物，设计防洪标准为 200 年一遇，校核洪水标准为 1000 年一遇。引水发电建筑物纵剖面如图 1 所示。

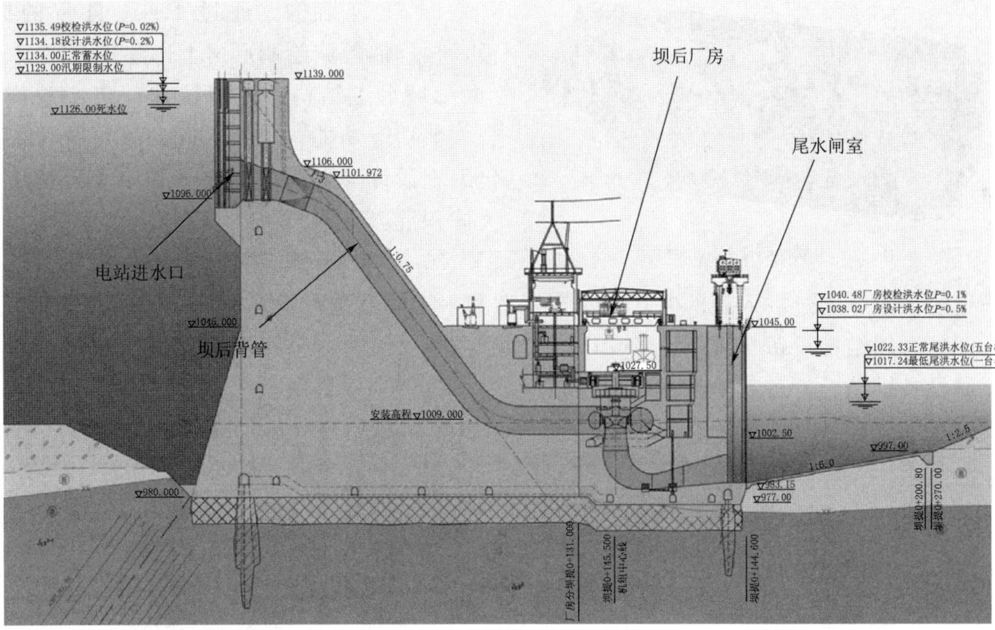

图 1　引水发电建筑物纵剖面图

主厂房尺寸为 261.90m×34.5m×80.0m（长×宽×高）。机组间距 35m，厂房净宽 29.5m，安装间布置在左岸岸边。主厂房下部为混凝土实体结构、中上部为混凝土剪力墙结构及轻型网架屋面。机组安装高程 1009.00m，发电机层高程 1027.50m。

上游电气副厂房布置在钢管下平段管顶上方、主厂房上游侧，共分 6 层，主要布置发电电压配电设备、厂用电设备、封闭母线等，GIS楼及出线场布置在上游副厂房顶部。

中控楼布置在上游副厂房左端、安装间上游侧，与上游副厂房等宽，共3层，楼内布置电站控制设施、通信设施及其他运行辅助房间。

大坝与上游副厂房间用素混凝土回填至1041.70m高程，形成一个宽40m的平台（主变平台），布置主变压器、出线电抗器、隔离开关等。

下游机械副厂房布置在尾水管上方，共6层，布置水机辅助设备、通风空调设施及部分电气设备等。

2 项目应用情况

2.1 总体情况

通过Autodesk Vault协同合作完成建筑、水工、金属结构、水力机械、机电设备等专业设计工作。

2.1.1 BIM模型创建

在Revit中按厂房功能和空间划分标高和厂横、厂纵。

（1）主体结构BIM模型创建（图2）。

图2 主体结构BIM模型

1）建筑结构。通过Revit自带的梁、板、柱、墙等族绘制厂房上部建筑模型。

2）水工结构。使用拉伸、空心放样融合、剪切等功能，以及Dynamo可视化参数化编程设计等方法，创建了若干个厂房下部大体积混凝土族。

3）组合模型。根据标高和厂横、厂纵所确定的位置，通过载入族的方式将建筑模型和水工模型进行组合。

（2）金属结构设备与机电设备BIM模型（图3）创建。包括水轮发电机组模型、机组附属设备模型、厂房起重设备模型等。

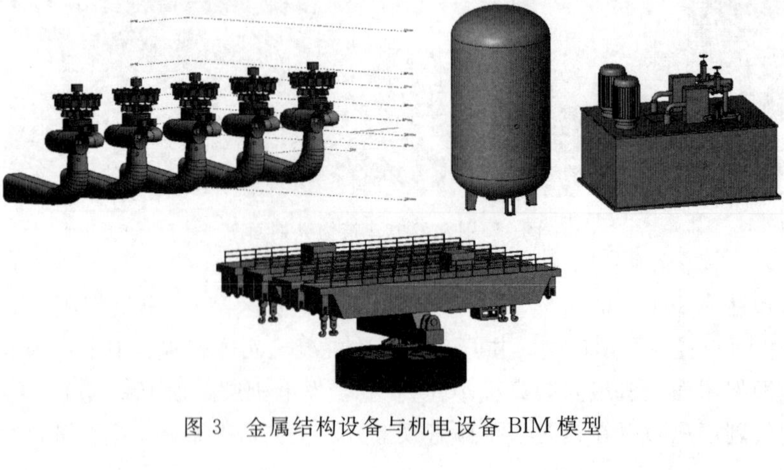

图3 金属结构设备与机电设备BIM模型

2.1.2 厂房结构 CAE 计算分析

将 Revit 中的厂房结构 BIM 模型导入有限元软件 Ansys 中，可快速完成前处理后提交求解器计算分析，根据计算结果通过参数化快速调整 BIM 模型，再导入 Anasys 中进行快速分析，直至计算结果符合规定（图 4）。

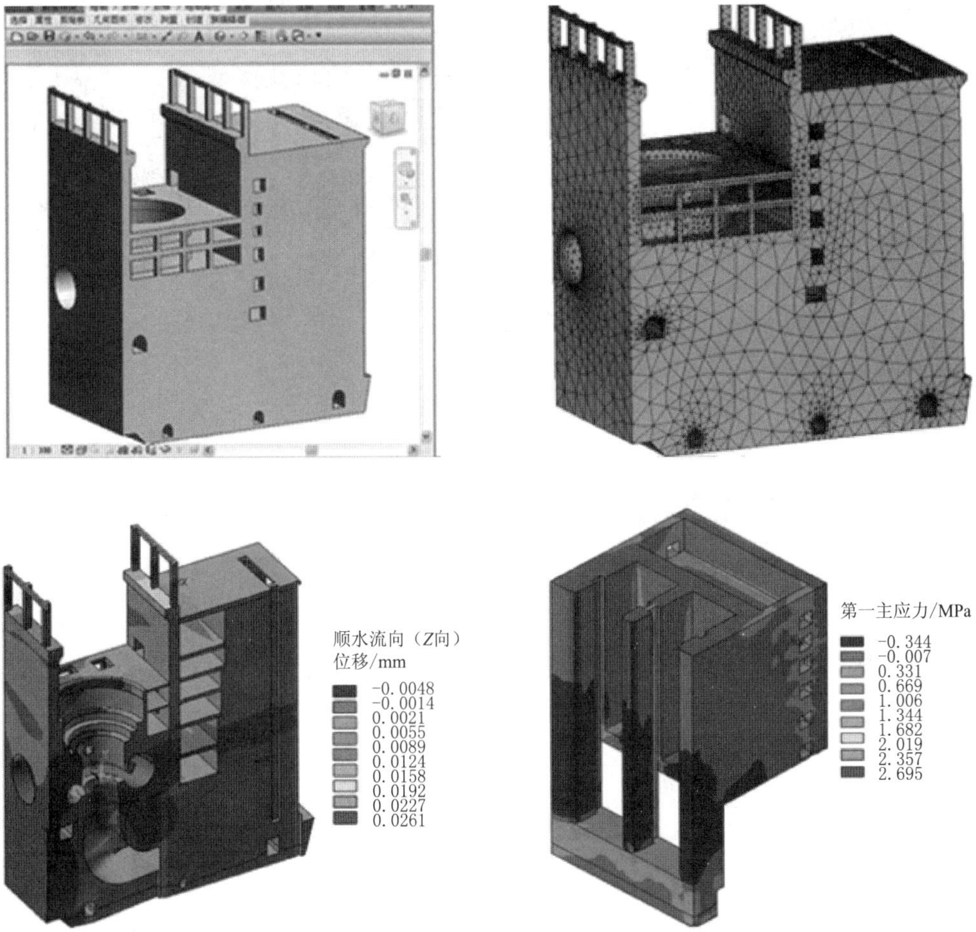

图 4　CAD/CAE 集成应用

2.1.3 模型合并

用 Navisworks 将厂房结构、金结、机电等 BIM 模型合并（图 5）。

2.1.4 模型质量检测

在对比 Revit Model Checker、Navisworks Manage、Solibri Model Checker 三款软件后，最终选择 Solibri Model Checker 对模型是否碰撞、数值是否填写完整、是否符合自定义规则等方面进行自动检测。

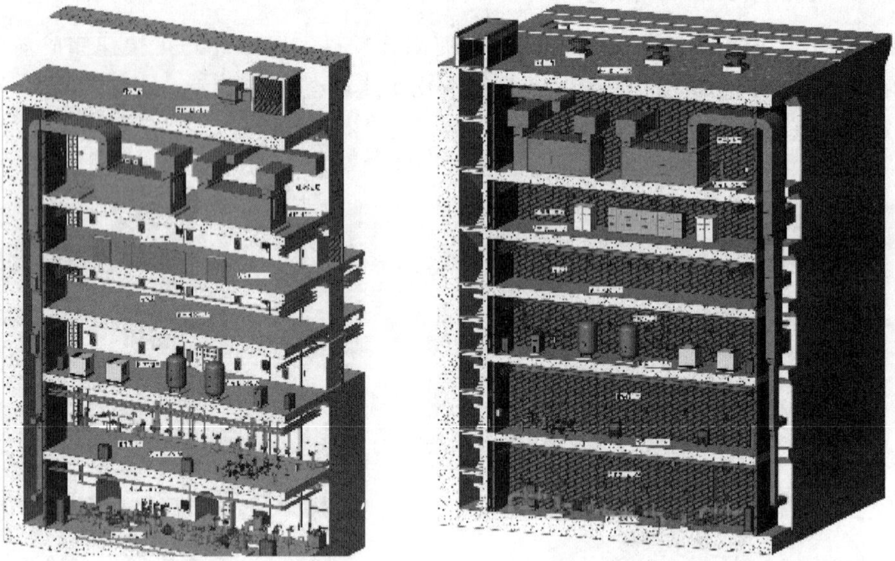

图 5　厂房结构、金结、机电 BIM 模型合并

表 1　　　模型质量检测软件对比

项　目	Revit Model Checker（RMC）	Navisworks Manage（NWM）	Solibri Model Checker（SMC）
软件介绍	RMC 是 Revit 的插件，只能通过 Revit 打开它，打开检查配置并设置要执行配置中的哪些检查	NWM 是 Autodesk 旗下的软件，主要是基于几何形状的检测，做模型空间及碰撞检查	SMC 是一种高度专业化的模型检查器，利用可自定义的规则、逻辑关系、模型缺陷、几何冲突等一系列综合手段进行分析、协调
几何检查	冲突和间隙	差	优
	重复检查	优	良
数据检查	参数的存在/不存在	优	良
	数值是否填写全	优	良
	数值是否正确	良	良
是否支持自定义规则	否	否	是
结果显示	RMC 检查结果显示在弹出菜单中，该菜单在运行检查后自动显示	1. 在 Selection Inspector 中，只需选择带有检查结果的搜索集，然后在快速属性定义中输入要查看的属性，但是必须为每个不同的手动调整。 2. 如果有 Quantity Take-Off 的路径，则可以将报告导出为 Excel 或 XML	检查结果可以导出为 Excel，也可以在检查执行的规则下方直接查看

Solibri Model Checker 检测结果可以导出为 Excel，也可以在检查执行的规则下方直接查看，根据检测结果改进模型，再次检查，直至无误（图 6）。

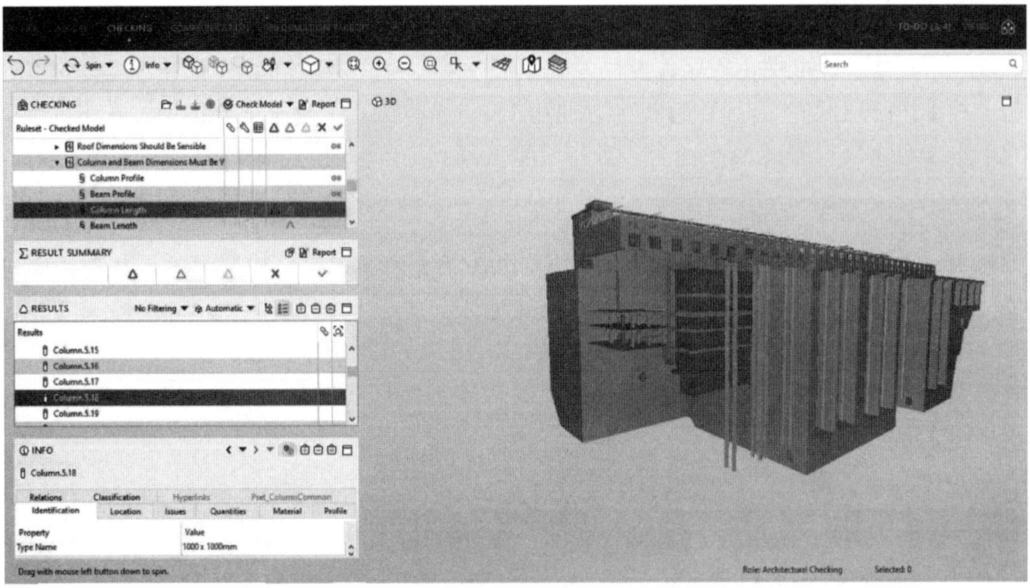

BIM Validation - Architectural	Accepted	Rejected	Major	Normal	Minor	Comment
Model Structure Check				x		
Model Hierarchy	OK					
Building Floors	OK					
Doors and Windows				x		
Door Opening Direction Definition	OK					
Unique GUID values	OK					
Amount of Site Instances	OK					
Amount of Doors or Windows in Openings	OK					
If Decomposed Object has Geometry Defined, Its Parts Should	-					
If Parts of Decomposed Object have Geometry Defined, the	OK					
Material of Decomposed Objects Should Only Be defined in	OK					
Openings in Complex Walls Shouls be Related to Wall, Not	-					
Component Check			x	x	x	
Component Dimensions			x	x	x	
Wall Dimensions Should Be Sensible			x	x	x	
Wall Height					x	
Wall Thickness			x	x		
Wall Length	OK					
Wall Opening Distances				x		
Door And Window Openings Must Have at Least Minimal Size	OK					
Window Width	OK					
Window Height	OK					
Door Width	OK					
Door Height	OK					
Slab Dimensions Should Be Sensible				x		
Slab Thickness				x		
Slab Area	OK					

BIM Validation - Architectural	Accepted	Rejected	Major	Normal	Minor	Comment
Roof Dimensions Should Be Sensible	-					
Roof Thickness	-					
Roof Area	-					
Column and Beam Dimensions Must Be Within Sensible Bounds			x	x		
Column Profile	OK					
Beam Profile	OK					
Column Length			x	x		
Beam Length				x		
Floor Heights				x		
Clearance			x	x		
Clearance in Front of Windows			x			
Clearance in Front of Doors			x			
Clearance Above Suspended Ceilings	-					
Free Area in Front of Fixed Furnishing			x	x		
Deficiency Detection	OK					
Required Components				x		
Unallocated Areas	-					
Components Below and Above	OK					
Components Above Columns	OK					
Components Below Columns	OK					
Components Above Beams	OK					
Components Below Beams	OK					
Components Above Walls	OK					
Components Below Walls	OK					
Revolving Doors Must Have Swinging Door Next to It	-					
Slabs must be Guarded against Falling				x		

图 6　BIM 模型质量 SMC 检测结果

2.1.5　三维出图

本次出图参考了由中国电建昆明院主编的中国水利水电勘测设计协会团标标准《水利水电工程设计信息模型交付标准》（T/CWHIDA 0006—2009）和中国电建昆明院企标标准《HydroBIM®地面厂房技术规程》（HydroBIM®—01—2006）。

将平、立、剖三维视图拖到图纸文件上，就可快速生成图纸。各视图间关联对应，使出图更加便利，且三维图纸美观，表达直观易懂，可避免传统的二维出图模式存在错漏碰、专业间数据不对称、图纸修改量很大等问题。

2.1.6　渲染、漫游

将模型导入 Lumion 进行渲染，漫游生成动画。

2.2　特点和创新点

Dynamo 是一款可视化程序式设计工具，可以帮助用户实现自动的模型创建、模拟和分析。在 BIM 设计的实际操作过程中，使用 Dynamo 对 BIM 功能进行拓展，在 Revit 中实现了批量处理、异形建模和性能分析等功能。

2.2.1　批量修正结构连接顺序

在 Revit 中，当用户在默认的情况下绘制柱、梁、墙、板等结构图元时，其连接顺序可能与设计不符。若不改正还会影响工程量的统计。

手动切换连接顺序相当费时且效率低。借由 Dynamo 编写辅助设计程序可检查连接是否符合设计方案，并适时批量切换连接方式，对于复杂厂房或建筑结构可提高近 20%的效率（图 7）。

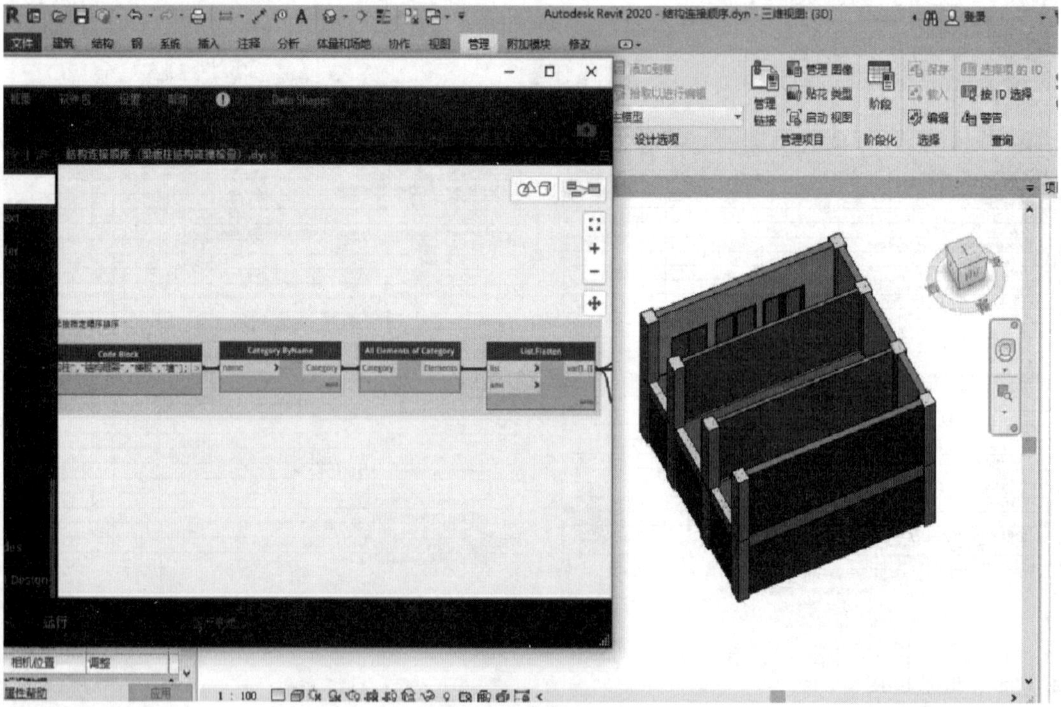

图 7　批量修正结构连接顺序

2.2.2　复杂过流部件建模

针对水电行业中复杂且异形的过流部件，如蜗壳和尾水管，在 Revit 中采用常规方法建模，存在工作烦琐、模型参数化修改程度低等问题。

因此在本次 BIM 模型设计中，结合蜗壳与尾水管的结构特征，采用了 Dynamo for Revit 编写相应程序进行参数化设计，可实现“一键生成”模型，充分体现了 BIM 在水电设计中的运用价值（图 8）。

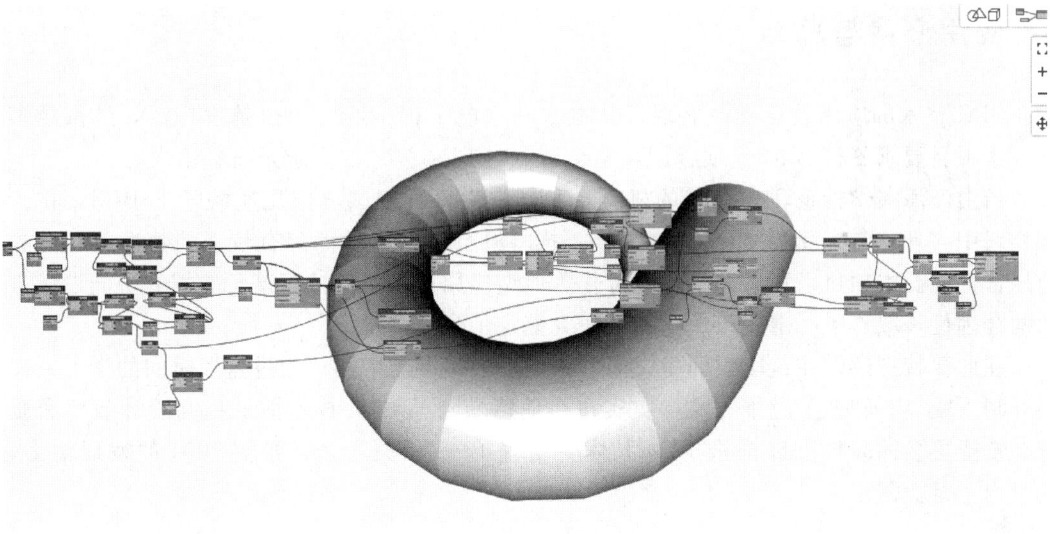

图 8　蜗壳结构设计分析模型

在以上程序的基础上稍做修改就可自动挖空混凝土，减少创建厂房下部大体积混凝土族的工作量。

2.2.3　碳足迹设计分析一体化

相较于传统的碳足迹计算模式，利用 Dynamo 可视化编程功能进行厂房建造阶段的碳足迹实时计算（图 9），可避免因人为操作失误导致数据的不准确。采取明细表导入和直接从模型中读取的方式准确地计算出材料用量，参考相关定额，初拟施工方式，实现在设计阶段预估建造阶段的碳足迹。根据计算结果可为建造阶段的节能减排提供依据。

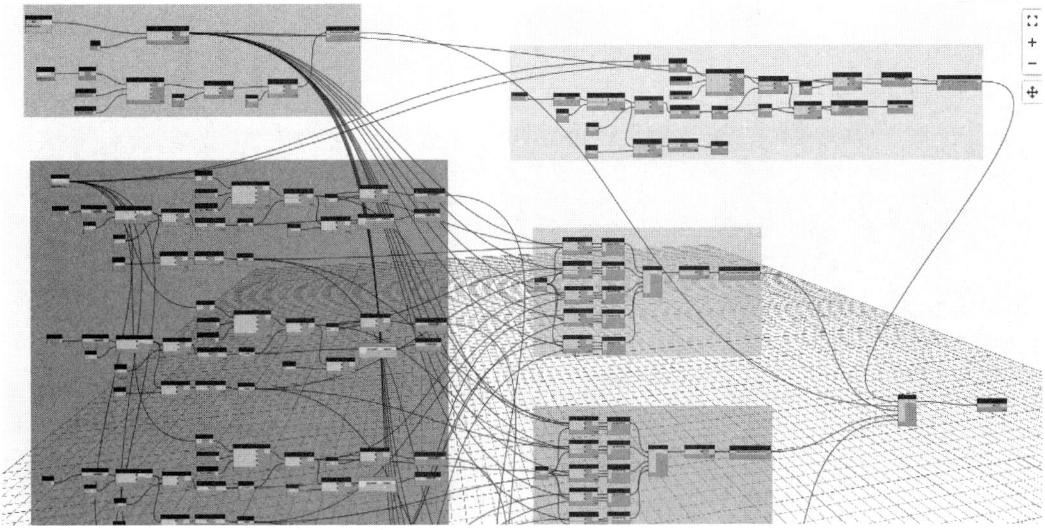

图 9　厂房下部结构碳足迹计算模型

3 应用心得与总结

BIM 技术的应用效益日益显现，其在水利水电工程中的应用也越发广泛，越来越多的工程项目要求签订 BIM 专项合同，整个行业对 BIM 人才的需求量日益增大。

借由河海大学校企联合培养的机会，我们有幸来到中国电建昆明院学习 BIM，在工程实践中，理论与实际相结合，应用 BIM 技术进行厂房的设计具有较强的数据关联性和应用普适性。本项目以厂房数字化设计作为典型应用场景，验证了基于数据的协同设计方法的合理性，取得了一定成果，为后续研究奠定了数据基础。

在此要特别感谢在这段时间里，老师们的悉心指导与帮助。通过这段时间的学习，我们开阔了眼界，转变了思维方式，实实在在地感受到了 BIM 技术能够提高设计效率和质量。希望更多的高校可以推进 BIM 技术，培养 BIM 相关人才，挖掘 BIM 的发展潜力，满足当下行业需求。

金奖

长距离引水工程全生命周期 BIM+GIS 集成技术开发与应用

天津大学

本作品以长距离引水工程为依托，结合长距离引水工程应用案例（如南水北调中线工程、滇中引水工程等）的理论实践基础以及天津大学多年以来的 BIM 技术研究成果，形成了一套基于 BIM+GIS 并适用于长距离引水工程“设计—施工—运维”全生命周期信息集成与管理整体解决方案。

解决方案以长距离引水工程设计为主导，以云数据中心为纽带，整体采用 B/S 架构、云端部署的开发方式，以 BIM 技术为主，利用 Revit、Civil 3D、Inventor、Infraworks 等 BIM 建模软件与 FLOW-3、Abaqus、Ansys 等数值分析计算软件，同时结合了 3S（RS、GPS、GIS）、大数据挖掘与分析、图像识别、移动互联、物联网、CFD 分析等技术，实现了全网端数据共享与智能化办公，保证了各专业间的高效协同与工程信息的有效管理。在已有长距离工程成果的基础上进行了深化应用和云端移植，同时针对长距离引水工程面临的一系列难题，提出了对应的技术解决方案。

针对长距离引水工程中制约多专业数据融通和业务贯通的底层数据标准问题，基于“IFC+IDM+IFD+MVD+BCF”的国际标准，结合以“水电工程信息模型数据描述标准”为主体的行业标准，开发了一套水利水电工程 BIM 模型转换接口，实现了针对水利水电行业 IFC 属性类别扩展。

针对长距离线性带状三维地质模型生成困难问题，研发了基于 SFM 重构技术的三维地质建模方法，实现了“数据采集—SFM 三维重构—三维地质实体建立”的地质建模流程，提高了三维地质实体模型建立的效率和精度，并结合长距离引水工程线位海量多源数据融合技术实现了 BIM+GIS 选线。

针对长距离引水工程中设计重复率高、效率低下的问题，研发了基于信息增值的全过程三维参数化设计技术，包含了构件库设计、结构设计、参数化装配、协同设计、CAE/CFD 云计算分析、BIM 精细化出图等核心功能，总体结构框架如图 1 所示，实现了全过程信息在 BIM 建立过程中的反馈共生，极大提高了设计效率和设计成果的适用性。

针对目前长距离引水工程中传统施工管理模式信息分散的问题，提出了一套基于 BIM 的施工过程管控方案。基于以 WebGL 轻量化方式搭建的施工区域 BIM+GIS 大场景，实现了包括料源选址及路线优化、施工智能化控制预警、施工过程自动化监控、施工进度可视化管控与实时调整等智能化管控技术，实现了施工过程管控的自动化和智能化，提高了施工阶段管理水平。

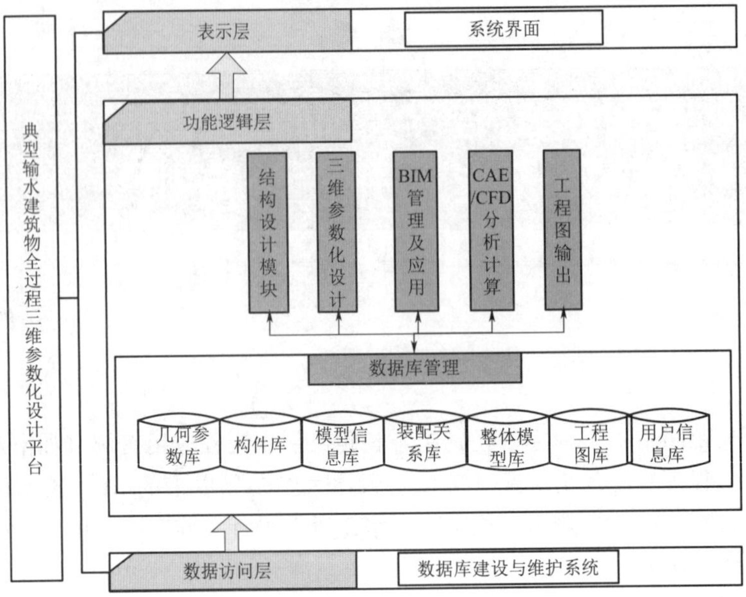

图 1　参数化设计总体架构

针对长距离引水工程全生命周期多源信息的管理和集成难度大的问题，研发了一套针对长距离引水项目的数据中心搭建方案。并以数据中心为基础，基于 BIM 数据集成关联方法，实现了全生命周期的模型信息动态生长，建立了一套长距离引水工程的全生命周期 BIM 生长模式，实现了“设计—施工—运维”信息的集成化、可视化展示。并基于 BIM＋GIS 大场景实现了全生命周期信息一体化查询，效果如图 2 所示，降低了管理难度，提高了管理水平。

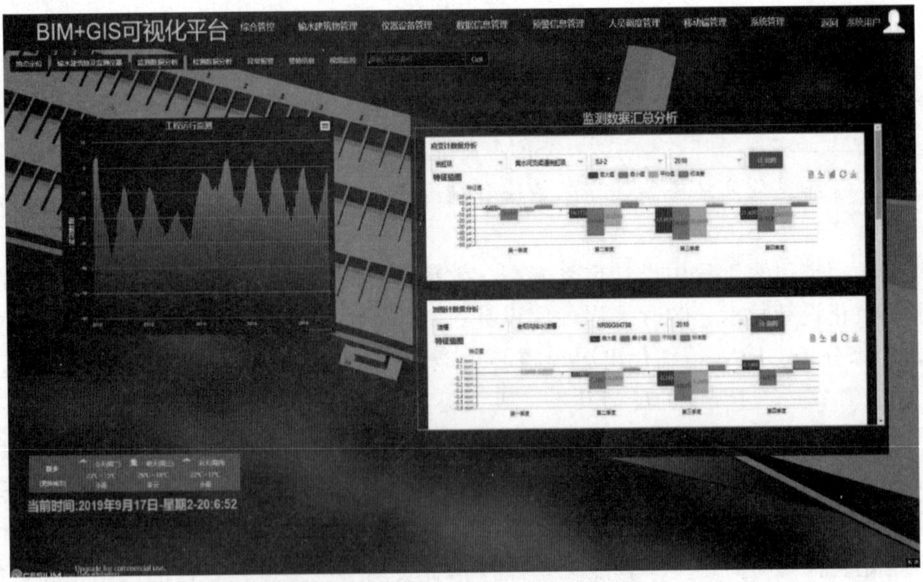

图 2　基于 BIM＋GIS 的长距离引水工程可视化与信息一体化查询

针对引水线路长、受水区众多、管理范围大造成了其运行调度难度大的问题，采用引水工程运行调度管理系统，研究将云计算技术与 CFD 分析相结合，快速进行各种工况下水力控制特性的实时仿真，为工程调度控制奠定基础。同时基于理论分析和封闭微分方程系统，建立复杂输水系统的有限差分数值模型，通过数值建模和计算编程，研究闸泵阀在长距离引水系统中的联合调度情况下的同步计算技术，实现复杂输水系统在闸、泵、阀联合调度情况下的水力控制的数值模拟。

针对长距离引水工程中监测检测数据实时性差、融合度不足等系列问题，利用数据级融合与特征级融合分析方法对监测检测两类信息进行处理和分析，建立评价指标体系，并通过决策级融合分析方法与多层次模糊综合评价模型，将安全风险评价结果返回至模型，实现监测数据和检测信息的融合分析，建立了更符合工程实际的结构安全评价方法。

针对长线工程检测信息反馈和预警时实性差等问题，依托多源信息耦合模型，将 BIM 技术、物联网技术、BIM 模型数据库、移动互联技术进行集成，提出了长距离工程移动端智能预警技术，研发了移动端预警 App，同时实现 Web 端与移动端 App 信息共享，如图 3 所示，实现了长距离工程安全运行监测过程中所涉及 8 大类 30 个专业维护人员在线高效办公，提高了工程安全监测预警的及时性、准确性，降低了工程运行风险。

图 3　基于 BIM+GIS 的长距离工程移动端智能预警

针对以上解决方案，提炼出以下七大关键技术，形成一套完整的从底层技术到引水工程全生命周期的技术方案。

（1）建立水利水电行业标准化 IFC。

（2）基于 BIM+的水利工程正向设计方法。

（3）基于 BIM+的现代施工管理。

（4）BIM 模型的动态生长方法。

（5）基于 BIM 的长距离智能水联网。

（6）基于 BIM 的长距离多源监测检测数据耦合模型。

（7）基于 BIM+的长线工程移动端交互式智能预警技术。将技术融入系统开发流程，形成了一套功能完备的引水工程全生命周期综合管理平台。

该套整体解决方案在总结本行业在 BIM 技术上的优缺点的基础上，针对重点领域进行创新性研究开发，在 BIM 底层数据通融技术、基于 BIM 的正向设计、基于 BIM 的施工管控方面取得了重大突破，主要创新点如下。

（1）基于 IFC 数据标准格式，研究 BIM 模型 IFC 属性扩展方法，实现了水电行业 BIM 模型标准化定义，达到数据融通、业务贯通效果，推进水电行业信息化进程。

（2）建立了基于 SFM 三维重构技术、BIM+GIS 融合技术、设计过程信息增值的水利工程正向设计方法，极大提高了水利工程设计效率，保证了设计成果的质量。

（3）实现了基于 BIM 的信息动态生长技术、传感器技术、GPS 技术、无线传输技术、机器学习技术等的多技术融合，建立了施工全过程智能化管控模式。

本作品提出了适用于长距离引水工程各参与方、各建设阶段、各专业应用的信息化实施模式及应用流程，建立了“一个数据中心、两大感知体系（信息采集体系、网络传输体系）、三个平台（规划设计服务平台、工程建设服务平台、运行管理服务平台）、六大业务应用（智能选线、参数化协同设计、建设管理、监测信息管理、运行调度、智能预警）”的长距离引水工程全生命周期管理整体解决方案，涵盖信息采集、传输、处理、存储、管理、服务、应用等环节，覆盖规划设计、工程建设及运行管理全过程，分层逻辑架构如图 4 所示。

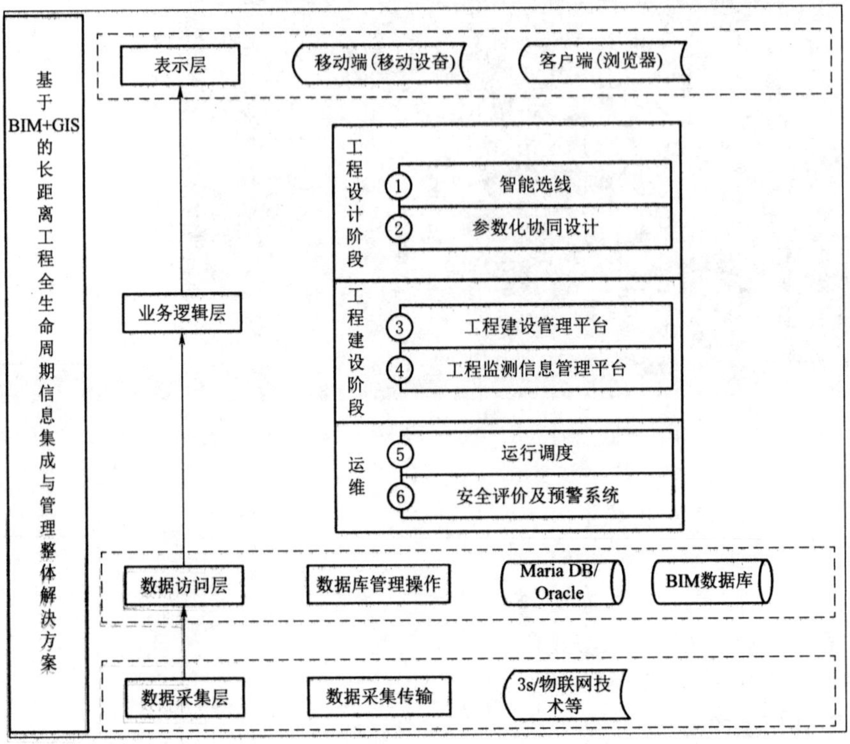

图 4　基于 BIM+GIS 的长距离引水工程全生命周期信息集成与管理分层逻辑架构

该套整体解决方案真正实现长距离引水工程的智能感知、智能融合、智能调度、智能预警，具有良好的推广价值。

(1) 参数化设计思路、三维地形地质的重构技术为长距离工程精细化设计提供了解决方案。

(2) 基于 IFC 数据标准的研究以及扩展，加快了各专业数据融通进程，对水利行业信息化的发展具有明显的助推效果。

(3) 基于 BIM 的动态模型生长方法，以及基于 BIM+的正向设计方法，成果具有通用性。

(4) 基于 BIM 的长距离工程管理体系为类似水利工程乃至其他土建行业的全生命周期管理提供参考。

金奖

港口仓储项目 BIM 综合应用

江苏科技大学

1 项目概况

港口仓储项目主要包括建设浅圆仓 32 个、提升塔 4 个、汽车发放站、输送栈桥、油泵房、油罐、药品暂存库以及办公配套等辅助设施等。建筑总面积约 37168.29m^2，建筑最高高度为 45.8m，单跨跨度为 36m，单仓仓容量 7000t，总仓容约 22.4 万 t，储存油罐容约 2000t。

2 项目应用情况

2.1 总体情况

实施过程分为三个阶段，主要内容包括：BIM 建模、基于 BIM 招投标应用、基于 BIM 的施工应用（图 1）。

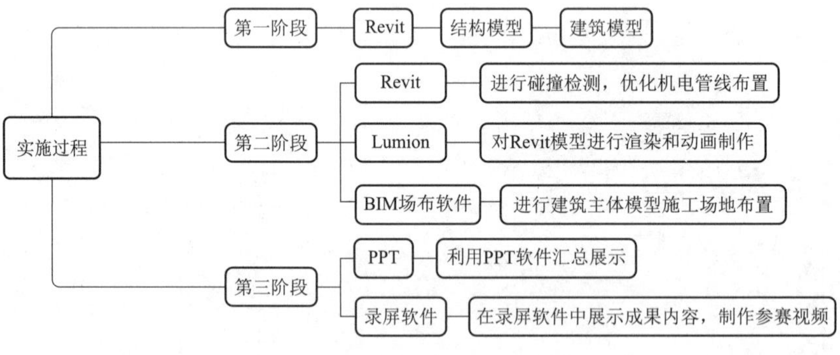

图 1　实施过程

2.1.1 基于 Revit 的模型构建

基于 Revit 构建的模型如图 2 所示。

2.1.2 基于 Revit 的模型构造渲染

Revit 自带 mentalray 渲染引擎，由于 Revit 软件的重复使用率高，使用 Revit 进行渲染可以节省时间，且其通俗易懂，操作相对容易。

图 2　模型构建

用 Revit 进行碰撞检测，优化机电管线布置；用 Lumion 对 Revit 模型进行渲染和动画制作；用 BIM 场布软件进行建筑主体模型施工场地布置。

2.1.3　BIM 建模过程

BIM 建模过程如图 3 所示。

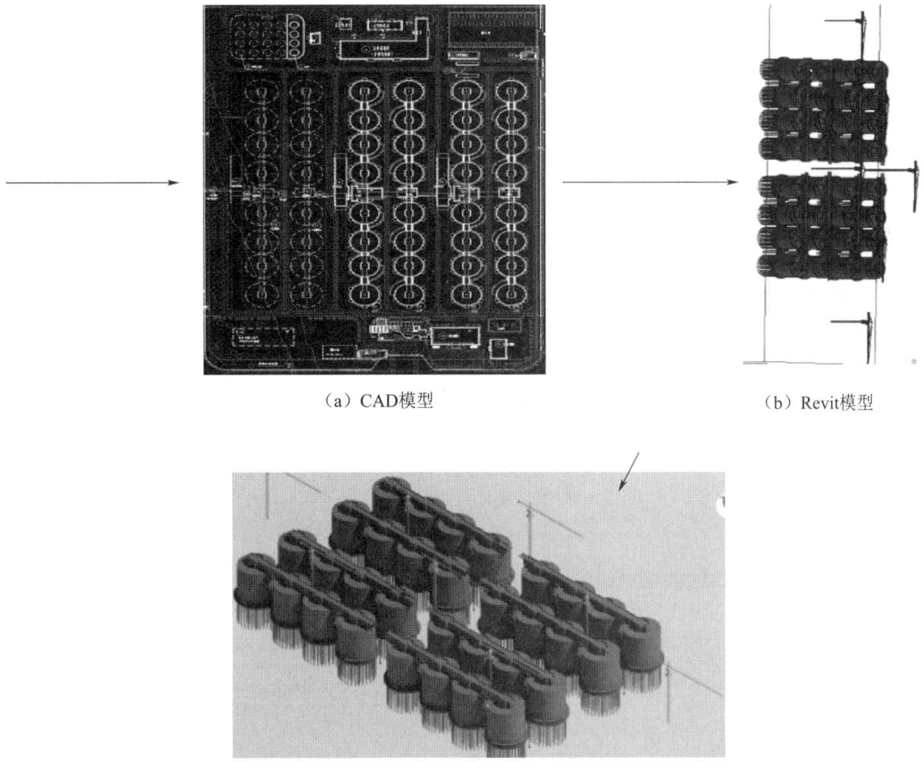

（a）CAD模型

（b）Revit模型

（c）Revit渲染模型

图 3　建模过程

2.1.4 基于BIM的招投标应用

BIM招投标应用通过广联达造价进行清单计价，生成各单位的造价指标，从而确立成本目标，有效地进行成本的管理及控制（图4）。

工程项目投标报价汇总表				
工程名称：港口仓储项目				
序号	单位工程名称	工程造价/元	其中	
			暂估价/元	安全文明施工费/元
一	土建工程			10509801.76
1	浅圆仓A土建工程			1811764.89
2	线圆仓B土建工程			1811764.89
3	浅圆仓C土建工程			1811764.89
4	浅圆仓D土建工程			1811764.89
5	汽车发放站S土建工程			294319.1
6	汽车发放站B土建工程			294319.1
7	提升塔A土建工程			348182.57
8	提升塔B土建工程			210346.33

图4　报价汇总表（部分）

2.1.5 基于BIM的施工应用

（1）4D进度管理（图5）。TimeLiner工具可以向Navisworks中添加四维进度模拟，从数据源导入进度后，使用模型中的对象连接进度中的任务以创建四维模拟，可看到进度在模型上的效果，并可将计划日期与实际日期相比较。

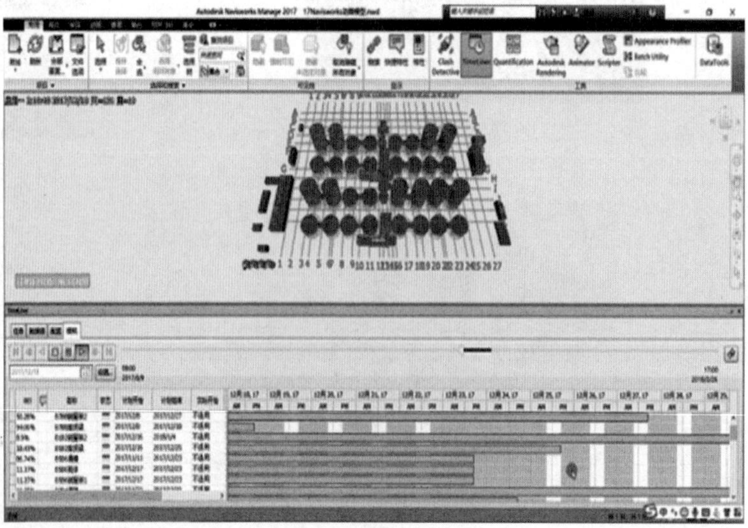

图5　4D进度管理

（2）三维场地布置（图6）。施工应用于三维场地布置中，广联达BIM三维场地布置为施工技术人员提供从投标阶段到施工阶段的现场布置，解决了设计思考规范考虑不周全带来的绘制慢、不直观、调整多以及环保、消防及安全隐患等问题。

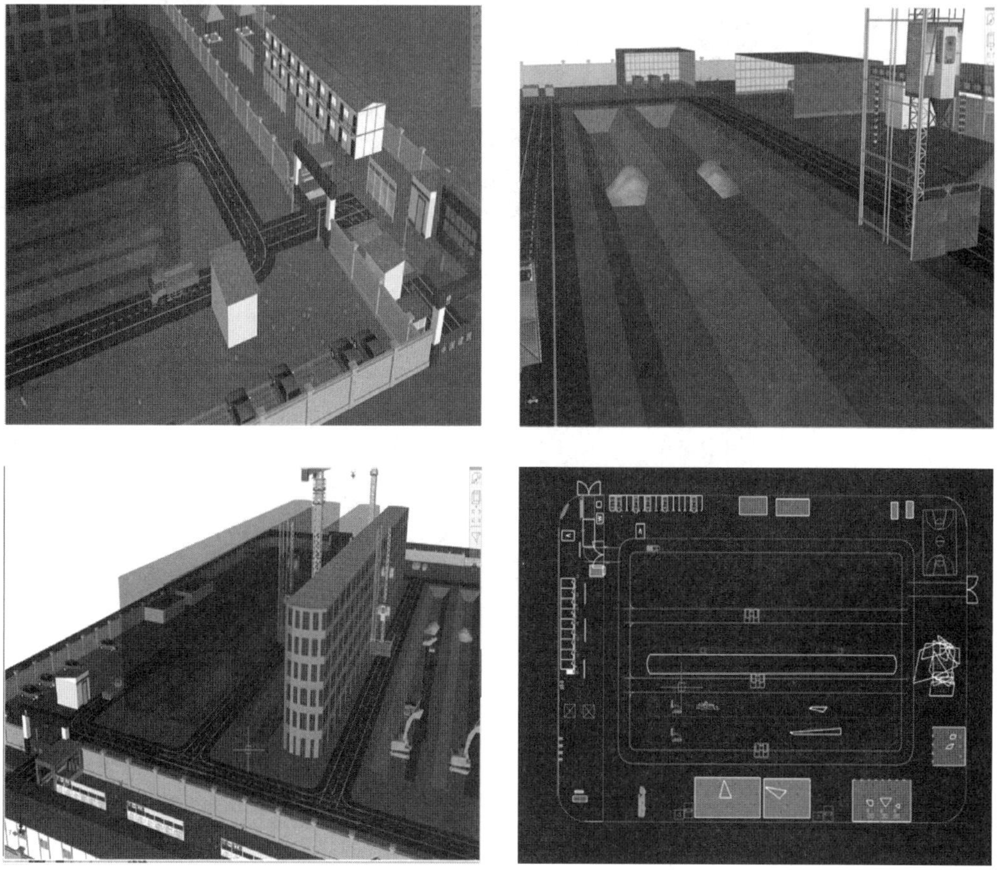

图6　三维场地布置

2.2　特点与创新点

2.2.1　液压滑模施工工艺（图7）

液压滑模就是用油泵机将液压油输送到千斤顶，再由千斤顶带动滑模系统的模板沿混凝土表面滑升的过程。

液压滑模的优点：机械化程度高，施工速度快，环境污染少，工程造价低。

2.2.2　钢桁架节点建模（图8）

（1）难点1：空间定位。

解决方案：平面图里调整相对位置，三维图里调整标高。

（2）难点2：节点细部建模。

解决方案：精细化建模细部螺丝螺帽。

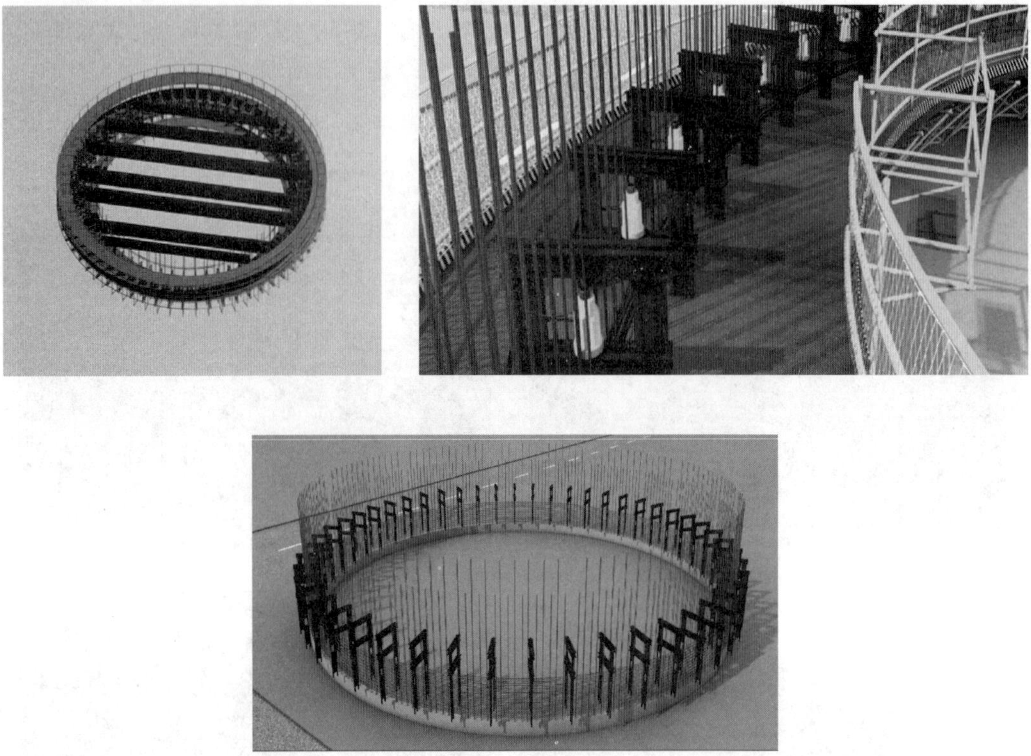

图 7　液压滑模施工工艺

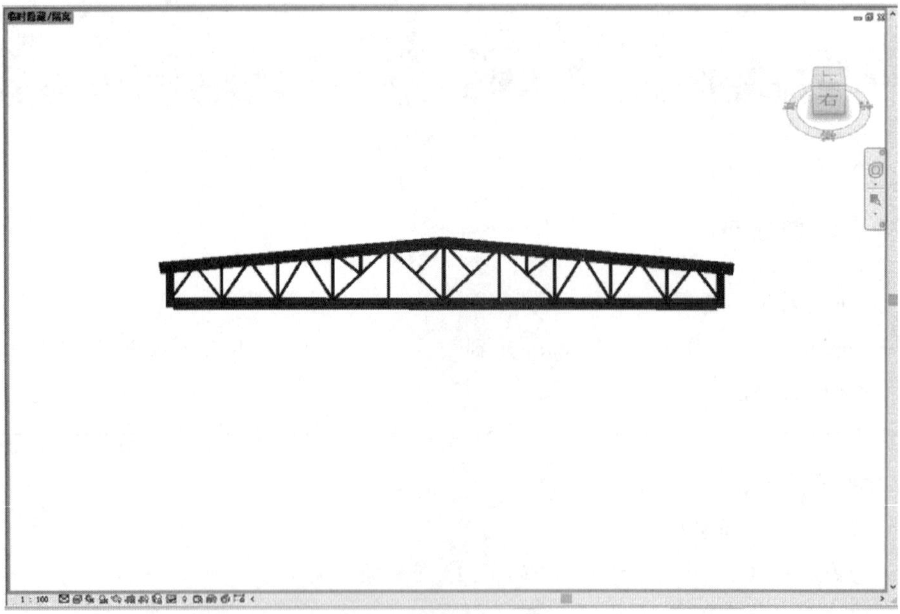

图 8　钢桁架节点建模

3 应用心得与总结

通过本次比赛，我们对 BIM 技术有了更加深刻的理解和认识，对工程中不同方面的广联达软件都有了一个基本的了解接触，通过对工程的精细化分工，分别对自己所感兴趣的方面进行了深入学习，再通过实际操作来掌握相关的知识和软件应用技巧。

这个设计对于我们团队来说，在开拓眼界的同时，培养了我们“帮他即帮己”的团队合作意识，相互沟通、信任，大家齐心协力克服困难，解决问题，最大地提高团体工作效率。

非常感谢此次比赛给我们这个展现自我、锻炼自我的机会，感谢指导教师张雪老师的倾心指导，及母校江苏科技大学对我们的大力支持。

银奖

水闸工程施工方案 BIM 深度建模与协同设计

天津大学　中交（天津）生态环保设计研究院有限公司

1　项目说明

1.1　项目背景

某水闸工程由排涝闸和排涝泵站组成，采用平行并列布置的方式。闸站上游共用引河，两侧设置直立扶壁式挡墙与上游河道相连接，下游与滩内水库相连。该工程防洪标准为 50 年一遇，排涝标准为 20 年一遇。预计建设工期为 13 个月，所需的建筑材料主要包括混凝土、土料、块石、砂、碎石料等。将 BIM 技术应用于水闸的建设和管理中，在项目规划阶段即可介入，在设计阶段充分发挥优势，有效指导施工，提升工程建设质量和效率。

1.2　项目设计内容

该水闸工程主要设计内容包括：①基于施工方案的水闸工程 BIM 综合模型。②研究三维协同设计的方式，实现水闸工程专业间及专业内部的协同设计，提高整体设计效率。③基于 BIM 模型实现水闸工程 4D 施工动态模拟与可视化分析。

1.3　项目技术路线

项目总体技术路线如图 1 所示。通过对施工图纸及施工说明的分析和整理，了解工程相关信息，利用 Revit 建模软件建立水闸工程三维综合模型，形成参数化的族库，在项目中完成各部分模型装配。通过 BIM 协同平台，实现专业间及专业内部协同设计，借助三维建模的优势，利用 Navisworks 软件进行碰撞检测，优化 3D 模型。结合相关工程经验，添加时间信息，利用 Fuzor 软件进行 4D 施工动态模拟，直观展示施工过程，实现对工程进度的实时

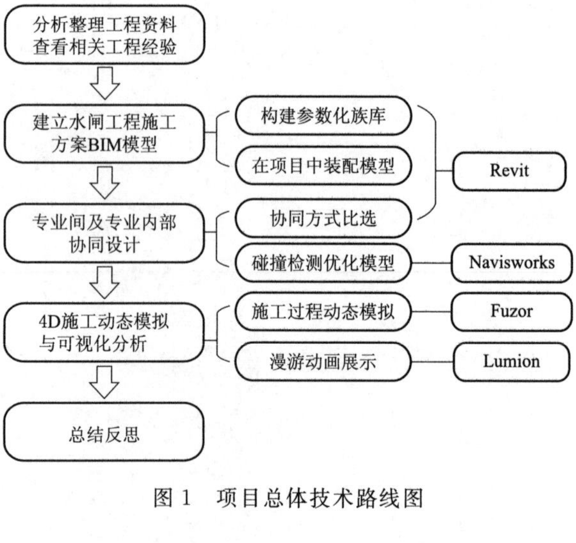

图 1　项目总体技术路线图

监控，最终通过 Lumion 软件对水闸工程生成漫游动画，预览工程造型样式。

2 项目成果

2.1 基于族库的水闸工程 BIM 参数化模型构建

该水闸 BIM 模型的创建使用的是可载入族，设计者需要选择合适的族样板来创建适合水闸工程的族构件库，参数化是模型设计的核心内容，族构件创建过程如图 2 所示。

当项目所需的族库创建完成时，便可进行项目模型的装配。模型装配时，首先在 Revit 中创建新的结构样板项目，根据工程信息创建相应的标高及轴网；将创建好的族构件载入到项目中，利用参数化的优势，复制多个族构件并进行参数修改，即可得到多个不同尺寸的族构件，通过旋转、移动、对齐等命令将其放在特定的位置上，通过调整不同视图检查族构件之间的位置关系是否正确。

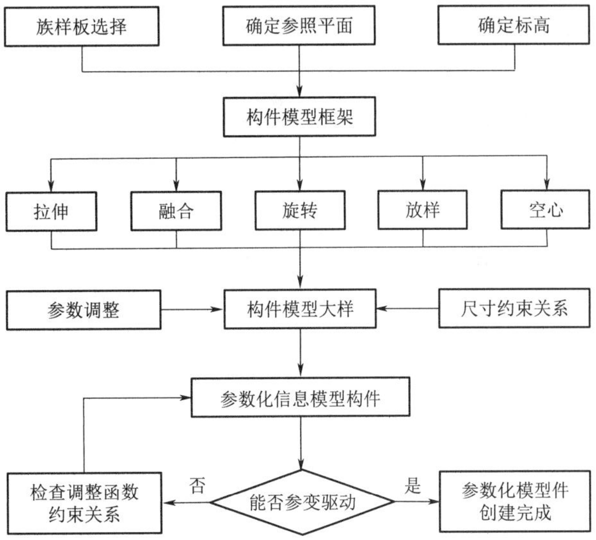

图 2 族构件创建过程示意图

以土建部分模型装配为例，将创建好的闸底板、闸墩、翼墙等族构件载入到新创建的项目样板中，对于扶壁、闸墩、桩等有多个重复项或相似体的族构件，可通过复制、参数修改等操作创建多个实例或类型。土建部分工程量巨大，宜按照从上游至下游的上游护坦、闸室、消力池、海漫顺序依次拼装，避免因族构件太多、空间位置复杂等问题降低效率，如图 3 所示。

建成后的 BIM 模型可以根据需求切换至任意视图，例如平面有利于水平管线的布置，剖面有利于建筑物内部管线的布置，还可以转动三维模型切换不同的观察角度，实现水暖电系统图表达精准化、各专业大样图表达形象化，专业冲突一览无余，提高设计深度。使用 Revit 剖切功能，对建成的三维模型做剖面，实现二维动态出图，如图 4 所示，有效指导施工。

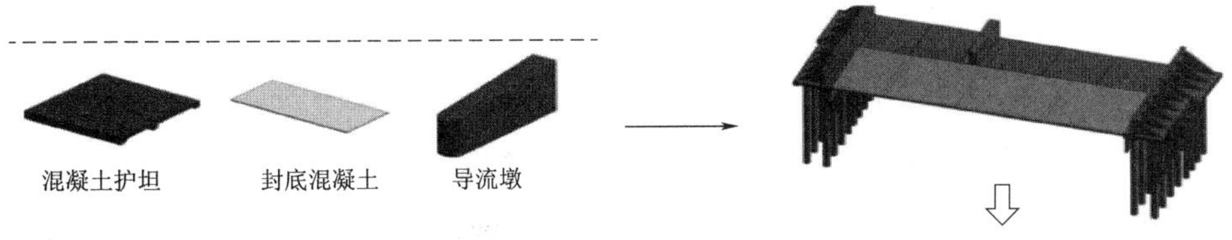

图 3（一） 土建模型装配流程图

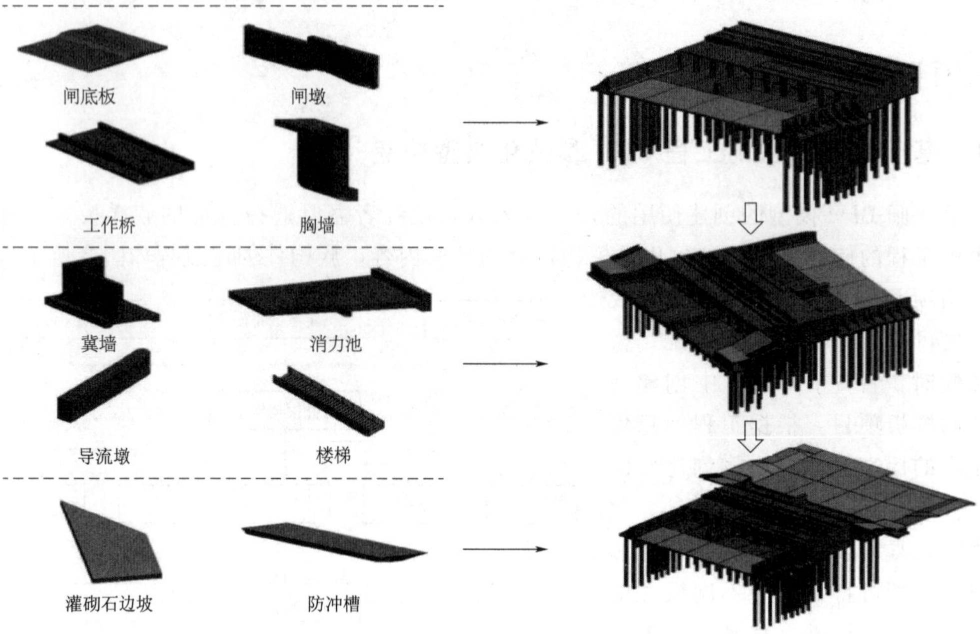

图 3（二） 土建模型装配流程图

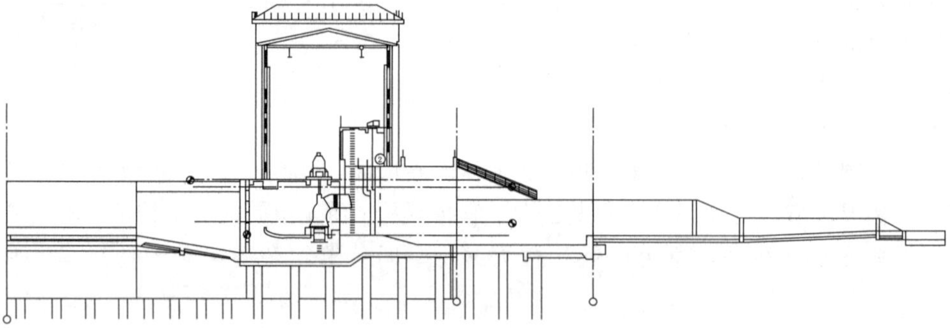

图 4 二维出图

2.2 水闸工程多专业 BIM 协同设计

本设计采用了使用链接方式的协同设计和使用工作集方式的协同设计两种方式实施。该水闸工程涉及专业广泛，工程量大，若在同一项目中进行模型装配，不仅各专业间互相干扰影响大，先后顺序的建模方式也使得建模效率低下。采用链接文件的协同方式，在不同项目中对土建、房建、金结等部分分别进行装配，将土建部分作为主体模型，将房建、水机、闸门、拦污栅等部分作为链接模型载入到主体模型中，如图 5 所示。

该水闸工程土建、房建、金结、水机专业间设计较为独立，可以采用链接方式，简单快捷。而电气专业对其他部分设计成果的依赖性比较强，需要其他专业设计成果等信息的实时共享。因此电气与其他专业间的设计宜采用工作集方式，在房建模型基础上，添加高压柜、直流屏、照明灯、应急指示灯等电气设备，在电气工作集权限范围内进行编辑修改，若对房建部分有编辑需求，可向房建工作集提出相应放置请求，实现专业间信息交流。

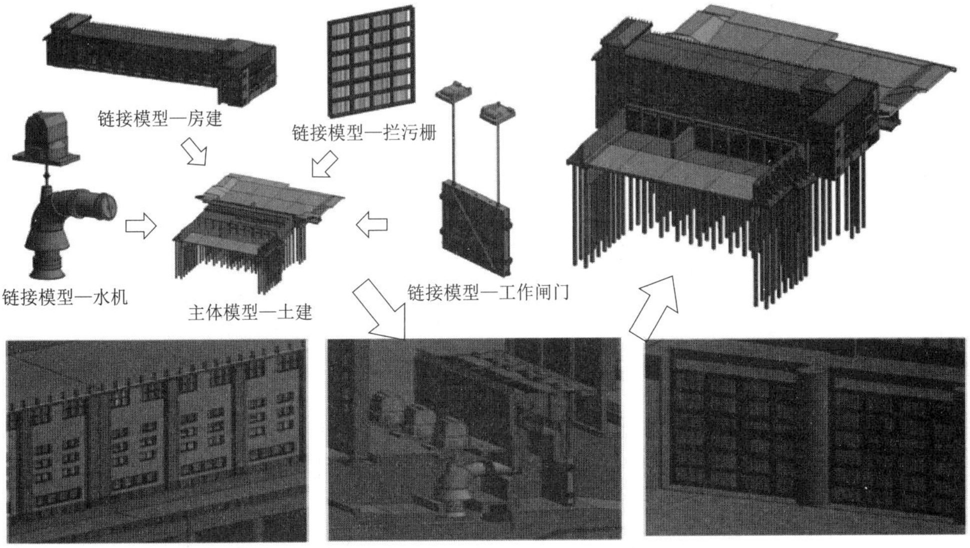

图5　使用链接方式的协同设计

2.3　水闸工程结构关键部位碰撞检测

常见的碰撞检测软件有Autodesk Navisworks、Bentley Projectwise Navigator和Solibri Model Checker。本研究采用Navisworks软件对建成水闸模型进行碰撞检测。Navisworks相交于Revit自带的碰撞检测功能优势在于不仅适用于两个专业间或同一专业内部两个不同图元之间的管线碰撞检查，还适用于多个链接模型之间管线与建筑结构之间、管线与管线之间的检查。

任何一项冲突检测都必须制定两组图元选择集参与，以消力池与下游翼墙碰撞检测为例，新建“消力池VS下游翼墙”碰撞任务，分别选用“下游消力池”与“下游翼墙”两个集合；设置类型选择“硬碰撞”，该检测类型会将空间上完全相交的两组图元视为碰撞条件，“公差”设置为“0.001m”，即当两图元之间的碰撞距离小于该值时，Navisworks将会忽略该碰撞，“步长”为进行冲突检测的时间步长，值越小，则参与运算的精度越高。

运算完成后，Navisworks将自动切换至运算结果界面。当选择检测报告中的不同碰撞点时，视点会自动切换，方便用户以最佳视角观察碰撞检测的结果。完成碰撞检测任务后，可以添加核准者、任务分配人员、注释等信息，通过“报告”面板将检测结果导出，以便存档和查看，消力池VS下游右侧翼墙碰撞点及碰撞报告如图6所示。

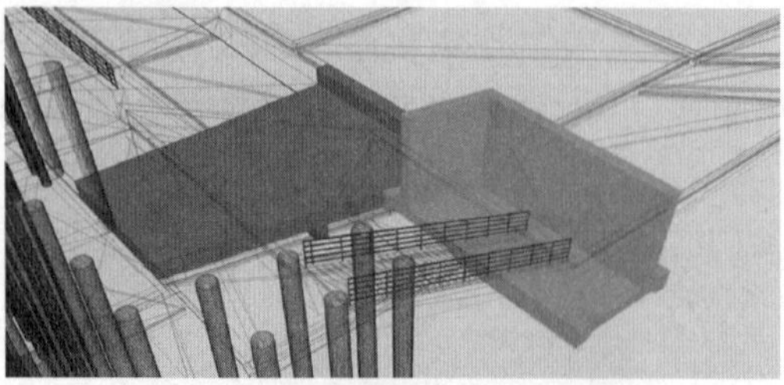

图 6　消力池 VS 下游右侧翼墙碰撞点及碰撞报告

2.4　水闸工程 4D 施工动态仿真与可视化分析

对该水闸工程使用 Fuzor 软件进行 4D 施工动态模拟，在该软件的 4D Simulation 功能模块中实现。在该功能板块可以创建新建任务、拆除任务、设备任务及暂时任务等任务模式。

水闸工程施工内容主要包括施工导流、基坑开挖、基础处理、混凝土工程、砌石工程、回填土工程、闸门与水机安装、围堰拆除等。施工工序一环扣一环，既有流水作业也有交叉施工，科学组织、合理安排施工过程是确保项目顺利实施的关键。参考相关工程经验，从基坑开挖至闸门、水机安装完成期间的施工工序进行合理安排，以闸室为中心，按照“先深后浅、先主后次、先低后高、先重后轻”的原则进行。拟建工期 13 个月，在枯水期内完成基坑开挖、灌注桩施打、水闸和泵站主体工程及上下游连接段等水下工程的施工，汛期可安排厂房、控制楼等上部结构及电气、自动化、金结等设备的安装工作。

通过设置每项任务的紧前工作、计划持续时间，Fuzor 可以自动生成任务开始时间及任务结束时间。为了区分已建成的与施工中的图元，直观展示正在施工的部分，可以使用亮显功能对施工中的图元进行高亮突出显示，也可以用不同的颜色或透明度来区分施工工艺和施工材料，使动态模拟效果更佳生动形象。包含时间信息的模型构件在可以在时间轴上发生“消失”“生长”或“移动”等空间变化，按时间顺序播放就构成了整个模型的形成过程，即该水闸工程施工动态模拟过程，如图 7 所示。在施工模拟画面上可根据实际需求选择性的显示施工时间、施工天数等信息。相较于横道图、网络计划图等二维进度展现方式，可视化动态模拟更加直观明了。

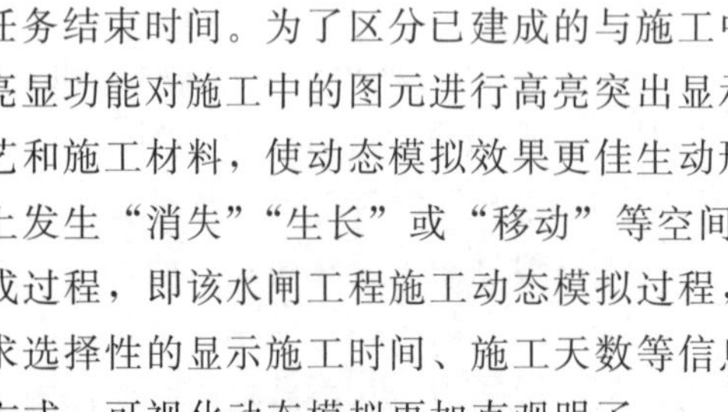

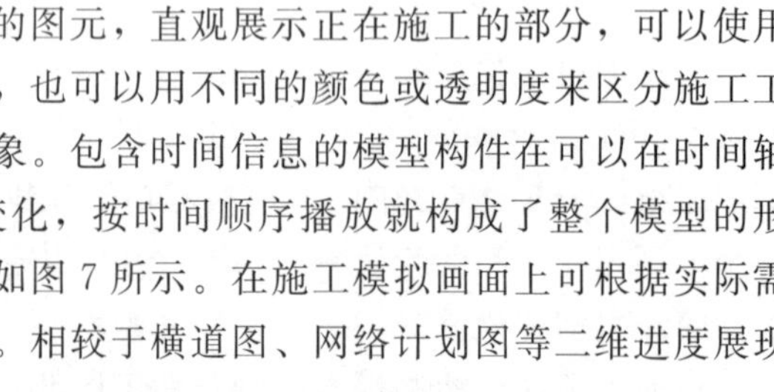

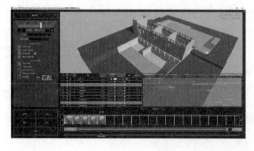

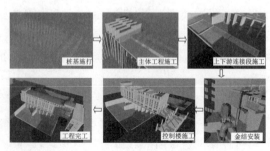

图 7　动态模拟视频输出及施工动态仿真

2.5 水闸工程综合模型可视化分析

基于Lumion的漫游动画设计流程主要包括场景模式选择、三维模型导入、仿真细节处理、可视化渲染出图。漫游动画的生成主要依靠关键帧的捕捉，利用鼠标及移动键控制摄像机的高度和角度，使用拍照功能捕捉关键帧，Lumion软件根据关键帧之间的转场自动插值连接，产生平顺的动画效果。Lumion软件材质库种类丰富，该水闸工程主要包括混凝土、灌砌石、砂石、金属、玻璃、屋顶等材质，可对其表面光泽度、凹凸度、反色率等进行编辑，视觉效果逼真，模型场景完成后的效果如图8所示。

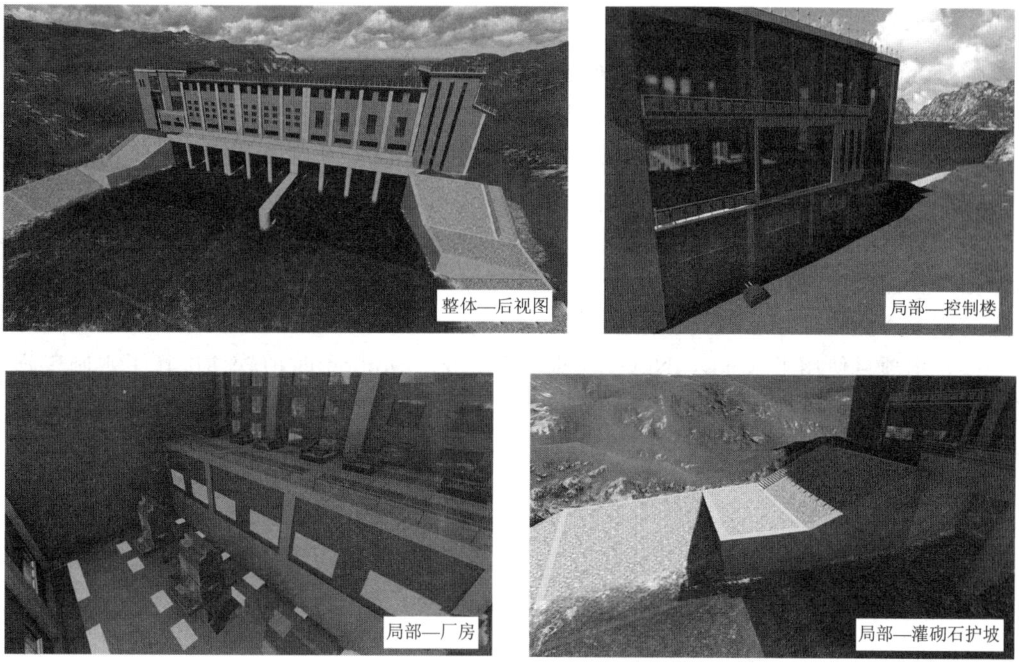

图8　渲染效果图

3 应用心得与总结

3.1 项目成果小结

本项目以某水闸工程为基础依托，以BIM技术为理论指导，利用Revit、Navisworks、Fuzor、Lumion等软件进行了三维模型创建、协同设计、4D施工动态模拟与可视化分析等工作，通过发挥各软件在BIM技术应用中的优势，服务于水闸工程规划设计、施工管理。

（1）项目特点：该项目所处位置地基松软，前期需打下众多桩基础以支撑水闸结构的整体重量，且该水闸体量庞大，因此对水闸上面的启闭机房要就较高，包括里面的局部细节如应急安全指示灯、高压柜、直流屏、安全出口指示牌、避雷针等细节均要创建，相对来说该水闸整体规模庞大，对后期的施工模拟有较高要求和难度。

（2）成果及创新点：基于族库对某水闸工程进行了参数化建模；实现了水闸工程土建、房建、水机、金结、电气等多专业协同设计；基于水闸工程4D BIM模型进行施工动态模拟，优化资源配置；对水闸工程综合模型进行了可视化展示。

3.2 应用心得与展望

通过对某水闸工程构建三维信息模型、协同设计、4D施工动态模拟，加强了BIM技术在水闸工程中的应用，但是对于BIM技术在水闸工程中的应用仍有一些问题需要进一步的探究。

（1）需要进一步对族构件、族参数进行统一规范的命名。水闸工程工程量大、涉及构件繁多，族构件命名没有统一的规范，导致其他设计人员在利用该族构件时不能准确理解族参数代表的含义甚至不知道到该构件是什么，降低参数化族库的重复利用率。规范统一的命名方式对后期族在项目中的管理、调用具有重要意义，但是水利工程体系庞大，难以形成完备健全的命名体系，就如何规范命名族构件及族参数仍需探究。

（2）本项目模拟了动态施工过程，但实际工程中的施工管理情况十分复杂，可能产生各种突发情况使得原施工计划发生改变，对于现场数据的收集反馈至关重要。应加强无人机航拍、智能全站仪等现场监控技术与BIM技术的结合，实现以“BIM＋”集成技术为支撑的施工智能管控体系。

（3）本项目使用了Revit、Navisworks、Fuzor、Lumion四种软件进行了水闸工程规划设计及施工模拟方面的应用，各有优势，为了能呈现最好的三维模型及视觉效果，各种软件间切换频繁。市场上BIM软件也层出不穷，基于其平台的二次开发让人眼花缭乱，应加强软件统一化的进程，提高BIM技术效率。

银奖

BIM 技术在隧道工程施工中的应用

江苏科技大学

1 工程概况

台田隧道为双向四车道分离式高速公路隧道，本隧道设置 2 个车行横通道，6 个人行横通道，应急停车带 4 个。隧址区位于福建省三明市建宁县均口镇台田村，隧道进口位于一近南北向倾斜的山坡坡脚处，出口位于闽江源保护区改线 5km 范围内。左洞长 2035m，右洞长 2062m；左右洞测设线间距为 19.3～40.7m，隧道内设计时速为 100km/h，隧道左右线曲线半径分别为 6200m、6500m。隧道最大埋深 234.9m。初期支护以喷、锚、网、格栅钢架等组成联合支护体系，二次衬砌采用模注防水混凝土结构，初期支护与二次衬砌结构之间设防排水夹层。

台田隧道我部施工起讫桩号为右洞 YK344＋178～YK346＋237，长 2030m；左洞 ZK144＋182～ZK346＋212，长 2059m；左右洞平均长 2045m，左右洞测设线间距 19.3～40.7m，属分离式长隧道。隧道进口位于直线段；出口位于平曲线范围内，左右线曲线半径分别为 6200m、6500m。隧道纵坡坡率/坡长：左洞为－2.3%/2210m，右洞为－2.3%/2210m，最大埋深 234.9m。

初期支护以喷、锚、网、格栅钢架等组成联合支护体系，二次衬砌采用模注防水混凝土结构，初期支护与二次衬砌结构之间设防排水夹层。本隧道设置 2 个车行横通道，6 个人行横通道，应急停车带 4 个。隧道进口位于一近南北向倾斜的山坡坡脚处，山坡自然坡度 30°～40°，地层产状 341°∠60°，节理产状 155°∠88°、95°∠82°，与坡面倾向大角度及反向相交，对进口段边坡无不利影响，进口段地形等高线与洞轴线大角度相交，地形较好。进口处残坡积土层厚约 3.3m，施工时，加强洞门的支护措施，同时仰坡、边坡应采取台式放坡，并对坡面采取工程防护和植物防护措施进行防护。隧道出口段位于近南向北延伸的山坡的中部，山坡自然坡度约 35°～45°，岩层产状 115°∠12°，节理产状128°∠88°，层理与出口段左侧开挖边坡为顺坡向，对左侧开挖边坡稳定不利，因采取相应的防护措施。隧道出口段地形陡，未见有滑坡、崩塌等不良地质作用，目前坡体现状基本稳定。洞口处残坡积土厚度约 7m，稳定性较差，且出口浅埋段较长，应加强防护及洞门的支护措施，同时仰坡、边坡应采取台式放坡，并对坡面采取工程防护和植物防护措施进行防护。

2 项目设计及总体情况

2.1 BIM 实施过程

(1) 技术目标。

1) 按照坡积粉质黏土、坡积碎石、碎块状强风化粉砂岩、中风化粉砂岩、微风化粉砂岩5个围岩级别标准化建模，建立能够真实直观展示该高速公路标段中台田隧道的BIM三维模型。

2) 基于BIM技术复核设计图纸，做到技术先行，在施工前发现图纸中的错误和疏漏，利用BIM技术指导现场施工。

3) 基于BIM技术的进度质量安全成本控制。

4) 基于BIM技术的项目施工技术交底、安全交底和现场安全管理。

5) 基于BIM技术的隧道虚拟漫游及宣传视频制作。

6) 提供BIM软件培训服务，培养1～2人熟练运用乙方指定的BIM软件，提供建模培训、多维工程管理应用培训。

7) 以台田隧道工程为研究背景，开展关于隧道土体沉降方面的延续性课题。

8) 撰写BIM对该隧道项目建设指导性和作用的总结报告。

(2) 技术内容。

1) 复核主体结构和衬砌结构的图纸，在施工前发现图纸中的错误和疏漏。

2) 按照坡积粉质黏土、坡积碎石、碎块状强风化粉砂岩、中风化粉砂岩、微风化粉砂岩5个围岩级别标准化建模，建立台田隧道主体结构的土建BIM模型。

3) 基于BIM技术进行进度质量控制并按工序制作虚拟施工动画。

4) 结合相关安全管理规范文件与现场经验，总结隧道施工中主要的安全问题，基于BIM技术优化现场安全管理，对施工中关键部位和关键工序的施工安全性进行预警报告，协助管理人员提高安全管理的水平和效率，并在此基础上制作安全交底动画。

5) 建立一套专用的BIM隧道构件族库。

6) 根据施工现场需要，在隧道内进行BIM虚拟漫游。

(3) 技术方法和路线。

1) 依据设计图建立台田隧道的BIM三维模型。

2) 基于台田隧道施工组织设计文件、施工进度计划及相关规范性文件制作该隧道施工模拟动画，实施现场施工动画交底。

3) 基于BIM平台优化现场安全管理，并制作安全交底动画。

4) 基于BIM技术优化现场安全管理，对施工中关键部位和关键工序的施工安全性进行预警报告，协助管理人员提高安全管理的水平和效率，并制作安全交底动画。

2.1.1 BIM 建模过程

(1) Revit 建模：根据CAD图纸导入Revit，进行图纸检查，并建立模型，之后将预算好的模型放入实体地形中检查，进行简单的渲染。

（2）Lumion渲染：经过Revit建模后的模型渲染效果不好，利用Lumion进行渲染。

（3）3ds Max制作动画：将模型导入3ds Max，对其进行优化。3ds Max进行动画制作，并利用VR技术渲染视频，完成动画制作。

（4）全程检查：完成了整个建模过程，需要对模型进行安全性检查，避免发生一些工程中的坍塌。

2.1.2 建模族库

（1）钢结构族库。

钢结构族库如图1～图3所示。

（2）混凝土。

混凝土族库如图4～图7所示。

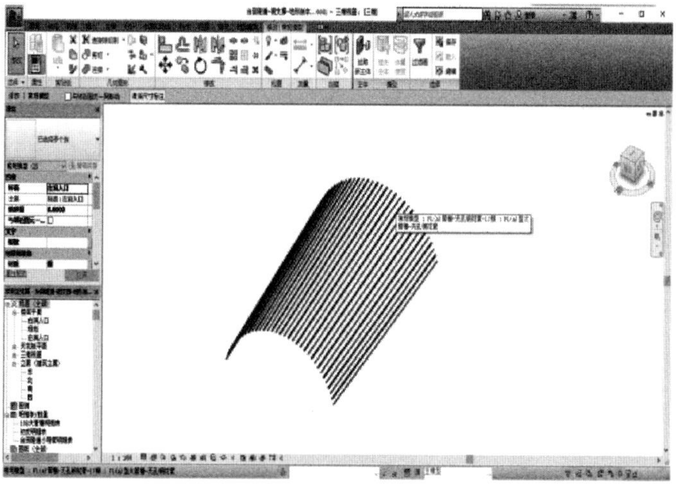

图1 大管棚

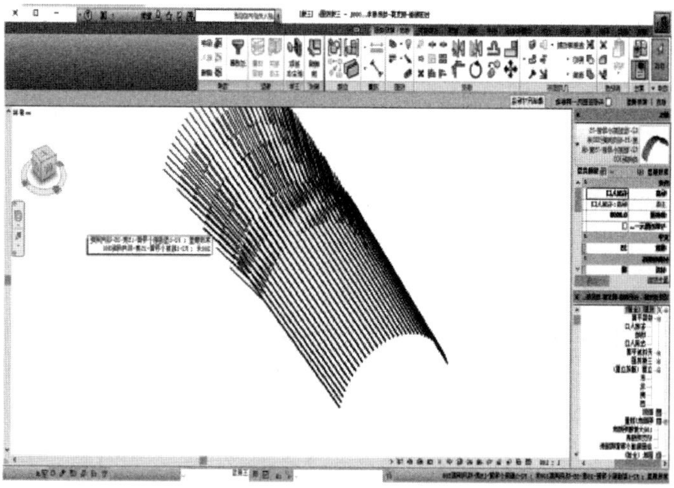

图2 注浆小导管

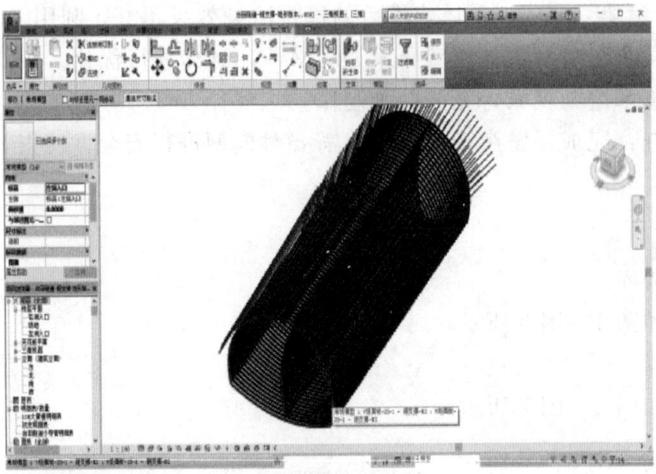

图 3　钢支撑

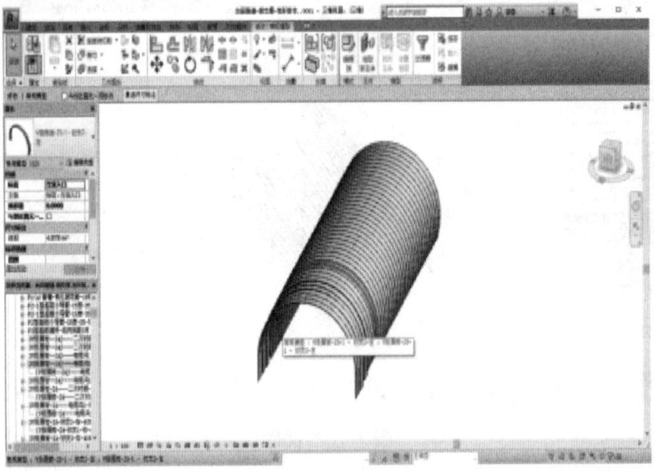

图 4　初支

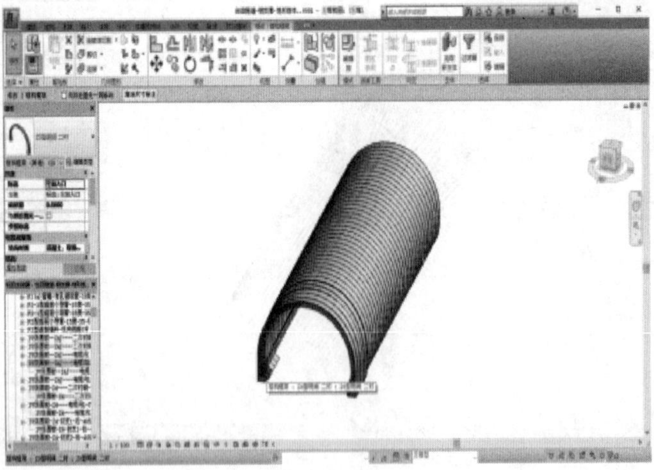

图 5　二衬

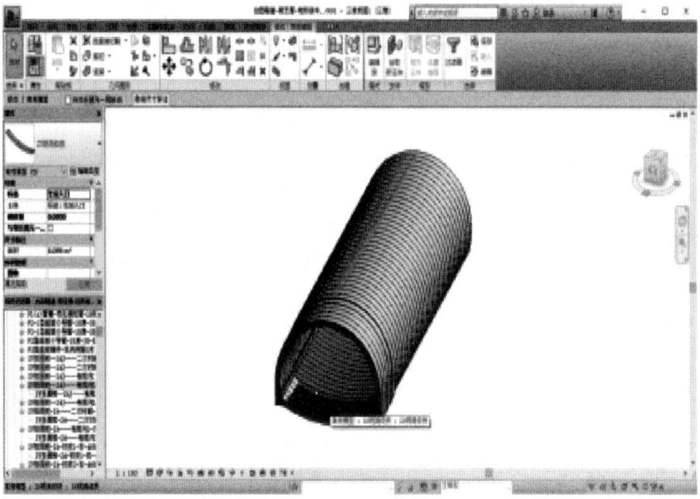

图 6　仰拱

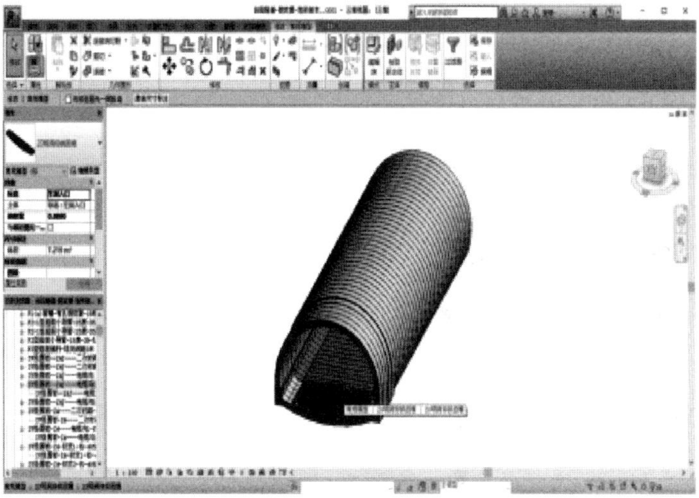

图 7　回填

2.2　BIM 施工应用

主要工程内容包括路基挖方 350.54 万 m^3，路基填方 234 万 m^3；排水防护工程 25091.7m^3；主线桥梁：大桥 8 座，中小桥 3 座，共计 6033.26m（包含桥左右幅米数）；涵洞 32 道（含通道 18 道），共计 1694.17 延米；隧道 2546.5m/2 座（左右幅平均）；互通式立交 1 座；服务区 1 处。

在动画中精准模拟施工过程，并可视化施工技术标准。

现场施工交底动画主要利用 BIM 模型在 3ds Max 软件里导入，然后导出视频，加上对隧道的渲染，构成了整个动画。动画主要目的在于现场指导施工，还有一些注意的事项，弥补工程中出现的漏洞。

临时停车带的设置也是为了告知路上发生的事故，可以避免二次事故的发生，而且每一节小隧道都设置临时停车带。它的设置可以让路途劳累疲劳驾驶的司机进行短时间的休息，这样大大降低了隧道中事故的发生（图 8）。

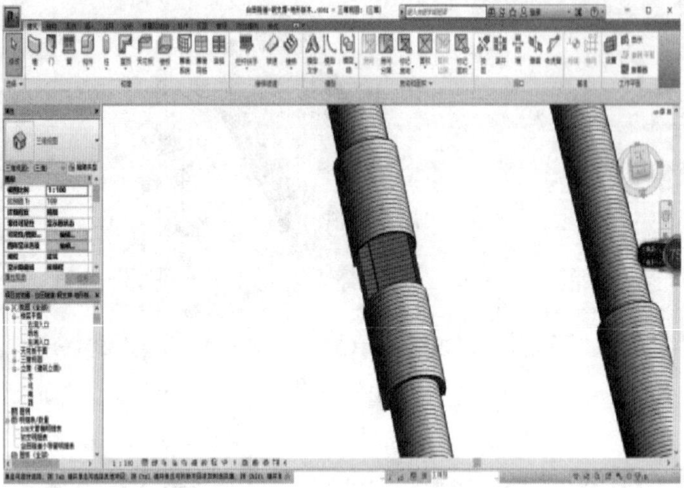

图 8　临时停车带

3　项目创新点

3.1　基于 BIM 的中隔墙法施工

由于河流经过隧道，导致隧道边土质较为疏松，正常的开挖可能导致塌方。采用中隔壁法施工。

3.2　基于 BIM 的超前小导管施工

由于项目工程有河流经过，导致土质疏松，隧道可能出现密集裂隙渗透水。

处理方法：由于隧道出现密集裂隙渗透水的情况，本工程 F1、F2 应对处理方法适用。故在纵向裂隙端头两侧 5m 范围内设全断面径向小导管进行注浆封堵。

3.3　基于 BIM 的锚杆施工

由于河流冲击，导致隧道边土壤松动，需进行加固 。锚杆作为深入地层的受拉构件，它一端与工程构筑物连接，另一端深入地层中，整根锚杆分为自由段和锚固段，自由段是指将锚杆头处的拉力传至锚固体的区域，其功能是对锚杆施加预应力；锚固段是指水泥浆体将预应力筋与土层黏结的区域，其功能是将锚固体与土层的黏结摩擦作用增大，增加锚固体的承压作用，将自由段的拉力传至土体深处。

3.4　基于 BIM 的机械手臂施工

隧道施工，尤其爆破后还未稳定，可能出现塌方、碎石等危险。由于隧道建设的不稳定性，采用机械手臂施工（如钻孔），喷射砂浆混凝土，锚杆安装。大大增加了安全性。

4 成果展示

（1）整体模型。隧道的整体模型（图 9），清晰地表达了设计理念，也展现了整个模型。在洞口处的支撑是整个工程的一个关键点，隧道越长，难度就越大，中间的横车道也是为了加强整体的稳定性，加强隧道的刚度，提升抗震能力。

图 9　隧道整体模型

（2）细部详图。细部详图是建模过程中对模型的展望，体现了作品的完整性，包括一些断面图，也给此工程在施工上带来了方便。

5 应用心得与总结

（1）我们不仅对 BIM 技术有了更加深刻的理解和认识，而且通过对工程的精细化分工，分别对自己所感兴趣的方面进行了深入学习，通过实际操作掌握相关的知识和软件应用技巧。

（2）在开阔眼界的同时，培养了我们“帮他即帮己”的团队合作意识，相互的沟通、信任，大家齐心协力克服困难，解决问题，最大地提高团体工作效率。

（3）基于 BIM 平台优化现场安全管理并制作安全交底动画的要求，技术员依据隧道施工方案，安全注意事项，整理相关资料进行 3D 施工动画制作，用于施工方进行最后的技术交底。

（4）基于 BIM 技术优化现场安全管理，对施工中关键部位和关键工序的施工安全性进行预警报告，协助管理人员提高安全管理的水平和效率，制作安全交底动画。技术员针对现场施工关键部位，进行建模，并针对施工中的安全要求，如隧道爆破、二衬与初支安全距离、逃生管道的设置等进行特别分镜处理并标识。

银奖

混-装结构复杂节点钢筋碰撞智能避-排技术及应用

重庆交通大学　重庆大学　重庆市水利电力建筑勘测设计研究院

1　项目说明

1.1　项目应用的工程背景及解决的技术痛点

传统大土建类行业经历了几十年高速膨胀式发展后，目前遇到了瓶颈，体现在投资增速放缓、人力供应递减、复杂工程增多、信息化浪潮冲击等。如何适应当前传统行业转型升级需求，如何适应未来数据驱动下智能社会体系，成为行业需要共同面对的首要问题，也是关乎行业健康发展的痛点。与此同时，现代建设项目日趋呈现投资规模大、建设周期长、参建单位多、项目功能要求高以及全寿命周期信息量大等特点，建设项目设计以及工程管理工作极具复杂性，传统的信息传递方式已远远不能满足要求。实践证明，信息错误传达或不完备，是造成设计变更、工期延误的根本原因。

近年来，快速发展的 BIM 技术通过三维的共同工作平台以及三维的信息传递方式，可实现设计、施工的协同一体化，为解决建设工程领域目前存在的协调性差、整体性不强等问题提供了可能。从 2001 年 3 月 22 日建设部颁发《建设部科技司 2001 年工作思路及要点》以来，国务院、住房和城乡建设部、交通运输部、水利部等机构相继颁发了推动 BIM 技术发展的相关意见、纲要、方案、标准，为建设类行业全面实施 BIM 技术打下基础。这预示着"虚拟＋智慧建造"技术浪潮正在袭来。

钢筋在建筑物中发挥着极为关键的作用，然而在设计阶段，由于建筑图纸繁多、设计人员交流不足等原因，绘制的钢筋图纸有时会出现设计不符合实际应用的多种问题。其中，最常见的问题是设计钢筋在实际排布时相互碰撞或者与其他构件相碰撞，如图 1 所示。这给施工造成了极大的阻碍，不仅延误了工期，还会造成巨大的经济损失。因此，如何在设计阶段避免钢筋碰撞，对于施工而言极为关键。各结构辅助设计软件开发厂商也为了解决该问题而付出大量的精力，开发了特定算法，并且在软件中实现了一定的功效。当前阶段，解决方案中较为具有代表性的算法为基于构件中心的判断方法。该算法采用某个特定形状和尺寸的几何外包盒去判断不同构件之间是否存在相交的状态。软件实现方面较具有代表性的是 Revit 软件，运用该软件可以进行结构设计中的碰撞检测，并进一步生成碰撞列表。

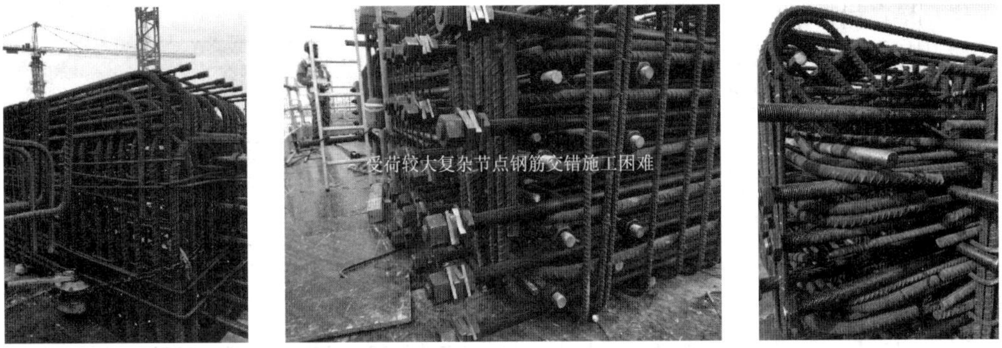

图 1　复杂节点示意图

然而，上述方案仍然具有较大的局限性。该方案仅能进行结构碰撞检测，生成的碰撞列表仍然需要由结构设计人员结合之前未产生碰撞的图纸，重新进行布筋设计。另外，若重新设计的结果经过碰撞检测仍然存在问题，则还需要进行重新设计。而且，上述方案对某些工程的钢筋排布设计并不能给予较大的帮助。

节点是结构设计中基础性的较为复杂的内容。一方面，节点是普遍存在于结构设计中的；另一方面，节点的计算又是结构计算的基础。如果能够妥善解决节点处钢筋的碰撞问题，那么整个结构的智能化钢筋排布就是可期的。本项目组从人工智能方法出发，开发了一种基于强化学习的节点处钢筋智能避障排布方法，可实现在已知结构截面配筋面积的情况下，自动在 Revit 软件中实现钢筋可视化自动排布和碰撞避让，极大地降低了深化设计难度和工作量。该方法特别针对截面钢筋复杂、带有预埋构件的结构。需要强调的是，该方法对于装配式结构节点现场拼装具有重要的应用价值：装配式结构节点现场拼装，钢筋无法进行现场调整，提前发现钢筋碰撞问题，可避免节点返工。

1.2　钢筋自动智能避-排技术实现原理

钢筋自动智能避-排技术实现基本原理如图 2 所示，流程如图 3 所示，实现具体步骤如下：

(1) 根据结构设计图纸，将待检测节点处的钢筋与构件离散化表示。其中，所述钢筋包括柱内纵筋、主轴方向钢筋和次轴方向钢筋。所述构件包括预埋件、型钢和连接板。

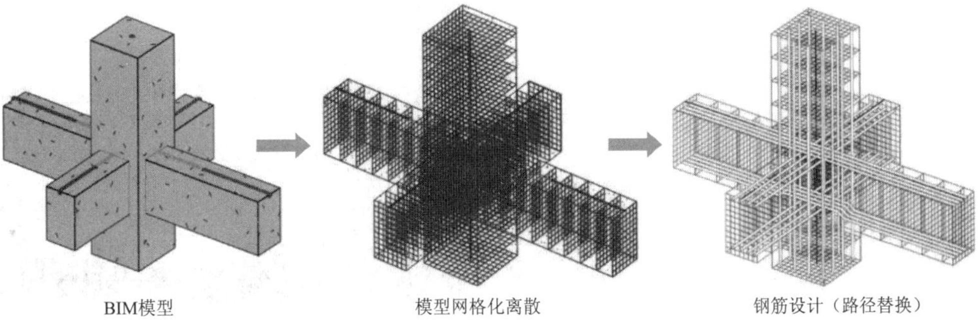

图 2　实现原理

（2）根据步骤（1）的离散化结果，将柱内纵筋及构件视为障碍物，使用改进的 Q - learning 算法进行主轴方向钢筋的智能排布。

（3）将步骤（2）中主轴方向钢筋的排布结果、柱内纵筋和构件视为障碍物，使用改进的 Q - learning 算法进行次轴方向钢筋的智能排布。

（4）将步骤（2）和步骤（3）所得主轴方向钢筋和次轴方向钢筋的排布结果保存为钢筋轨迹。

（5）对钢筋轨迹进行修正。

（6）输出修正后的钢筋轨迹。

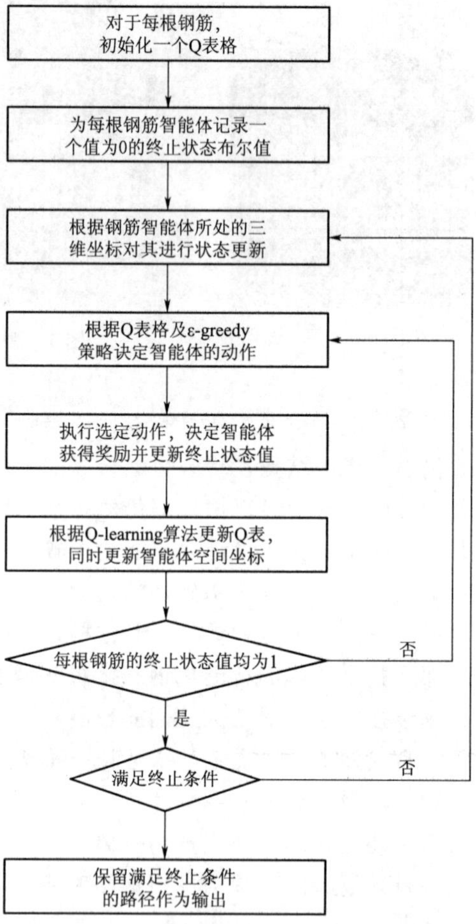

图 3　钢筋自动智能避-排技术实现流程

1.3　技术应用案例——羊头铺电站项目管理房结构设计

1.3.1　项目基本情况

项目组结合重庆市水利电力建筑勘测设计研究院的羊头铺电站项目，对钢筋智能避让和排布技术进行了运用，应用部位为水库管理房结构设计。羊头铺电站是重庆市彭水县郁江梯级开发中的中型水电枢纽工程，位于重庆市彭水县保家镇羊头铺乡上游 1.6km 处，为河床式水电站。坝址南距彭水县城约 14 km，北距保家镇约 10km。该水电枢纽属等中型工程，其中水库为中型，电站装机为小（1）型，采用河床式开发方案，枢纽主要由泄洪冲沙闸、溢流坝和河床式厂房等建筑物组成。水库总库容 7985 万 m^3，正常蓄水位为 247.0m，相应正常库容 2972.8 万 m^3，电站总装机 4.0 万 kW，保证出力 4.75 MW。根据项目需要，设置水库管理用房一栋，管理房平面位置及模型如图 4 所示。

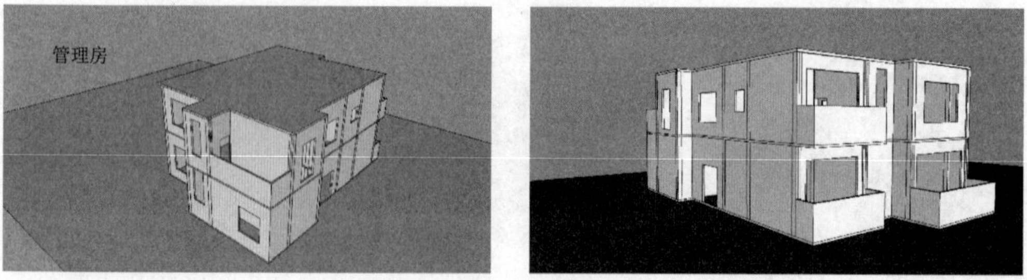

图 4（一）　管理用房布置

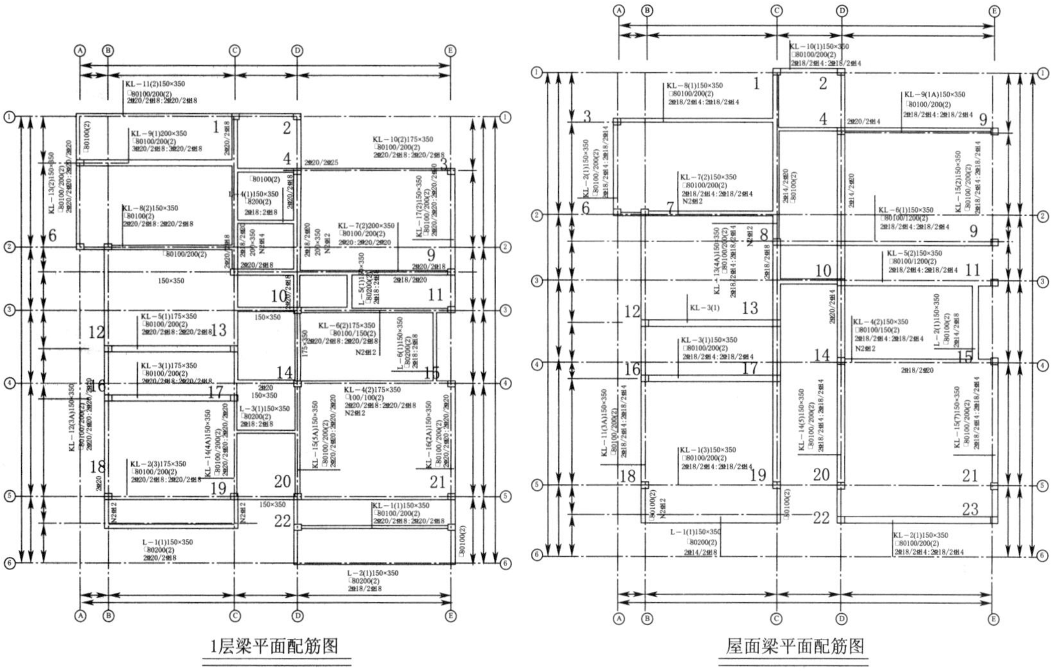

图 4（二） 管理用房布置

1.3.2 节点碰撞问题

如图 5 所示，梁柱节点位置出现钢筋碰撞，而该碰撞在平面图中很难发现。

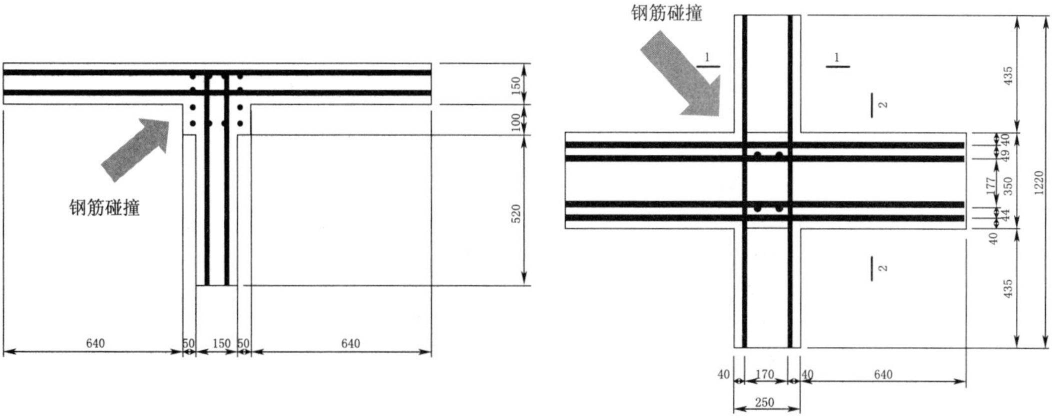

图 5 梁柱节点钢筋碰撞

1.3.3 框架钢筋自动智能避-排 Revit 实现

管理用房为钢筋混凝土结构，首先通过 PKPM 软件计算出构件界面配筋面积；其次将梁柱结构建入 Revit，运用项目组对 Revit 接口的二次开发，自行开发的梁柱钢筋运动轨迹计算插件程序，描述钢筋在梁柱中和节点部位的运动轨迹，并对碰撞位置按照设定规则进行避让；最后将全部钢筋运动轨迹进行可视化，生成结构钢筋。流程如图 6 所示。

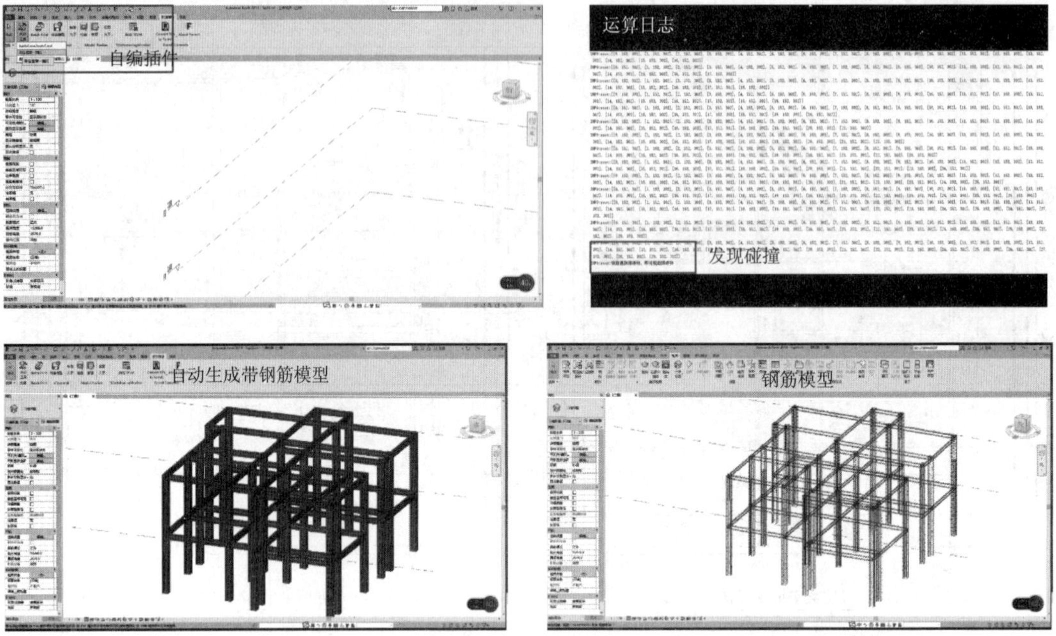

图 6　架结构钢筋自动生成过程

1.3.4　实现效果评价

如图 7 所示，在框架梁柱交叉节点处，通过人工智能算法，钢筋自动避障 145 处，在 Revit 软件中实现了钢筋自动建模，并具有以下功能：

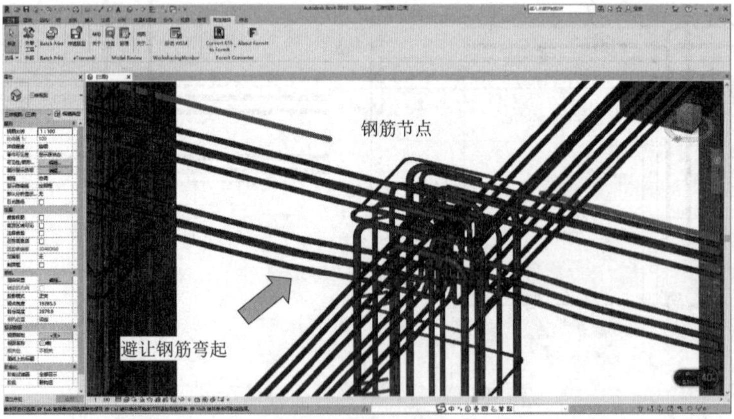

图 7　架结构钢筋自动避让弯起

（1）成功自动生成了符合规范要求的水平和纵向钢筋，并在节点位置、碰撞钢筋之间进行了有效避让（避让钢筋弯起）。

（2）成功自动生成了符合规范要求的水平和纵向钢筋弯折。

（3）成功自动生成了符合规范要求的箍筋。

（4）大为降低复杂节点钢筋、预埋件碰撞优化设计，并可通过可视化方式，为节点施工提供预拼装、现场交底服务。

（5）结合 Revit 自动生成深化设计图纸。

2 创新点

（1）首次在 Revit 中运用人工智能算法，实现了混凝土结构钢筋自动智能避、排建模，并开发了相应的接口和程序。

（2）首次通过实际项目对钢筋混凝土结构钢筋智能排布方法进行了验证，结果表明该方法可准确发现和避让钢筋碰撞，降低施工风险，提高设计和交流效率。

（3）该人工智能+BIM 自动避让与排布建模方法，可适用于其他非钢筋构件的碰撞自动避让与排布，比如管线碰撞等的自动避让深化设计，以及建筑外墙幕墙排布、砌体结构砖块排布中，体现出该技术的强大生命力。相关成果已在 2019 年重庆举办的智博会中进行了展示。

3 总结

通过以上对钢筋自动智能避-排技术出现的工程背景、实现原理、工程案例实施过程，以及在其他领域运用分析可以得出：基于 BIM 技术强大的三维设计功能和模拟功能，结合人工智能技术，可实现以往传统设计方法无法完成的功能。在本案例中，通过三维软件，可快速发现节点中的碰撞问题，提前全面反应施工图设计问题，可以大幅度地节省人工检查图纸的时间，并提高准确率。施工人员也不用翻阅大量的施工图纸和理解通用化的节点构造，只需结合三维模型就能进行施工方案讨论和优化。同时，还可在 BIM 模式下进行虚拟施工指导，直接使用三维模型进行施工技术交底，降低了施工交底难度和信息传递错误率，直观简洁，省时省力。

本项目组研发的基于人工智能的钢筋自动建模和避让方法，可有效解决工程中节点钢筋排布随意性和容错率低的痛点，符合未来装配式结构对节点钢筋排布精准度极高的要求。项目组通过大胆技术创新，将 Revit 软件与人工智能方法结合，取得了很好的示范效果，并初步形成了技术体系构架。在接下来的工作中，项目组将不断完善这一技术，进一步拓展结构形式和应用领域范围（目前，该技术还在外墙板设计和砌体结构中进行了运用，取得了很好的实际效果）。项目组也将不断与时俱进，开拓创新，为实现中华民族伟大复兴的中国梦，不断创新前行。

银奖

BIM技术在碾压混凝土坝施工过程中的应用

河海大学　徐州工程学院

1　项目说明

祁门县西坞里水库处于黄山市祁门县祁山镇沙溪村境内，坝址位于大洪水支流平溪河支溪上，距祁门县城约10km。026县道转村村通，村村通公路从坝址下游约400m处通过。本工程的建设可有效解决祁门县缺少应急备用水源的问题，进而有效解决饮水水源保证率低和生活用水量不足的问题。

祁门县现有水源地为阊江水源，无备用水源。随着祁门县现代化、城市化的进程越来越快，用水量不断增加，水源污染严重、水资源短缺与用水需求不断增长的矛盾日益突出，对城市供水安全提出了更高的要求，现有供水水源一旦发生紧急事件，将面临无水可用的严峻局面。

为缓解无备用水源的问题，在大洪水支流平溪河支流新建西坞里水库，作为祁门县的应急备用水源地。西坞里水库是一座以供水为主，兼顾防洪功能的水库。西坞里水库建成后，总库容280.40万m^3，死水位145.00m，死库容3.87万m^3；正常水位为170.50m，正常库容253.37万m^3，设计洪水位171.30m，相应库容271.20万m^3；校核洪水位171.70m，总库容280.40万m^3。水库设计示意图如图1所示。

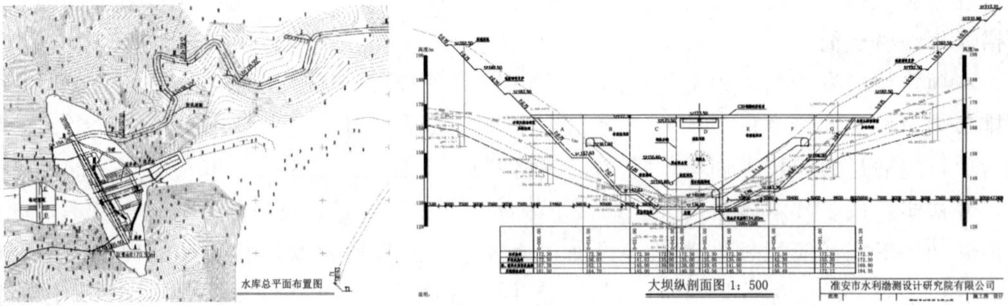

图1　水库设计示意图

2　项目总体情况

本项目使用Autodesk平台的AutoCAD 2016、Revit 2016、Civil 3D 2015，Navisworks 2016、3Ds Max 2016及Fuzor、Lumion、AE等软件（图2）进行模型构建与分析深化。

图 2　项目设计使用的主要软件

项目执行过程中，组建由业主方主管领导牵头的 BIM 工作小组，各参与单位指派专人作为组员，通过 BIM 例会和专题会、云平台管理等方式进行沟通，共同推进工作开展（图 3）。建设及监理单位主要负责文件确认、技术方案确认、规则核定与确认、监督执行、各方关系协调等工作。设计单位主要负责提供最新设计图纸，配合进行 BIM 设计优化，对设计重点和难点进行指导。施工单位主要负责配合业主方指定的 BIM 实施工作，进行 BIM 与工程结合的管理工作、提交业主方 BIM 实施要求的成果文件。高校 BIM 咨询团队主要负责 BIM 策划、制定建模标准、工作流程、工作界面划分、成果收集与评价、进行相关 BIM 技术指导与培训。

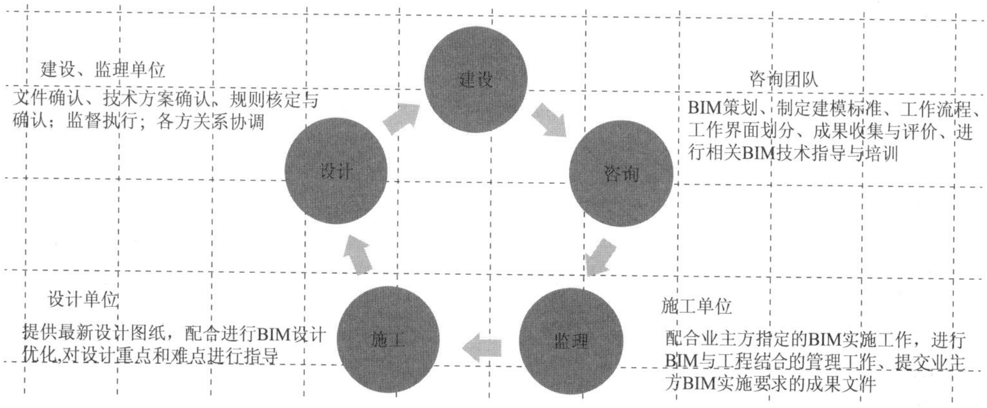

图 3　BIM 各方职责

建设单位：祁门县应急备用水源工程建设管理处

设计单位：淮安市水利勘测设计院有限公司

监理单位：安徽省水利水电工程建设监理中心

施工单位：安徽六安市飞宇建设工程有限公司

咨询团队：河海大学

3 BIM 应用特点及创新点

本项目 BIM 技术使用 Autodesk 平台，BIM 主要应用点为使用 Revit 软件进行 BIM 地形分析、BIM 场地布置、BIM 坝体定位、BIM 坝体结构深化、BIM 三维钢筋配筋、钢筋工程量明细表统计、使用 Navisworks、Fuzor 软件进行施工现场三维布置、重点难点部位漫游、模型导入 Autodesk BIM 360glue 以及采用项目管理云平台进行施工管理，模型与监测设备信息整合到运维平台进行综合运维管理。

(1) 场地应用，如图 4～图 6 所示。

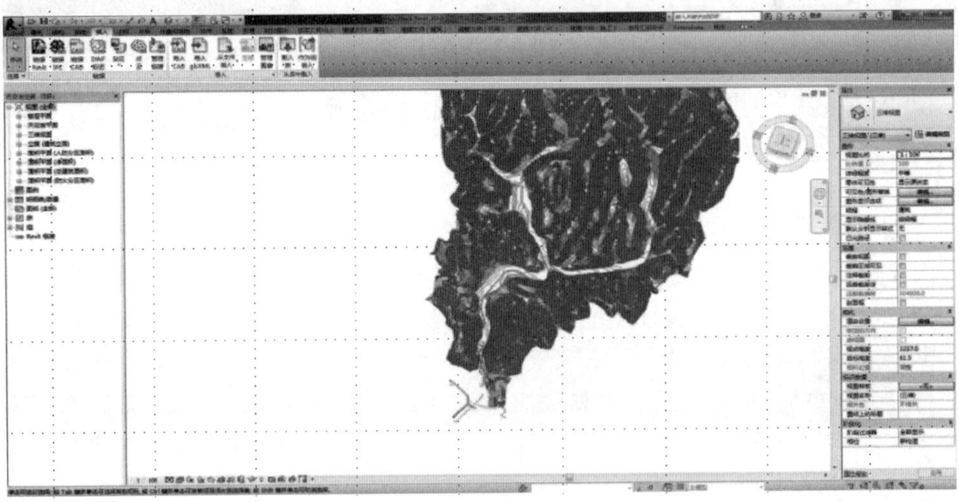

将地形数据 CAD 文件进行优化和导出，链接入 Revit 中

图 4　场地应用示意图 1

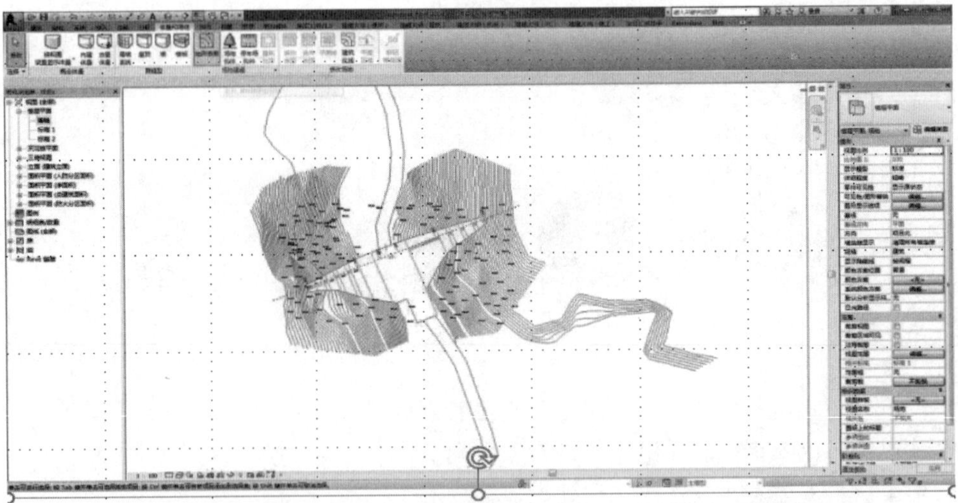

在 Revit 中，使用“场地”命令构建场地，生成三维地形，检查错误的定位点，进行高程修正

图 5　场地应用示意图 2

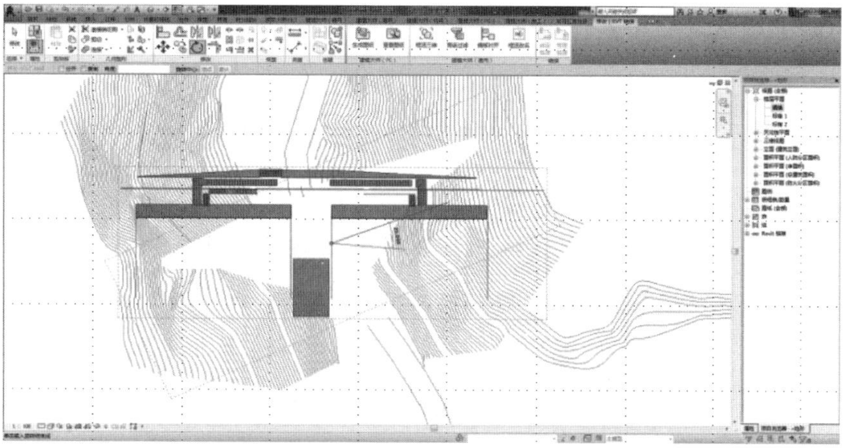

将已建好的坝体模型链接入地形模型，根据定位点进行对位

图 6　场地应用示意图 3

（2）施工场地布置，如图 7～图 9 所示。

使用 Fuzor 软件漫游施工现场平面图三维布置，对现场临时设施及道路进行组织

图 7　施工场布置示意图

（3）现场交底及漫游，如图 8 所示。

图 8　现场交底及漫游示意图

(4) 现场施工模拟及安全管理，如图 9 所示。

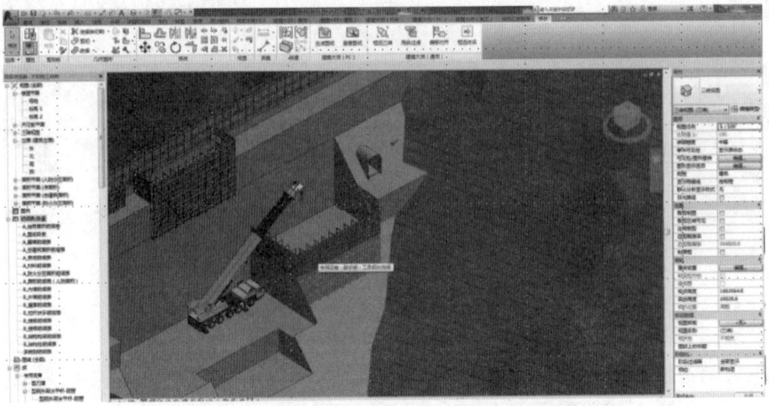

图 9　现场施工模拟及安全管理示意图

(5) 重点、难点部位的 BIM 深化设计，如图 10 所示。

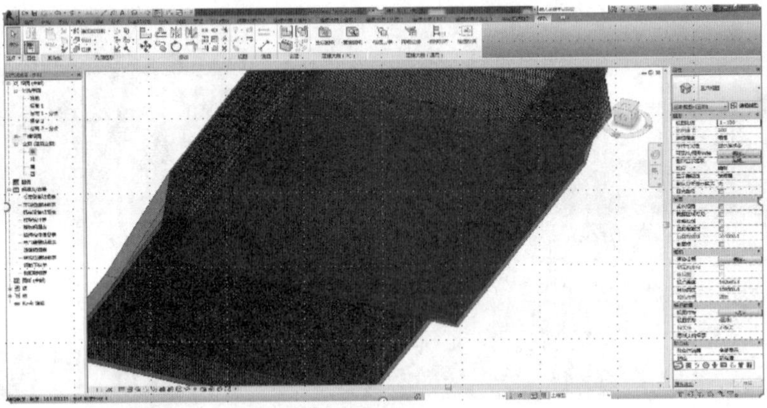

图 10　重点难点部位 BIM 深化设计示意图

(6) 工程量统计，如图 11 所示。

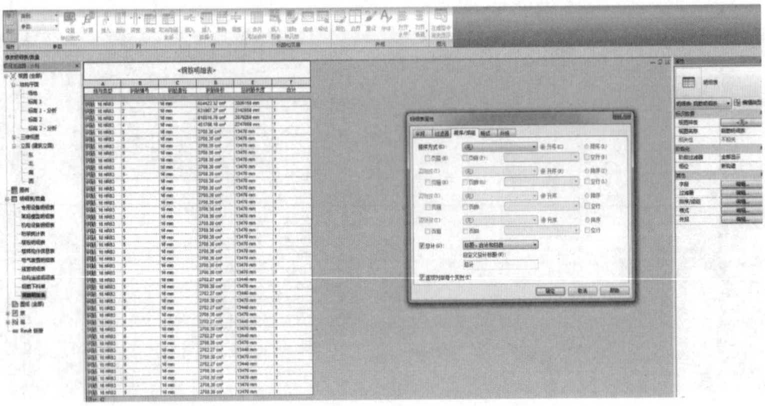

图 11　工程量统计图

(7) 可视化交底，如图 12 和图 13 所示。

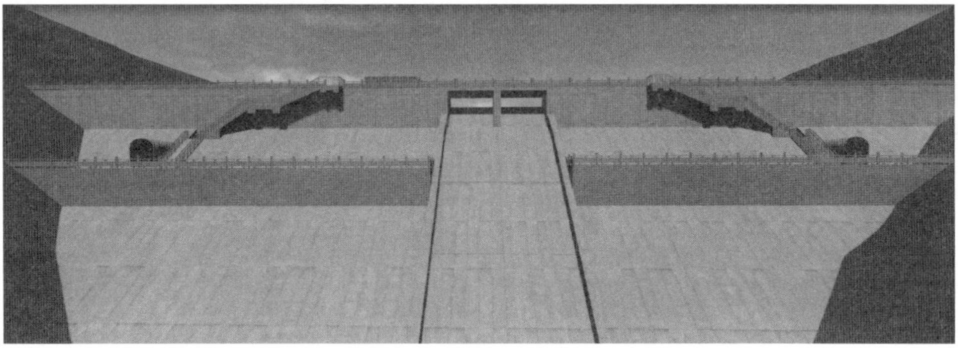

图 12　可视化交底示意图 1

图 13　可视化交底示意图 2

(8) 模型轻量化及 BIM 平台管理，如图 14 和图 15 所示。

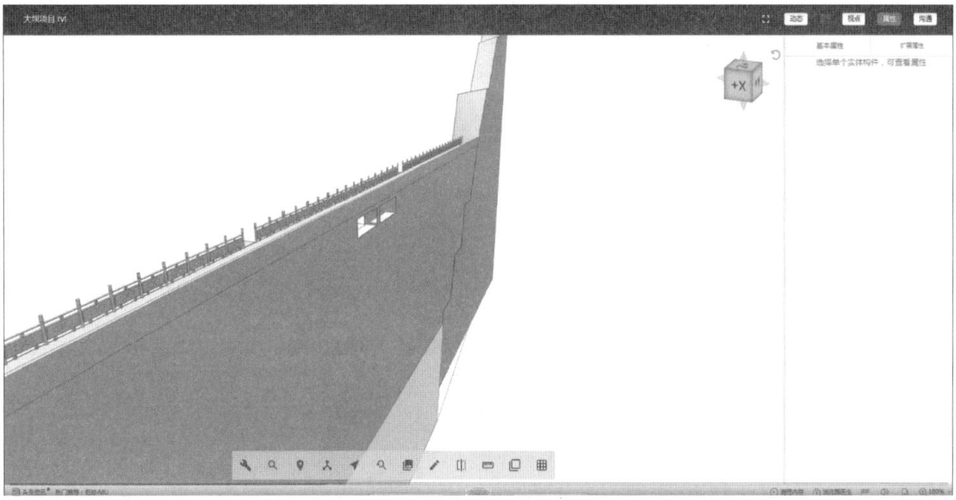

图 14　模型轻量化及 BIM 平台管理示意图 1

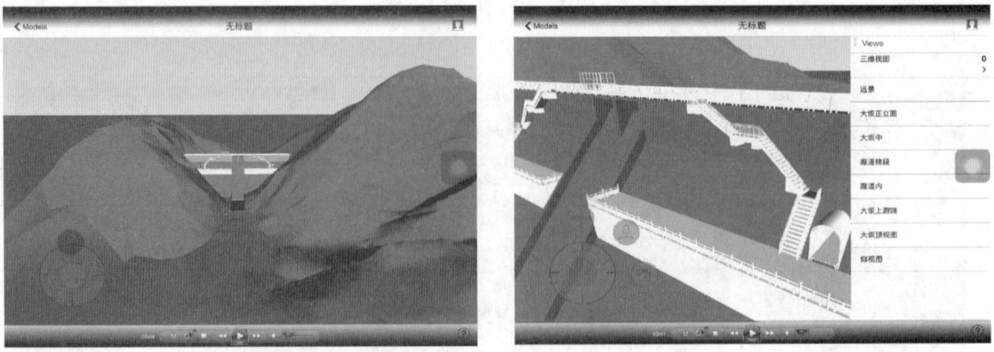

图 15　模型轻量化及 BIM 平台管理示意图 2

(9) BIM+FM 智慧运维，如图 16 所示。

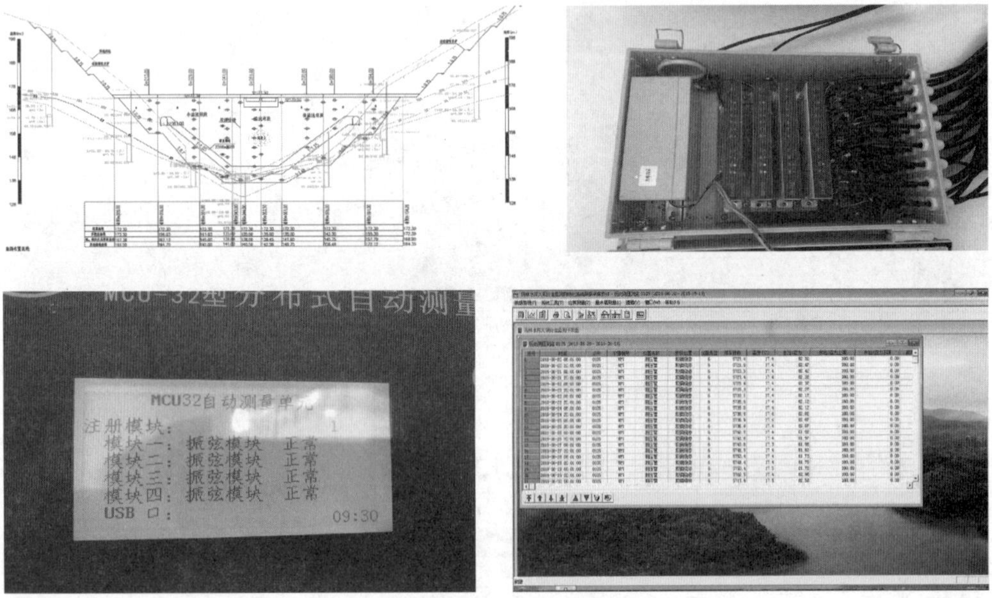

图 16　BIM+FM 智慧运维示意图

4　应用心得及总结

在本项目的 BIM 应用中，采用三维可视化的 BIM 技术可以使工程完工后的状貌在施工前呈现出来（图 17），表达上直观清楚。BIM 设计深化及时排除项目后期施工环节中可能遇到的碰撞冲突，显著减少由此产生的变更申请单，可以大大提高施工现场的生产效率，降低由于施工协调造成的成本增长和工期延误。

BIM 技术的核心是智能控制，用于规划设计控制管理、建筑设计控制管理、招投标控制管理、造价控制、质量控制、进度控制、合同管理、物资管理、施工模拟等全流程智能控制，提高工作效率，增加经济效益。全流程协同工作模式中，各个设计专业可以协同设计，可以减少设计缺陷。

本工程项目中，BIM技术的应用是较为初步的，但其所产生的价值是令人惊喜的！我们相信，不断成熟的BIM技术，必将给水利工程建设行业带来翻天覆地的变化。工程行业正迎来一个全新的技术革命时代，BIM与信息化带来了更多的机遇与挑战！

图17　西坞里水库工程现场图

银奖

BIM技术助力智慧港口建设的创新应用

上海海事大学

1 项目背景

水利工程通常是国家主导建设的大型项目，特点为投资规模较大且施工条件相对复杂。传统的二维设计模型应用于工程设计便捉襟见肘，而应用BIM技术能够有效实现各环节以及各领域的信息收集与整理，并保证所有建设部门在信息共享平台上能够及时地进行信息沟通，这样就能大大节省时间成本，减少建设过程中一些不必要的麻烦。

在施工阶段，运用BIM技术可以在三维立体视图的基础上添加时间维度，可利用BIM模型管理，对整个水利工程进行全周期监督作用；施工人员也可通过这个多维度的模型把握工程进度。除此之外，还能运用BIM技术对工程所需的原材料进行统计与计算，工程监管人员能够运用BIM技术对工程情况进行更好的管理。

2 项目说明

本项目为BIM技术在智慧港口建设的创新应用。码头为常规的高桩梁板式结构（图1），全长440m，宽为67m，共有桩基1352根，桩基采用直径1000mm钻孔灌注桩，预制及安装构件约3450件，使用混凝土约为6.9万方。管线综合方面：消防管道长度1290m，采用100mm法兰式消防闸阀，管径取为$DN100$，卡箍间距6.5m，支架间距3m。电缆采用PVC材料，管径取为21mm，电缆长度2310m。8个变电箱间距为55m，88盏码头照明路灯高5m，间距15m。桥架长度110m，与桥底间距5cm，桥架支架间距2m。

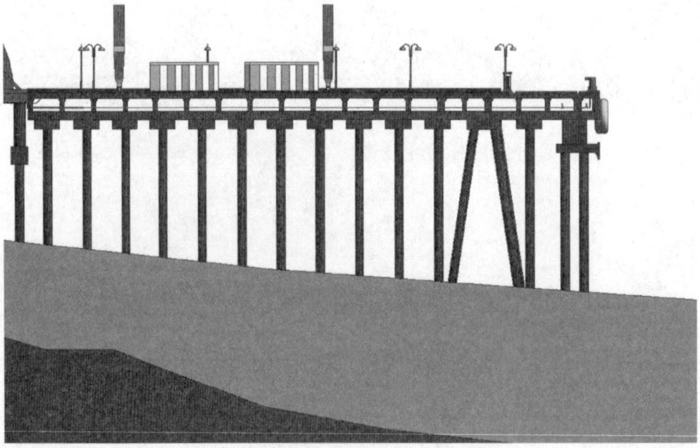

图1 码头结构断面

3　项目实施情况

3.1　BIM 技术在项目规划设计阶段的应用

在本次智慧港口的建设过程中，BIM 技术可视化的优点可以直观展示设计方案，及时找出其不当之处，并对其进行修改，对图形的尺寸及堆场、地下物流等都可进行明确的布置与规划，如图 2 和图 3 所示。

图 2　港区整体规划图

图 3　地下物流系统

3.2　BIM 技术在项目施工阶段的应用

运用 BIM 技术，可在三维立体视图的基础上添加时间维度，可利用 BIM4D 模型管理，对整个水利工程进行全周期监督，施工人员也可通过这个多维度的模型把握工程进度，如图 4 所示。

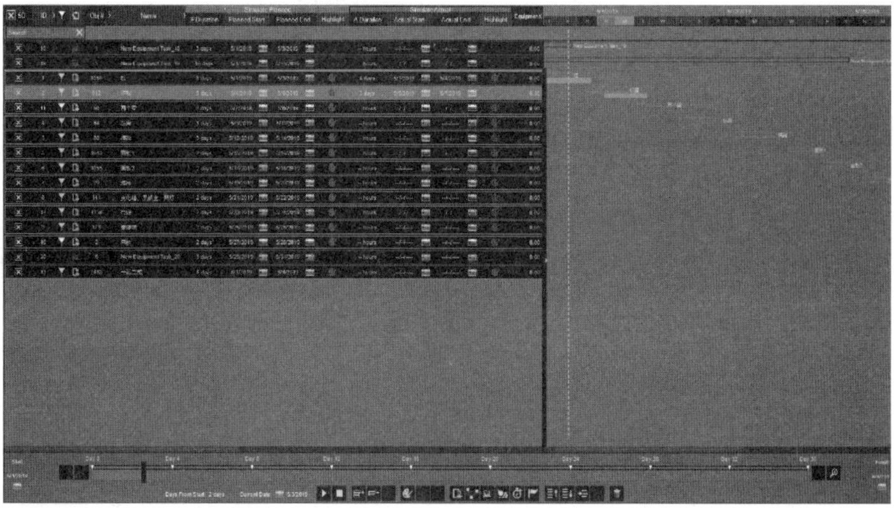

图 4　施工进度管理

BIM 模型的三维可视化可以指导施工（图 5），减少返工，节约成本。运用 BIM 技术可对工程所需的原材料进行统计与计算，工程监管人员能够运用 BIM 技术对工程情况进行管理并提前预知风险。

图 5　桩帽的施工

在场地平面布置阶段，利用 BIM 技术确定实时监控点位及监控角度（图 6），对现场进行实时监控。监控画面（图 7）与智能系统相连接，可以对现场的用电量、用水量监控以及对集装箱的分类与运输起到至关重要的作用。

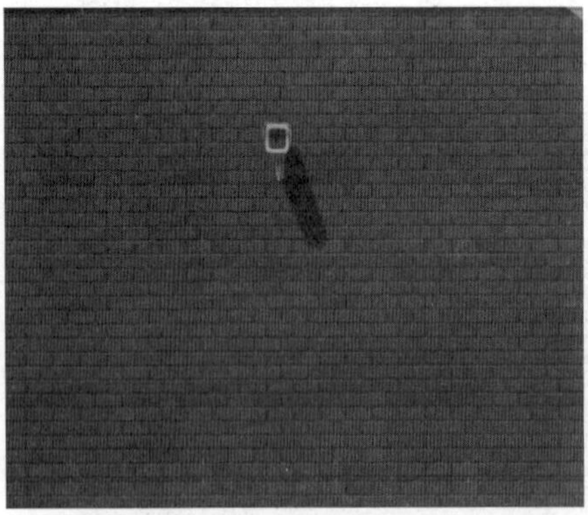

图 6　监控摄像头

图 7　监控画面

3.3　BIM 技术在综合管线中的应用

消防管道采用镀锌钢管，管径为 $DN100$，卡箍间距 6.5m。管路沿着纵梁架设，出纵梁沿着码头边缘一路行进至引桥边，沿着引桥边缘架设过桥至岸上，岸上以埋设方式引至泵水房，路面埋深大于 0.7m，符合规范。这样架设的优点是节省成本、易于检修维护。设置两套独立的消火栓系统，分别由码头的两侧和两座引桥引至岸上，进入同一间泵水房。这样布置的优点在于：两套系统互不影响，避免出现管线过长导致的水压不够以及一处管路受损导致整个码头的消火栓失效的情况。闸阀采用 100mm 尺寸的法兰式消防闸阀，每个室外消火栓下均设置一个闸阀，在码头两侧再设置一个总调节闸阀。支架间距 3m（间距根据现场情况可适当调整），根据《建筑施工直插盘销式模板支架安全技术规范》（DB 37/5008—2014）确定底板尺寸 140mm×60mm，厚度为 6mm；角钢尺寸为 L45mm×4mm，处于距底板上边 40mm 的竖向中心线处；两处螺丝孔距离底板上下边 20mm 处，如图 8 所示。

运用 BIM 技术，能够方便快捷地完成管路系统的相关建模，节省了大量的时间。另外，通过赋予系统类型属性和新建并添加过滤器的方法，可以看到消火栓系统在场景中呈现出独特的颜色，将其与其他模型清楚地区分开来。

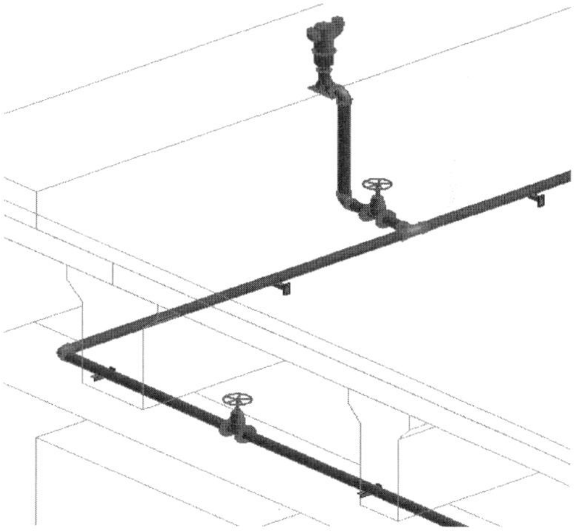

图 8　消防栓系统

电缆系统分为动力配电系统和照明配电系统两部分。电缆采用 PVC 材料，管径为 21mm，以埋设方式在码头上布置，最终汇总到靠近引桥一侧，并设置桥架将其引导至对岸，再以埋设方式引至配电房。路面埋深大于 0.7m，符合规范。动力配电系统的用电器主要有变电箱和开关箱组成，通过开关箱的调节将动力配电系统划分为 4 个区域，每个区域设置 2 个变电箱（图 9），由一个开关箱进行调节。变电箱设置于码头前端，间距为 55m；开关箱同样设置于码头前端，处于两个区域的相接位置。照明配电系统的用电器主要由码头照明路灯和开关箱组成，通过开关箱的调节将照明配电系统划分为 4 个区域，每个区域设置一组码头照明路灯，由一个开关箱进行调节。码头照明路灯设置于道路两边，高 5m，间距 15m，符合规范。开关箱设置于码头后端，处于两个区域的相接位置。

图 9　变电箱

桥架采用槽式电缆桥架，置于引桥底部架设过桥。桥架与桥底间距5cm，桥架支架间距2m，符合规范。桥架将电缆接入后采用45°斜向下的方式降低至既定高程，再采用直铺的方式经过桥底，如图10所示。

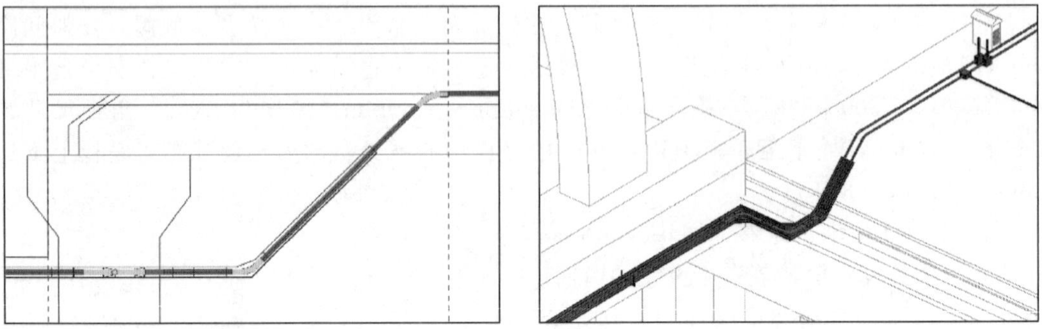

（a）电缆　　（b）桥架

图10　电缆桥架连接排布图

管线的布置有时会非常复杂，众多管线交缠在一起，难免会有安装冲突的问题。运用BIM碰撞检查技术，对各模型进行碰撞检测，生成碰撞检测报告，进行管线综合排布，从而达到检查错误和方便施工的目的，如图11所示。

图11　碰撞检查

3.4　BIM技术在地下物流系统中的应用

为了不抢占地面空间，减轻公路网络的负担，本项目采用地下物流模式。地下物流是专门创建用于货物运输的地下物流系统，具备存储功能，在地下50m的隧道中运输托盘和集装箱、单个物品和散装货物，满足市场主体（即生产者、零售商和物流商）的需求。地下物流与地面物流同时存在，这样可以提高物流运送效率。

货轮从卸货、装货到运货均采用无人化模式。货物装配包裹采用二维码平台管理技术，结合物联网的概念，运用实现过程的可视化和信息及时共享，方便、快捷地对货物实现分流运输、分批管理。与此同时，采用无人化运输车进行即时调控，在码头面板下加装重力传感器，实时感知货物的运输情况，保障货物安全有序地进入地下物流中心。本模型中的地下物流采用轨道管道技术，地下管道胶囊车将港头码头的货物运输到城市各个角落。地下物流同样采用无人化模式，自动分拣机器人将其放入相应的区域，并由无人驾驶汽车运送到指定位置，如图12所示。

图 12　地下物流自动分拣系统

3.5　BIM 技术在运维阶段的应用

运用 5G 技术设立后方大数据中心。项目的运行维护阶段将产生大量的工程数据，另外前期规划和施工阶段也留下了很多有效数据，这为建立数据库提供了丰富的数据资源，但却缺少高效的处理平台，设立大数据中心不失为一个良好选择。此外，本项目的物流量相当可观，电路、管道等相关设备数量庞大，因而对于安全隐患以及紧急情况的监控与排查更应引起重视。传统的仅依靠人力的管理方式已不能满足当前的发展，因此本项目码头的运行管理也采用了更为先进的管理方式，可以快速准确地发现安全隐患，减少人员伤亡及财产损失。

大数据中心以 5G 技术、数据实时交互为基础，结合视频智能分析、GPS 定位、实时监测系统、3D 化等技术手段，从大数据中心系统的数据库中提取信息，以三维化方式实时展示各部分的数据动态信息。数据中心的应用主要从以下几点来呈现：

（1）本项目将堆场集装箱堆场情况三维呈现，按照不同颜色区分堆存情况，以便工作人员及时掌握堆场情况，然后对堆场进行合理调度和分配。

（2）与二维平面图不同，该三维系统可通过计算机操作（点击鼠标）查看堆场情况，大大节约了时间、人力和物力。

（3）所有的子监控系统都接入总系统，因此不必设置多个监控系统，只需对总系统进行操作，即可监控调配多个子系统。这方便了操作者进行整体调配和对全局进行宏观掌控。

（4）与传统的平台监管系统不同，该系统能在险情发生后，针对发生火灾的区域进行自动检索，并得到数据库中相应的预案。

（5）可在防波堤附近布置监测仪器，实时监控洋流的流速、温度、盐度、含砂率等参数，并通过数据中心进行数据收集和分析，更好地掌握洋流的动态情况。

4　总结与展望

本模型运用 BIM 技术在规划设计、施工、管线综合以及集合物联网、5G 技术方面的安全、工期、资料等方面的应用，可以提高项目的施工质量、加快施工进度，提高施工管理水平，并为智慧港口的建设提供了更好的方案，可实现自动化、智能化和现代化。同时，队员们也积累了 BIM 技术在水利工程中的应用经验。

我们相信，随着社会的不断发展，科技的不断进步，BIM 技术一定会在水利行业得到更广泛的应用。

银奖

基于BIM技术的放水河渡槽工程全寿命周期管理

河北农业大学

1　放水河渡槽工程概况

放水河渡槽位于河北省唐县境内，是南水北调中线工程中的一座大型河渠交叉建筑物，由进口段、槽身段和出口段三部分组成（图1）。渡槽全长350m，设计流量135m^3/s，加大流量160m^3/s，槽底板纵坡为1/5150，槽内设计水深为4.161m，加大水深4.735m，地震设计烈度为6度。槽身段长240m，共8跨，每跨30m。槽身为整体三槽一联简支多侧墙三向预应力混凝土结构。单槽断面尺寸为7m×5.2m，边墙厚0.6m，中墙厚0.7m，底板厚0.5m，设4根纵梁，底板下每隔2.5m设一根底横肋，墙顶设人行道板和拉杆，边墙外侧设侧肋。为满足预应力钢绞线布置要求，将纵梁底板以下断面扩大形成"马蹄"状，并在纵梁和底板连接处设有贴角，因此将此结构称为带"马蹄"多纵墙矩形槽。

图1　放水河渡槽概貌

2　项目设计内容

2.1　放水河渡槽三维模型的建立及碰撞检测结果

2.1.1　渡槽结构部分模型的建立

BIM技术的基础是建立三维模型，因为三维模型是信息的承载体，工程的信息在模型上集成与存储。本设计在放水河渡槽二维施工图基础上，利用Revit软件进行渡槽结构部分三维模型的创建。

Revit是我国建筑业BIM体系中使用最广泛的软件之一，是Autodesk公司一套系列模型设计软件的总称，它将结构工程、建筑设计和 MEP 工程设计的软件平台功能进行了结合。作为进行建筑信息模型的结构设计平台，具有强大的三维建模能力和信息承载能力。Revit 有一个功能强大的概念-族，在建筑行业已经有成熟的族库，但由于水利水电工程建筑物各异性强，目前还未实现统一的标准族库，不能像建筑行业那样直接搭建模型。但是可以利用族功能创建渡槽各个构件模型。在 Revit 平台中创建族文件，有“拉伸”“旋转”“放样”“放样融合”等绘图工具，利用这些工具能够快速完成模型创建。运用 Revit 软件的参数化功能可将构件尺寸参数化，便于进行构件基本参数修改以及实现模型重复利用，提高类似模型的创建效率。

以简单的底板族的建立为例，通过平面和立面“拉伸”即可实现三维模型创建，在平面视图中确定底板的长度和宽度，切换到立面图中时便可以看到拉伸体，此时确定底板的厚度，便可以完成底板三维模型绘制（图 2）。同时将底板的尺寸长度、宽度、和厚度作为族参数进行添加，并与模型进行参数关联，当改变参数大小时，三维模型随之改变。实现参数化设计，当工程设计需要变更时，不用重新绘制，只需要将参数数据改变，图形自动更改。其他构件依照此方法建立，并保存不同的族文件，以便将来载入方便。

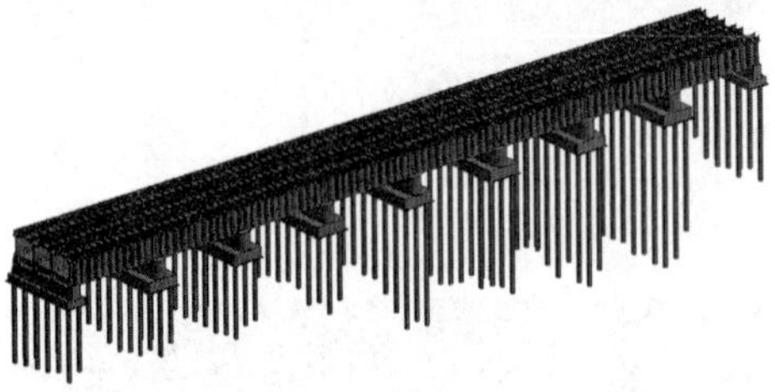

图 2　放水河渡槽结构整体模型

2.1.2　放水河渡槽场景模型的建立

放水河渡槽的施工场地为山区，所以使用 Autodesk 3Ds Max 2012 进行场景模型的构建。3Ds Max 是一款专业三维建模渲染和动画制作软件，与 Revit、Navisworks 同为 Autodesk 公司旗下产品，并且可以做到模型的标准化及兼容性。操作步骤如下：

(1)“自定义单位”(Unit Setup) 设置为 cm 或者 m。

(2) 场景中新建长方形 (Box) 物体，长、宽、高设为 1000cm、1000cm、250cm，长、宽分段均设为 100。初始位置置于坐标原点，将物体转化为可编辑多边形 (Editable Poly)。

(3) 使用“绘制变形”(Paint Deformation)，对顶面进行绘制，根据地形实际情况绘制出所需高低起伏，删除除顶面之外的其他面。

(4) 将模型导出为 .DWG 文件。

(5) 打开材质编辑器 (Material Editor)，基础参数 (Basic Parameter) 下，漫反射 (Diffuse) 处加载所需贴图，将材质赋予刚才做好的多边形。

(6) 将 Revit 软件构建的结构模型和 3Ds Max 构建的场景模型共同导入 Navisworks 项目管理平台，生成放水河渡槽的整体模型。使用渲染工具，包括材质编辑器和纹理编辑器，还原渡槽周边的树林、农田、山脉等自然景观（图 3）。

图 3　放水河渡槽整体模型

2.1.3 模型碰撞检测

为提高放水河渡槽模型建模精度，需要对模型进行碰撞检查。本项目选择 Navisworks 进行放水河渡槽的碰撞检查工作。碰撞检查分为三部分：结构与结构、结构与结构钢筋、结构钢筋与结构钢筋间的碰撞检查。

在 Navisworks 中，将整个渡槽结构模型分为 9 个部分：侧墙、中墙、底板、中底肋、边底肋、拉杆、栏杆、槽墩和桩基础。各部分分别进行碰撞检查，最后仅发现槽墩与桩基础间存在模型与模型相交的情况。与墩桩基施工图比对发现碰撞是桩柱顶部深入到承台所致，属正常碰撞，可以接受。

整个渡槽的这 9 种结构模型分别与结构钢筋进行碰撞检测，由于每跨钢筋配置相同，所以仅检测第一跨以保证整体模型精度。经检测，第一跨的 1 号、2 号桥墩等构件与结构钢筋碰撞数量较多，经过仔细对比分析，绝大多数碰撞点与实际配筋图相符，配筋无误。

2.2 放水河渡槽施工进度管理

基于 BIM 技术的施工进度管理是在进度管理平台的基础上进行工程施工进度的直观模拟和控制。

2.2.1 基于 BIM 技术的 4D 施工进度管理平台创建

4D 模型是在 3D 模型的基础上加入了时间因素后形成的模型。目前，与 Revit 软件结合最完美的 4D 施工进度管理平台为 Navisworks Management 软件。Revit 创建的 3D 施工模型导出为 .nwc 格式的文件，该文件可以直接被 Navisworks Management 软件识别，图 4 为利用 Navisworks 构建的 4D 项目管理平台。然后通过 Navisworks 软件中 Timeliner 工具中的“数据源”选项卡，将施工进度计划导入即可。

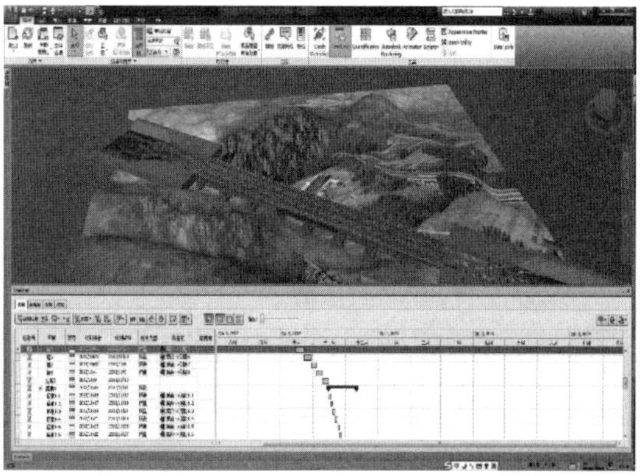

图 4　Navisworks 构建的 4D 项目管理平台

本项目选择 Microsoft Project 软件创建施工进度计划。Microsoft Project 是以进度计划为主要功能的项目管理软件，能够编制进度计划，管理资源分配，生成预算费用，绘制商务报表，并能输出报告，在全世界范围内得到广泛的应用。创建步骤为：①收集工程项目的基本信息，确定项目的任务细节；②在项目文件建立后，准备输入任务；③按顺序从头到尾直接输入任务，之后按照任务的级别划分子任务，设置好每个任务的开始时间和持续时间，软件会自动计算任务的完成时间；④把各任务按照次序关系进行链接，链接种类包括完成-开始、完成-完成、开始-开始和开始-完成 4 种类型。这样就得到一个真实项目进度计划的大纲。此时可以从软件中得知任务持续时间以及整个项目的持续时间。

2.2.2 基于BIM技术的4D施工进度模拟

通过构建的4D进度管理平台，可以实现放水河渡槽的施工动态模拟动画。操作步骤如下：

（1）进行动画模拟配置，然后进行自定义外观。添加外观名为灰色，颜色选择灰色。开始外观设置为绿色，结束外观设置为灰色，提前外观设置为黄色，延后外观设置为红色。进行模拟，将时间间隔设置为5天。

（2）在Animator工具中对动画视点及相机进行设置，通过添加场景，放置相机，并捕捉相应视点的关键帧，设置动画时间，完成相机视点的旋转和移动。

（3）多次调整视角和效果，生成最终的施工模拟动画并进行渲染输出。

2.2.3 基于BIM技术的施工进度控制

在工程实际施工时，为了保证施工进度计划的时效性，在更新施工进度信息的同时，需要持续跟踪项目进展，对比计划与实际进度，分析进度信息，发现偏差和问题，通过采取相应的控制措施，调整原施工进度计划，解决已发生问题，并预防潜在问题。在实施阶段，基于BIM的施工进度管理平台可以对项目的施工进度情况进行实时的审查。实际施工进度与计划进度的对比分析情况，可以在Navisworks施工进度管理平台中通过模型对比方式查看：通过在Timeliner的配置选项卡中对开始外观、结束外观、提前外观和模型外观进行设置，用不同的颜色进行区别，在模拟选项卡的设置选项中选择计划与实际，从而实现实际施工进度和计划施工进度对比分析。另外，通过项目计划进度模型、实际进度模型、现场状况间的对比，可以清晰地看到建筑物的成长过程，发现建造过程中的进度情况和其他问题。

2.3 基于VR虚拟漫游技术的放水河渡槽情景演示

BIM平台可以将二维图纸转化为虚拟三维模型，VR技术则可以沟通虚拟与现实，让设计实现“从界面到空间”。将两技术优势互补、相互融合，通过构建三维虚拟展示，为使用者提供交互交融的设计过程，其沉浸式的体验加强了可视化和具象性，如图5所示，VR技术提升了BIM应用效果。

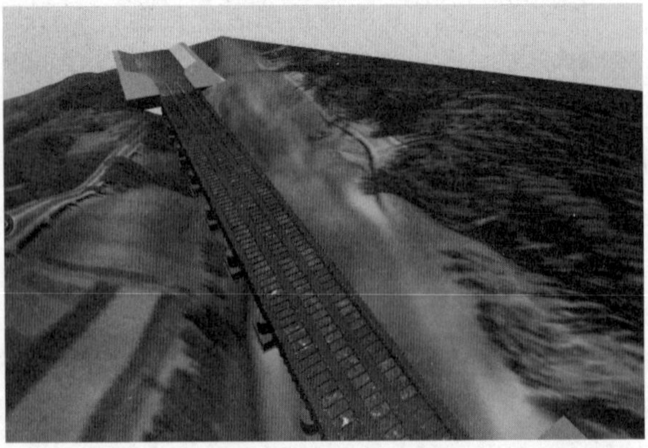

图5 俯视视角场景

BIMVR可以对模型进行材质优化、场景模拟、交互设计等处理。通过导入BIM材质以及手动创建新材质可以实现模型的贴图处理，使模型更加真实。另外，软件内具有强大的日光及烘焙效果处理功能，更带有多种滤镜处理，使得VR展示效果得以生动形象。在交互设计上，软件不仅能进行定义行走交互，还具有动作交互、播放交互和弹出交互的功能，能够在实现VR模拟器中的开关门等动作处理，更可以在模拟环境里加入弹窗介绍、滚动字幕以及标牌显示等详细介绍。软件最终是以 VR 形式进行展示，可以通过键盘或者手柄进行模型内外的任意移动，从而达到工程现场的模拟。

2.4 基于 BIM 的大型渡槽全寿命周期信息管理系统

目前，在水利水电工程信息管理方面，存在集成化、标准化、智能化程度较低等问题。因此，在水利水电工程全寿命周期各阶段，信息流失严重，而且信息共享管理水平较低。本设计建立 SQL Server 数据库，通过 ODBC（开放数据库互联）将存储于 Revit 模型中的信息导入到创建的 SQL Server 数据库中，与施工质量检测信息、监测信息和运行维护信息集成，运用 C# 编程语言进行数据链接，建立信息管理系统。实现渡槽全寿命周期信息的存储、查询、分析以及运用。

2.4.1 模型设计信息的集成和访问

Revit 以构件为单元对渡槽模型信息进行集成。在创建构件族时几何参数与模型进行了关联，几何参数信息已经包含在三维模型当中。模型的结构尺寸信息、基本属性信息、材料属性信息等基本信息通过添加参数方式集成到构件属性中。

为了实现方便的信息查询、交流，以及与工程其他阶段信息进行集成。可以使用 Revit 信息导出功能，完整的 Revit 模型项目可以导出到 ODBC 数据库，在选择数据源时选择具有强大的结构化查询功能和简单方便的数据管理功能的 SQL Server 数据库，ODBC 提供了一组对数据库访问的标准 API（应用程序接口），形成开放数据库互联并为访问不同种类的 SQL 数据库提供了通用接口。

2.4.2 外部数据信息的集成

渡槽三维模型中集成了工程设计信息，形成 BIM 内部数据库。但是在工程全寿命周期过程中涉及的其他信息直接链接到三维模型可操作性不强，并且统一的数据库难以管理。建立 BIM 外部数据库可以集成施工阶段质量检测信息、安全监测信息以及维护记录信息等渡槽寿命周期各阶段信息。在外部数据库中通过构件名称和 ID 将数据表与 Revit 模型构件进行关联，Revit 模型设计信息也可以导成 ODBC 格式的数据，两者融合形成渡槽全寿命周期信息数据库。

SQL Server 数据库具有较强的结构化查询功能并且能够简单方便地进行数据管理。本设计采用关系数据库 SQL Server 2008 协同 BIM 平台完成数据层建立。设计 SQL Server 数据库作为数据管理的外部数据库，只需通过简单的程序语句，就可以进行数据信息的管理操作，完成渡槽安全监测数据信息和运营维护记录信息的查询、存储、添加等工作。本设计主要从工程设计信息、施工质量检测信息、安全设备监测信息、运营维护记录信息管理等方面进行数据库设计。

2.4.3 渡槽全寿命周期管理信息系统的开发

2.4.3.1 数据连接

继 Visual Studio. NET 版本 7 之后，集成开发环境（IDE）均可编译 C# 程序。除此之外 Visual Studio2010 还提供了丰富的工具和编程环境，其中包含创建各种 C# 项目所需的全部功能。

操作步骤如下：

(1) 在设计窗口之前，新建类，通过C#语言编程将SQL Server2008数据库中渡槽模型的数据信息链接到Windows窗体应用程序中。

1) 连接外部数据库。

2) 查询指定的单个数据记录。

3) 查询指定的多行多列数据记录，并填充到界面数据控件Data GridView中。

(2) 利用已创建好的SQL Connection1，创建数据适配器SQL DataAdapter1，同时创建数据集对象，把查询的结果存放在数据集里，绑定到界面的Data GridView1中。

2.4.3.2 系统功能简介

根据渡槽信息管理要求以及渡槽模型信息的分类，在VS 2010集成化的开发平台中对系统界面进行模块设计（图6）。经过研究，系统界面从基础信息管理、施工质量检测信息管理、安全监测信息管理、运营维护信息管理等模块进行设计。

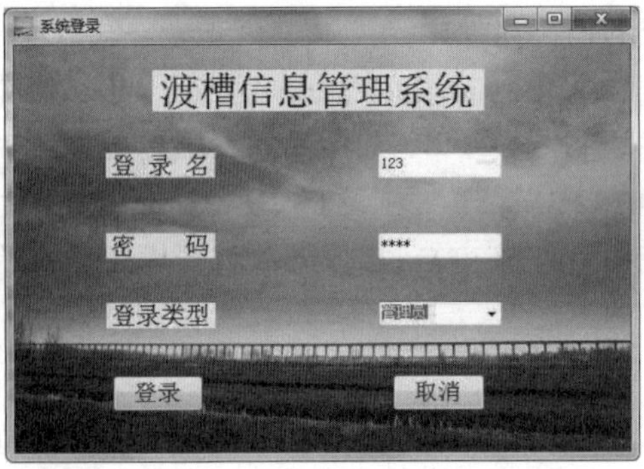

图6 渡槽信息管理系统登录界面

(1) 工程的基础信息是工程管理的基础依据，管理者可以通过系统添加、查询、修改项目工程基础信息，信息从数据库中直接提取。如想要查询构件设计信息，登录系统之后，选择查询的模型构件名称或者选择Revit模型中构件对应的ID号，再选择要查询的信息内容，则查询的信息结果就能够显示到界面中，方便管理者了解工程设计情况。

(2) 施工质量检测是工程质量控制的基础，在信息管理系统中设置录入质量要求标准管理模块，依据质量要求对工程质量进行检测，检测信息、评定结果以及做过的修补措施同样需在系统中记录，方便管理者查阅同时为后期的管理提供信息。

(3) 为了全面加强对渡槽工程的安全监测，在渡槽工程中放置了应变计、温度计、渗压计等检测仪器。在渡槽信息管理系统界面中查询监测仪器的监测数据，管理者可以查询不同时间段的数据，进行监测数据分析，以便及时发现工程运行中的问题。

(4) 工程的运行维护信息是工程管理经费支出和维修计划制定的基础。维修时间、维修方法、维修费用等管理者可以录入到系统中，同时日常检查发现构件存在的问题和缺陷，也需记录到系统数据库中。

3 项目特点及创新点

本项目将BIM技术应用于放水河渡槽工程的三维建模和碰撞检测、施工进度管理和VR演示以及渡槽全寿命周期信息管理系统的开发，体现了BIM技术在工程全寿命周期的应用过程，不仅实现了BIM相关软件的具体工程应用，而且将Autodesk 3Ds Max引入到工程场景模型的构建、应用 SQL Server 数据库 及 Visual Studio2010 平台与 C# 的强大功能相配合，更加迅速、便捷地完成了应用程序的开发。

4 总结

BIM 与大数据、物联网、云计算、3S 等先进技术相结合，开发与行业深度融合、高度智能的综合信息管理系统是实现智慧水利的有效途径。通过加快相关标准制定，加大功能的二次开发，进行跨平台应用共享等措施实现基于 BIM 技术的数字化设计、智慧工地建设，运维阶段的智能化管理。

本项目以放水河渡槽工程设计、施工及维护管理资料为基础，初步实现了基于 BIM 技术的工程全寿命周期管理，项目应用的理论和方法适用于其他水利工程。进一步的研究重点是：模型的参数化设计；建设管理平台实现各参与方协同工作，实现精确控制施工质量、进度、安全及成本；将大数据、人工智能等技术与工程管理深度融合，实现数字化、智能化管理。

银奖

基于 BIM 的拱坝安全监测信息管理系统

河海大学

1 项目说明

1.1 工程概况

某水电站是雅砻江流域大型梯级水电站之一，属大（1）型一等工程，主要枢纽建筑物包括双曲拱坝、地下厂房、坝后水垫塘以及二道坝等。该双曲拱坝最大坝高 305.0m，坝底高程 1580.0m，坝顶高程 1885.0m。拱坝从左岸至右岸共分为 26 个坝段。由于左岸坝肩地质条件较差，因此拱坝左岸设置了混凝土垫座，垫座高度 155.0m，内部与坝体通过廊道相连。

该水电站规模巨大，以发电为主，电站总装机容量 360 万 kW（6 台×60 万 kW），枯水年枯期平均出力 108.6 万 kW，多年平均年发电量 166.2 亿 kW·h。水库正常蓄水位 1880.0m，死水位 1800.0m，总库容 77.6 亿 m^3，调节库容 49.1 亿 m^3，属年调节型水库。

1.2 主要内容

该拱坝属特高拱坝，工程难度大、无过往经验参考，因此对于该拱坝的安全监测成为水电站工程安全管理的核心对象。本文结合 Bentley MicroStation CONNECT Edition 软件基于 BIM 技术在水工建筑物安全监测信息管理系统方面的应用，进行三维建模，并在 Bentley 软件的基础上进行二次开发，将传统水工建筑物安全监测信息系统与 BIM 技术相结合，开发了基于 BIM 的拱坝安全监测信息管理系统。该拱坝的主要监测内容包括变形监测、应力应变监测、渗流监测和温度监测，如表 1 所示。

表 1　某拱坝安全监测内容

监测项目	监测仪器
变形监测	垂线、引张线、GPS 测点、多点位移计、表面变形测点、测缝计等
应力应变监测	应变计组、无应力计
渗流监测	渗压计、水位观测孔、量水堰
温度监测	温度计

2　项目设计

2.1　MicroStation 坝体内部结构建模

2.1.1　坝体外部结构设计

根据工程图纸，该拱坝主要由坝体、水垫塘、二道坝、混凝土垫座以及泄水孔等建筑物构成。为了清晰地反映整个拱坝的结构，本系统首先在 CAD 中绘制拱坝的三维线框，再导入到 MicroStation 中进行点线面的生成，最终得到如图 1 所示的拱坝模型。具体操作步骤如下：

（1）拱坝轮廓。为便于内部廊道垂线系统的展示，此处并未将拱坝生成实体，而是形成内部中空的薄层结构。

（2）水垫塘及二道坝。在 MicroStation 中根据工程图纸在拱坝轮廓上进行定位，建立水垫塘及二道坝实体，并考虑工程实际在坝体两岸绘制混凝土垫座，使之与坝体、水垫塘及二道坝等构成整体。

（3）泄水孔。在上述基础上，根据工程图纸中泄水表孔、深孔、底孔的布置状况，对坝体进行剖切定位建立泄水孔，并以此为基础增加启闭机室等结构。

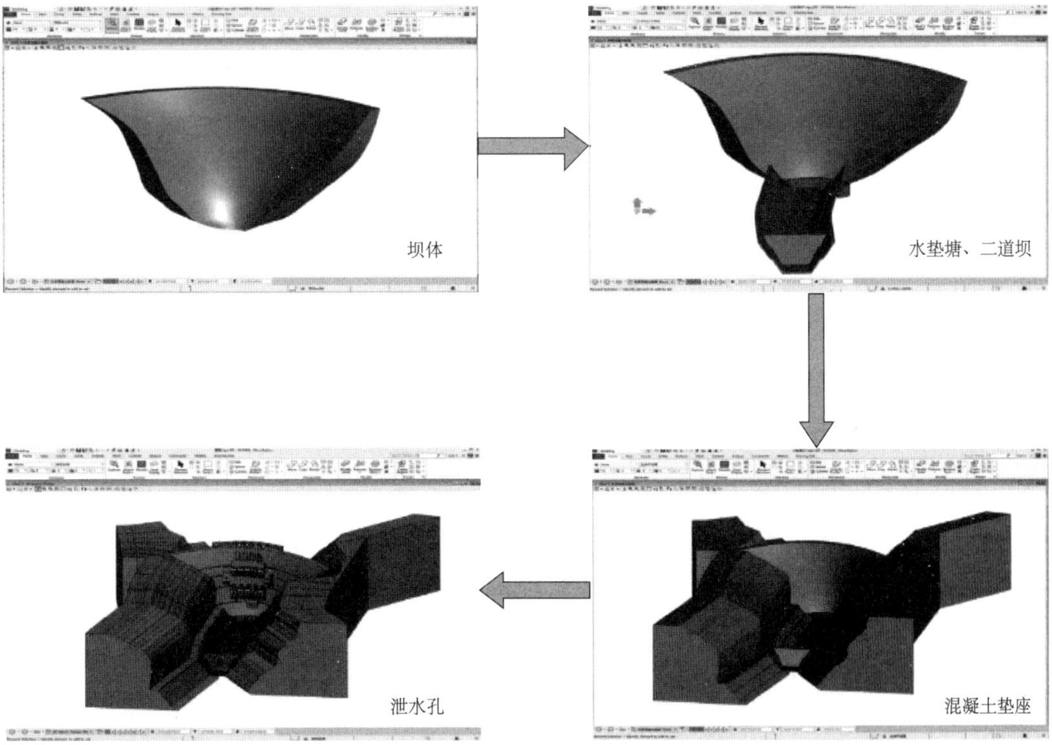

图 1　MicroStation 坝体外部结构设计

2.1.2 坝体内部结构设计

该系统包括廊道、垂线系统以及集水井等内部结构。拱坝共设 5 条廊道，分别为 1829.25m、1778.25m、1730.25m、1664.25m 以及 1601.25m，廊道内分布有正垂线系统和倒垂线系统。细部结构模型及坝体总装图如图 2 所示，具体建模步骤如下：

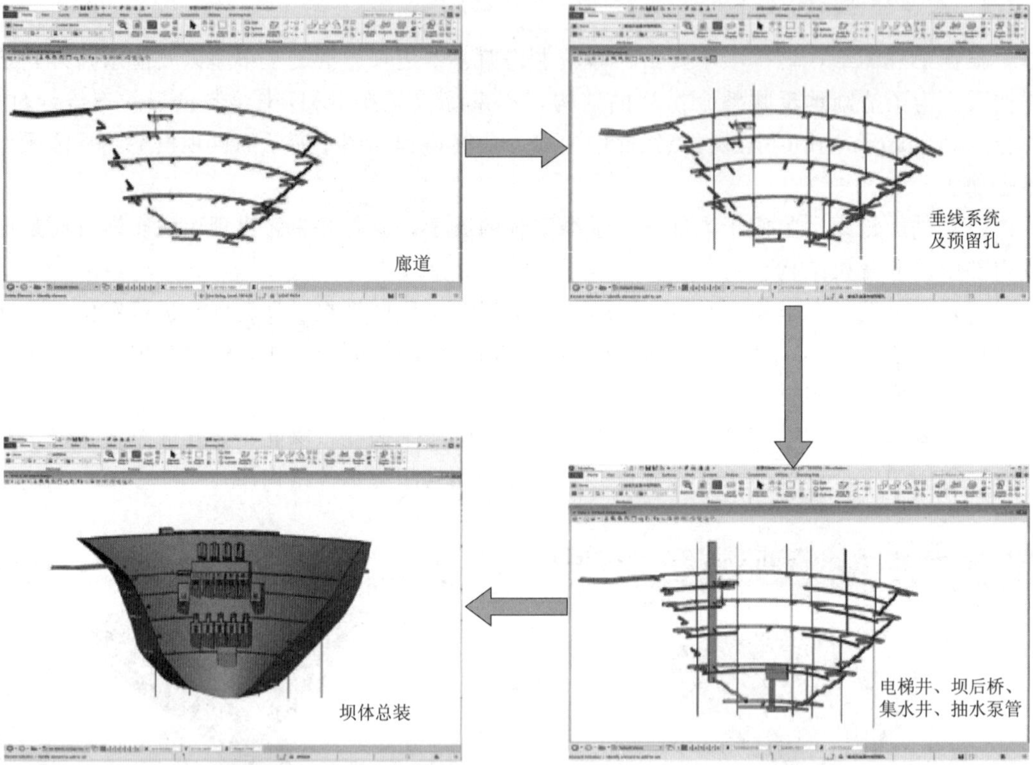

图 2　MicroStation 坝体内部结构设计

(1) 廊道系统及垂线系统。为了便于绘制与展示，采取单独绘制之后再与坝体组装的方式建模。首先根据工程图纸绘制出廊道主体，然后在左岸设置上下楼梯、右岸设置电梯井对不同高程廊道进行连接。另外，在坝体内部设置了垂线预留孔，各层廊道内布置了垂线系统，构成了完整的变形监测系统。

(2) 坝后桥、集水井及抽水泵管。根据工程图纸依次增设，完成坝体的内部结构设计。

2.2 LumenRT 坝体外部场景构造

本系统结合 WOLFMAP 地图下载器、Global Mapper 及 LumenRT 软件，在参考实际地形条件的基础上进行调整，生成最终地形模型。基于已建地形模型，在坝体右岸添加上坝公路、上游水位观测台以及停车场等建筑物，并选取多种树木由密到疏的方式对两岸山体进行绿化，较大程度地还原了拱坝及其周围环境的实际情况，如图 3 所示。

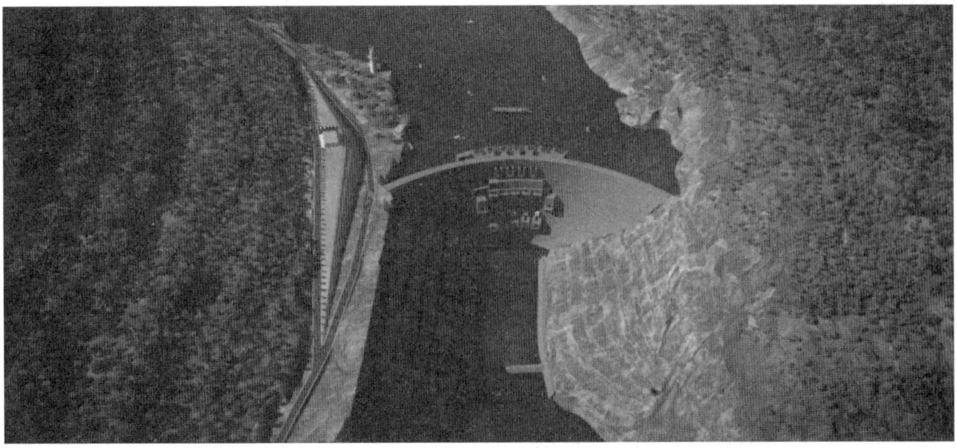

图 3　LumenRT 坝体外部场景布置图

2.3　LumenRT 坝体泄水模拟

结合拱坝真实泄水状态，利用 Lumion 软件进行拱坝的表孔、深孔、底孔的泄水模拟。

3　拱坝安全监测信息管理系统

3.1　系统设计目标

水工建筑物安全监测信息管理系统是一个多专业集成大数据管理系统，一方面，系统综合考虑安全监测仪器以及水工建筑物本身的工作状态，并结合水工建筑物在设计、施工阶段的工程信息，为决策提供宏观参考；另一方面，安全监测仪器会记录大量的监测数据，对这些数据的收集、分析和处理结果会直接影响水工建筑物安全评定结果，因此安全监测数据的收集和处理也是监测信息管理系统的重要组成部分。

本系统结合工程实际，针对水工建筑物安全监测系统的要求，应用 IFC 标准和 BIM 技术，开发了基于 BIM 的水工建筑物安全监测信息管理系统，系统主要实现以下目标：

（1）建立基于 IFC 标准的水工建筑物安全监测仪器实体信息库。本系统利用 IFC 中性文件作为 BIM 信息存储、交换过程中的重要载体，来承载建筑物生命周期内的各种信息；

（2）针对安全监测仪器 BIM 模型，建立监测信息管理数据库，将监测信息分析结果能够及时反馈到 BIM 模型当中；

（3）充分发挥 BIM 模型三维可视化的优势，实现监测仪器可视化管理，用于指导安全巡检过程，提高安全管理人员的工作效率。

3.2　系统总体架构

根据系统设计目标，本系统从低到高可分为数据层、逻辑层、表现层和应用层四个层面，如图 4 所示。数据层以 IFC 标准为基础，在储存介质上包括用于数据存储和分类的物理文档和关系数据库两部分，在结构上则分为监测仪器管理库和监测信息管理数据库两大部分；逻辑层主要通过算法来对数据层中的数据进行进一步处理，以提取管理人员所需要的信息；表现层主要实现信息的展示功能，包括 BIM 模型三维可视化展示、监测仪器信息展示以及监测数据分析结果展示；应用层主要分为监测仪器管理界面和监测信息管理界面，是系统面向用户的可交互界面。

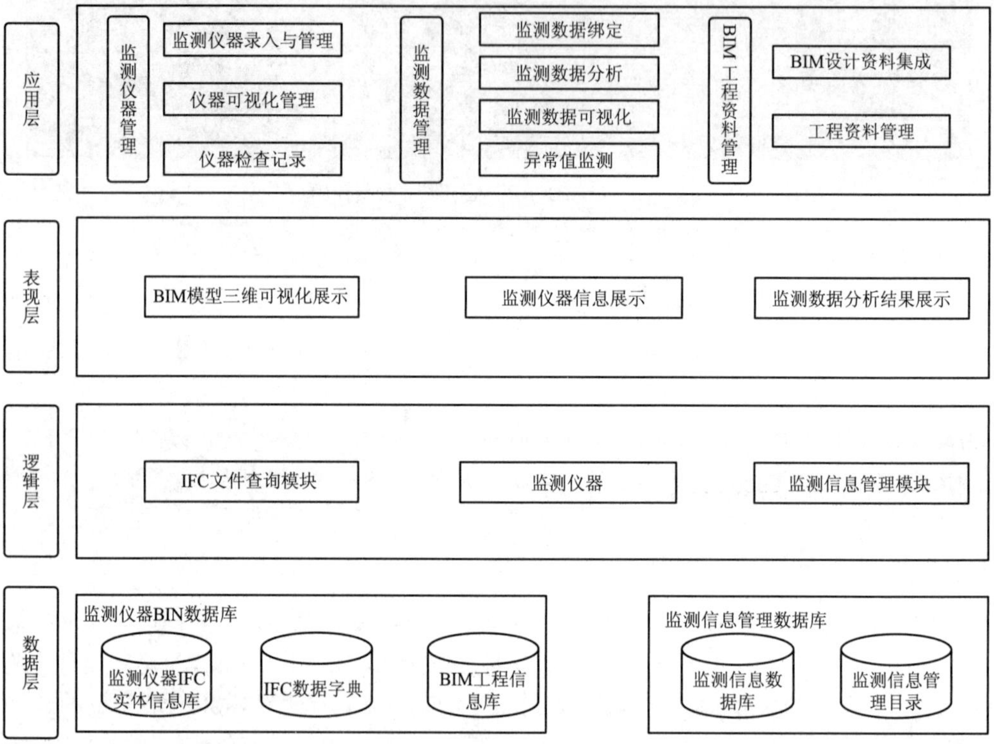

图 4　系统总体框架图

3.3　模块开发

3.3.1　IFC 文件解析模块开发

针对模型信息量过大、引用关系复杂等问题，本系统开发了专门的 IFC 文件解析模块，实现对指定实例信息的提取。本系统以 xBIM IFC 工具箱为基础来实现 IFC 文件解析模块的开发。IFC 解析模块主要包含 IFC 实例查询以及 IFC 实例更新两个方面。对于 IFC 解析模块，本系统利用 EXPRESS 语言来描述系统信息模型。本系统将扩展的 EXPRESS 代码编译成 C♯代码，并通过 xBIM 来实现对这些 C♯代码的高级操作。对于 IFC 实例查询部分，本系统利用 LINQ 语句来实现。当 IFC 实体的属性信息发生改变时，需要对 IFC 文件进行及时更新。IFC 实例更新建立在 IFC 实例查询的基础上，在保证信息完整性的同时添加新的属性集。

3.3.2 监测仪器管理模块开发

检测仪器管理模块的开发在于实现图形信息和非图形信息的集成管理。本系统通过图形元素的 DataGroup 属性来实现监测仪器的分类、查询和管理，并通过 IFC 文件数据字典查询相关工程文档。对于仪器定位，本系统通过调用监测仪器图形元素属性中的位置信息，并通过视图操作将监测仪器的图形置于显示区域中央。调用视图管理将窗口的显示状态保存到视图集中，进而实现对监测仪器的快速定位；对于信息查询修改，本系统可直接通过界面中的资源管理器进行监测仪器的信息查询。资源管理器中包含有监测系统的数据信息，并根据对象型号加以分类。仪器信息修改可直接通过界面中的仪器信息修改按钮，通过鼠标选取单独修改仪器信息。对于外部分档管理，监测仪器的外部文档包括仪器图片、技术文档以及检修信息等，这些信息被存储在 BIM 工程信息库中。

3.3.3 监测信息管理模块开发

监测信息管理模块主要实现对监测信息的查询、计算和展示。本系统主要通过对监测点的查询来获取该监测点的监测数据信息。模块通过点击查询按钮，并输入对应的监测点编号，程序后台则会查询监测数据信息管理目录，获取对应监测数据表中的监测数据，并显示查询结果。本系统采用 WPF 中的 DataGrid 控件作为数据的显示窗口。DataGrid 控件可以通过数据绑定功能，根据数据表中的字段数目自动调整表头的数目。

为反映监测数据的变化趋势，本系统通过引用 Office 中的 Owcll. dll 与 WPF 中的 PictureBox 控件生成监测图表。后台程序利用 Owcll. dll 中的绘图函数将监测数据绘制成对应的折线图并保存下来，然后通过 PictureBox 控件调用图片，最终生成对应的趋势图。Owcll. dll 文件中包含有多种绘图函数，支持多种类型的图表生成，包括折线图、柱状图和饼图等，管理员可以在后台根据监测数据类型设定不同的图表显示方式。

针对异常值检测，用户可为仪器测值设定一定的阈值，系统通过查询比较 DataGrid 控件当中的检测数据，当检测数据超过这一阈值时，就会将其捕捉，并记录为异常值。记录的内容包括产生异常的仪器信息，异常值产生的时间以及异常值的具体数值。

4 项目总结

本系统结合了 Microstation、LumenRT 等软件完成了对该拱坝模型的建立和渲染，实现了多种软件交互使用。并在此基础上，对 Microstation 进行二次开发，将监测仪器信息、监测数据信息以及工程项目等信息结合，建立了完整的信息管理数据库。通过 BIM 技术，以 IFC 标准进行数据库与 BIM 技术的结合，最终在 Microstation 软件支持的二次开发平台 Addin 上建立了基于 BIM 的拱坝安全监测信息管理系统。

本系统通过将 BIM 领域的 IFC 标准与水工建筑物安全监测管理相结合，建立了基于 IFC 的安全监测仪器信息模型。并以此为基础，结合 BIM 技术开发了基于 BIM 的拱坝安全监测信息管理系统。本系统的主要创新点有以下几个方面：

（1）从 EXPRESS 语言入手，深入研究了 IFC 标准的层次结构，并结合拱坝自身特点，提出应使用新增实体定义的方法来描述水工建筑物的相关信息。在此基础上，将监测仪器相关信息扩展到 IFC 标准当中，建立了基于 IFC 标准的水工建筑物安全监测仪器信息模型。在扩展的 IFC 标准基础上，结合 BIM 技术，开发了基于 BIM 的拱坝安全监测信息管理系统。

(2) 针对安全监测仪器 BIM 模型，建立了监测信息管理数据库，实现监测信息与 BIM 模型的绑定，使监测信息能够及时反馈到 BIM 模型当中。

(3) 充分发挥 BIM 模型三维可视化的优势，实现监测仪器可视化管理，用于指导安全巡检过程，提升安全管理人员的工作效率。

(4) 简化传统安全监测信息管理系统结构，建立了 BIM 信息管理集成平台，最大限度地利用施工、设计阶段产生的 BIM 信息，减少资源浪费。